计算机技术
开发与应用丛书

VR游戏实践速通
面向一体机平台的Unity开发技巧

徐旸泱 ◎ 编著

清华大学出版社
北京

内 容 简 介

本书将带领读者学习如何使用 Unity 进行虚拟现实开发。从基础知识到实践应用,读者将逐步掌握如何创建引人入胜的 VR 体验,为自由开发 VR 应用打下坚实基础。

本书分为两部分共 11 章。第 1 部分(第 1 章和第 2 章)包含基础知识和环境准备,帮助读者搭建 VR 开发环境。第 2 部分(第 3 章~第 11 章)进入实战内容,系统讲解 Unity VR 开发中的关键技术,包括主体设置、控制接收、主体运动及震动反馈的实现。在每个实战步骤中都会配有详细的知识讲解和配套操作演示视频,帮助读者理论结合实践,循序渐进地掌握每个 VR 细节的实现。

本书适合初学者和有一定编程经验的开发者,也可作为高等院校和培训机构相关专业的教学参考书。

版权所有,侵权必究。举报: 010-62782989, beiqinquan@tup.tsinghua.edu.cn。

图书在版编目(CIP)数据

VR 游戏实践速通 : 面向一体机平台的 Unity 开发技巧 / 徐旸泱编著. -- 北京 : 清华大学出版社, 2025.6. (计算机技术开发与应用丛书). -- ISBN 978-7-302-69576-9

Ⅰ. TP317.6

中国国家版本馆 CIP 数据核字第 202582SL28 号

责任编辑:赵佳霓
封面设计:吴　刚
责任校对:胡伟民
责任印制:宋　林

出版发行:清华大学出版社
　　　　网　　址:https://www.tup.com.cn,https://www.wqxuetang.com
　　　　地　　址:北京清华大学学研大厦 A 座　　邮　　编:100084
　　　　社 总 机:010-83470000　　　　　　　　邮　　购:010-62786544
　　　　投稿与读者服务:010-62776969,c-service@tup.tsinghua.edu.cn
　　　　质量反馈:010-62772015,zhiliang@tup.tsinghua.edu.cn
　　　　课件下载:https://www.tup.com.cn,010-83470236
印 装 者:大厂回族自治县彩虹印刷有限公司
经　　销:全国新华书店
开　　本:186mm×240mm　　印　张:21.25　　字　数:532 千字
版　　次:2025 年 7 月第 1 版　　　　　　　　印　次:2025 年 7 月第 1 次印刷
印　　数:1~1500
定　　价:89.00 元

产品编号:105072-01

前 言
PREFACE

　　虚拟现实（Virtual Reality，VR）技术作为一种模拟现实场景的计算机生成技术，自诞生之初便引发了世人的无限遐想。它利用计算机图形技术、人工智能和传感器等多种技术手段，为用户提供身临其境的感官体验。从最初的构想，到如今在各个领域的广泛应用，VR技术经历了一个漫长且充满挑战的发展过程。

　　早在20世纪60年代，美国空军便开始尝试将简单的VR技术应用于飞行模拟，然而，受限于当时的硬件条件和高昂成本，VR技术的推广步伐缓慢。进入20世纪80年代，随着计算机图形学和图形处理技术的飞速发展，VR技术终于迎来了新的生机。到了20世纪90年代，VR技术开始进入娱乐和游戏领域，但市场尚不成熟，发展仍显艰难。

　　进入21世纪，随着计算机处理能力的不断提高和硬件成本的降低，VR技术逐渐进入普及期。特别是在娱乐领域，VR技术为游戏、电影、演唱会等文化活动带来了革命性的变革。如今，VR技术已不局限于娱乐领域，还被广泛应用于教育、医疗、工业设计、旅游等行业，展现出巨大的行业潜力。

　　尤其在娱乐领域，VR技术为用户带来了前所未有的沉浸式体验。VR游戏让玩家仿佛置身于一个全新的虚拟世界，与其他玩家互动，享受更为真实、刺激的游戏体验。同时，VR电影、虚拟演唱会等也为观众提供了身临其境的视听盛宴，打破了传统娱乐方式的界限。

　　在笔者长达十年的VR开发学习和研究历程中不断探索这一领域的奥秘，亲身经历了VR技术的飞速发展与变革。在如今众多各有侧重的VR开发框架和平台中，本书选择Unity作为主要开发平台，这是基于其对VR开发的高度支持及其强大的跨平台特性做出的判断。

　　Unity作为一个功能强大、易于上手的开发引擎，为VR开发者提供了丰富的工具和资源。它不仅支持主流的VR设备，例如Oculus Rift、HTC Vive和Gear VR等，还具备高度的可扩展性和灵活性。这使开发者在开发过程中能够更加专注于内容的创造和交互体验的优化，而非烦琐的技术细节。

　　同时本书尽可能缩短不涉及动手的理论部分，以实战中穿插相关知识点为主的形式向读者介绍详细的开发过程。VR开发应以实战为主，这是因为VR技术的核心在于为用户提供沉浸式体验，而这往往需要通过实际操作和反复试验来实现。实战开发能够让我们更直观地了解用户需求，发现并解决技术难题，进而提升项目的质量和用户体验。

此外，虽然篇幅有限，本书只能选择最适合的引擎介绍 VR 开发的过程，但是本书涉及的 VR 开发中的思想和方法具有广泛的适用性。无论是针对哪种平台或设备，优秀的开发思想和方法都是相通的，例如注重用户体验、优化性能、合理设计交互方式等原则，在所有的 VR 项目中都是至关重要的。这些方法不仅有助于提高开发效率，还能确保项目在不同平台上的表现一致。通过编写本书，笔者总结了大量开发场景的实际经验，也查阅了大量的官方和有参考价值的开源项目文档，这使笔者也在多个维度上有了更深层的提升，收获良多。

本书主要内容

第 1 章 VR 游戏开发引擎的选择，主要探讨主流的 VR 游戏开发引擎，分析各自的优缺点，并提供选择 Unity 作为 VR 开发引擎的理由，帮助读者理解为何 Unity 是当前 VR 游戏开发的首选平台。

第 2 章 VR 项目环境准备，主要介绍如何搭建 VR 开发环境，包括软件安装、硬件配置及 Unity 项目的初始化，为后续的开发工作奠定坚实的基础。

第 3 章基本 VR 场景设置，主要介绍如何在 Unity 中创建和设置基本的 VR 场景，包括 XR Rig，以及手柄控制器对象的导入和如何呈现手部模型。

第 4 章输入设置，主要讲解 VR 游戏中的输入机制，包括如何捕捉控制器的输入信号并将输入信号与手部动画参数关联以实现控制器控制手部动作。

第 5 章主体运动，主要介绍角色或玩家在 VR 环境中的移动方式，包括连续移动、传送移动、转向运动等，确保玩家能够自然地在虚拟空间中移动。

第 6 章物体互动，主要介绍如何在 VR 游戏中实现物体的直接抓取、远程抓取、互动射线的修饰等，增强游戏的真实感和互动性。

第 7 章 UI 互动，主要介绍 VR 游戏中的用户界面设计，包括菜单、按钮、滑块等元素的创建和交互，丰富用户体验。

第 8 章震动反馈，主要介绍如何在 VR 游戏中添加震动反馈，通过触觉增强玩家的沉浸感。

第 9 章自定义手势动画，主要介绍如何在 Unity 中创建和应用自定义的手势动画，丰富玩家的表达方式。

第 10 章晕动优化，主要针对 VR 游戏常见的晕动问题，介绍多种优化策略，以减少玩家的不适感，提升游戏体验。

第 11 章项目打包与发布，主要介绍如何对完成的 VR 游戏项目进行打包，以及发布到各大 VR 平台的流程，使游戏能够面向广大用户。

阅读建议

本书是一本基础入门、项目实战及原理剖析三位一体的技术教程。全书以构建一个基本 VR 项目作为实战主体，在循序渐进的项目实战操作过程中适时地介绍相应的知识点和原理，使读者能够方便地在实践的过程中体会并吸收 VR 开发知识，并逐步形成对 VR 开发流程框架的认识，是一种高度知行合一的学习方法。

操作介绍包括详细的项目开发步骤配合图片标示，为了让读者深入了解开发细节，每个代码片段都有详细的注释标注和对应的操作说明。本书的基础知识、项目实战及原理剖析部分均提供了完整可运行的代码示例，将涉及的项目源代码开源到线上，并配有相应的视频教程，这样可以帮助读者更好地自学全方位的技术体系。

建议没有 Unity VR 实际开发经验的读者从头开始按照顺序详细阅读每章节。章节划分按照由浅入深，由整体概述到细节解析的方式对 VR 开发的技术发展、环境构建，以及具体的各个主要功能的实现进行介绍，严格按照顺序阅读可以帮助读者不会出现知识断层。

有 Unity VR 开发经验的读者可以快速地浏览第 1 章，从第 2 章开始进入侧重功能实现的实战内容。

第 2~4 章会介绍从 0~1 的项目搭建过程，包括环境的搭建、基本 VR 场景的构建和控制器设置等。由于这部分内容是后续项目操作的基础，并且为了让读者深入理解一个 Unity VR 项目的各项设定，特意选择了自主构建控制器对象而非"傻瓜式"地直接引用现成对象，这样可以帮助读者深刻理解 Unity VR 项目构建中的基础部分。

第 5~7 章介绍如何在 VR 项目中实现运动和互动，包括 XR Rig 的传送移动、连续移动，与物体对象的各种形式的互动及 UI 互动。这一部分内容涉及的操作较多，内容丰富，需要根据操作指导循序渐进地进行学习，体会每步操作背后的原理和逻辑。对于较为复杂的功能，本书采用增量开发的形式，从基础版本到针对每个问题点的优化，使读者能够在细微处扎实掌握相关效果的实现和优化思路，深化体验，强化吸收。

第 8~10 章介绍加强沉浸化体验的技术，包括增加 VR 互动时的震动反馈、自定义手势和针对晕动的优化。由于这部分内容是在互动等效果实现后的增强和优化，所以建议读者在彻底完成第 7 章之前的操作后再来阅读第 8~10 章的内容，在进行优化操作的过程中，在大脑中与未作优化时的状态做类比，这样可以快速抓住并理解这些优化技术所针对的问题和原理所在。

第 11 章为最终项目的打包和发布介绍。本章节涉及的设置项较多，并且这些打包和发布方法伴随平台插件的更新可能有所变化。在学习过程中一定要注意理论结合实际，理解这些设置项背后的意义，不拘泥于完全一致，一旦发现实际的选项与书本上存在偏差，就可以在理解的基础上找到新版的设置方式，或是查阅相应平台的官方资料，获得最新的打包方法。

资源下载提示

素材（源码）等资源：扫描目录上方的二维码下载。

视频等资源：扫描封底的文泉云盘防盗码，再扫描书中相应章节的二维码，可以在线学习。

致谢

感谢我的家人对我抽时间写作本书的理解。我的两个女儿,希望这次写书的经历能够激励你们耐心地追求自己的目标。感谢我的妻子王晓霞女士对我的支持,你照顾好了孩子们的生活,让我可以放心工作到深夜。非常感谢赵佳霓编辑的指导,得以让此书有机会面世,与读者见面。

人生有涯而学海无涯,VR技术发展迅速,内容庞杂,写本书也属于以有涯渡无涯了,书中难免存在不妥之处,请读者提出宝贵意见。

徐旸泱

2025年4月

目 录
CONTENTS

配套资源

第1章 VR游戏开发引擎的选择 ········· 1
- 1.1 主流VR游戏开发引擎简介 ········· 1
  - 1.1.1 Unity ········· 1
  - 1.1.2 Unreal Engine ········· 2
  - 1.1.3 CryEngine ········· 2
  - 1.1.4 Cocos Creator ········· 3
- 1.2 主流VR游戏应用市场简介 ········· 4
  - 1.2.1 Oculus Quest ········· 4
  - 1.2.2 Oculus Rift ········· 6
  - 1.2.3 Steam ········· 6
  - 1.2.4 PICO ········· 8
  - 1.2.5 SIDEQUEST ········· 8
- 1.3 为何选择Unity作为VR开发引擎 ········· 9
  - 1.3.1 Unity更适合VR开发入门学习 ········· 9
  - 1.3.2 不可忽视的其他VR开发引擎 ········· 10

第2章 VR项目环境准备 ········· 12
- 2.1 硬件准备 ········· 12
  - 2.1.1 关于计算机 ········· 12
  - 2.1.2 关于VR头盔产品 ········· 13
- 2.2 下载Unity ········· 15
  - 2.2.1 安装Unity Hub ········· 16
  - 2.2.2 安装合适版本的Unity编辑器 ········· 17
  - 2.2.3 获取Unity编辑器的使用许可证 ········· 19
  - 2.2.4 关于Unity编辑器的版本号 ········· 21
  - 2.2.5 Unity项目模板 ········· 21
  - 2.2.6 新建Unity项目 ········· 22
- 2.3 认识Unity编辑器 ········· 23
  - 2.3.1 窗口内常用面板介绍 ········· 23
  - 2.3.2 窗口布局 ········· 24

	2.4	VR 基本场景构建 ·· 25
		2.4.1 新建场景 ·· 26
		2.4.2 在默认场景中创建地面对象 ······················· 28
	2.5	VR 项目设置 ·· 30
		2.5.1 连接计算机 ······································ 30
		2.5.2 追踪头盔 ·· 36
		2.5.3 安装 Unity XR 开发工具包 ······················· 37

第 3 章　基本 VR 场景设置 ····················· 40

	3.1	XR Rig 的引入和设置 ·································· 40
		3.1.1 新建 XR Rig 对象 ································ 40
		3.1.2 XR Origin 对象的属性 ···························· 42
		3.1.3 测试和总结 ······································ 43
	3.2	控制器对象的引入和设置 ································ 43
		3.2.1 构建控制器对象 ·································· 43
		3.2.2 引入输入映射文件 ································ 48
		3.2.3 测试和总结 ······································ 50
	3.3	手的基本呈现 ·· 54
		3.3.1 导入手部模型 ···································· 54
		3.3.2 Material 和 Shader ······························ 56
		3.3.3 手部模型的动画组件 ······························ 57
		3.3.4 更换手部模型皮肤 ································ 60
		3.3.5 测试和总结 ······································ 60

第 4 章　输入设置 ······························ 61

	4.1	捕捉控制器输入 ······································ 61
		4.1.1 第 1 个自定义脚本 ································ 61
		4.1.2 获得控制器按键输入 ······························ 64
		4.1.3 Debug() 方法 ···································· 68
		4.1.4 Oculus 控制器按键 ································ 68
		4.1.5 测试和总结 ······································ 70
	4.2	关联控制器输入与手部动画 ···························· 71
		4.2.1 实现左手的捏合动作 ······························ 71
		4.2.2 实现左手的握拳动作 ······························ 73
		4.2.3 实现右手的捏合和握拳动作 ······················· 76
		4.2.4 总结 ·· 78

第 5 章　主体运动 ······························ 80

	5.1	连续移动 ·· 80
		5.1.1 连续移动与传送移动的比较 ························· 80
		5.1.2 配置连续移动 ······································ 80
		5.1.3 避免主体坠落 ······································ 82

		5.1.4 测试和总结	83
5.2	转向运动		85
	5.2.1	VR 游戏中常见的转向方式	85
	5.2.2	配置平滑转向和分段转向	86
	5.2.3	测试和总结	87
5.3	使 Character Controller 跟随 XR Rig 移动		88
	5.3.1	认识角色控制器	88
	5.3.2	使 Character Controller 跟随主体移动	89
	5.3.3	测试和总结	90
5.4	传送移动时指示射线的呈现		91
	5.4.1	认识指示射线	91
	5.4.2	配置指示射线对象	93
	5.4.3	测试和总结	94
5.5	实现指定区域内的传送移动		95
	5.5.1	配置 Teleportation Provider 组件	95
	5.5.2	两种传送移动	96
	5.5.3	配置传送区域	96
	5.5.4	消除按键冲突	98
	5.5.5	测试和总结	99
5.6	实现指定目标锚点的传送移动		101
	5.6.1	创建锚点	101
	5.6.2	创建透明材质	102
	5.6.3	完善锚点组件配置	102
	5.6.4	指定每个锚点的主体移动后朝向	105
	5.6.5	测试和总结	105
5.7	自定义 Ray 的外观		106
	5.7.1	设置射线的线性	106
	5.7.2	自定义射线落点的样式	108
	5.7.3	测试和总结	111
5.8	使传送指示射线只在传送时出现		112
	5.8.1	控制传送指示射线的显隐	112
	5.8.2	配置自定义脚本组件 ActivateTeleportationRay	114
	5.8.3	测试和总结	114
第 6 章	**物体互动**		**116**
6.1	基本互动设定		116
	6.1.1	实现物体互动的两类组件	116
	6.1.2	配置 Interactor 组件	117
	6.1.3	配置可交互对象	118
	6.1.4	测试和总结	131

6.2 抓取物体 ··· 133
6.2.1 配置可抓取对象 ··· 133
6.2.2 Unity 常用快捷键 ··· 135
6.2.3 GrabInteractable 组件属性设置 ··· 136
6.2.4 测试和总结 ··· 139
6.3 自定义物品抓取位置 ·· 141
6.3.1 导入手枪模型资源 ··· 141
6.3.2 使手枪模型可交互 ··· 145
6.3.3 设定合适的手枪抓握位置 ·· 148
6.3.4 测试和总结 ··· 151
6.4 抓取手枪时实现发射子弹 ··· 152
6.4.1 编写发射子弹的功能脚本 ·· 152
6.4.2 创建子弹预制件 ·· 155
6.4.3 指定子弹的出现位置 ·· 157
6.4.4 关联事件和脚本 ·· 159
6.4.5 测试和总结 ··· 160
6.5 解决发射子弹与传送移动的按键冲突 ·· 161
6.5.1 解决按键冲突的方法 ·· 161
6.5.2 细化传送移动指示射线的出现条件 ··· 161
6.5.3 测试和总结 ··· 164
6.6 如何避免交互器（Interactor）与互动对象的碰撞 ··· 165
6.6.1 解决非预期碰撞的方法 ··· 165
6.6.2 配置 Layer ··· 166
6.6.3 测试和总结 ··· 167
6.7 修正左手握枪位置 ··· 168
6.7.1 创建继承 XR Grab Interactable 所有功能的自定义脚本 ··························· 169
6.7.2 配置 Tag ··· 171
6.7.3 追加判断左右手逻辑 ·· 172
6.7.4 快速创建手枪的左手抓握点 ··· 173
6.7.5 解决首次握枪错位的问题 ·· 174
6.7.6 测试和总结 ··· 176
6.8 实现动态抓取物体 ··· 177
6.8.1 快速实现动态抓握 ··· 177
6.8.2 自定义脚本实现动态抓取 ·· 177
6.8.3 测试和总结 ··· 181
6.9 远距离抓取对象 ·· 182
6.9.1 创建 Ray Interactor 对象 ·· 182
6.9.2 配置左右手 Ray Interactor 的 Tag ··· 184
6.9.3 测试和总结 ··· 185

- 6.10 射线的基本美化 ·· 185
  - 6.10.1 优化指示射线的显隐 ·· 185
  - 6.10.2 优化指示射线的粗细和有效距离 ·· 187
  - 6.10.3 测试和总结 ·· 188
- 6.11 解决动态互动与远程抓取的冲突问题 ··· 189
  - 6.11.1 细分动态互动与远程抓取的作用场景 ··· 189
  - 6.11.2 测试和总结 ·· 192
- 6.12 解决不同 Interactor 交互时的干涉问题 ··· 192
  - 6.12.1 认识交互层属性 ·· 193
  - 6.12.2 配置交互层 ·· 195
  - 6.12.3 测试和总结 ·· 202
- 6.13 成功抓取可互动对象时不再呈现指示射线 ·· 203
  - 6.13.1 新建自定义脚本 ActivateGrabRay ··· 203
  - 6.13.2 配置脚本 ActivateGrabRay 组件的属性 ··· 205
  - 6.13.3 测试和总结 ·· 205

第 7 章 UI 互动 ··· 207

- 7.1 设置 Canvas ··· 207
  - 7.1.1 认识 Canvas ··· 207
  - 7.1.2 使 Canvas 进入 VR 空间 ·· 209
  - 7.1.3 测试和总结 ·· 216
- 7.2 初步实现与 UI 元素的互动 ·· 216
  - 7.2.1 让 Canvas 具备 VR 空间内的互动能力 ·· 217
  - 7.2.2 修改 Event System 对象 ·· 217
  - 7.2.3 测试和总结 ·· 219
- 7.3 如何消除传送移动与 UI 互动同时发生的冲突问题 ··· 219
  - 7.3.1 修改 Activate Teleportation Ray 脚本 ··· 219
  - 7.3.2 关联公共变量 ··· 222
  - 7.3.3 测试和总结 ·· 223
- 7.4 如何阻止传送移动的 Ray Interactor 与 UI 元素互动 ·· 224
- 7.5 通过下拉列表实现切换转向模式 ·· 225
  - 7.5.1 设置下拉列表 ··· 225
  - 7.5.2 编写控制转向模式的自定义脚本 ··· 227
  - 7.5.3 测试和总结 ·· 229
- 7.6 通过控制器按钮呼出菜单 ··· 231
  - 7.6.1 创建菜单 ·· 231
  - 7.6.2 编写呼出菜单的功能脚本 ··· 232
  - 7.6.3 测试和总结 ·· 236
- 7.7 优化 Menu ··· 237
  - 7.7.1 默认隐藏菜单 ··· 237

7.7.2 根据玩家位置计算菜单出现位置 ·················· 237
7.7.3 测试和总结 ·· 240
7.8 动态调整 Menu 的展现朝向 ·· 241
7.8.1 追加调整菜单朝向的逻辑 ································ 241
7.8.2 测试和总结 ·· 243

第 8 章 震动反馈 244
8.1 简单设置震动反馈 244
8.1.1 认识震动反馈 ·· 244
8.1.2 快速实现简单的震动反馈 ································ 244
8.1.3 测试和总结 ·· 245
8.2 精细控制震动反馈 246
8.2.1 取消默认的震动反馈设置 ································ 246
8.2.2 编写自定义震动反馈脚本 ································ 246
8.2.3 测试和总结 ·· 250
8.3 震动反馈控制脚本泛用化改造 251
8.3.1 功能通用化的改造思路 ···································· 251
8.3.2 通用化改造震动反馈脚本 ································ 252
8.3.3 测试和总结 ·· 254

第 9 章 自定义手势动画 257
9.1 冻结手势动画 257
9.1.1 创建用于存储手势的脚本 ································ 257
9.1.2 关联所有手指关节对象 ···································· 259
9.1.3 手动调整握枪手势 ·· 263
9.1.4 创建冻结手势动画的脚本 ································ 266
9.1.5 测试和总结 ·· 270
9.2 自定义手部姿势 271
9.2.1 指定动画冻结时的手势 ···································· 271
9.2.2 测试和总结 ·· 275
9.3 解决缩放导致的手部模型位置偏移问题 276
9.3.1 改变 Hierarchy 结构 ······································· 276
9.3.2 根据缩放倍数修改 GrabHandPose 脚本 ············ 277
9.3.3 测试和总结 ·· 278
9.4 放开物体后如何还原手部姿势 279
9.4.1 在 GrabHandPose 脚本中补充松手后的逻辑 ······ 279
9.4.2 测试和总结 ·· 280
9.5 手势的自然过渡 281
9.5.1 补充插值法逻辑 ·· 281
9.5.2 认识 Lerp 函数 ··· 282
9.5.3 使插值法函数生效 ·· 283

9.5.4　测试和总结 ·· 286
　9.6　将动画过渡逻辑应用到左手 ··· 287
　　　9.6.1　配置左手模型对象 ··· 287
　　　9.6.2　在GrabHandPose脚本中补充左手模型对象 ····························· 288
　　　9.6.3　测试和总结 ·· 293
　9.7　让左手自动获得合适的位置和方向 ·· 294
　　　9.7.1　"单一真相"原则 ··· 294
　　　9.7.2　创建自定义Unity编辑器菜单 ··· 294
　　　9.7.3　认识增量开发 ·· 296
　　　9.7.4　测试和总结 ·· 300

第10章　晕动优化 ··· 303
　10.1　隧道效应 ··· 303
　　　10.1.1　隧道效应减缓晕动的原理 ··· 303
　　　10.1.2　将隧道效应应用到VR视野 ··· 303
　　　10.1.3　设置隧道效应的效果和作用场景 ·· 306
　　　10.1.4　测试和总结 ·· 307
　10.2　自由扩展隧道效应的应用场景 ·· 308
　　　10.2.1　设置新场景下的隧道效应 ··· 308
　　　10.2.2　测试和总结 ·· 310
　10.3　传送移动中应用隧道效应 ··· 310
　　　10.3.1　设置传送移动场景下的隧道效应 ·· 310
　　　10.3.2　使传送移动场景下的隧道效应可见 ···································· 312
　　　10.3.3　测试和总结 ·· 312

第11章　项目打包与发布 ·· 314
　11.1　将项目打包成APK ··· 314
　　　11.1.1　打包测试的适用场景 ··· 314
　　　11.1.2　打包APK的一般项目设置 ··· 314
　11.2　URP项目打包步骤 ··· 318
　　　11.2.1　URP管线的优点 ·· 318
　　　11.2.2　URP管线项目的打包设置 ··· 318
　11.3　主流VR应用市场平台 ·· 321
　11.4　在Oculus Quest上发布应用 ·· 321
　11.5　在PICO平台发布应用 ··· 323

第1章 VR 游戏开发引擎的选择

CHAPTER 1

工欲善其事，必先利其器。在 VR 游戏开发的道路上，选择正确的开发引擎是成功的第 1 步。本章先简要介绍市场上不可忽视的主流支持 VR 开发的游戏引擎，通过对比说明为什么 Unity 开发引擎是 VR 开发入门者的较好选择，它为 VR 入门开发者提供了哪些强大的帮助和平台能力。

1.1 主流 VR 游戏开发引擎简介

随着 VR 市场的拓展和日趋活跃，越来越多的主流游戏引擎开始提供对 VR 游戏支持的开发套件。虽然本书选取了其中非常主流的 Unity 作为学习 VR 开发的上手平台，但其他的开发引擎也有其独特的特点和优势。当未来接触到更多的 VR 项目需求时，可能需要根据需求的内容选择更合适的平台进行开发，所以有必要对其中的佼佼者做一个大致的了解。

开发引擎虽然多种多样，但 VR 开发的流程和方法有共通之处，即使由于项目原因未来需要选择非 Unity 引擎进行开发，通过本书学得的开发知识也有很多内容可以活用到其他平台的 VR 开发中。

以下是一些常用的 VR 开发引擎。

1.1.1 Unity

Unity 是最常用于 VR 开发的引擎之一。它支持多种 VR 平台，包括 Oculus Rift、Oculus Quest、HTC Vive、PlayStation VR、PICO、WebVR 等，具有强大的工具和社区支持。

获取 Unity 进行学习和个人使用是完全免费的，只需在 Unity Hub 中申请一个个人许可证(License)并定期更新。

入门 VR 开发，本书选择 Unity 作为教学开发引擎。在实践方面，Unity 引擎久经考验，尤其在移动游戏领域是众多 VR 创作者和游戏开发者的首选，拥有超过 50％的市场份额。它长期的受欢迎程度意味着初学者可以在庞大的游戏开发者社区寻求建议和支持，还有许多 Unity 引擎的互联网教程和示例可供参考。

在编程方面，Unity 使用相对易于上手的 C♯编程语言进行开发。

Unity 还拥有庞大的视觉资源库和插件库，包括成千上万的材质、模型、环境和功能插件可供选择，涵盖各种不同风格和需求，其中不乏被广泛使用的开源免费插件，例如 Oculus 官方提供的支持 Oculus 平台 VR 开发的 Oculus Integration 插件，可用于低代码 VR 开发的 VRTK 插件，以及众多优秀的收费插件。

对于 VR 开发入门学习者及目标平台是移动 VR 一体机的开发者，推荐使用 Unity。Unity 游戏开发引擎的 Logo 如图 1-1 所示。

图 1-1 Unity 游戏开发引擎 Logo

近年来，Unity 更新了收费策略，其中规定销售额超过 20 万美元或发售套数超过 20 万套的应用，超过限额部分的每次安装都需要支付 Unity 公司 20 美分费用，对于 VR 学习者而言没有影响，但如果预期未来独立或参与开发的产品足够热销，就需要关注一下 Unity 的收费策略了。以上新规已于 2024 年年初生效。

1.1.2　Unreal Engine

Unreal Engine 是另一款流行的游戏引擎，也广泛用于 VR 开发。它提供了出色的图形渲染和物理引擎，适用于创建高度真实感的 VR 体验。Unreal Engine 同样支持多种 VR 头显设备。

Unreal Engine 在视觉图形方面非常优秀，具有一定的 VR 开发经验后，如果想要挑战制作画面媲美 3A 大作的 PC 端 VR 游戏，则可以选择继续学习 Unreal Engine。Unreal Engine 游戏开发引擎的 Logo 如图 1-2 所示。

1.1.3　CryEngine

CryEngine 由德国的 CRYTEK 公司出品，具备对 Oculus Rift 的支持，而且还支持 AMD 的 LiquidVR 技术，并且在以后的更新中计划增加更多可支持的 VR 平台。

CryEngine 的优势同样在于强大的图形处理能力和优秀的渲染效果。在 VR 开发领域主要用于制作 PC 端 VR 游戏。CryEngine 的 Logo 如图 1-3 所示。

图 1-2　Unreal Engine 虚幻开发引擎 Logo

图 1-3　CryEngine 游戏引擎

1.1.4　Cocos Creator

Cocos Creator 是由触控科技研发的一款国产游戏引擎,支持 2D、3D 和 XR 开发。大多数产品为小型游戏。支持 VR 硬件的对接开发,可以集成专门的 VR 开发插件。底层采用的是 OpenXR 标准协议,所以也支持跨平台。Cocos Creator 的 Logo 如图 1-4 所示。

图 1-4　Cocos Creator

1.2 主流 VR 游戏应用市场简介

从事 VR 开发的最终目的是开发出创意产品并投放市场,因此也有必要介绍 VR 游戏应用的主要发布和交易平台。虽然 VR 的学习之旅才刚刚起步,但抱着明确的目的去学习,并且以这些市场上已经投放的成功游戏为目标,显然能让学习过程更加充满热情。下面介绍的是笔者比较熟悉及推荐的 VR 游戏应用投放市场。

1.2.1 Oculus Quest

Oculus Quest 应用市场是 Oculus Quest VR 一体机内置的移动端游戏应用市场,可以通过 Quest 一体机或相关 App 应用查看已上架的 VR 游戏及应用的介绍,以及演示和评价等信息。

作为全球消费级 VR 头盔中的热门产品,Oculus 的配套应用市场内容也相当丰富,有众多可以体验并作为参考的经典佳作。Quest 商店界面如图 1-5 所示。

图 1-5　Oculus Quest 2 中展现的 Quest 商店界面

Oculus Quest 商店有时会出现即使网络正常也连接不上的情况,一般是由于系统时间与用户所在时区的实际时间不一致而导致的。此时有一个办法,可以通过 Side Quest 这款免费软件,注册、登录并连接头盔后,单击右上角的 CUSTOM COMMAND 按钮,如图 1-6(a)所示。

在命令行位置输入的命令如下:

```
adb shell am start -a android.intent.action.VIEW -d com.oculus.tv -e uri com.android.settings/.DevelopmentSettings com.oculus.vrshell/.MainActivity
```

然后单击 RUN COMMAND 按钮,如图 1-6(b)所示。

此时再戴上头盔,可以看到系统隐藏菜单已经出现,如图 1-7 所示。

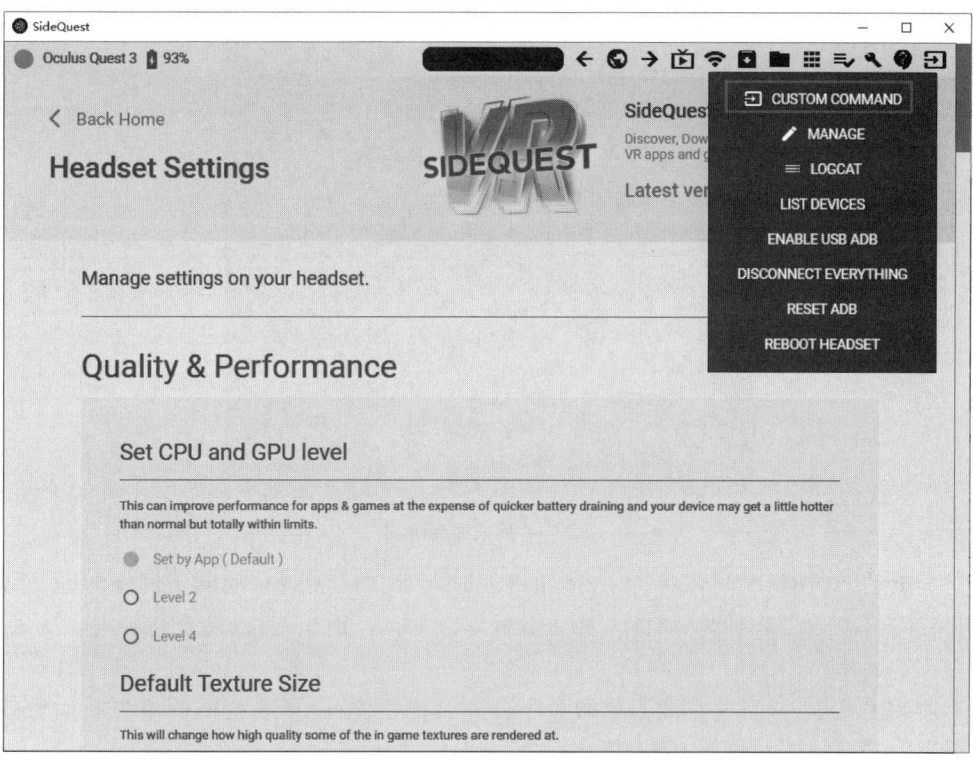

(a) 从菜单栏选择CUSTOM COMMAND按钮

(b) 运行自定义ADB命令的Side Quest应用界面

图 1-6　在 Side Quest 中运行 ADB 命令

图 1-7 系统隐藏菜单

向下滚动，查找到时间类目，单击按钮进入时间设置后关闭自动同步网络时间，手动将时区和时间修改为当前时区和时间，然后重新单击"商店"面板，可以发现商店内容从黑屏警告变为正常展示。

上述调出 Oculus 系统隐藏菜单的命令可能会由于 Oculus 系统的版本更新而失效，需要根据当前的系统情况更新方法。

1.2.2　Oculus Rift

Oculus Rift 配套有 Oculus 的 PC 端应用市场，面向需要连接计算机游戏的 Rift 头盔，由于和 Quest 一体机是同一公司的产品，所以有许多应用内容与 Quest 一体机的内容重复。不同的是，由于 Rift 游戏运行依托于计算机，所以也有一部分一体机性能无法承载的大型游戏只能在 Rift 市场上看到，例如北欧神话背景的 3A VR 大作《阿斯加德之怒》。同时，Quest 一体机也能通过串流游玩 Rift 市场的游戏。Oculus 面向 Rift 的 PC 端商店平台界面如图 1-8 所示。

1.2.3　Steam

Steam 游戏市场是全球最大的数字发行平台之一，由 Valve Corporation 运营。它提供了广泛的数字游戏、软件和其他娱乐内容，不仅包括 PC 游戏和应用、音乐、电影，还包括虚拟现实游戏内容。

在虚拟现实方面，Steam 平台推出的针对 VR 的扩展应用 SteamVR 可以兼容市场主流头戴 VR 设备，包括 Oculus Quest 和 PICO 这样的一体机头盔。一体机 VR 头盔可以通过有线或无线串联的方式玩 Steam 平台上购买的 VR 游戏。

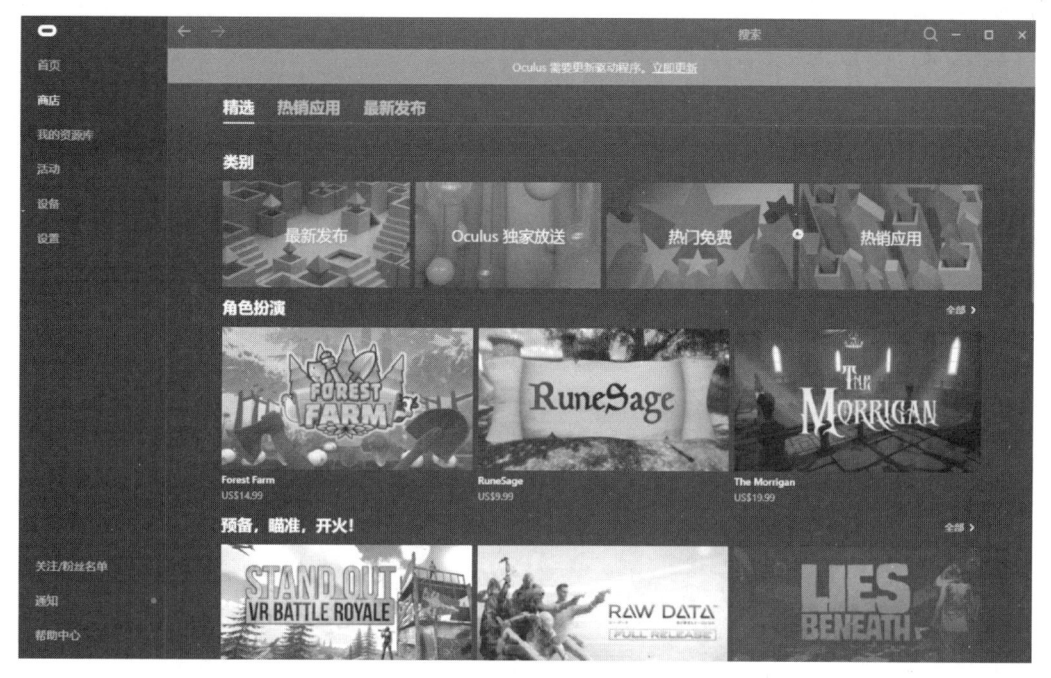

图 1-8　Oculus 的 PC 端商店平台

和 Rift 市场一样，Steam 市场上的 VR 游戏依托于 PC 运行，因此可以运行 3A 大作，著名的 Steam 平台的 VR 作品有荣获第十届纽约游戏大奖最佳 VR/AR 游戏奖的 3A 大作《半条命：Alyx》。《半条命：Alyx》的 Steam 商店页面如图 1-9 所示。

图 1-9　Steam 游戏商店的《半条命：Alyx》页面

1.2.4 PICO

PICO 游戏市场是与国内发行的 PICO VR 一体机配套的 VR 数字游戏发行平台,可以通过 PICO VR 头盔或相应 App 访问该市场上的游戏和应用内容。

PICO 游戏市场专注于移动 VR 游戏,为国外的开发者提供了在快速增长的中国 VR 市场推广他们游戏的机会,也给了国内开发者一个投放作品的平台。PICO 游戏市场也在积极地进军全球市场,并吸纳全球范围的 VR 开发者将自己的作品投放到 PICO 应用市场。PICO 游戏商店界面如图 1-10 所示。

图 1-10　PICO 游戏商店

1.2.5 SIDEQUEST

SIDEQUEST 游戏市场也是一个专注于虚拟现实的数字发行平台,与其他平台不同的是,SIDEQUEST 是一个非官方的平台,专门面向独立游戏开发者,允许他们发布和分享他们自制的 VR 游戏和应用程序。在这里,开发者可以获得更多独立和创新的虚拟现实内容。

独立开发者往往乐意将 SIDEQUEST 作为游戏作品的试验场,投放自己独立开发的游戏让用户免费试玩,然后从 SIDEQUEST 社区用户的评论中获得对于游戏各项表现的综合反馈,以此为依据迭代产品。

开发者也可以从 SIDEQUEST 的内容中免费获得不少游戏样品,这些样品既可以刺激创意,也可以作为学习的参考来源。

同时,SIDEQUEST 可以连接 Oculus 和 PICO 这两款国内外主流的 VR 一体机头盔,完成文件管理、第三方应用的安装与卸载,甚至可以运行自定义 ADB 命令等功能,是重要的非官方工具软件。SIDEQUEST 主界面如图 1-11 所示。

图 1-11　SIDE QUEST 主界面

1.3　为何选择 Unity 作为 VR 开发引擎

1.3.1　Unity 更适合 VR 开发入门学习

Unity 是一款非常友好的游戏开发引擎，灵活且轻量，特别适合初学者。它提供了直观的界面和易于学习的工具，使新手能够快速上手。

Unity 使用 C# 作为主要编程语言，这是一种相对容易学习的语言，特别适合初学者。如果已经熟悉 C#，则学习 Unity 将更加轻松；如果没有太多编程或技术经验也不用担心，C# 在 Unity 中已经被脚本化，可以很快掌握用法。

在 VR 开发领域，Unity 具有强大的 VR 生态系统，其针对 VR 开发的 Toolkit 套件支持多种 VR 头显设备，包括 Oculus Rift、Oculus Quest、PICO、HTC Vive、PlayStation VR 等。这意味着开发者可以轻松地创建适用于各种 VR 平台的内容，而无须深入了解每个平台的独特特性。本书也正是围绕 Unity 的 VR 开发 Toolkit 套件讲解兼容多种设备的 OpenXR 形式的 VR 开发方法。

对于初学者而言，学习资源的获取和社区内容的支持非常重要，Unity 在这个方面也有优势。Unity 拥有一个庞大的开发者社区，这意味着开发者可以找到大量的教程、示例项目和插件，以帮助开发者入门 VR 开发。这个社区也非常活跃，可以为开发者提供支持，解答在开发过程中遇到的各类问题。

Unity 还允许开发者轻松开发跨平台的 VR 应用程序，这意味着可以在不同的 VR 设备上运行项目，而无须重复开发。例如本书中的例子就可以同时运行在 Quest 或 PICO，只需在项目设置上做一些小小的改变就可以成功针对不同设备移植相同的项目。

Unity 拥有强大的图形引擎，可以实现高质量的图形效果，这对于 VR 应用来讲至关重要，因为图像质量对于沉浸感至关重要。当然，Unreal 在这方面更出色，所以 Unreal 更适合做大型游戏，但学习曲线陡峭，不推荐初学者。

在市场占有率方面，由于新款游戏不断加入，设备的性能也不断提升，所以 Unity 和 Unreal 开发占有率也处在变化之中。但有一点可以肯定，无论在哪个游戏市场中，Unity 所开发的 VR 游戏的占有率目前占据着主导地位，例如大火的 *BEAT SABER*、*SUPERHOT*、*JOB SIMULATOR* 等作品都是用 Unity 开发的，这几款作品的游戏画面如图 1-12 所示。同时由于 VR 一体机主导了消费级 VR 市场，所以更适合移动端开发的 Unity 也依然会在 VR 开发领域继续广受欢迎。

图 1-12　用 Unity 开发的热门 VR 游戏

本书所介绍的基于 Unity 提供的 XR Interaction Toolkit 插件的开发是一种适用大多数 VR 设备的 OpenVR 的开发方式。另一种开发方式是利用各类设备官方提供的插件进行 VR 开发，例如 Oculus Quest 一体机可以使用 Oculus Integration 插件进行开发。两者的不同在于 OpenVR 开发的项目可以兼容不同的设备运行，而用 Oculus Integration 插件则可以使用 Oculus 设备提供的专有 API 调动更多的设备能力，例如透视 Passthrough 等功能实现更丰富的游戏和应用效果，但会在一定程度上牺牲移植性。

1.3.2　不可忽视的其他 VR 开发引擎

Unreal Engine 适合技能偏向于设计领域的开发者，可以允许用户在对编程所知甚少的前提下开发出高质量画面的游戏。不过，这并不意味着 Unreal Engine 上手简单，恰恰相反，由于功能丰富，其蓝图可视化脚本的学习曲线相比 C♯ 脚本驱动的 Unity 更为陡峭。

在 VR 层面，Unreal Engine 在 VR 开发资源、指导及社区帮助方面相比 Unity 显得单薄，但也在稳步地增加学习资源。

Unreal Engine 的画面效果能达到 3A 水准，光照和物理渲染的效果也很优秀，如果在熟悉 VR 开发后想继续做画面效果更好的大型游戏,则可以继续学习 Unreal Engine。

无论选择哪个平台,VR 开发的核心都是相通的,初学先从轻量易上手的 Unity Engine 入手,就算日后积累了足够经验有实力开发大型游戏时转而选择 Unreal Engine,之前在 Unity 中学到的技巧依然能够让开发者快速掌握新引擎的各类工作原理和细节。

除了 Unity 和 Unreal Engine 之外,还存在一些表现令人惊叹的独立开发引擎。

当虚拟现实第一人称射击游戏《半条命:Alyx》于 2020 年获得一致好评时,游戏评论家和 VR 爱好者都赞扬它是 VR 的杀手级应用。玩家们评价这款游戏使头戴式设备内部的世界变得如此自然、本能和令人惊叹,以至于忘记了外部世界。

《半条命:Alyx》赢得 98.5% 的正面评价和 8000 万美元的总收入,而这么受人追捧的游戏使用的游戏引擎并非 Unity 或 Unreal Engine,而是由 Valve 独有的 Source 2 游戏引擎制作而成的。《半条命:Alyx》的游戏开场画面如图 1-13 所示。

图 1-13　3A 大作《半条命:Alyx》中抬头可见的 17 号城市

第 2 章 VR 项目环境准备

CHAPTER 2

2.1 硬件准备

第 1 章在介绍主流 VR 开发平台的同时,也介绍了 Unity 平台对于 VR 开发初学者的独特学习优势,所以本章围绕 Unity 开发引擎,介绍 VR 开发前的环境准备。

在详细说明软件层面的开发环境配置前,先简单说明一下使用本书进行 VR 开发实践时需要准备的硬件设备。

2.1.1 关于计算机

由于 Unity 编辑器需要在计算机端进行安装和运行,所以一台性能达标的 PC 是必不可少的。

建议准备一台 Windows PC,至少需要具备 Unity 运行的最低性能要求。截至本书编写时,Unity 运行的最低性能要求如下。

(1) 处理器:单核 2.0GHz 或更快的处理器。

(2) 内存:4GB RAM。

(3) 操作系统:64 位 Windows 7 SP1、macOS 10.12 或更高版本。

(4) 硬盘空间:5GB 可用空间。

(5) 显卡:支持 DirectX 11 的显卡。考虑到对 Oculus 机器的实时调试功能 Quest Link 的支持,建议购买 NVIDIA 显卡而非 AMD 显卡。

以上的配置要求不高,但在实际使用中,由于各类资源和工具包会占据空间,渲染和 Build 等过程如果等待时间较长,则会非常影响开发的时间成本,所以还是推荐准备一台较高性能的 64 位操作系统 Windows 计算机,配备至少 16GB 的内存,充足的硬盘空间(如果本体硬盘空间不够,则可以用外置硬盘补足,推荐具有 USB 3.0 接口的固态硬盘),及主流规格的多核处理器和独立显卡。

笔者编写本书时所用开发机的配置如图 2-1 所示,仅供参考。这样的配置足以用于开发本书中的 VR 示例项目。

```
处理器    英特尔 Core i5-9400F @ 2.90GHz 六核  14 nm
内存      16 GB ( 金士顿 DDR4 2666MHz 8GB x 2 )
显卡      NVIDIA GeForce GTX 1660 Ti ( 6 GB / 七彩虹 )
主板      映泰 B365MHC  (300 Series 芯片组 Family (B365))
显示器    冠捷 AOC2490 2490W1 ( 23.8 英寸 )
主硬盘    GLOWAY VAL240NVMe-M.2/80 (240 GB / 固态硬盘)
网卡      瑞昱 RTL8168/8111/8112 Gigabit Ethernet Controller / 映泰
声卡      USB Audio Device
```

图 2-1　本书所用开发机配置

Unity 编辑器从 2021.X LTS 版本开始提供针对苹果处理器优化后的 Apple Silicon 版本，如果习惯使用苹果计算机，则搭配 M2 处理器的 Apple Mini 也是很不错的选择，完全可以满足本书示例的开发、测试和 Build 需求。M2 Mini 主机的外观如图 2-2 所示。

图 2-2　M2 Mini 主机的外观

2.1.2　关于 VR 头盔产品

Oculus Quest 是全球销量最高的消费级 VR 头盔，使用 Unity 编辑器开发 Quest 项目时可以通过 Link 功能实现实时的真机测试，不用浪费大量时间在打包上，可以大大节省开发的时间成本，提高开发效率。需要注意的是，Quest Link 功能截至本书编写时只支持 NVIDIA 显卡，不支持 AMD 显卡。

由于本书选择 Quest2 作为实践案例的测试运行设备，所以为了顺利地测试和观察本书案例在 VR 世界中的效果，推荐准备一台 Quest2 头盔。

如果无法准备 Quest2 头盔用于学习和测试，则还有 3 种替代方案。

1. 使用 Quest1

Quest1 是 Quest2 的前一代产品，如果拥有 Quest1 但没有 Quest2，则可以用 Quest1 来测试和体验本书中的所有案例效果。Quest1 的操作系统经过升级后与 Quest2 差别不大，在测试步骤上也与 Quest2 基本一致。Quest1 的外观如图 2-3 所示。

2. 使用 Rift、PICO 等其他类型的 VR 头盔

本书采用 OpenXR 方法进行开发，因此在开发过程中代码仅需做一些极小的调整就可以打包到其他主流 VR 头盔上显示，这些头盔包括但不限于 Oculus Rift、HTC Vive 和国内发售的 PICO 等，因此如果有这几款主流消费级 VR 头盔中的任何一款，则可以从设备生产的厂家一方获得支持，了解如何连接 Unity 作为测试 Unity 在开发过程中的实时测试机。国产 PICO VR 一体机的外观如图 2-4 所示。

图 2-3　Quest1 的外观

图 2-4　PICO VR 一体机的外观

3. 使用 HMD 无头盔开发技术

如果并没有可以用作测试的 VR 头盔设备，并且也没有预算为了学习而购置头盔，还有一种终极的解决方案，也就是无头盔开发。

实现无头盔开发的原理，是通过 Unity XR 开发包中的头盔模拟器，以及通过键盘和鼠标模拟头盔和控制器的输入，代替真机进行测试。

目前存在多个插件可以辅助开发者实现无头盔开发 VR 游戏。笔者使用过的无头盔开发方法，分别是通过 Unity 的 XR Plug-in management 中自带的 Unity Mock HMD 功能实现的头盔模拟和通过第三方 VR 开发插件包 VRTK 的各类预制件实现的头盔模拟。由于 VRTK(Virtual Reality Toolkit)依赖于第三方包，所以 VRTK 的开发方法不在本书的介绍范围内。适用于本书示例开发流程的无头盔开发方法推荐采用 Unity 的 Mock HMD 功能，使 Mock HMD 功能生效的配置界面如图 2-5 所示，在 Unity 的 Project Settings 窗口下，在左侧列表中选中 XR Plug-in Management，在右侧详细设置面板中选中 PC 选项卡，再勾选 Unity Mock HMD。

无头盔开发的优点在于摆脱了对真机的依赖，允许没有头盔设备的开发者也能进行 VR 游戏应用的开发。同时无头盔开发也有明显的局限，例如无法像真机那样获得切实的 VR 体验，因此测试的效果要打折扣；又例如模拟头盔和控制器动作无法等价于实际使用头盔和控制器的感受，也会影响测试的体验和效果。

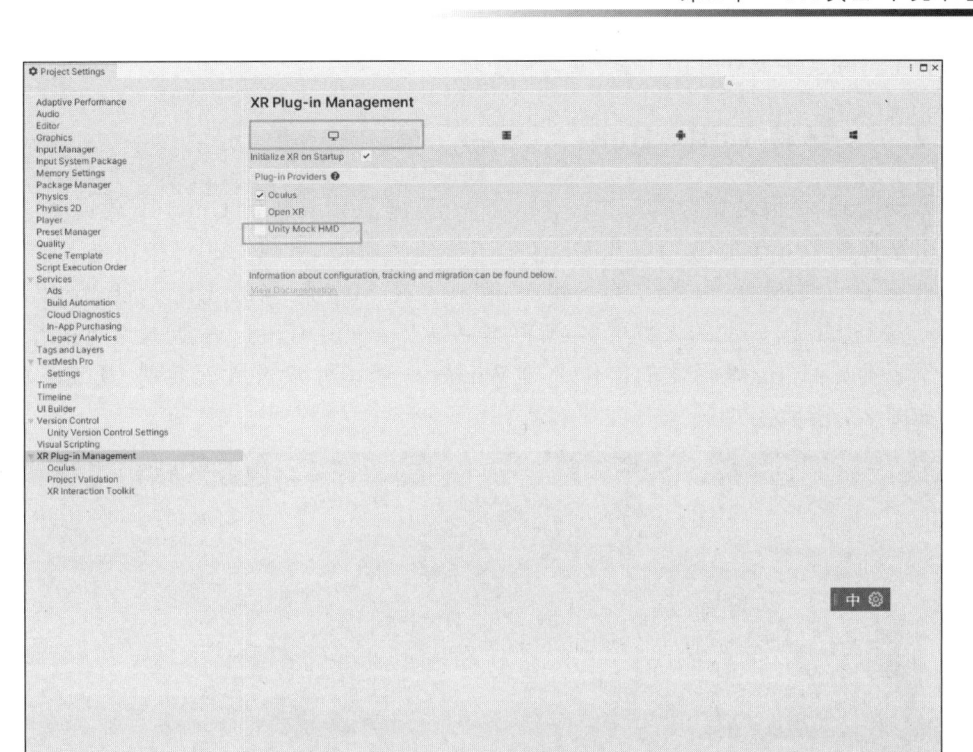

图 2-5 使 Mock HMD 功能生效的配置界面

VRTK 是一个针对 Unity 引擎的开源 VR 开发工具包,它提供了一系列功能强大的组件和脚本,用于简化和加速 VR 游戏和应用程序的开发过程。

在 VRTK 中,CameraRigs.SpatialSimulator 是一种模拟虚拟现实环境的 Camera Rig。它允许开发人员在不使用实际 VR 设备的情况下,在常规的计算机屏幕上模拟 VR 环境。这对于在开发早期阶段进行快速迭代和测试非常有用,因为开发者不需要实际的 VR 设备来查看和测试游戏。这也是笔者常用的无头盔开发 VR 游戏的方法。

VRTK 插件的 Logo 如图 2-6 所示。

图 2-6　VRTK 是一套可以实现无头盔开发 VR 游戏的开源插件

2.2　下载 Unity

本节开始进入 VR 开发的环境准备阶段,由于本书的开发环境主体是 Unity 编辑器,所以先进行 Unity 编辑器软件的下载、安装和配置。

2.2.1　安装 Unity Hub

打开浏览器，在网址栏输入 unity.com/download 直接跳转到 Unity 下载页面，或直接在搜索引擎搜索"Unity 官方"，打开 Unity 官方主页后单击"下载 Unity"按钮进入软件下载页面。根据自己的操作系统选择下载 Windows 或 Mac 版本的 Unity Hub，由于使用 Windows 进行 Unity 开发的人数更多，所以本书以 Unity 的 Windows 版本为例介绍安装过程。苹果版本在 Unity 编辑器的操作上与 Windows 版本并没有太大差别。Unity 中国官网首页如图 2-7 所示。

图 2-7　Unity 中国官网首页

由于 Unity 版本众多，更新频繁，所以本书的第 1 个下载目标并不是编辑器软件本体，而是先下载 Unity Hub，通过 Unity Hub 进一步进行统一的 Unity 编辑器的版本管理和下载等操作。

Unity Hub 是由 Unity Technologies 开发的一个桌面应用程序，用于管理 Unity 引擎的安装、版本控制和项目管理。它的产生主要是为了解决以下几个问题。

（1）多版本管理：Unity 引擎的版本更新非常频繁，开发人员可能需要同时使用多个不同版本的 Unity。Unity Hub 提供了一个集中管理所有 Unity 版本的界面，让开发人员可以轻松地切换和管理不同版本的 Unity 引擎。

（2）项目管理：开发人员可能会同时处理多个项目，每个项目可能需要不同版本的 Unity。Unity Hub 提供了一个方便的界面，让开发人员可以轻松地管理和切换项目，而无须手动在文件系统中寻找项目文件。

（3）组件安装：Unity 引擎的某些功能和组件可能需要额外安装，例如 Android 开发支持、iOS 开发支持等。Unity Hub 提供了一个简单的界面，让开发人员可以方便地安装和管理这些额外的组件。

（4）Beta 版本控制：Unity Hub 提供了一个方便的方式来访问 Unity 的 Beta 版本。开发人员可以轻松地安装和管理 Beta 版本，并在其中测试新功能。

（5）历史存档版本入口：Unity Hub 提供了一个方便的入口，让开发人员可以轻松地访问他们已安装的 Unity 引擎的历史存档版本。这使开发人员可以根据项目需求选择特定的历史版本进行开发和测试，而不必担心引擎更新可能引入的兼容性问题。

（6）云项目功能：Unity Hub 还提供了一个云项目功能，开发人员可以将他们的项目保存到 Unity 的云端存储中。这样做有助于团队协作和项目备份，同时也使跨设备之间的项目共享和访问变得更加方便。通过云项目功能，团队成员可以轻松地在不同的设备上访问和同步他们的项目，并进行协作开发。

下载完成 Unity Hub 后双击后缀名为 exe 的安装程序进行安装。

2.2.2　安装合适版本的 Unity 编辑器

安装完成后打开 Unity Hub，单击左侧面板列表中的"安装量"选项卡，然后单击"安装量"选项卡右上角的"安装编辑器"按钮，如图 2-8 所示。

图 2-8　Unity Hub 用于对 Unity 项目和编辑器版本进行统一管理

弹出"安装 Unity 编辑器"界面后，选择想要安装的 Unity 版本，本书使用 Unity 编辑器的 2021.3.30f1c1 版本。由于 Unity 的 XR 开发工具包比较稳定，如果在"正式发行"面板找不到 Unity 编辑器版本 2021.3.30f1c1，则可以任意选择一个 LTS（长期支持）的 Unity 版本继续安装，不会对本书的操作案例有太大影响。

如果希望跟随本书操作时在细节上也能够保持一致，就需要下载与本书所用 Unity 编辑器版本完全一致的 2021.3.30f1c1 版本的 Unity 编辑器。下载方法是单击"存档"面板，单击"下载存档"按钮，打开如图 2-9 所示的 Unity 所有存档版本的下载页面，找到 2021.3.30f1c1 版本，根据操作系统单击相应行的"从 Unity Hub 下载"按钮开始下载。

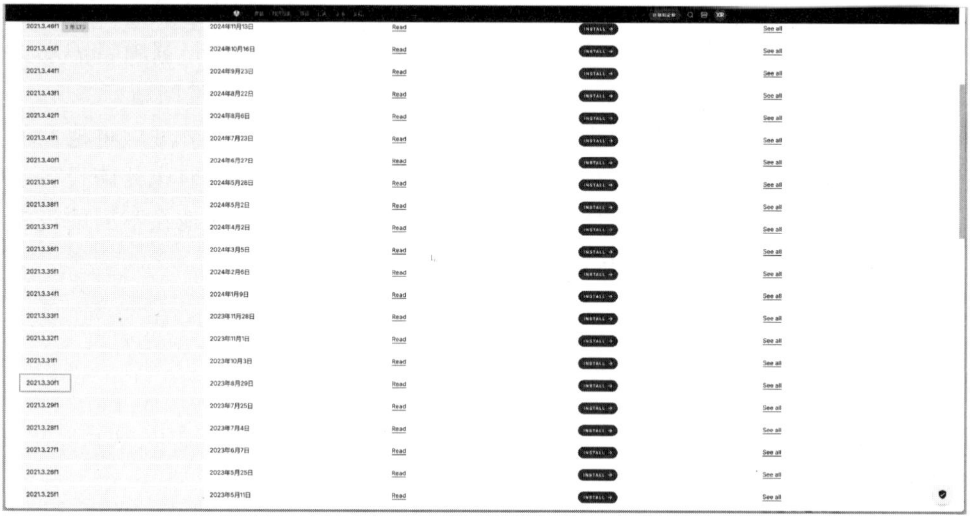

图 2-9　存档历史版本 Unity 编辑器软件的下载页面

安装 Unity 编辑器时需要选择具体安装哪些模块。本书案例的目标平台是主流 VR 一体机 Oculus Quest，最终目标是将案例应用安装到 Oculus 一体机中去，同时为了调试方便，在开发测试过程中会借助可以实时调试的从 PC 端连接 Quest 头盔的 Oculus Link 能力，因此在安装 Unity 编辑器时需要勾选所有 JDK、NDK 及 Windows 相关的模块。最终需要勾选的模块如图 2-10 所示。

为何需要安装 JDK 和 NDK 模块呢？

NDK 是一个包含了一系列用于开发 Android 应用程序的工具集合，其中包括编译器、调试器和其他实用工具。Unity 引擎使用 NDK 来编译 C/C++ 代码，例如用于 Android 平台的插件或底层渲染引擎的部分。

由于本书的运行目标平台是 Oculus 一体机上搭载的 Android 系统，应用程序中也会包含需要使用 C/C++ 语言编写的插件或底层功能，所以安装 NDK 模块是必要的。

JDK 是 Java 编程语言的开发工具包，其中包括 Java 编译器、JRE（Java Runtime Environment）和其他开发工具。Unity 使用 JDK 来编译和打包 Android 应用程序，以及在使用 Android 开发工具时进行一些必要的配置。

安装 JDK 模块也是必要的，因为 Unity 引擎需要使用 Java 编译器和其他工具来生成 Android 应用程序的可执行文件（APK），即使不打算开发 Java 插件，也需要 JDK 来构建和打包 Android 项目。

安装过程中跳出的协议弹窗内容一律选择同意。

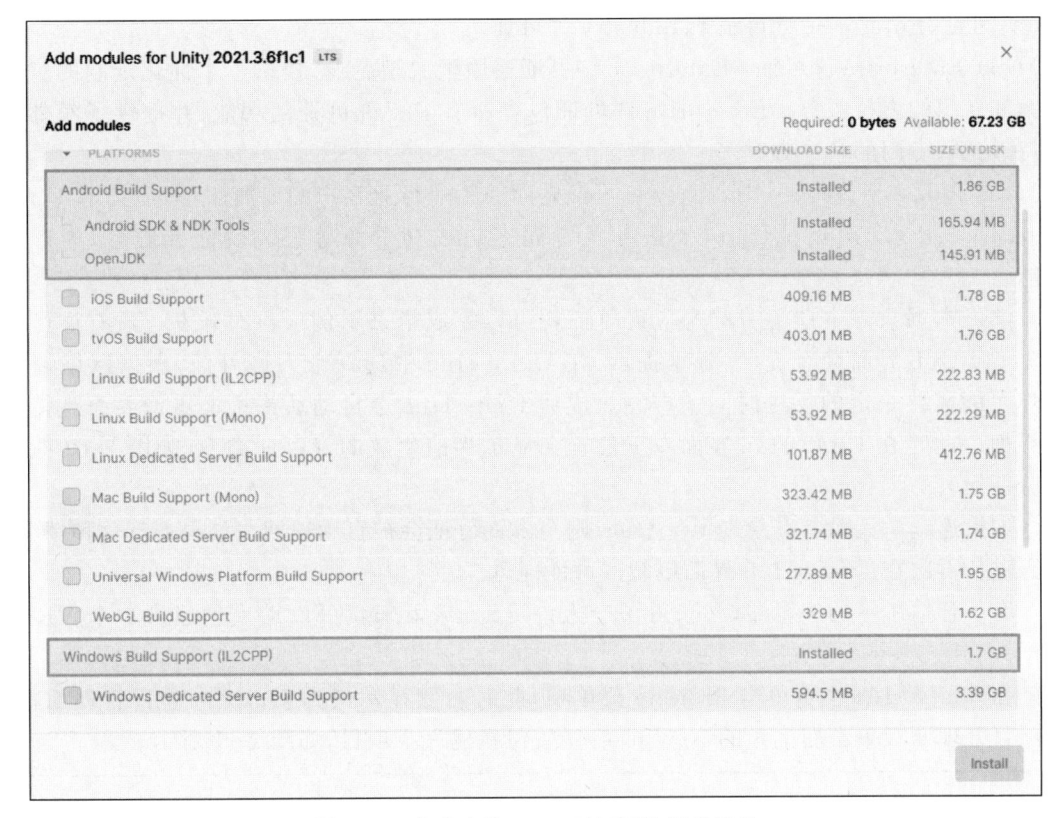

图 2-10　本书安装 Unity 时需要选择的模块

2.2.3　获取 Unity 编辑器的使用许可证

编辑器安装完成后，还需要获得许可证才能正常使用 Unity 编辑器进行开发。Unity 编辑器有多种许可证，对应不同的收费策略。

（1）个人许可证：个人许可证提供了免费使用 Unity 引擎的可能，原本的目标受众是个人学习者或独立开发者。它具有一些基本功能，但可能缺少高级功能和服务。学习本书仅需申请个人许可证，并且由于 Unity 最新规定过去 12 个月整体财务规模少于 10 万美元的个人、爱好者及初创企业都可使用 Unity Personal。事实上是将原 Plus 许可证的受众合并进了个人许可证中。

（2）Plus 许可证：Plus 许可证适用于小型团队和中小规模的工作室，用于开发商业性质的项目。Plus 许可证提供了一些额外的功能和服务，例如性能报告工具、Cloud Build、Unity Learn Premium 访问等。目前 Plus 许可证已被取消。

（3）Pro 许可证：Pro 许可证适用于中大型工作室和企业，用于开发大规模商业项目。Pro 许可证提供了完整的 Unity 引擎功能，包括所有高级功能和服务，例如 Performance Reporting、Analytics 等。过去 12 个月整体财务规模达到 20 万美元以上的企业，需要使用

Pro 许可证、Enterprise 许可证或 Industry 许可证。

（4）Enterprise 许可证：Enterprise 许可证适用于大型企业，提供了个性化定制的解决方案和专门的支持服务。Enterprise 许可证包含所有 Pro 许可证的功能，并提供了额外的支持、培训、专门的解决方案等。

（5）Industry 许可证：Industry 许可证是面向工业行业客户的专属服务，汇集了 Unity Enterprise、Pixyz Plugin、Unity 云服务及专属客户成功资源等强大功能和服务，为产业赋能。

学习本书只需申请免费的个人许可证就可以完成全书示例项目的开发。没有许可证时 Unity Hub 界面会有提示，根据提示，在 Unity Hub 中选择个人许可证，根据网络情况好坏可能需要一定的反应时间。申领完成后 Unity Hub 会自动从许可证申请界面跳转回主界面。此时在 Unity Hub 界面左下位置会显示当前生效的许可证类型（如图 2-10 框出部分所示）。

如果连续 7 天没有登录 Unity Hub，则个人许可证会被自动退回。如果遇到这种情况，只需重新再次在 Unity Hub 界面申领许可证即可。

有了合适版本的编辑器，又获得了个人许可证，接下来就可以动手创建第 1 个 VR 项目了。

在 Unity Hub 主页单击 Projects 菜单项，此时右侧显示的是 Unity 的项目管理面板。在项目管理面板单击右上角的 New project 按钮新建一个项目，如图 2-11 所示。

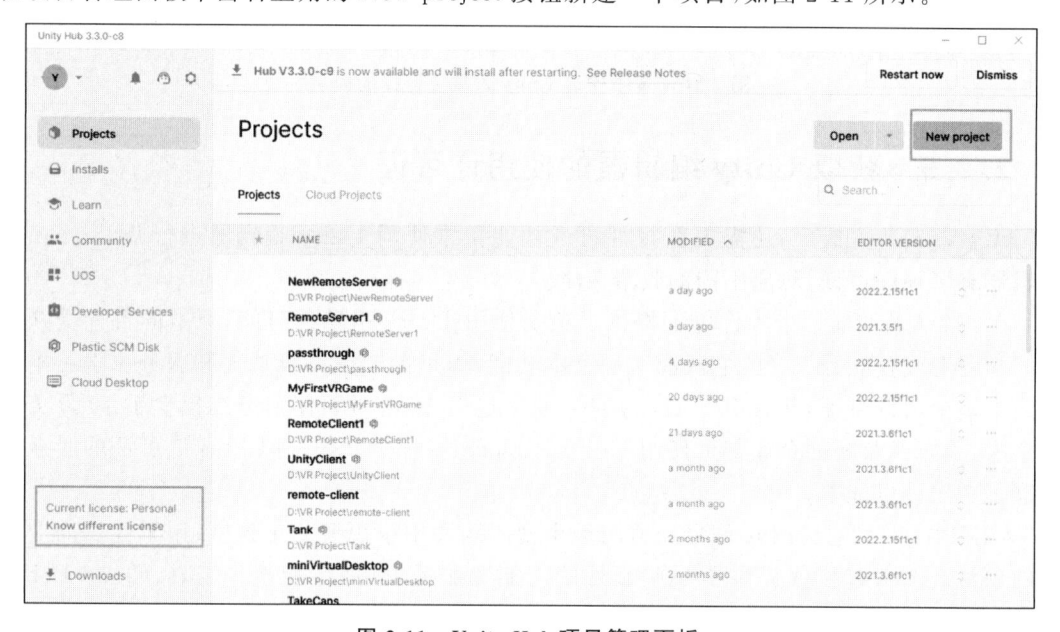

图 2-11　Unity Hub 项目管理面板

弹出新建项目对话框后，从位于对话框正上方位置的版本列表选择合适的 Unity 编辑器版本，例如 2021.3.30f1c1，接着在下方的模板列表中选择一个模板，这里选择普通的 3D

项目模板。

2.2.4 关于 Unity 编辑器的版本号

细心的读者可能会问，目前介绍的 Unity 版本号，有的名称是 2021.3.30f1，有的名称是 2021.3.30f1c1，这两者有什么区别。要弄明白这一点，就需要了解 Unity 版本号的编号规则。

Unity 版本号通常由 4 部分组成：主版本号、次版本号、修订版本号和后缀。

就以"2021.3.30f1"和"2021.3.30f1c1"为例拆解分析：

2021.3.30f1 中，2021 是主版本号，表示该版本是在 2021 年发布的。3 是次版本号，表示该版本是 2021 年的第 3 个次要更新。30 是修订版本号，表示该版本是第 30 次修订，通常指在次版本号下的更新和修复。f1 是后缀，表示这是一个稳定版本（Final），通常指已经过测试并发布的正式版本。

2021.3.30f1c1 中除了主版本号、次版本号、修订版本号和后缀外，还有一个额外的标识符"c1"。这个"c1"表示这是一个针对已发布版本的修正版（Canonical），通常用于修复已知的问题或缺陷。标识符"c1"表示第 1 个修正版，后续可能会有"c2""c3"等。

可以发现，Unity 版本号的命名规则从左到右表示的版本变化颗粒度是越来越小的，所以一般来讲，c1 和稳定版之间只有细微的差别，开发项目时在大多数情况下是可以互相兼容的。

在选择模板时，细心的读者也会有一个疑问。在可选的 Unity 项目模板中可以看到一个现成的名为 VR 的核心模板，为什么不直接用这个模板呢？

这是考虑到 VR 的项目设置根据目标设备不同及开发方法不同存在多种设置形式。如果直接使用现成的 VR 模板，项目设置方面的内容就会或多或少成为本书的学习盲区。学习如何在一个基本 3D 模板项目的基础上导入合适的插件，进行必要的项目设置构建一个 VR 项目是重要的实操内容，学习这个过程能够让读者接触到 VR 项目设置的细节，打下良好的基础。将来如果因为项目需要而追加更多能力，则在框架上也能够快速追加和应变。

2.2.5 Unity 项目模板

在模板选择列表中，除了 3D 模板，还有一些其他的模板可供选择。有些适用于 VR，有些不适用，主流 Unity 项目模板有以下种类。

（1）3D 项目模板：这个模板适用于创建具有三维图形和环境的游戏项目。它提供了一个空的三维场景，可以在其中添加角色、道具、场景装饰等，以创建逼真的三维游戏体验。适用于动作游戏、冒险游戏、射击游戏等类型的开发。

（2）2D 项目模板：这个模板适用于创建 2D 游戏项目，包括平台游戏、射击游戏、解谜游戏等。它提供了一套专门用于 2D 游戏开发的工具和功能，包括 2D 精灵、碰撞检测、动画编辑器等。适用于像素风格游戏、卡通风格游戏等类型的开发。

（3）AR项目模板（增强现实）：这个模板适用于创建增强现实应用程序，让用户通过手机或平板电脑的摄像头查看虚拟对象与现实世界的交互。它提供了AR核心功能、摄像头权限管理等功能，帮助开发者快速地搭建AR体验。适用于虚拟导航、虚拟装饰等AR应用的开发。

（4）VR项目模板（虚拟现实）：这个模板适用于创建虚拟现实游戏或应用程序，让用户通过VR头显沉浸式地体验游戏世界。它提供了VR交互功能、头显追踪、手部追踪等功能，帮助开发者构建适用于各种VR设备的应用程序。适用于虚拟旅游、虚拟培训等VR应用的开发。

（5）URP模板（Universal Render Pipeline）：URP是一个轻量级的渲染管线，旨在提供良好的性能和广泛的平台支持。它适用于移动设备、低端PC和主流游戏平台，并提供了一套灵活的渲染功能，包括物理渲染、后处理效果、自定义着色器等。URP模板适合于需要保持良好性能并在多个平台上发布的项目，例如移动游戏、小型独立游戏等。

（6）HDRP模板（High Definition Render Pipeline）：HDRP是一个具有高保真度的渲染管线，旨在提供逼真的图形效果和高质量的渲染。它支持高分辨率纹理、高动态范围（HDR）、物理基于照片实现、体积光等先进的渲染技术。HDRP模板适用于需要追求图形品质和视觉逼真度的项目，例如AAA级游戏、虚拟现实应用、建筑可视化等。

在上述主流的Unity项目模板中，适合一体机VR项目的有3D、VR、URP这3个模板，其中又以3D模板最基础，因此本书示例项目选用3D模板作为示例项目的开发模板。在实际开发中，清楚VR模板中的默认设定，可以采用VR模板提高开发效率。如果对图形要求较高，则可以采用URP模板。

2.2.6 新建Unity项目

在New project面板，将项目命名为First VR Game，如果需要选择不同地址存储项目文件，则可以在存储位置栏自定义。单击Create project按钮，稍等片刻，Unity会自动初始化并打开项目，如图2-12所示。

如果想要多地多人共同编辑一个项目，则可以在存储位置项目下方勾选Enable Version Control（图2-12⑤），这将在新项目中启用Unity提供的版本控制和小组协同服务。可以在多个终端同步项目、检入、检出版本变动等。

以上设置就绪后，单击Create project按钮（图2-12⑥），Unity会自动初始化项目，耐心等待片刻，直到Unity编辑器自动正常打开项目。

打开项目后，编辑器的默认窗口界面还只是一个普通的3D游戏项目界面。为了将这个3D游戏模板配置为VR项目，需要进行VR开发相关的项目设置。

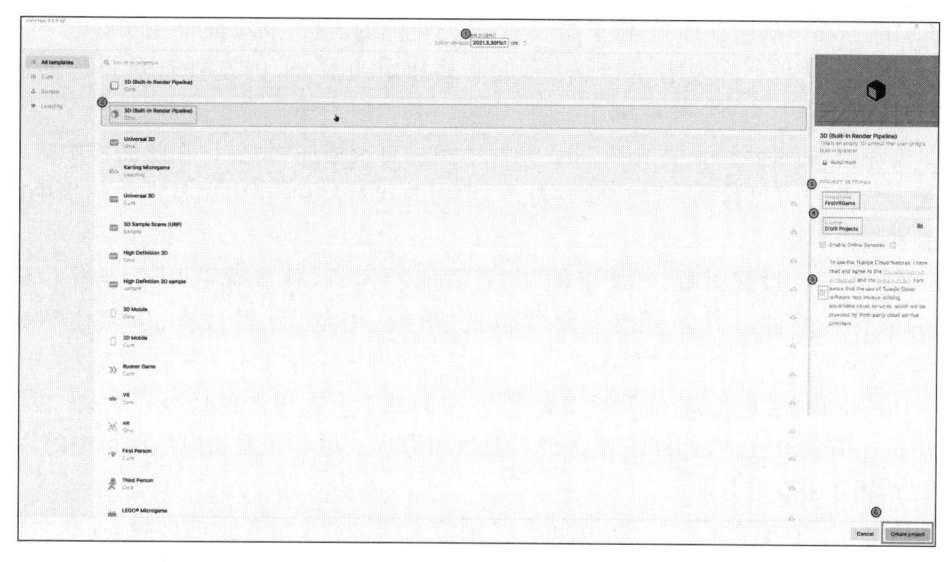

图 2-12　新建 Unity 项目

2.3　认识 Unity 编辑器

2.3.1　窗口内常用面板介绍

使用 Unity 编辑器打开项目后，可以开始进行 VR 项目的相关配置。不过在相关配置之前，先简单讲解当前 Unity 编辑器默认的界面布局和各个主要面板的大致作用。在打开新建项目时，编辑器会自动打开一个名为 SampleScene 的默认场景文件，如图 2-13 所示。

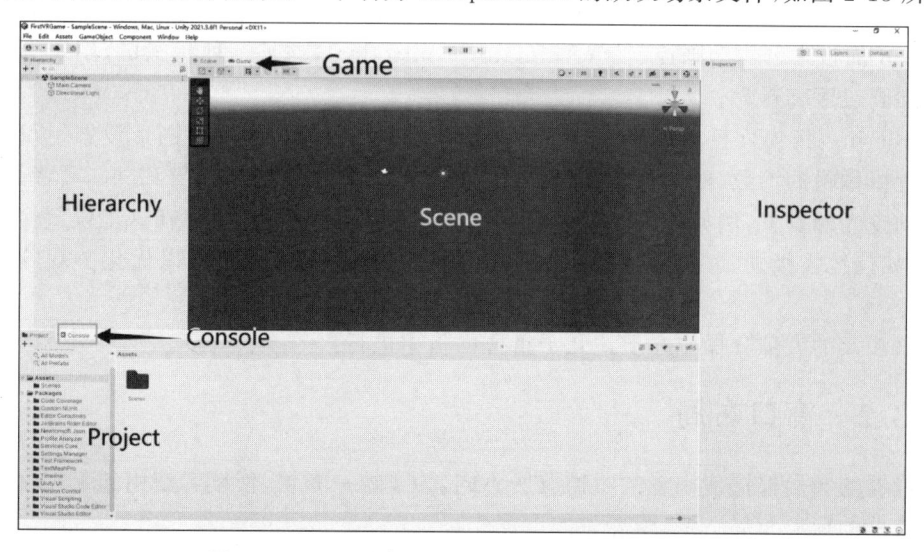

图 2-13　Unity 编辑器打开项目后的默认界面布局

（1）Hierarchy（层级面板）：位于图 2-12 上方左侧的面板，层级面板用于显示场景中的所有对象的层次结构。开发者可以选择、重命名和组织对象，以及查看对象之间的父子关系。

（2）Scene（场景面板）：位于图 2-12 上方中间的可切换面板之一，在此面板中可以查看和编辑游戏场景。可以移动、旋转、缩放对象，添加游戏对象和组件，以及设置场景中的光照和相机视角等。

（3）Inspector（检查面板）：位于图 2-12 右侧的面板，检查面板用于查看和编辑所选对象的属性和组件。可以更改对象的位置、旋转、缩放，设置材质、碰撞体和脚本组件等。

（4）Project（项目面板）：位于图 2-12 下方左侧第 1 个选项卡的面板，项目面板用于显示项目中的所有资源文件，例如纹理、模型、音频和脚本。可以管理和组织项目中的文件，将资源拖放到场景中以进行使用。

（5）Console（控制台面版）：位于图 2-12 下方左侧第 2 个选项卡的面板，控制台面版用于显示应用程序的日志信息和错误消息。这对调试和查找问题非常有用，是 Debug 调式过程中必须使用的功能面板。

（6）Game（游戏面板）：位于图 2-12 上方中间第 2 个选项卡的面板。Unity 的 Game 面板是一个用于实时预览和与游戏场景交互的视图，允许开发者观察游戏在运行时的外观和行为。

其他未出现在默认布局中的常用面板还有 Animation（动画面板）、Rendering（渲染面板）等。这两个常用面板的介绍如下。

Animation（动画面板）：Animation 板用于创建和管理动画。通过动画面板可以为游戏对象创建动画，并在时间轴上编辑它们的关键帧。一旦用户为游戏对象创建了动画，就可以将这些动画关联到游戏中的各种事件，例如角色移动、攻击、跳跃等。还可以使用 Animation 面板来创建动画控制器（Animator Controller），这是一种状态机，用于管理游戏对象的动画过渡和行为。

Rendering（渲染面板）：Rendering 面板用于设置场景中的渲染和图形设置。可以在该面板设置摄像机的参数，例如视野（Field of View）、裁剪平面（Clipping Planes）、背景色等。还可以调整光照设置，例如环境光、实时阴影、反射探针等。此外，可以在这里设置全局渲染设置，例如抗锯齿级别、渲染路径（Rendering Path）、屏幕空间反射等，以优化游戏的外观和性能。

本书涉及的大部分操作在上述几个重要面板中进行。

2.3.2 窗口布局

编辑器的布局根据使用者的习惯有所不同，为了统一布局，使读者使用的 Unity 窗口看起来和本书的窗口布局一致，需要做如下操作。

在编辑器右上角打开 Layout 下拉列表，选择 Tall，如图 2-14 所示。

图 2-14　Unity 编辑器右上角的 Layout 下拉列表

切换 Layout 选项后再来到编辑器窗口的左上角,将 Game 选项卡拖曳到整个窗口的左下方,这样就可以得到和本书操作时一样的窗口布局了,如图 2-15 所示。

图 2-15　将 Game 面板拖曳到 Scene 面板下方

2.4　VR 基本场景构建

在 Unity 中,Scene(场景)是一个核心概念,指游戏世界的一个特定区域,可以把场景理解为一个游戏世界中的舞台空间,游戏中的对象、角色、环境和所有与该场景相关的其他元素都在这里登台演出，不同的关卡则是不同舞台（场景）的切换。场景是所有这些游戏元素的载体。

本节将在 Unity 3D 项目中创建一个新的游戏场景，这个游戏场景是后续进行 VR 开发的基本空间。

2.4.1 新建场景

来到 Project 选项卡，在左侧资源列表中确保选中 Assets 文件夹，单击左上角的"+"按钮，在弹出的如图 2-16 所示的新建对象列表中选择 Scene。

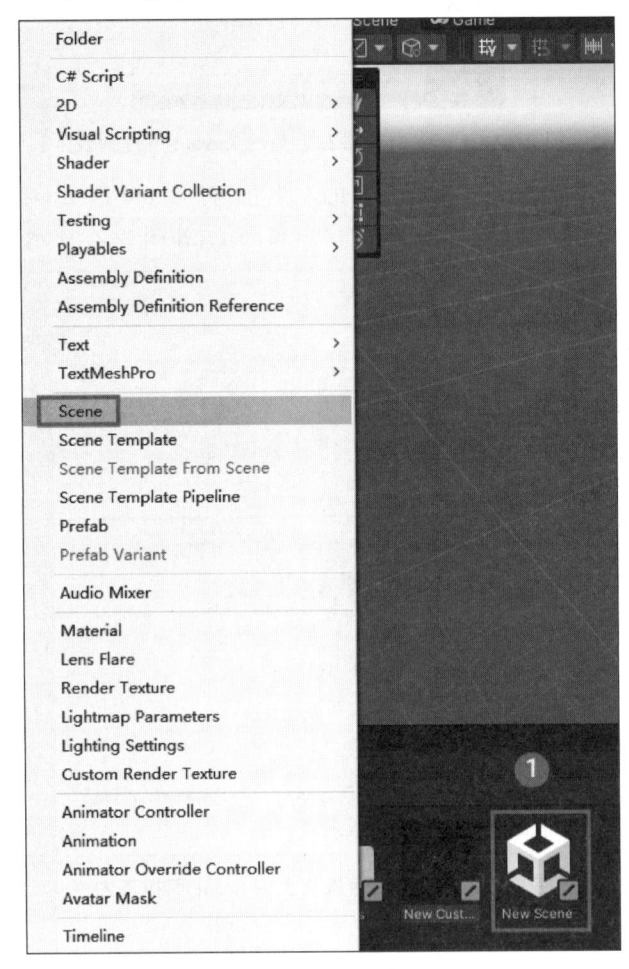

图 2-16 新建 Scene 资源文件

此时在右侧 Assets 文件夹下会出现一个名为 New Scene 的场景文件（图 2-16①）。在 New Scene 场景文件上右击，在快捷菜单中选择 Rename，如图 2-17 所示。将这个场景文件改名为 Main VR Scene。

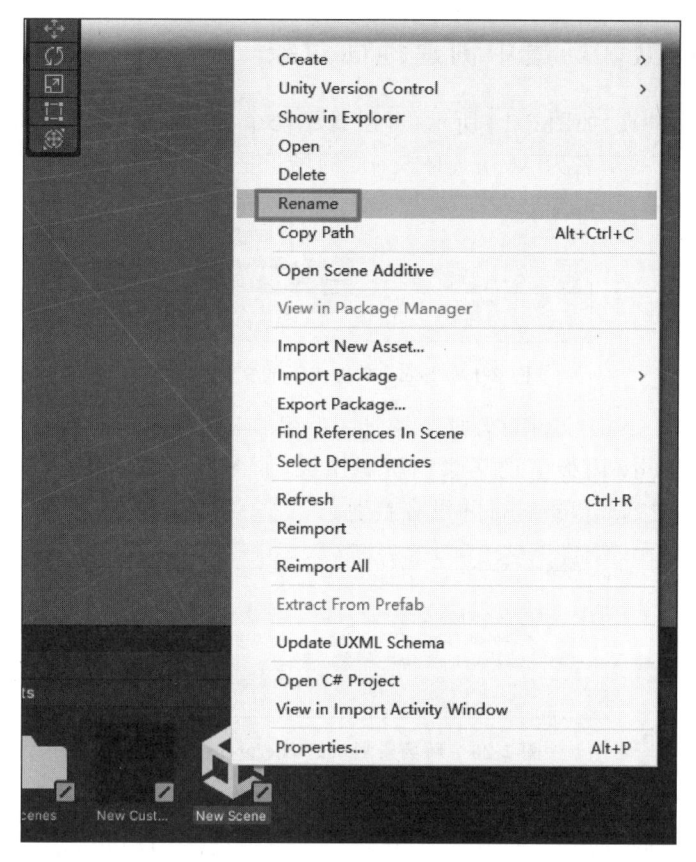

图 2-17　修改资源文件名

为了更方便地观察文件名,推荐将 Project 面板右下角的滑块拖曳到最左侧,此时文件夹下的资源内容会以小图标加全名的形式呈现,如图 2-18 所示。

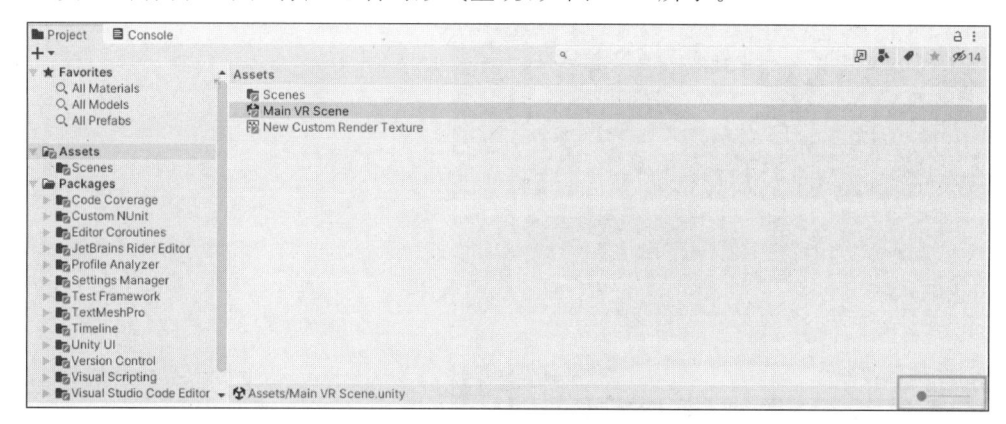

图 2-18　调整资源列表展示形式

为了让项目文件组织规范,把 Main VR Scene 文件拖放到上方的 Scene 文件夹中。

2.4.2 在默认场景中创建地面对象

打开 Scene 文件夹,如图 2-19 所示,可以看见两个 Scene 文件,SampleScene 是系统初始化时自建的,还有一个名为 Main VR Scene 的场景是刚刚新建后拖曳进文件夹的。

图 2-19 Scene 文件夹下的文件内容

双击 Main VR Scene 文件打开这个场景。后续的 VR 项目功能都将基于这个场景进行构建。观察 Hierarchy 面板下的场景内资源层级,如图 2-20 所示。可以发现当前场景的 Hierarchy 与默认的 SampleScene 并没有差别。

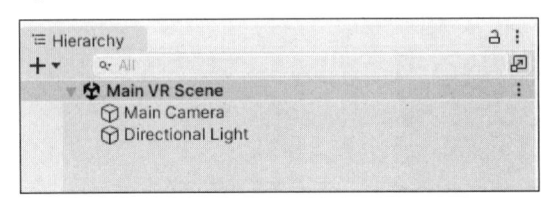

图 2-20 新场景默认的 Hierarchy 结构

充实场景的第 1 步是在场景中为玩家构建一块坚实的地面。

在 Hierarchy 面板的空白处中右击,在快捷菜单中选择 3D Object,在展开的二级子菜单中选择 Plane,一个新的平面对象就出现了,如图 2-21 所示。

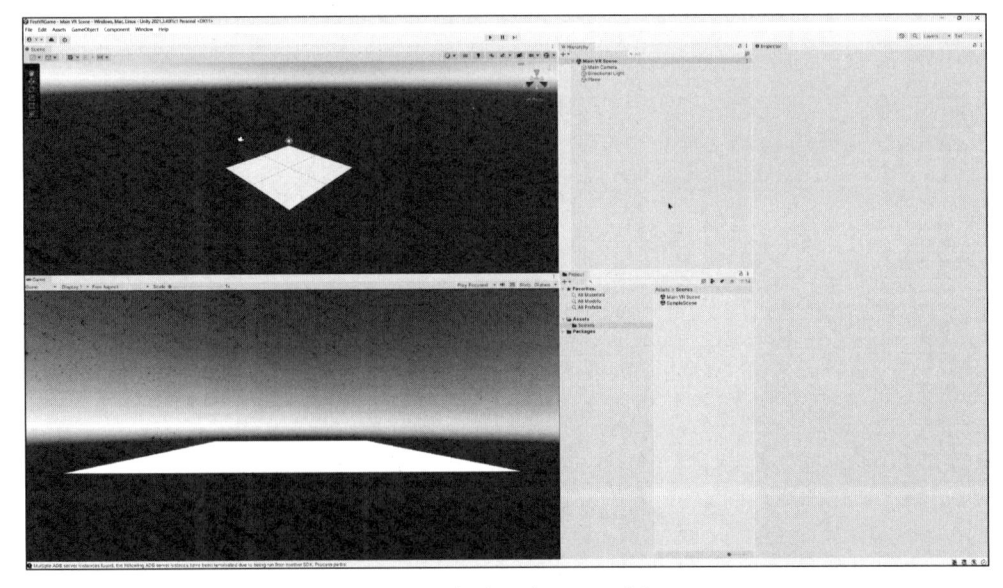

图 2-21 新建一个 Plane 对象

在 Hierarchy 面板中选中 Plane 对象，在 Inspector 面板中先将 Plane 的位置重置为世界原点。在 Inspector 面板中找到 Transform 组件，将 Position 参数设置为 X＝0，Y＝0，Z＝0。Inspector 面板相关参数设置如图 2-22 所示。

图 2-22　设置 Plane 的位置为原点

接下来给这个平面追加自定义的材质，从而实现更换颜色。

在 Project 选项卡的 Assets 文件夹的空白处右击，在弹出的列表中选择 Create→Material，如图 2-23 所示。

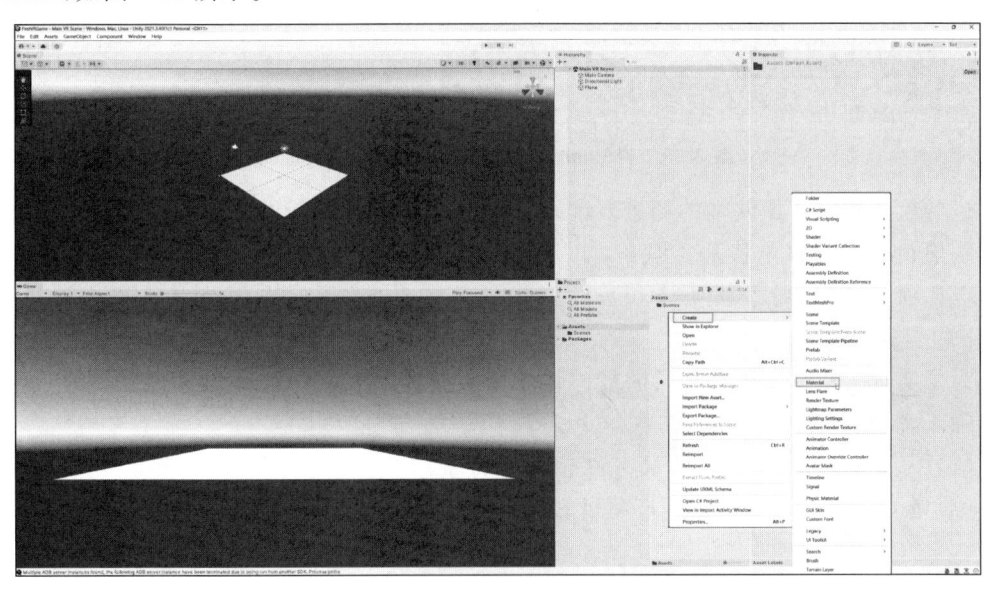

图 2-23　新建 Material 文件

Assets 文件夹下会新建一个名为 New Material 的 Material 文件。将这个 Material 文件重命名为 Plane Material，如图 2-24 所示。

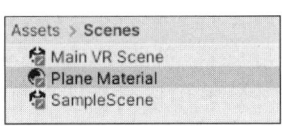

图 2-24　将 New Material 文件重命名为 Plane Material

保持选中 Plane Material，在 Inspector 面板中找到 Main Maps 下的 Albedo 属性，打开

右侧调色盘并设置为黑色（图 2-25①）。把 Plane Material 文件拖曳到 Scene 面板中的 Plane 对象上，Plane 变为黑色，如图 2-25 所示。

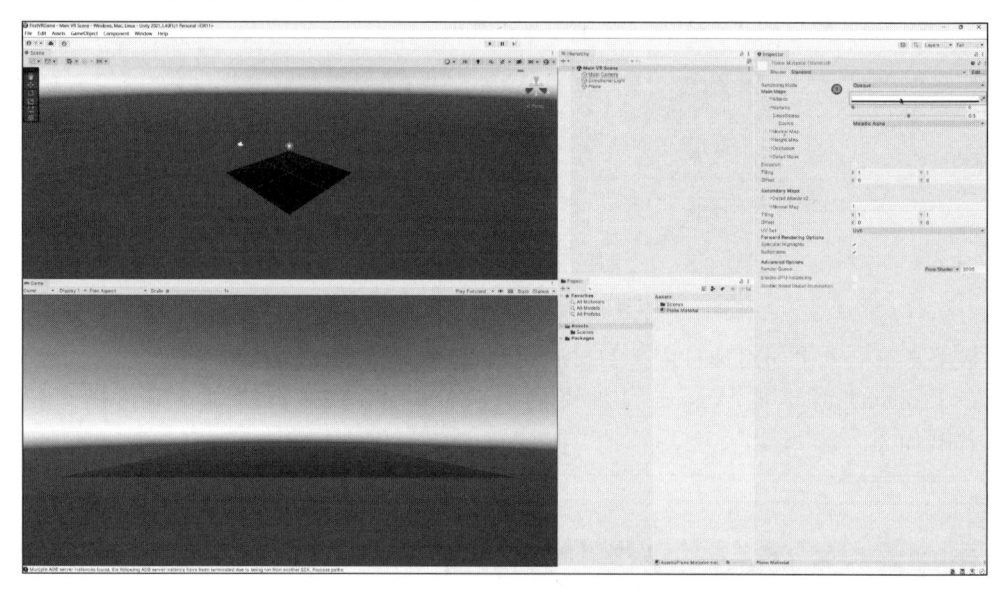

图 2-25　将 Plane 的材质设置为 Plane Material

这样就设置好了最基本的场景要素，即第一块地面，随着开发工程的推进，玩家将能够在这块黑色地面上自由移动。但是，如果现在马上单击 Play 按钮，由于这个项目还没有设置为 VR 项目，因此场景还无法和头盔产生任何联动，运行后也无法在头盔中看见游戏场景。

为了实现 Unity 编辑器运行时能够将画面实时传给 Quest 头盔，还需要完成下面的两个步骤。

（1）为这个 3D 项目导入 VR 开发相关的插件。

（2）在 Hierarchy 中添加 VR 项目必要的 XR Rig，以及控制器等对象。

2.5　VR 项目设置

目标 VR 设备不同，所需要的 VR 项目设置也会有所差异，目前消费级 VR 一体机在国际市场上以 Oculus 的 Quest 系列为主，国内市场上 PICO 也是重要的一款一体机产品。本书介绍针对 Oculus 设备的 VR 项目设置，关于 PICO 等其他设备的 VR 项目设置，细节上会有所不同，可以前往设备相关的开发者中心官网查看相应指导。

2.5.1　连接计算机

在 Unity 编辑器顶部菜单栏单击 Edit 菜单项，在弹出的菜单项中选择 Project

Settings，打开 Project Settings 面板，如图 2-26 所示。

图 2-26　Project Settings 面板

选中 Project Settings 面板左侧列表最下方的项目 XR Plugin Management，在面板右侧区域单击 Install XR Plugin Management 按钮（图 2-26①），Unity 会自动开始安装 XR 插件管理器。

稍等片刻安装完成 XR 插件管理器后，右侧区域会显示几个可切换选项卡，其中最左侧选项卡代表 PC 平台的设置（图 2-27①），最右侧选项卡表示安卓平台的设置。由于本书项目采用 Unity 的 XR Interaction Toolkit 开发工具，这套 VR 开发插件与具体安卓设备无关，而调试需要使用 PC 平台，因此单击 PC 选项卡，在下方列表中勾选 Oculus 选项（图 2-27②），表示为当前项目安装 PC 平台的 XR 开发插件，如图 2-27 所示。

上述基本设置完成后，如果想在头盔中观察到效果，则需要了解真机测试的方法。

在开发过程中每实现一个特定效果都需要用真机测试的方法来验证效果是否达成，是否还需要调试。另外，项目开发完成后，需要通过打包成 APK，才能安装到 VR 一体机中，因此如何用真机测试及如何打包 APK 都是必须学习的内容。

按照项目开发的过程，接下来先介绍真机测试的方法。至于打包 APK 并部署到 Quest 头盔中的步骤放在第 11 章介绍。

由于本书的演示项目以 Oculus Quest 作为打包后的目标设备，因此真机测试也选用 Oculus Quest2 作为测试设备。

Oculus Quest 系列目前主流的一体机产品分别是 Oculus Quest、Oculus Quest2 和 Oculus Quest3。这三代产品使用的安卓系统都是一致的，因此在测试和打包操作上差异很小。本书针对 Oculus Quest2 的操作，基本也适用于 Quest 的一代和三代产品。

在进行真机测试时需要将头盔连接上 PC 中的 Unity 开发环境，Oculus Quest 连接计

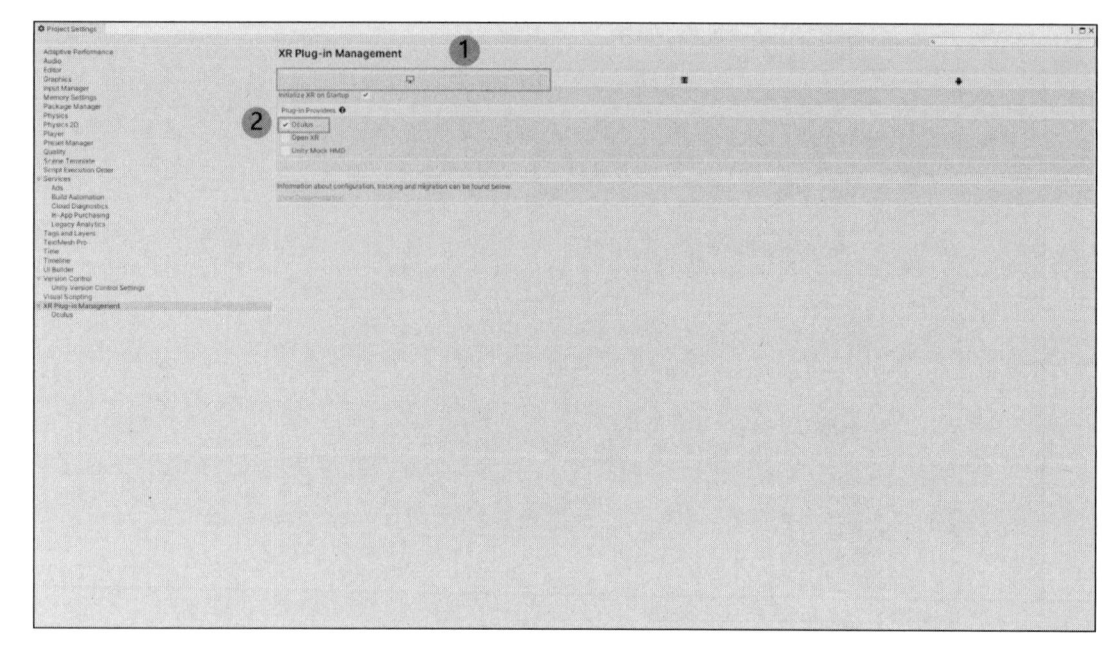

图 2-27 安装 XR Plugin Management 插件

算机实现实时调试有以下两种方式。

第 1 种是通过适配的 Quest 连接计算机的专用连接线直接将 Quest 以有线的形式连接计算机。另一种方法则是通过无线局域网方式实现一体机与 PC 开发环境的互联。

虽然 OculusLink 功能的无线模式（Air Link）也能成功连接头盔和 PC，但是从使用体验上还是比不上有线连接方式。笔者使用 TP Link 路由的 5GHz 信道测试下来的体验仍然达不到流畅同步 Unity 编辑器画面的程度，所以本书为了保证联机调试时画面的稳定和流畅，只介绍有线连接方式连接 PC 的准备和步骤。

Oculus 的 Quest 一体机系列头盔可以通过自带的连接功能连接安装了 Oculus 计算机客户端的 PC。在与计算机客户端连接成功的状态下，PC 端运行 Unity 编辑器中的 VR 项目可以在头盔中获得实时的 VR 场景显示。比起打包为 App 再进行测试，连接 PC 的测试方法不需要涉及复杂的打包设置，测试效率更高，非常适用于开发环节的测试调试。

如果要实现 Quest 头盔直连 PC，则需要先下载、安装并登录 Oculus PC 客户端。

打开浏览器，前往 www.oculus.com/setup（可能会提示需要先注册、登录），打开网页后滚动到 Oculus Quest 部分，单击 DOWNLOAD SOFTWARE 按钮。下载页面如图 2-28 所示。

软件下载完成后，在 PC 的资源管理器中找到并双击名为 OculusSetup.exe 的 Oculus PC 客户端安装程序。

OculusSetup.exe 启动后，单击"开始"按钮，如图 2-29 所示。

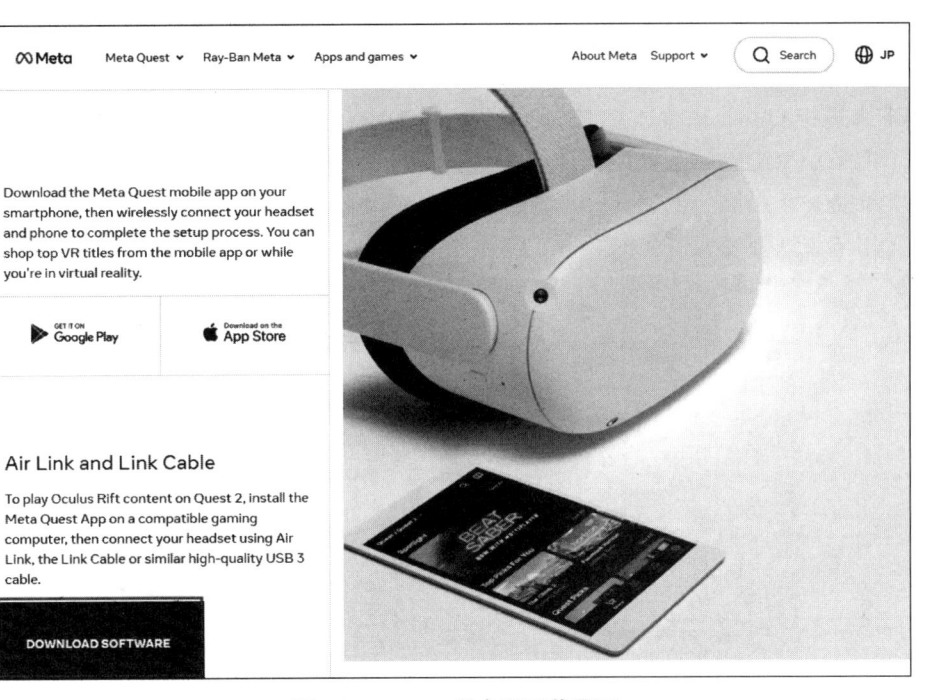

图 2-28 oculus 客户端下载界面

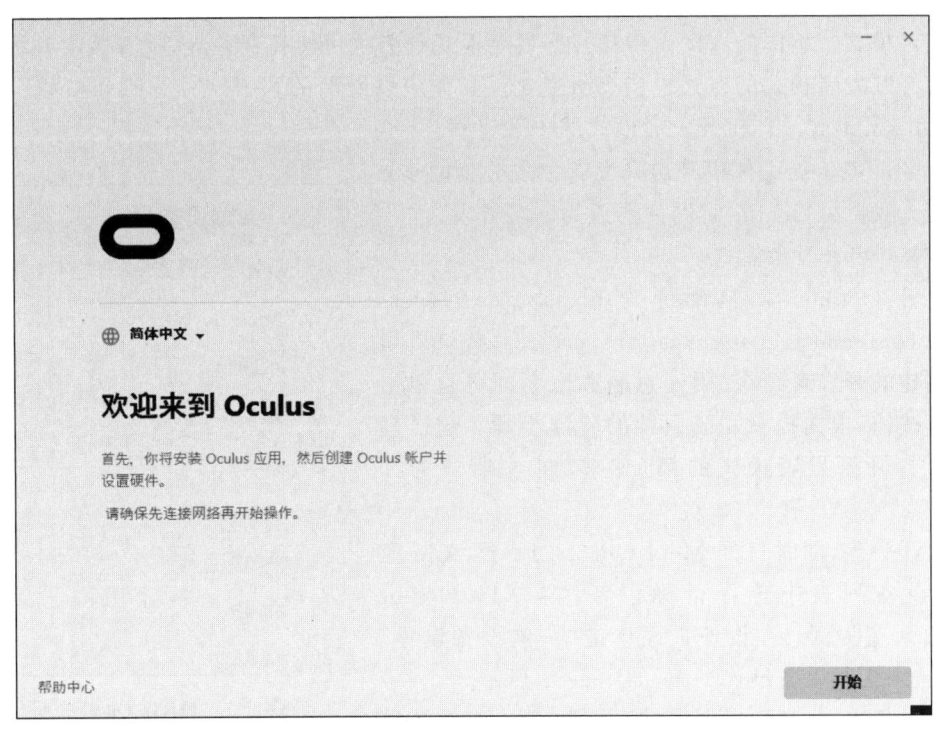

图 2-29 Oculus PC 客户端应用程序安装界面

当弹出"阅读条款"时单击"同意"按钮,接着单击"立即安装"按钮,继续根据安装程序的引导,创建一个账户并追加头盔设备。

接下来进行 Quest 头盔连接 PC 所需的硬件准备:

(1)准备一个 Quest 系列的一体机头盔。

(2)准备一条足够长度的 Type C USB3.0 Gen2 数据线。

(3)用数据线连接 Quest 头盔和 PC,如图 2-30 所示。

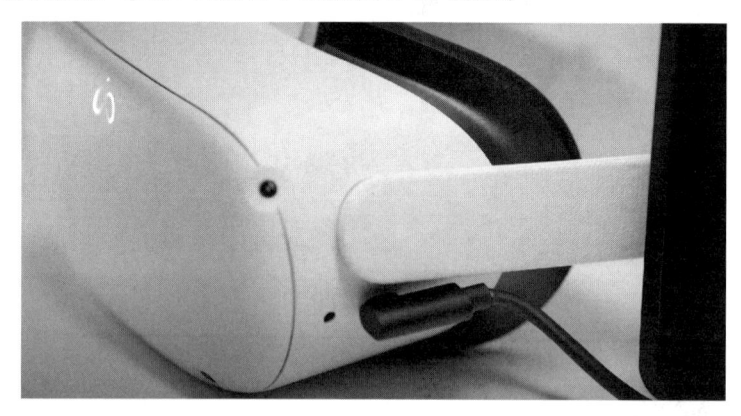

图 2-30 用数据线连接 Quest 头盔和计算机

查看连接状态是否成功。如果连接不成功,则此时可以先检查是否在头盔设备上打开了开发者模式。不同的 VR 设备打开开发者模式的方法可能存在差异,随着版本升级,同款设备打开开发者模式的方式也会有所变化。具体应以最新的官方文档为准,这里仅介绍开启 Oculus Quest 一体机开发者模式的一般步骤。

Oculus Quest 一体机开启开发者模式分为两步:

(1)需要在 Oculus 官网注册成为一名开发者。

(2)开启开发者模式。

打开 Oculus 官网,网址为 https://developer.oculus.com/manage/organizations/create/,登录后填入想创建的开发者组织(用任意名称取名即可),单击"提交"按钮,根据提示完成后续的验证步骤。这样就完成了打开开发者模式的第(1)步,即注册成为开发者。

打开头盔,同时打开 Meta Quest 的手机 App 应用,从设备列表中选择目标设备,本书以 Oculus Quest2 头盔为例。在设备页面单击"头戴设备设置"按钮,进入头戴设备设置页面,如图 2-31 所示。

单击列表中的"开发者模式"项目,进入开发者设置页面,并将调试模式打开,如图 2-32 所示。

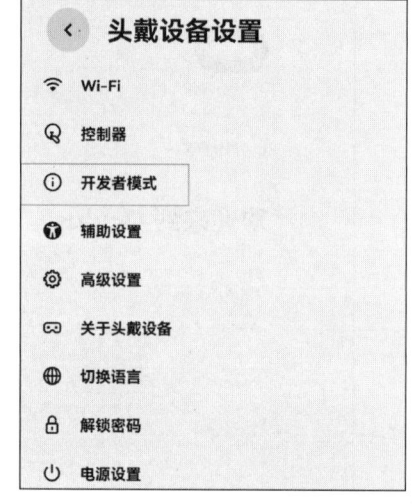

图 2-31 Meta Quest 手机 App 的头戴设备设置页面

图 2-32　打开调试模式

此时戴上头盔，进入系统设置，可以看到列表中出现了"开发者"选项，说明开发者模式已成功打开，如图 2-33 所示。

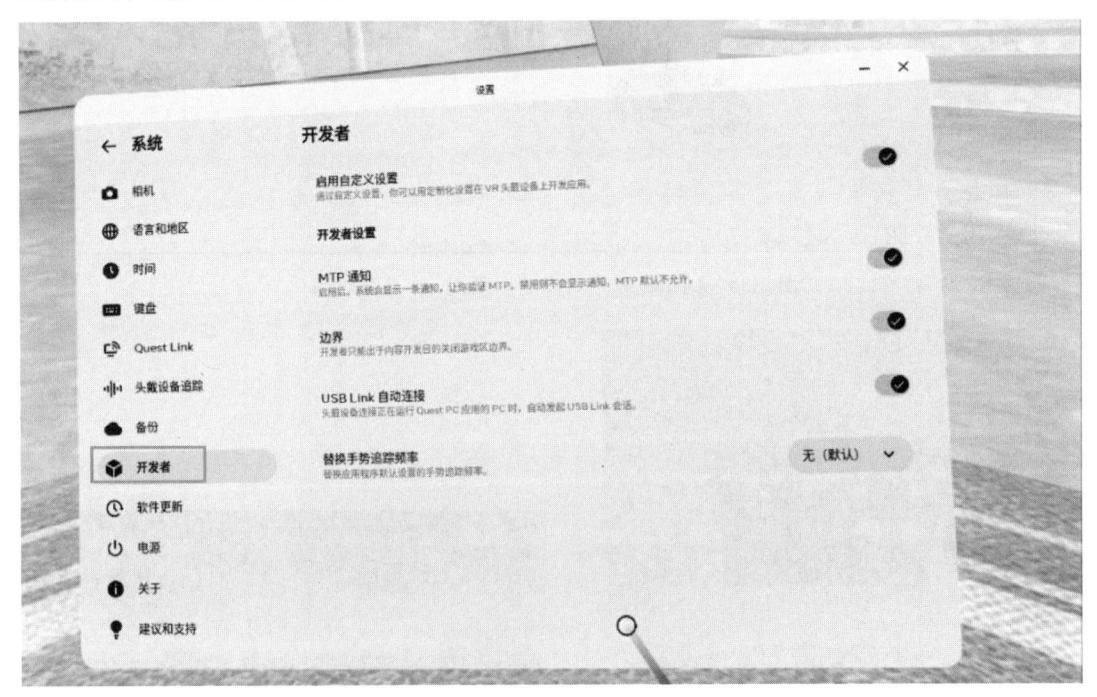

图 2-33　设置列表中出现"开发者"选项

Oculus PC 客户端成功识别 Quest 头盔连接后的客户端状态如图 2-34 所示。

此时戴上头盔，同意或主动打开 Oculus 连接，可以在视野中看到 Oculus 连接的主界面，如图 2-35 所示。

在 PC 端的 Unity 编辑器单击 Play 按钮，再继续戴上头盔观察游戏场景，可以发现 Unity 编辑器中的 VR 场景已经实时呈现在 Oculus 的游戏场景中，如图 2-36 所示。不过此时只能看到固定角度的静态图像，移动头盔时视野也会完全跟随用户的头部转动，导致整个 VR 空间在用户面前是静止的，无法自由观察。接下来需要实现让玩家在 VR 空间中自由变换视野功能。

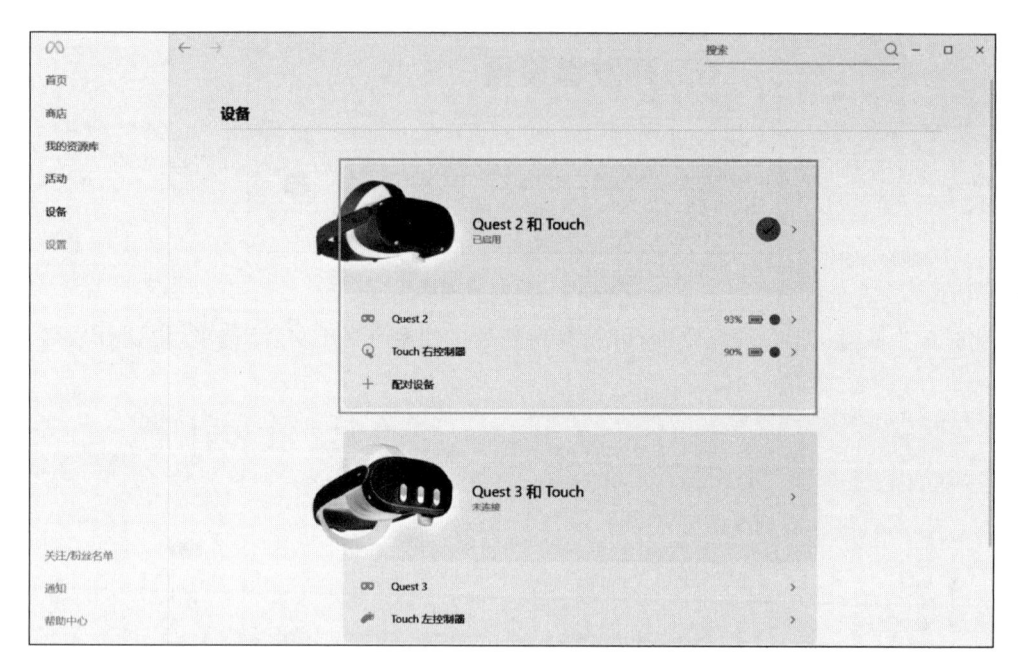

图 2-34　Oculus 客户端成功识别 Quest 头盔设备

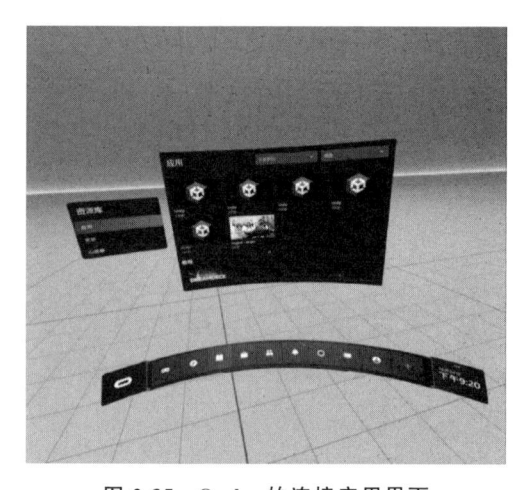

图 2-35　Oculus 的连接应用界面 　　　　图 2-36　头盔中观察到的固定视野的 VR 空间

2.5.2　追踪头盔

为了让玩家能够在场景中体验移动和转向,需要让程序追踪头盔的位置和朝向。

在 Hierarchy 中选中 Main Camera 对象,在 Inspector 面板中单击 Add Component 按钮,在弹出的面板中搜索 Tracked Pose Driver,如图 2-37 所示。

在 Unity 中,Components(组件)是构成游戏 GameObject(对象)的基本构建块,它们是用于赋予游戏对象功能和行为的模块化单元。组件定义了游戏对象的外观、行为和属性。

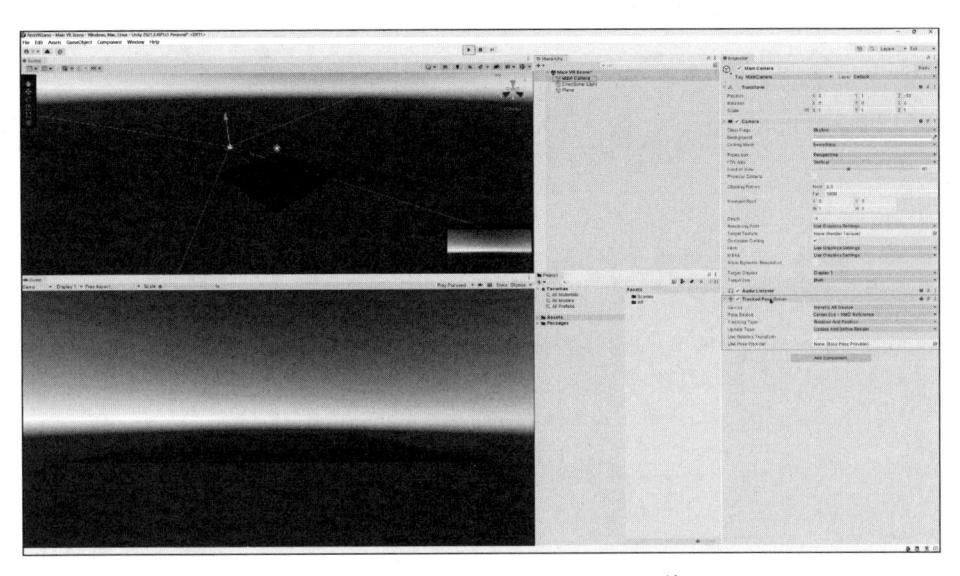

图 2-37 追加 Tracked Pose Driver 组件

每个组件都是一个独立的单元,可以被添加、配置和调整,以实现各种功能。

此时单击 Unity 编辑器顶部的 Play 按钮运行测试,戴上 VR 头盔观察游戏场景,发现能够通过头部的移动和转向体验 VR 空间中视野的变化,如图 2-38 所示。

2.5.3 安装 Unity XR 开发工具包

为了快速开发 VR 应用,Unity 为开发者准备好了适用于多种设备跨平台的 VR 开发工具包 XR Interaction Toolkit。这个工具包可以帮助 VR 开发

图 2-38 在游戏场景中变换视野

者简化和加速虚拟现实和增强现实应用程序的开发。XR Interaction Toolkit 提供了一系列组件和功能,帮助开发者轻松创建交互性、可操控的虚拟对象,在 VR 和 AR 场景中快速实现用户体验。

导入 XR Interaction Toolkit 的方法:

(1) 打开 Windows 菜单,选择 Package Manager,打开 Package 管理面板,如图 2-39 所示。

(2) 在面板的左上角选择 Packages:Unity Registry(图 2-39①),将左侧列表拉到底直到出现 XR Interaction Toolkit 项目(图 2-39②),选中 XR Interaction Toolkit 项目后在右侧面板中单击 Install 按钮(图 2-39③)。稍等片刻 Unity 会自动安装 XR Interaction Toolkit 工具包。安装完成后的面板右侧内容如图 2-40 所示。

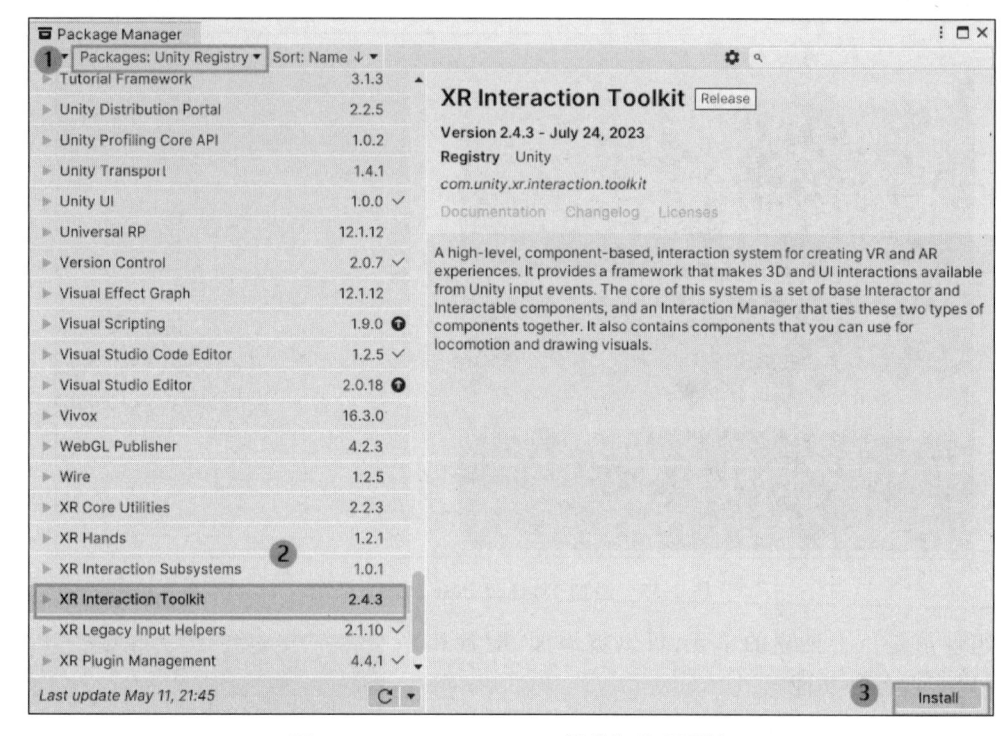

图 2-39　Package Manager 插件包管理面板

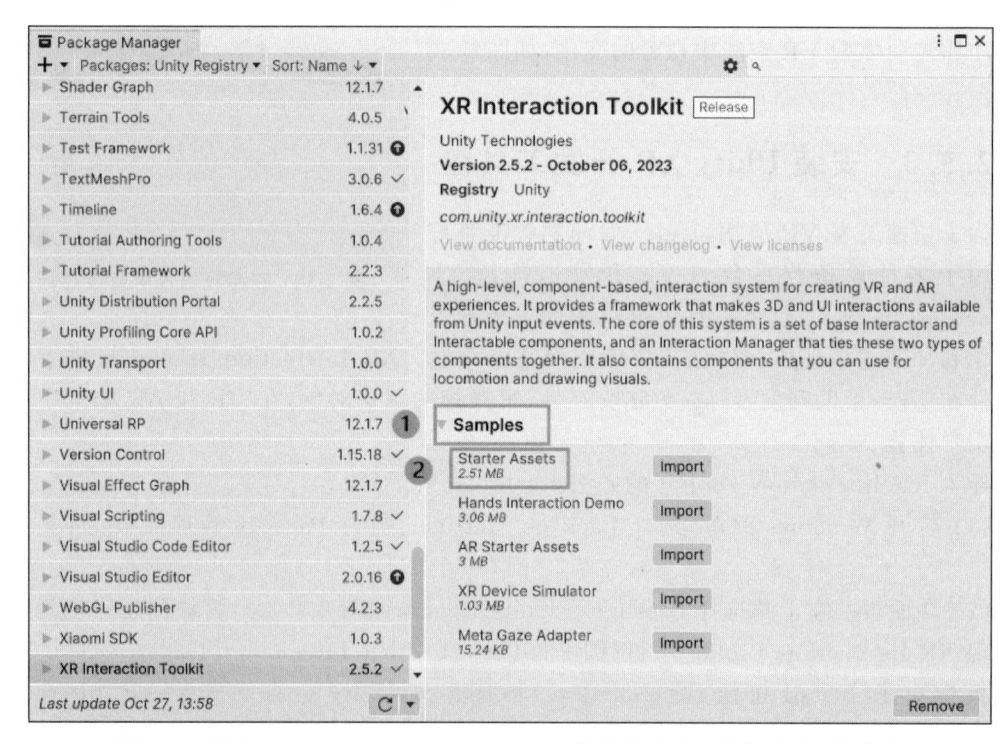

图 2-40　导入 Unity XR Interaction Toolkit 工具包完成后面板右侧展示的内容

（3）Unity XR Interaction Toolkit 工具包导入成功后会展开右侧面板的 Samples（图 2-40①），这些 Sample 资源包含丰富的预制件和样例，非常有助于提高 VR 开发效率，本书所需的 Sample 是列表上的第 1 个资源 Starter Assets（图 2-40②），单击右侧的 Import 按钮导入这个资源。

在 Samples 列表的其他资源中，AR Starter Assets 和 XR Device Simulator 目前用不到，但在 AR 开发和无头盔开发测试场景下有用，提供了针对 AR 开发和无头盔时模拟 VR 设备输入相关的预制件和资源。

如果导入 Starter Assets 过程中出现 Fix 提示面板，如图 2-41 所示，则可回到项目设置面板，选择安卓面板平台和右侧列表 Project Validation 右上角的 Fix All 按钮进行自动批量修复。

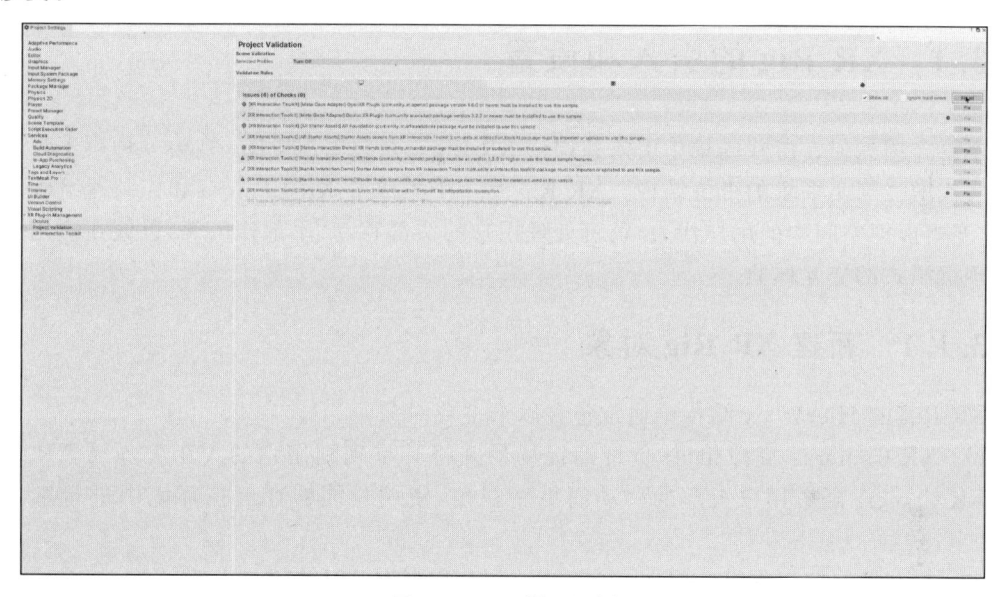

图 2-41　Fix 提示面板

第 3 章 基本 VR 场景设置

CHAPTER 3

3.1 XR Rig 的引入和设置

本章介绍如何在游戏场景中引入并构建 XR Rig。可以将 XR Rig 视为一种用于管理虚拟现实或增强现实场景的机位结构。XR Rig 是一个集成了 XR Camera 和控制器组件的实体，它充当虚拟空间中的用户代表，负责处理用户的头部移动、手部输入等，以便在应用程序中实现沉浸式的交互体验。

3.1.1 新建 XR Rig 对象

XR Rig 的 Hierarchy 结构中通常包含以下主要对象。

（1）XR Camera：虚拟相机，负责捕捉场景并将其呈现到用户的 VR 头盔或 AR 设备上。XR Camera 随着用户头部的移动而更新视角，使用户能够在虚拟环境中进行感知和交互。

（2）左右控制器组件(Hand Tracking)：这些组件负责跟踪用户的手部输入，对应左右手控制器。在 VR 中，控制器可以模拟用户的手势和动作，从而在虚拟环境中实现与物体的互动。

可以将 XR Rig 理解为玩家在 VR 世界中的替身。

从本章开始，内容将涉及较多实战操作，为了便于复盘实践，在实战部分的最后都会给出简明扼要的操作提炼，方便读者进行实践。

目前初始的项目 Hierarchy 层次结构如图 3-1 所示。

当前场景只包含 3 个对象：

（1）Main Camera 是主要的摄像机对象，它负责渲染场景中的图像及将其呈现到屏幕上。它是游戏中玩家的视角，决定了玩家在游戏中看到的场景。

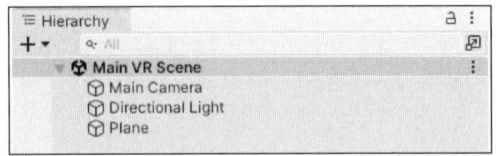

图 3-1 项目初始的 Hierarchy 结构

（2）Directional Light 是 Unity 新建场景默认包含的对象。这个对象是一个用于模拟太阳光照的定向光源。

（3）Plane 是之前项目设置时新建的平面对象，代表地面。

由于 XR Rig 中自带了 Main Camera，因此第 1 步先删除默认的 Main Camera 对象。在 Hierarchy 中的 Main Camera 上右击，在弹出的快捷菜单中选择删除，如图 3-2 所示。

第 2 步，添加 XR Origin 对象。在 Hierarchy 的空白处右击，在弹出的快捷菜单中选择 XR→XR Origin，如图 3-3 所示。这时一个 XR Origin 对象就被添加到了 Hierarchy 中。

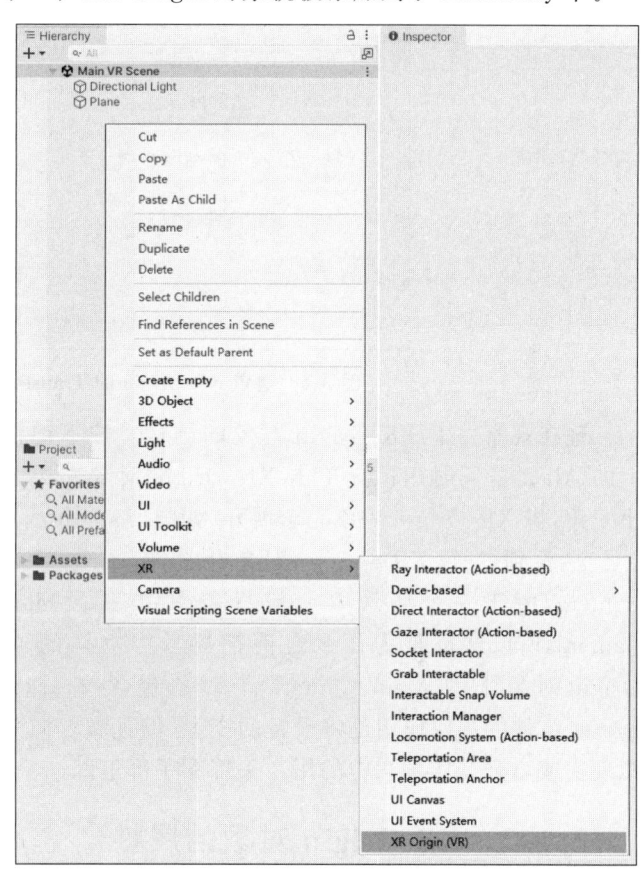

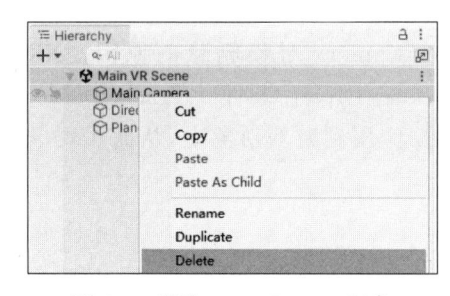

图 3-2 删除 Main Camera 对象

图 3-3 追加 XR Origin 对象

在 Unity VR 开发中，XR Origin 代表了虚拟现实或增强现实中的世界原点，即用户所处的虚拟空间中的原点。同时 XR Origin 下也包含了完整的 XR Rig 结构，在 Unity VR 开发中扮演着定位和坐标转换、虚拟空间的原点、手部和头部追踪及空间感知和碰撞检测等重要作用。

第 3 步，重置 XR Origin 对象的 Position 和 Rotation 参数值，使其符合空间原点的定位。在 Hierarchy 中选中 XR Origin 对象，在 Inspector 面板中找到 Transform 组件，右击后在快捷菜单中单击 Reset 按钮，XR Origin 对象的 Position 被重置为原点，如图 3-4 所示。

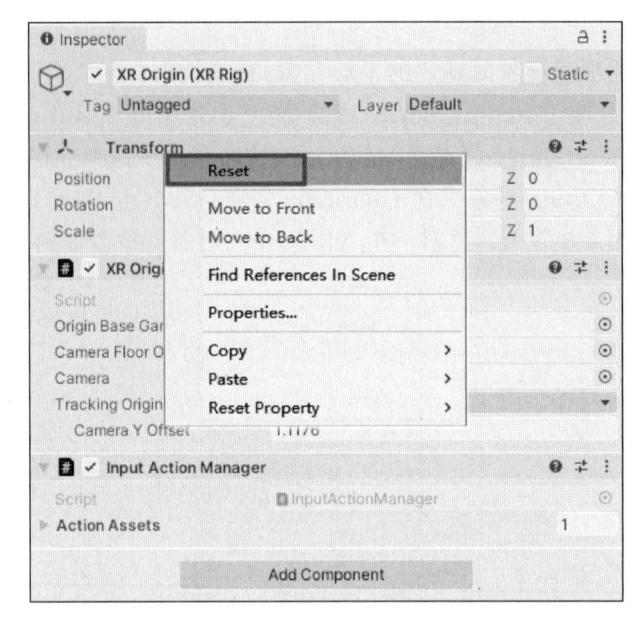

图 3-4 重置 XR Origin 的 Transform 组件属性值

现在观察一下 XR Origin 对象的结构。按下键盘上的 Alt 键的同时用鼠标单击 XR Origin 对象左边的小三角，将 XR Origin 对象完全展开，如图 3-5 所示。

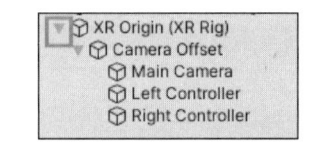

注意到这个 XR Origin 对象下也有一个 Main Camera，由于一个场景中一般只需保留一个 Main Camera，所以这也是为什么之前把场景中默认的 Main Camera 对象删除的原因。XR Origin 对象下的 Main Camera 子对象包含 Tracked Pose Driver 组件。Tracked Pose Driver 组件的主要作用是将设备的姿态（位置和方向）数据应用到游戏对象上，从而实现虚拟现实或增强现实场景中的用户头部和手部追踪。

图 3-5 XR Origin 的 Hierarchy 结构

3.1.2 XR Origin 对象的属性

选中 XR Origin 对象，观察 Inspector 面板，XR Origin 具备多种属性可供设定，这里只介绍其中一个比较重要的属性 Tracking Origin Mode。该属性可选项的意义如下。

（1）Eye Level：当使用此模式时，虚拟空间的原点与用户的眼睛水平线相对应。这个选项适用于需要用户眼睛水平位置和方向作为参考点的 VR 应用程序，例如以用户视线为中心的交互体验。

（2）Floor Level：在此模式下，虚拟空间的原点与用户所在位置的地面平面相对应。这使虚拟世界中的地面与现实中的地面高度一致。适用于需要用户与虚拟环境中的地面进行直接交互的场景，例如房间级别的 VR 体验。

（3）Device：虚拟空间的原点与 XR 设备的位置相对应。这意味着用户的头部高度和方向由 XR 设备的位置和朝向确定。通常用于使用外部追踪系统(例如 SteamVR 或 Oculus SDK)的 VR 设备,这些设备提供了自己的坐标系。

示例项目中存在 Plane 对象作为地面,后续将开发使 XR Rig 在地面上移动的功能,所以此处把 Tracking Origin Mode 设置为 Floor,如图 3-6 所示。

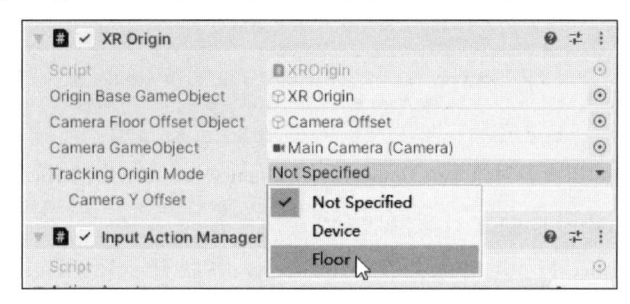

图 3-6 将 Tracking Origin Mode 属性值设置为 Floor

3.1.3 测试和总结

在 Unity 编辑器中单击 Play 按钮进行测试,可以发现自己在物理世界的转头、抬头等动作已经可以同步反映在 VR 世界中,而且默认视线的位置也符合自己穿戴头盔的高度,这说明头盔得到了正确的追踪结果。

不过此时如果操作控制器,则会发现 VR 空间中用于与可互动对象互动的红色射线并不会跟踪现实中的控制器运动,这说明目前游戏空间中的 XR Rig 还不能在 VR 空间中实时追踪游戏控制器的位置。3.2 节就来解决这个问题。

本节的主要操作流程如下:

在 Hierarchy 面板中删除 Main Camera 对象→新建 XR Origin 对象→设置 XR Origin 的 Transform 组件属性 Position 的 X=0、Y=0、Z=0,Rotation 的 X=0、Y=0、Z=0,Tracking Origin Mode=Floor。

3.2 控制器对象的引入和设置

本节介绍如何构建左右控制器对象。尽管在 XR Origin 对象下已经准备好了现成的 Left Controller(左控制器对象)和 Right Controller(右控制器对象)这两个控制器对象,但为了让读者更深入地了解控制器的相关组件,本节将两个对象删除后自行重建控制器对象。

3.2.1 构建控制器对象

在 Unity 中,组件(Component)是游戏对象(GameObject)的构建块之一,它们用于将功能和行为附加到游戏对象上。组件是 Unity 中构建游戏逻辑和功能的基本单元,每个组件都负责实现一个特定的功能或行为。

删除控制器对象 Left Controller 和 Right Controller 后的 Hierarchy 结构如图 3-7 所示。

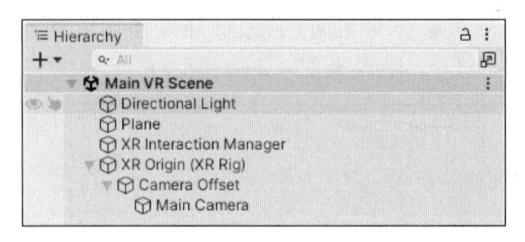

图 3-7　删除控制器对象 Left Controller 和 Right Controller 后的 Hierarchy 结构

下面开始从零构建左控制器右控制器对象。

第 1 步：创建 Left Hand 对象。在 Hierarchy 中展开 XR Origin 对象，找到子对象 Camera Offset。在 Camera Offset 上右击，在快捷菜单中选择 Create Empty，创建一个空对象作为子对象。将这个空对象重命名为 Left Hand。

第 2 步：对 Left Hand 对象追加 XR Controller(Action based)组件。在 Hierarchy 中选中 Left Hand 对象，在 Inspector 面板单击 Add Component 按钮，在弹出的对话框中搜索 XR Controller，在下方的结果列表中选择 XR Controller(Action based)。

在上述操作过程中可以发现组件搜索结果中除了 XR Controller(Action based)组件，还有一个类似的组件，名为 XR Controller(Device based)。如何理解这两种组件的异同呢？

在 Unity VR 开发中，XR Controller 是用于管理 VR 或 AR 设备控制器的组件。它们可以根据开发者的需求以两种不同的方式操作，即 Action based(基于动作)和 Device based(基于设备)。

其中 Action based 的 XR Controller 是一种基于动作的控制方式，它使用 Unity 的 Input System 来处理用户输入。在 Action based 模式下，开发者需要先创建一系列的输入动作(Input Actions)，然后将这些动作绑定到 XR Controller 上。这种方式更加灵活，可以根据游戏的需求自定义输入操作，并且兼容各种不同类型的 VR 或 AR 设备。

至于 Device based 的 XR Controller 是一种基于设备的控制方式，它直接使用设备提供的输入数据来处理用户输入。在 Device based 模式下，开发者不需要创建输入动作，而是直接使用设备提供的按钮状态、位置和旋转等数据。这种方式更加简单直接，适用于一些简单的 VR 或 AR 应用程序，不需要复杂的输入操作。

本书假设读者可能采用不同的 VR 头盔设备开发项目，所以采用兼容性强的 XR Controller(Action based)组件进行开发。

第 3 步：通过复制快速创建 Right Hand 对象。在 Hierarchy 中选中 Left Hand 对象，用按快捷键 Control+D 复制 Left Hand 对象，选中复制后的新对象 Left Hand(1)，将这个新对象重命名为 Right Hand。当前的 Hierarchy 结构和 Inspector 结构如图 3-8 所示。

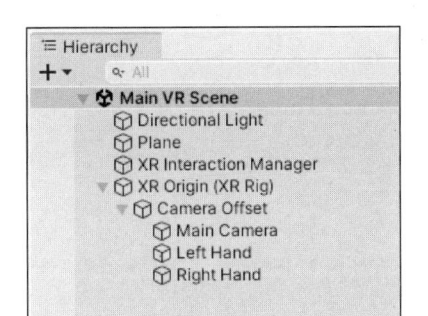

(a) 当前项目的Hierarchy结构 　　(b) Left Hand对象的Inspector结构

图 3-8　结构图

第 4 步：使用预设文件设置左右手控制器的 Input Mapping。在 Hierarchy 中选中 Left Hand 和 Right Hand，在 Inspector 面板中展开 XR Controller 组件下的属性项目，此时可以发现 XR Controller(Action-based)部分下的 Mapping 设定非常多而杂，手动一个一个设置会相当费时。不过开发者不用担心需要手动设置所有这些控制器输入 Mapping，由于 Unity 的 XR Interaction Toolkit 中已经准备好了相应的预设设置，所以可以直接套用。这些预设文件包含在 XR Interaction Toolkit 的 Sample 资源中，因此需要将相应的 Sample 资源导入项目。

在 Unity 编辑器菜单栏选择 Window→Package Manager，打开 Package Manager 窗口，Packages 选择 In Project，表示展示项目中已安装的所有包。

Unity 的 Package Manager 提供了以下几种不同的方式来查看和管理包(Packages)。

（1）Unity Registry：Unity 提供的官方包管理源，其中包含了由 Unity 和第三方开发者发布的官方包。

（2）In Project：显示当前项目中已安装的所有包。此模式下，可以查看项目中已安装的所有包，并管理它们的版本、更新和移除等操作。

（3）My Assets：显示了当前用户在 Unity 账户中购买或下载的所有资产和包。

（4）Built-in：显示了 Unity 内置的一些常用包和工具。这些包通常是 Unity 内置的核心功能，例如 Shader Graph、Post-Processing Stack 等。

（5）Featured：显示了一些由 Unity 推荐或提供的精选包。这些包通常是具有高质量和热门的功能，可以帮助开发者快速地构建项目。

将左侧插件包列表滚动到底部，找到并选中 XR Interaction Toolkit，在右侧面板展开 Samples，可以观察到 Starter Assets 资源已被导入（导入步骤见 2.5.3 节），如图 3-9 所示。

第 5 步：关闭 Package Manager 窗口，进入 Project 面板查看导入内容，路径是 Assets→Samples→XR Interaction Toolkit→版本号→Starter Assets，如图 3-10 所示，这个文件夹的资源中存放着可以套用在控制器 Mapping 部分的预设设置文件。

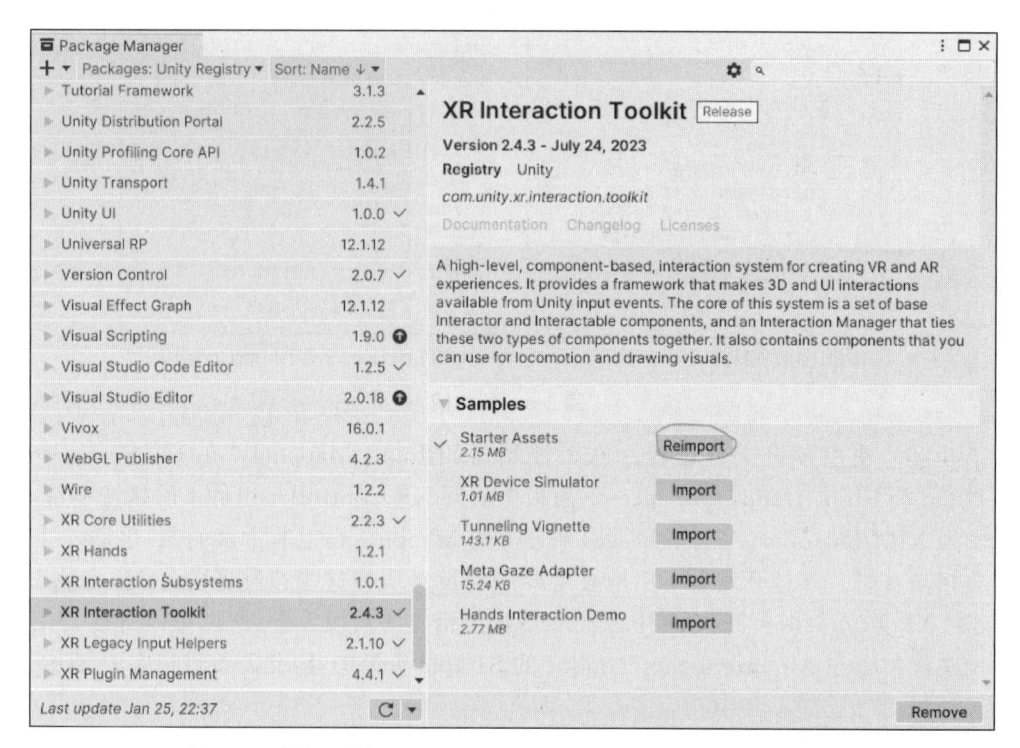

图 3-9　确认已导入 XR Interaction Toolkit 的 Starter Assets 资源

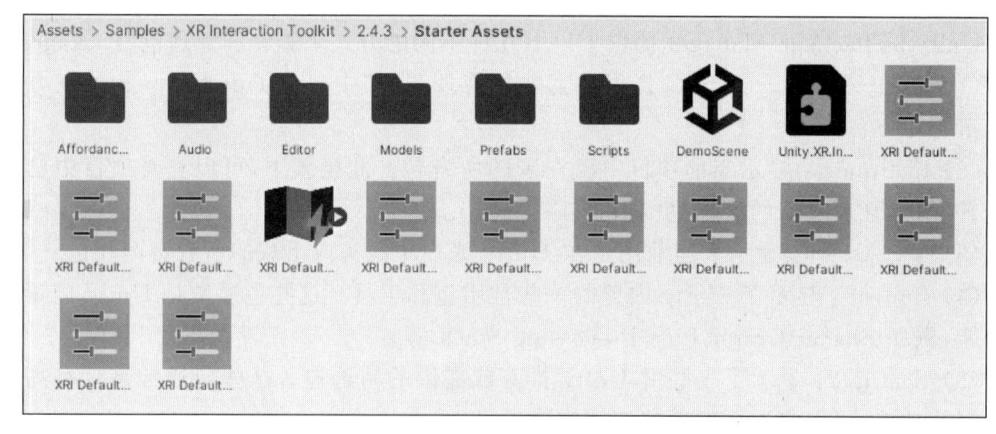

图 3-10　Starter Assets 的资源内容

第 6 步：将控制器 Mapping 预设文件导入项目后，还需要将预设文件应用到控制器对象上。在 Hierarchy 中选中 Left Hand 对象，在 Inspector 面板找到 XR Controller（Action-based）组件，单击组件顶部右侧的"预设"按钮（图 3-11①），从列表中选择 XRI Default Left Controller（图 3-11②），如图 3-11 所示。

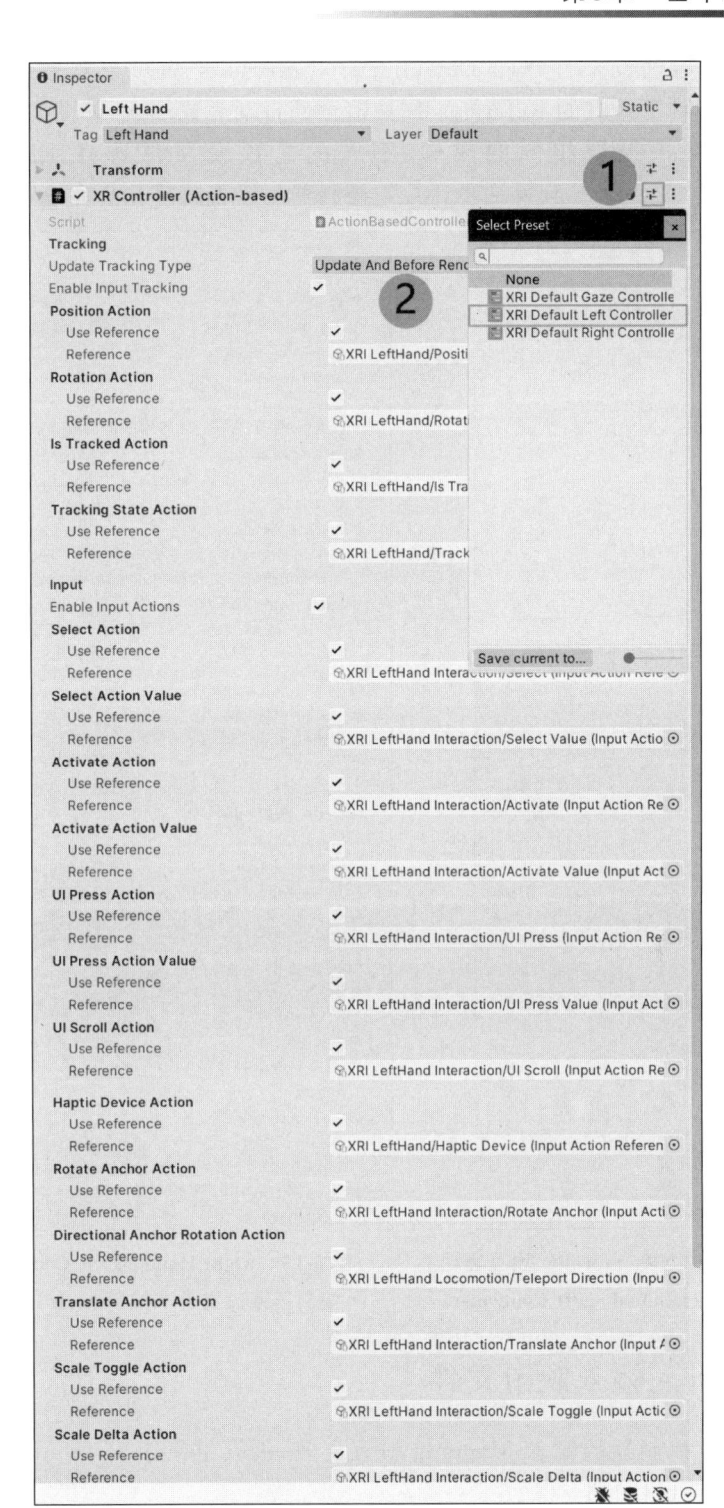

图 3-11 Left Hand 的 XR Controller 预设设置

选中左控制器预设文件 XRI Default Left Controller 后可以观察到 XR Controller（Action-based）组件下所有的 Reference 属性值全部自动完成填入，如图 3-12 所示。

对 Right Hand 也做相同的操作，不同的是预设文件选择 XRI Default Right Controller，如图 3-13 所示。到这一步，左、右控制器的设置就算初步完成了。

图 3-12　Left Hand 的 XR Controller 设置套用控制器预设文件 XRI Default Left Controller

图 3-13　Right Hand 的 XR Controller 设置套用控制器预设文件 XRI Default Right Controller

3.2.2　引入输入映射文件

为了让左、右控制器的输入 Mapping 设置生效，需要继续引入 Input Action Manager 组件。

Input Action Manager 组件是 Unity 的一个功能组件，用于管理用户输入和交互。它被用于处理输入事件,包括控制器、触摸屏、键盘、鼠标等设备的输入。它提供了一种便捷的方式来定义和管理输入操作。

为了引入 Input Action Manager 组件,在 Hierarchy 中选中 XR Origin 对象,在 Inspector 面板单击 Add Component 按钮,搜索 Input Action Manager,在上下文列表中选中 Input Action Manager,追加一个 Input Action Manager 组件。

在 Project 面板中展开 Assets→Samples→XR Interaction Toolkit→版本号→Starter Assets,把当前文件夹下的 XRI Default Input Action 拖曳到 Inspector 面板的 Input Action Manager 组件下的 Action Assets→Element 0 属性框中,如图 3-14 所示。

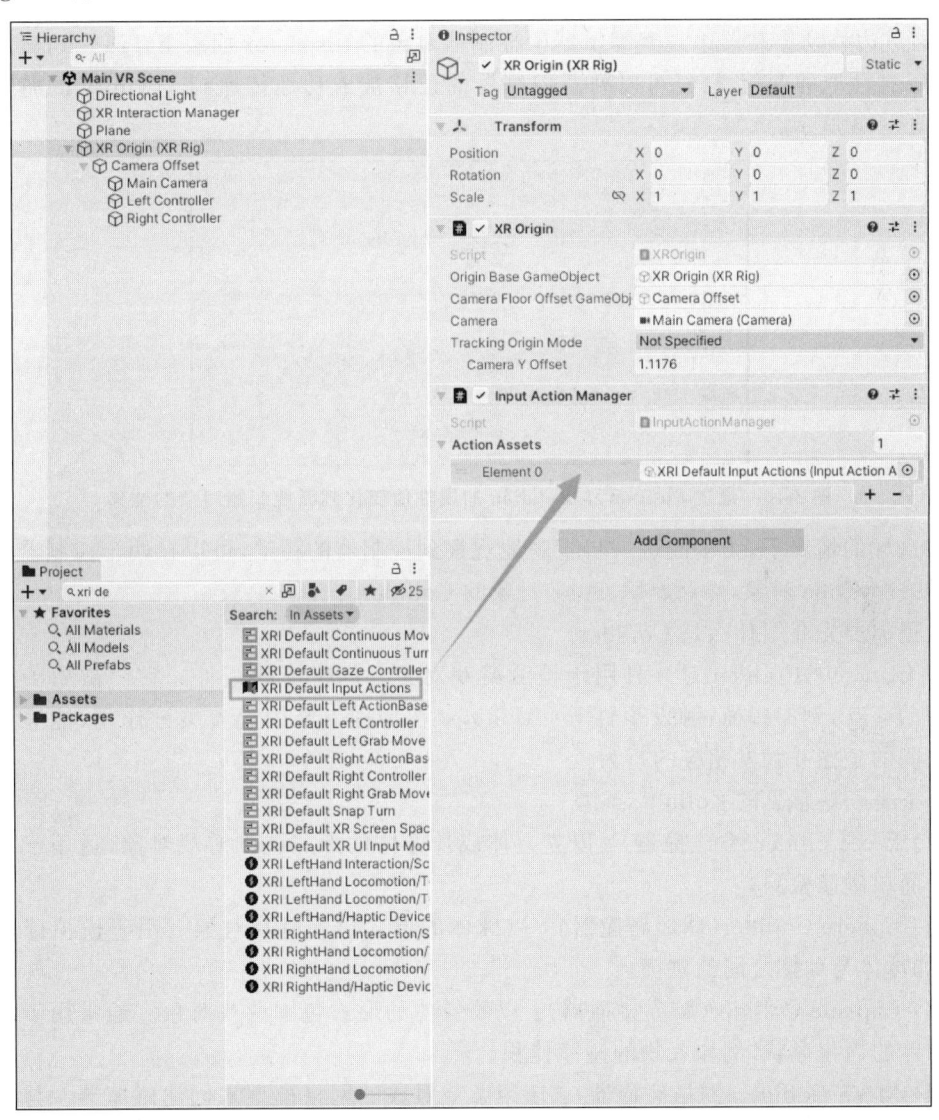

图 3-14　将 XRI Default Input Action 文件拖曳到 Action Assets

3.2.3 测试和总结

单击 Unity 编辑器的 Play 按钮运行游戏,开始测试。Play 按钮位于 Unity 编辑器的正上方,如图 3-15 所示。

图 3-15 Unity 编辑器的 Play 按钮

Play 按钮用于启动游戏的播放模式。单击 Play 按钮后,Unity 编辑器会模拟游戏的运行环境,使用户可以在编辑器中实时预览游戏的运行效果。

根据所使用的 XR Interaction Toolkit 的版本问题,此时在游戏场景中可能无法直接观察到控制器,因为控制器对象既没有指定控制器模型,也未包含任何可以观察到的 3D 子对象,但通过边移动控制器边观察编辑器中控制器对象的 Inspector 面板下 Transform 组件的 Position 属性值的变化,已经可以判断控制器的位移被成功地传递到了 Unity 的游戏场景中,如图 3-16 所示。

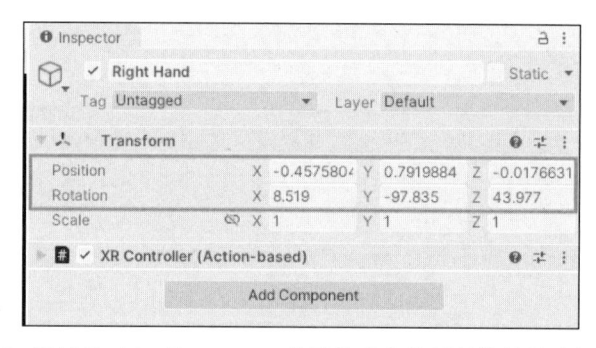

图 3-16 通过 Position 和 Rotation 的属性值变化判断控制器对象的位移

在这样的情况下,为了能进一步直观地观察到控制器的移动,可以在两个控制器对象下都新建一个 Cube 对象,然后删除 Cube 对象的 Collider。

这里需要先介绍什么是 Collider。

在 Unity 中,Collider 是一种用于检测游戏对象之间碰撞的组件。它们被用于模拟物体之间的交互,例如碰撞、触发事件等。Collider 在物理引擎中起着关键作用,能够检测到对象之间的碰撞并触发相应的行为。

以下是一些常见的 Collider 类型。

(1) Box Collider(盒碰撞器):以立方体或长方体的形式包围游戏对象,适用于大多数物体的简单碰撞检测。

(2) Sphere Collider(球形碰撞器):以球体的形式包围游戏对象。用于模拟球体的碰撞,例如球体与球体之间的碰撞。

(3) Capsule Collider(胶囊碰撞器):以胶囊体的形式包围游戏对象。通常用于表示角色或物体的简化形状,例如人物的碰撞体积。

(4) Mesh Collider(网格碰撞器):使用游戏对象的网格模型来创建碰撞器。与其他的 Collider 不同,Mesh Collider 提供了更加精确的碰撞检测,但也更消耗性能。它适用于复杂形状的碰撞检测，例如地形或不规则物体。

（5）Terrain Collider（地形碰撞器）：专门用于 Unity 的地形系统。它允许地形网格被用作碰撞器，以便与其交互。

（6）Composite Collider（复合碰撞器）：可以将多个简单的 Collider 组合成一个单独的 Collider，以提高性能。这在处理大量碰撞器时非常有用。

Collider 可以与 Rigidbody 组件结合使用，以实现物体之间的物理交互。Rigidbody 允许游戏对象受到物理引擎的影响，例如重力；而 Collider 则定义了对象的碰撞形状，使其能够与其他物体进行交互。通过结合使用 Collider 和 Rigidbody，开发人员可以创建出更加逼真的物理仿真效果。

最后将这两个 Cube 缩放到合适大小，例如 0.1。Cube 相关的具体操作步骤如下：

在 Hierarchy 中展开 XR Origin→Camera Offset→Left Hand，右击 Left Hand 对象并在快捷菜单中选择 3D Object→Cube。Left Hand 对象下会生成一个名为 Cube 的立方体对象。

在 Hierarchy 中选中 Cube 对象，在 Inspector 面板中将 Transform 组件下的 Scale 属性设置为 X=0.1，Y=0.1，Z=0.1。

以相同方法在 XR Origin→Camera Offset→Right Hand 也创建一个 Cube 对象，自动命名为 Cube(1)，并在 Inspector 面板中将 Transform 组件下的 Scale 属性设置为 X=0.1，Y=0.1，Z=0.1。

在 Hierarchy 中继续保持选中 Cube(1)，按下键盘 Alt 键的同时单击 Cube 对象，这样可以同时选中 Cube 和 Cube(1)，再到 Inspector 面板中找到 Box Collider 组件，右击并选择 Remove Component 删除此组件，如图 3-17 所示。

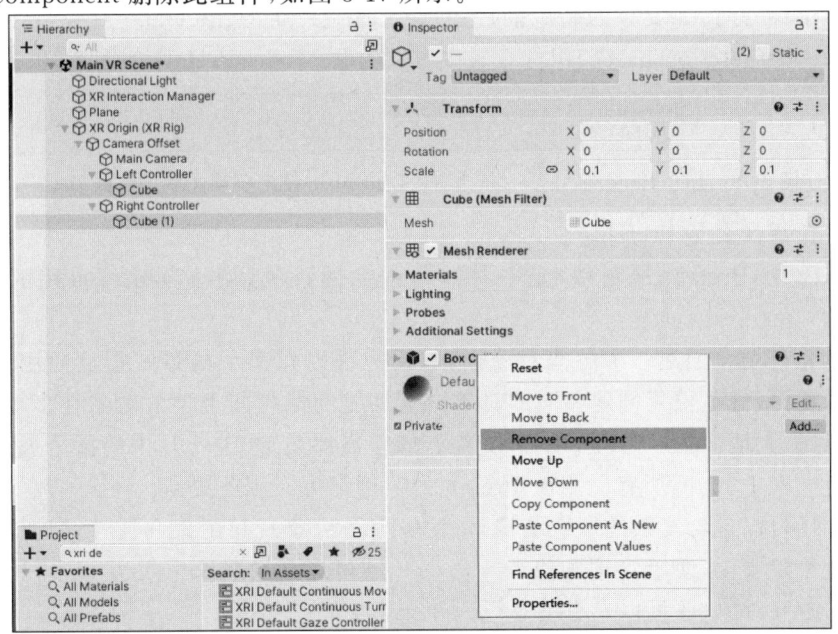

图 3-17 删除 Cube 对象的 Box Collider 组件

单击 Unity 编辑器的 Play 按钮进行测试，戴上头盔后尝试移动左、右手控制器，可以发现代表控制器位置的方块会随自己控制器的动作而移动和旋转，如图 3-18 所示。

图 3-18 代表控制器运动状况的 Cube 对象

如果发现方块方向与控制器方向有偏离，则需要注意是否已将 Left Hand 和 Right Hand 的 Transform 组件的 Position 和 Rotation 设置为 X=0，Y=0，Z=0。

截至本书编写时，在发布的新版插件中 Left Hand 和 Right Hand 对象会在 Inspector 的 XR Controller(Action-based)组件设置中自动关联 Model Prefab，如图 3-19 所示。

图 3-19 Left Hand 的 Inspector 中 XR Controller 设定自动关联控制器模型

下面将介绍什么是 Prefab。

在 Unity 中，Prefab(预制件)是一种非常强大的工具，用于创建可重用的游戏对象模板。

Prefab 允许用户创建一个游戏对象模板，模板可以在多个场景中重复使用，这样可以节省时间和资源，避免重复创建相同的对象。这也能确保相同类型的对象在多个场景中保持一致，并且大大地简化了管理和维护工作。如果需要更改 Prefab 中的某个属性或行为，则只需更新一次 Prefab，所有引用该 Prefab 的实例都可应用此更新。

Prefab 还可以包含复杂的层次结构，包括多个子对象及其组件和属性。这样可以将复杂的游戏对象模块化，便于管理和修改。Prefab 还可以包含动画和交互脚本，这使它们不仅是静态的游戏对象，还可以具有动态行为和交互功能。

此时单击 Play 按钮运行测试后观察游戏场景,可以观察到自动呈现的控制器模型,无须再追加 Cube 对象来辅助观察,如图 3-20 所示。

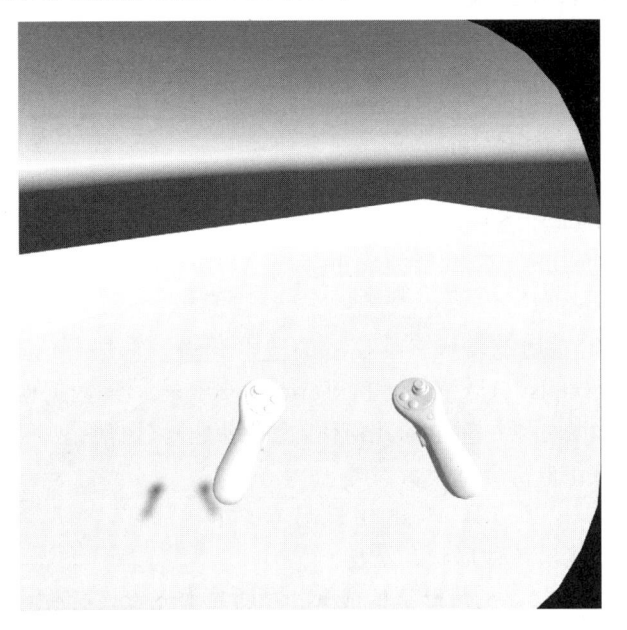

图 3-20　控制器对象关联模型预制件后在游戏场景中的呈现

本节的主要操作步骤如下:

在 Hierarchy 中展开 XR Origin→Camera Offset。在 Camera Offset 下创建子对象命名为 Left Hand。在 Left Hand 的 Inspector 面板中追加组件 XR Controller(Action-based)。复制对象 Left Hand,命名为 Right Hand。

打开 Unity 编辑器菜单栏 Window,打开 Package Manager,安装 XR Interaction Toolkit,导入 Samples 下的 StarterAssets。

在 Hierarchy 中选中 Left Hand,在 XR Controller(Action-based)组件中应用预设 XRI Default Left Controller。

在 Hierarchy 中选中 Right Hand,在 XR Controller(Action-based)组件中应用预设 XRI Default Right Controller。

在 XR Origin 对象下追加组件 InputActionManager,从 Project 将 Samples→XR Interaction Toolkit→版本号→StarterAssets→XRI Default Input Action 拖曳到 Action Assets。

如果运行测试后观察不到控制器对象,则需要在 Left Hand 和 Right Hand 对象下新建子 3D Object Cube,删除两个 Cube 的 Collider 组件,将两个 Cube 的 Transform 组件下的 Scale 属性设置为 x=0.1,y=0.1,z=0.1,并将 Position 设置为原点。

3.3 手的基本呈现

本节介绍如何呈现一个栩栩如生的手部模型。

3.3.1 导入手部模型

原理上要将目前的简单方块变为手部模型，只需把 Left Hand 和 Right Hand 对象下用于观察的 Cube 对象的 Cube Mesh 替换成手部模型的 Mesh 就可以了。

先介绍什么是 Mesh。

在 Unity 中，Mesh 是用于表示三维模型的基本结构。它是由顶点（Vertices）、三角形（Triangles）、法线（Normals）、UV 坐标（Texture Coordinates）等数据构成的。Mesh 定义了一个游戏对象的形状，既可以是简单的几何体，也可以是复杂的模型。

Mesh 的一些关键组成部分如下。

（1）顶点（Vertices）：顶点是 Mesh 中最基本的组成部分，它们是在三维空间中的点。通过连接顶点，可以创建出各种形状和结构。

（2）三角形（Triangles）：三角形是构成 Mesh 的基本元素，它们由顶点的连接定义。三角形在渲染中用于构建表面，使 Mesh 能够呈现出具体的形状。

（3）法线（Normals）：法线是指向 Mesh 表面外部的向量，用于定义表面的朝向。它们在光照计算中起着重要作用，决定了表面的光照效果。

（4）UV 坐标（Texture Coordinates）：UV 坐标定义了纹理贴图在 Mesh 表面上的映射方式。它们确定了纹理如何在 Mesh 上进行贴图，从而决定了表面的纹理细节和外观。

Mesh 在 Unity 中用于表示游戏对象的外观和形状。开发人员可以通过创建和编辑 Mesh 来设计游戏中的角色、场景和道具等各种模型。

图 3-17 中 Inspector 面板中的 Cube（Mesh Filter）组件下的 Mesh 属性的作用就是将 Cube 对象呈现为方块形状。

如果对手部模型有自定义需求，则可以通过 Blender 等 3D 建模软件自行构筑外观，由于建模超出了本书的内容范围，为了节约篇幅，这里直接使用 Oculus 官方 Unity 插件提供的手部模型。

在本书随附资源包中找到名为 Oculus Hands 的 unity package 文件，如图 3-21 所示。

图 3-21 随附资源包中的 Oculus Hands 资源文件

这个 package 中的内容是从 Oculus 官方插件包中提取出来的手部模型，直接将这个 unity package 文件拖曳到 Unity 编辑器的 Project 面板→Assets 文件夹，弹出对话框后单击 Import 按钮，这样手部模型资源就可以导入项目中了。导入手部模型资源的对话框如图 3-22 所示。

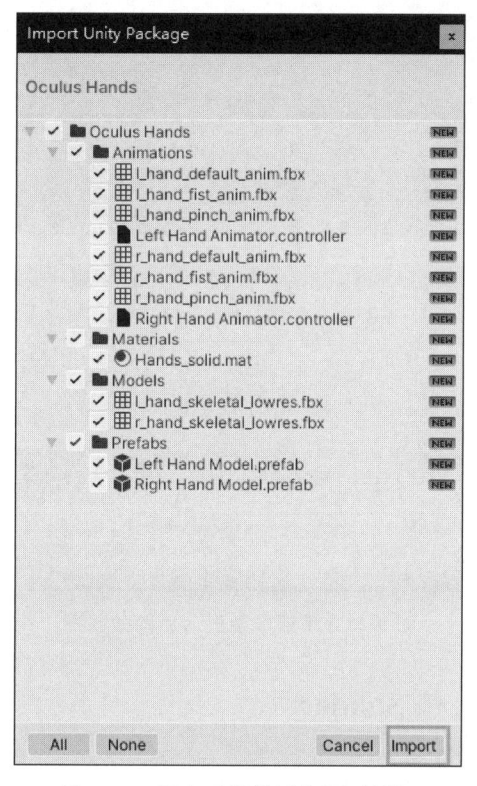

图 3-22　导入手部模型资源对话框

观察一下导入资源对话框中手部模型资源包的展开内容，其中 Animations 文件夹下是左、右手的动画资源，Materials 文件夹下是材质资源，Models 文件夹下是左、右手的 fbx 模型文件，Prefabs 文件夹下是左、右手的预制件。目前先了解这些资源的类型名称，后续在使用这些资源时会具体介绍它们的作用。

单击 Import 按钮。导入完成后，Project 面板的 Assets 文件夹下会出现名为 Oculus Hands 的文件夹。本次导入的资源都将收纳在这个文件夹下。

继续将 Cube Mesh 替换为手部模型。

在 Hierarchy 中同时展开 XR Origin→Camera Offset 下的 Left Hand 和 Right Hand，同时选中 Left Hand 下的 Cube 对象和 Right Hand 下的 Cube(1) 对象后用 Delete 键删除。

在 Project 面板中展开 Assets→Oculus Hands→Prefabs，将 Left Hand Model 拖曳到 Hierarchy 的 Left Hand 对象下，将 Right Hand Model 拖曳到 Hierarchy 的 Right Hand 对象下。这样手部模型就引入成功了，为了方便观察，暂时将 Plane 对象隐藏起来。手部模型引入后的效果如图 3-23 所示。

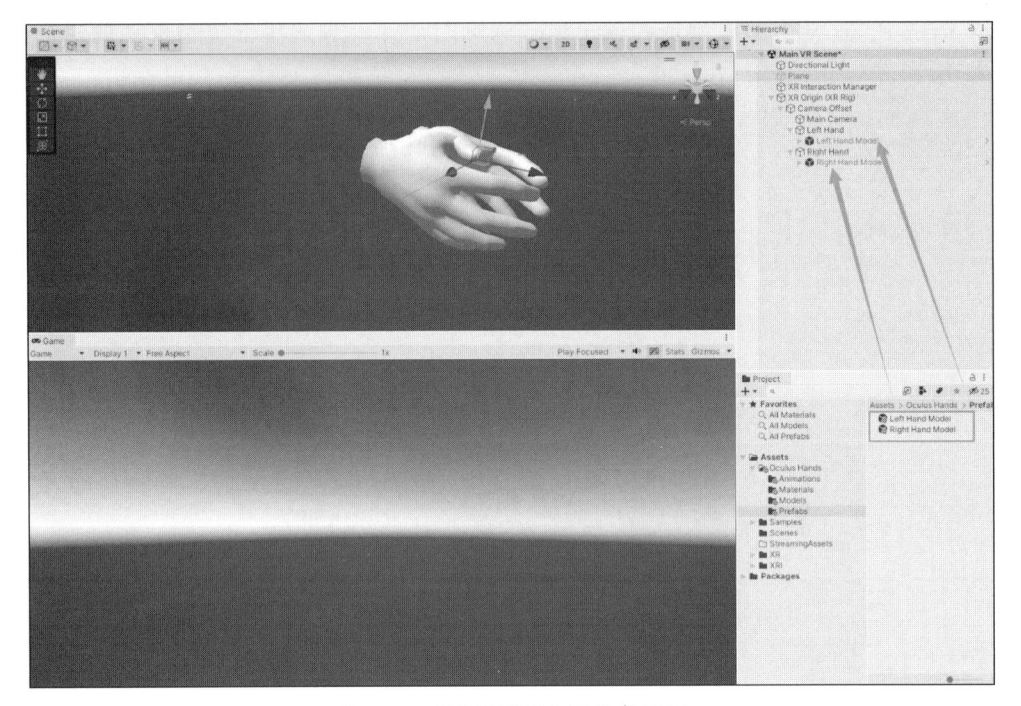

图 3-23　手部模型引入后的效果图

3.3.2　Material 和 Shader

如果引入后手部模型的皮肤呈现粉红色，则只需在 Project 面板中展开 Assets→Oculus Hands→Materials，选中当前文件夹下的 Hands_solid 材质，在 Inspector 面板中将 Shader 属性重选为 Standard，如图 3-24 所示。

下面将介绍 Material 和 Shader 在 Unity VR 开发中所起的作用。

Shader(着色器)：Shader 是一种编程语言，用于描述如何在计算机图形硬件上渲染图像。它决定了物体的外观和表现方式，包括颜色、光照、纹理等。

Shader 可以控制物体的渲染方式，例如在物体表面添加光照效果、投射阴影、实现透明效果等。它是一种高度灵活和可编程的技术，可以根据需求进行定制和调整。

Material(材质)：Material 是应用在游戏对象上的属性，决定了对象的外观和表现方式。它包含了一个或多个 Shader 及用于渲染的其他属性，例如颜色、纹理、透明度等。

Material 可以看作 Shader 的实例化，它使用 Shader 定义的渲染算法，并通过调整属性来控制对象的外观。通过更换或调整 Material，可以实现不同的视觉效果，而无须修改 Shader 的代码。

在 Unity 中，Shader 和 Material 通常是密切相关的，它们一起决定了游戏对象的外观和视觉效果。开发者可以通过编写自定义 Shader 或使用 Unity 内置的 Shader 来创建不同的渲染效果，然后将它们应用到游戏对象的 Material 上，从而实现所需的视觉效果。

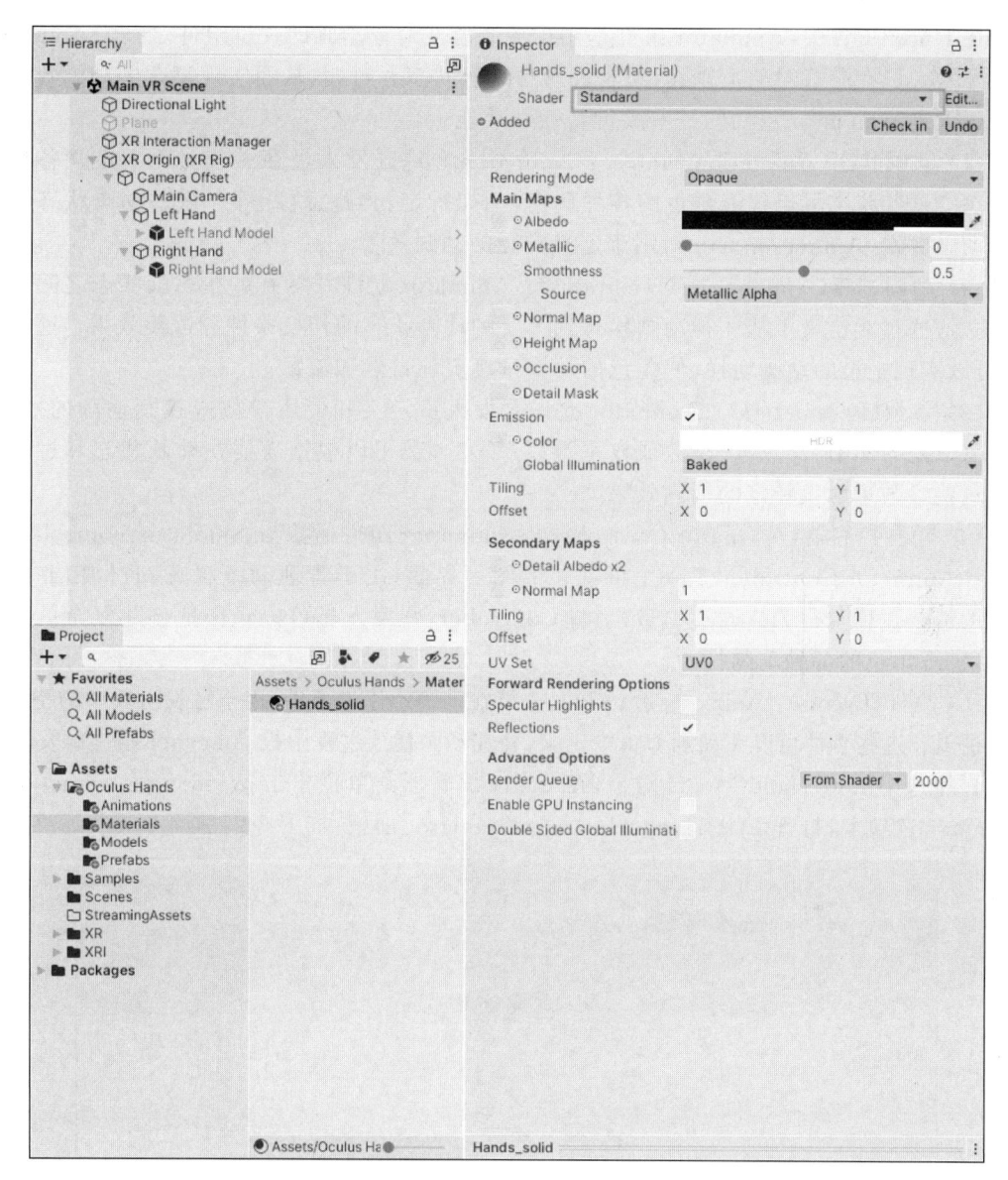

图 3-24　重选 Shader 类型

3.3.3　手部模型的动画组件

手部模型的动画虽然是现成且已设定的，但是为了加深理解还是具体观察一下相关设置。

在 Hierarchy 中展开 XR Origin→Camera Offset→Left Hand，选中 Left Hand Model，观察 Inspector 面板，可以发现已经包含控制动画的 Animator 组件。

在 Unity 项目中，Animator 组件是用于控制游戏对象动画的关键组件之一。Animator 允许开发人员在游戏对象上创建、编辑和管理动画状态和过渡，从而实现复杂的动画效果。

以下是 Animator 组件的一些关键特点和功能。

(1) 动画状态(Animation States)：Animator 允许开发人员在游戏对象上定义各种动画状态。这些状态可以代表角色的各种动作，例如行走、奔跑、跳跃等。每种动画状态包含一个动画剪辑(Animation Clip)，用于定义实际的动画效果。

(2) 动画过渡(Animation Transitions)：Animator 允许开发人员在动画状态之间创建过渡。这些过渡定义了从一种动画状态到另一种动画状态的切换条件和过渡效果。通过过渡，可以实现平滑的动画切换，使角色的动作过渡更加自然和流畅。

(3) 参数(Parameters)：Animator 允许开发人员定义和使用参数来控制动画的播放。参数可以是布尔值、浮点数、整数或枚举类型，开发人员可以根据需要在动画状态和过渡中使用这些参数来触发特定的动画效果。

(4) 动画控制器(Animator Controller)：Animator 组件通常与 Animator Controller 相关联。Animator Controller 是一个可视化的图形界面，用于管理动画状态和过渡，并定义动画的播放逻辑和行为。通过 Animator Controller，开发人员可以轻松地创建复杂的动画逻辑，实现角色的各种动画行为。

(5) 事件(Events)：Animator 允许开发人员在动画中添加事件，用于触发游戏中的特定行为或逻辑。这些事件可以在动画剪辑中定义，并在动画播放过程中被 Animator 组件触发。

保持选中 Left Hand Model 对象，在 Unity 编辑器菜单栏单击 Window→Animation→Animator 选项卡，打开 Left Hand Model 的 Animator 面板，如图 3-25 所示。

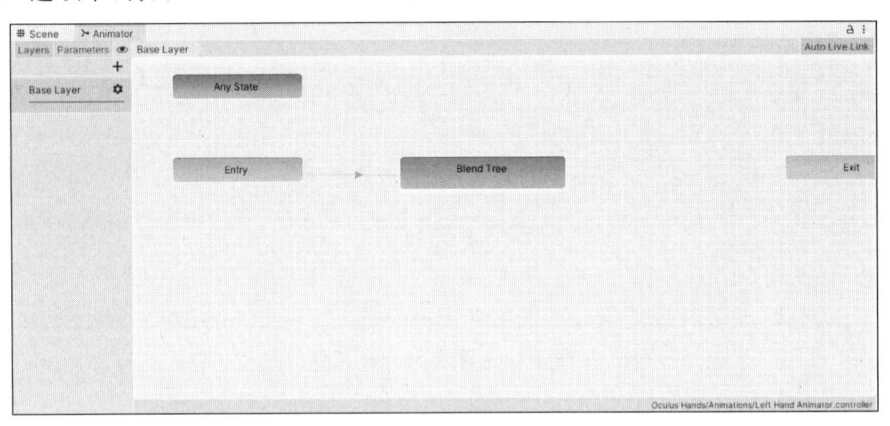

图 3-25 Left Hand Model 的 Animator 面板

在 Animator 面板中双击 Blend Tree，进入 Blend Tree 设置，如图 3-26 所示。

单击 Blend Tree 选项卡，观察 Inspector 面板，可以看到由 Grip 和 Trigger 两个参数控制的手部动作。这两个参数的极限值都是 0 和 1，极限值两两组合形成了 4 种极限手势，拖动 Parameter 部分正方形中的红点可以调整 Grip 和 Trigger 参数的值，随着参数值在 0~1 变化，手势也发生相应的过渡，形成动画，如图 3-27 所示。

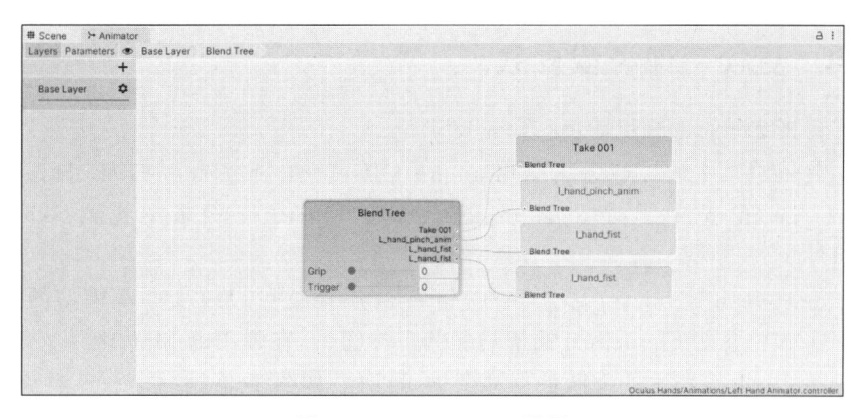

图 3-26　Blender Tree 设置

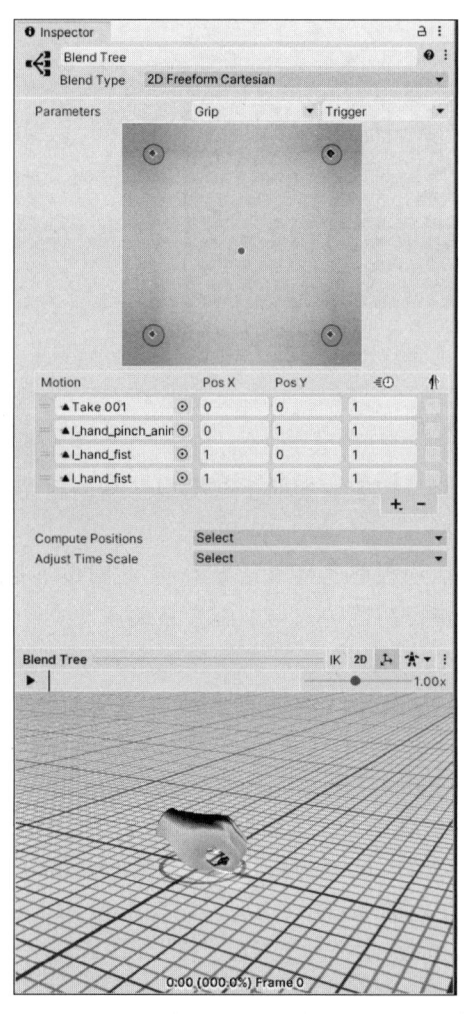

图 3-27　参数控制手势动画过渡

3.3.4 更换手部模型皮肤

下面对手部模型的皮肤材质进行自定义优化。

在 Hierarchy 中展开 XR Origin→Camera Offset→Left Hand→Left Hand Model→hands:hands_geom，选中子对象 hands:Lhand，在 Inspector 面板中找到 Skinned Mesh Renderer 组件。

在 Skinned Mesh Renderer 部分下的 Material 属性里可以改变手部模型的材质，例如单击 Material 属性下方 Element 0 插槽右侧圆点按钮后，在弹出的 Materials 列表中选择预制的材质 accent color，左手的皮肤会立即变为暗红色，如图 3-28 所示。

图 3-28 修改左手材质

3.3.5 测试和总结

运行测试，可以观察到两只栩栩如生的手部模型已经呈现在场景中，并且左手皮肤为暗红色。

目前为止，手部模型包括动画都已经成功导入，但此时按下控制器按键后手部模型还是不会有任何响应，因为尚未将控制器输入与动画参数关联。

本节的主要操作如下：

将手部模型资源包拖曳到 Project 面板的 Assets 文件夹下并导入。

在 Hierarchy 中展开 XR Origin→Camera Offset，删除 Left Hand 和 Right Hand 下的 Cube 对象。

将 Left Hand Model Prefab 拖曳到 Left Hand 对象下。将 Left Hand Model Prefab 展开到 hands:Lhand 子对象，在 Inspector 面板找到 Skinned Mesh Renderer 组件，将 Materials 属性值设置为暗红色的 accent color。如果 Left Hander 的 Shader 变粉红，则需要将 Shader 模式修改为 Standard。

第 4 章

CHAPTER 4

输 入 设 置

4.1 捕捉控制器输入

本章首先通过编写一个自定义脚本来深入讲解如何用控制器控制手部模型的动作。

4.1.1 第 1 个自定义脚本

在 Hierarchy 中展开 XR Origin→Camera Offset→Left Hand，选中 Left Hand Model 对象，在 Inspector 面板中单击 Add Component 按钮，单击 New Script 按钮，在 Name 文本框中把自定义脚本取名为 AnimateHandOnInput，再单击 Create and Add 按钮，一个名为 AnimateHandOnInput 的自定义脚本组件就被追加到了 Left Hand Model 对象中，如图 4-1 所示。

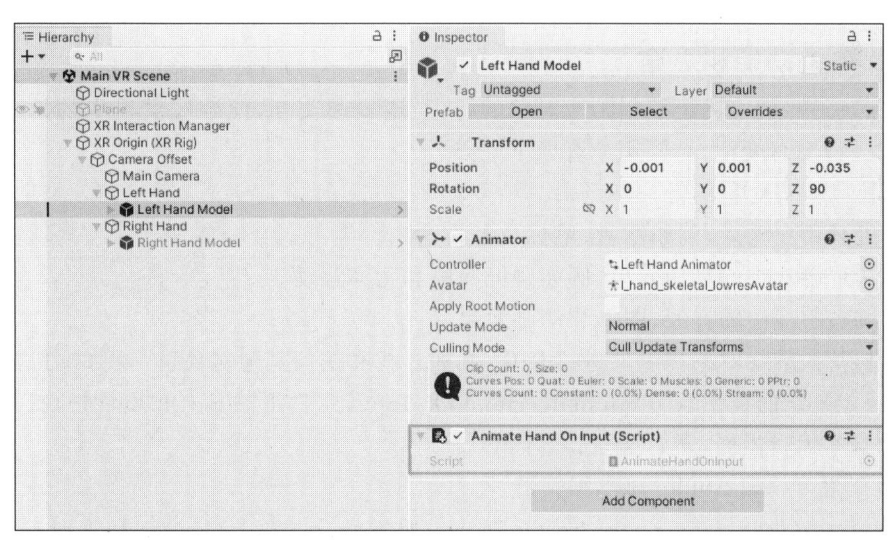

图 4-1 追加自定义脚本组件 AnimateHandOnInput 后 Left Hand Model 的组件构成

在 Unity 中编写脚本的基础知识包括对 C♯ 编程语言的了解及了解 Unity 脚本的一般结构和用途。

1. C♯ 脚本基础

C♯ 是一种流行的面向对象编程语言,用于编写 Unity 中的脚本。

了解 C♯ 的基本语法,例如变量、数据类型、运算符、条件语句(if-else)、循环语句(for、while)、数组、方法等。

2. Unity 脚本的一般结构

Unity 脚本通常包含以下几部分。

(1) 命名空间(Namespace):用于组织代码的容器。Unity 默认使用 UnityEngine 命名空间。

(2) 类声明(Class Declaration):C♯ 脚本必须是一个类。类包含脚本的所有功能和行为。

(3) 变量声明(Variable Declaration):在类声明中定义变量,用于存储数据和状态。

(4) 方法定义(Method Definition):包含脚本中的功能和行为的函数。Unity 中的许多生命周期函数(例如 Start()和 Update())都是特定的方法。

(5) 生命周期函数(Lifecycle Functions):特殊类型的方法,由 Unity 在特定时间点自动调用,例如,Start()在对象实例化后立即调用,Update()在每帧更新时调用。

(6) 其他自定义方法(Custom Methods):除了生命周期函数外,还可以在脚本中定义自己的方法来执行特定的功能。

(7) 事件处理函数(Event Handling Functions):用于响应用户输入或特定事件的函数,例如,OnMouseDown()用于处理鼠标单击事件。

3. 脚本的功能和用途

在 Unity 中,脚本用于控制游戏对象的行为、逻辑和交互,使游戏世界中的元素根据设定的规则进行动态变化,主要用途有以下几点:

(1) 控制游戏对象的行为和逻辑。

(2) 处理用户输入,例如键盘、鼠标或触摸输入。

(3) 实现游戏中的物理效果,例如碰撞检测和物体运动。

(4) 调整游戏中的音频、图形和动画效果。

(5) 与其他游戏对象和组件进行交互,例如查找和访问其他对象,以及修改其属性等。

在 Inspector 面板中双击 Animate Hand On Input 组件下的 Script 属性框,打开 Visual Studio 的脚本编辑界面,开始编写脚本内容。

下面介绍 Visual Studio 脚本编辑器。

在 Unity 游戏开发中,Visual Studio 脚本编辑器是开发者编写、调试和管理 C♯ 脚本的主要工具。Visual Studio 通过 Unity Tools 扩展与 Unity 深度集成,提供了许多便利。支持自动同步 Unity 项目中的脚本文件,确保编辑器中的代码与 Unity 保持一致。可以直接从 Visual Studio 启动并调试 Unity 编辑器或已构建的游戏。可以通过查看 Unity 控制台输出来帮助开发人员调试和分析代码行为。

本书涉及脚本的部分,采用先说明重点语句,最后给出全部源码的形式,其目的是让读者先理解重点逻辑,然后复制使用。

任何一个新建的自定义脚本,首次打开后的默认代码内容如下:

```
using System.Collections;
using System.Collections.Generic;
using UnityEngine;

public class AnimateHandOnInput : MonoBehaviour
{
    //Start is called before the first frame update
    void Start()
    {

    }

    //Update is called once per frame
    void Update()
    {

    }
}
```

以 using 开头的 3 行代码引入了 UnityEngine 等命名空间,这是 Unity 脚本所需的核心库,提供了所有的基础功能和组件。

public class AnimateHandOnInput : MonoBehaviour 这一行定义了一个名为 AnimateHandOnInput 的公共类,继承自 MonoBehaviour。继承自 MonoBehaviour 意味着该脚本可以附加到 Unity 中的 GameObject 上,并可以使用 Unity 的生命周期方法。

void Start() 代表 Unity 的生命周期方法之一 Start() 方法,它在脚本首次启用时调用,通常用于初始化代码。

void Update() 代表 Unity 的另一生命周期方法 Update() 方法,每帧都会调用一次。通常用于处理需要每帧更新的逻辑,例如输入检测、移动处理或动画更新等。

在默认脚本内容的基础上做如下修改。

第 1 步:在脚本开头部分追加引入所需的命名空间,代码如下:

```
using UnityEngine.InputSystem;
```

第 2 步:在变量声明部分,创建一个 InputActionProperty 类型的公共变量,命名为 pinchAnimationAction,代码如下:

```
public InputActionProperty pinchAnimationAction;
```

在 Unity 中,public 变量和 private 变量是用于定义脚本中的成员变量(字段)的两种不同的访问修饰符。它们用于控制这些变量在脚本内外的可见性和访问权限。

（1）关于 Public 变量：使用 public 关键字声明的变量称为公共变量（Public Variables）。

公共变量可以在 Unity 编辑器中进行编辑和修改，因为它们在 Inspector 面板中可见。

公共变量通常用于将游戏对象的属性暴露给其他对象或者用户进行调整或交互。

例如，可以将一个公共变量用于存储玩家的生命值，这样其他脚本或者组件就可以直接访问和修改玩家的生命值。

（2）关于 Private 变量：使用 private 关键字声明的变量称为私有变量（Private Variables）。

私有变量只能在其所属的类中进行访问和修改，其他类无法直接访问它们。

私有变量通常用于存储脚本内部的状态和数据，而不需要被外部对象访问。

例如，可以在脚本中定义一些临时变量或者控制游戏逻辑的变量为私有变量。

由于在第 2 步中声明的变量 pinchAnimationAction 是公共变量，因此能够在 Unity 编辑器的 Inspector 中进一步与其他对象关联。回到 Unity 编辑器，在 Inspector 中观察自定义脚本组件 Animate Hand On Input，可以发现脚本中声明的公共变量 pinchAnimationAction 已经呈现为 Inspector 中的一个属性，如图 4-2 所示。

图 4-2 公共变量在 Inspector 中的呈现

4.1.2 获得控制器按键输入

1. Input Action 资源的设置

有两种方法设置 Input Action 并将之与公共变量 Pinch Animation Action 关联，实现用控制器按键控制手部模型的动画。

第 1 种方法是从零开始新建一个自定义的 Input Action 资源，这种方法比较耗费时间。

第 2 种方法是利用现有的 Input Action 资源，将其中合适的 Action 关联到 Pinch Animation Action 的 Reference 属性中，本书采用这种方法。

在 Hierarchy 中保持选中 Left Hand Model，在 Inspector 面板的 Animate Hand On Input 组件下勾选 Use Reference 选框，激活 Reference 属性。

在 Project 面板中展开 Assets→Samples→XR Interaction Toolkit→版本号→Starter Assets，在 XRI Default Input Actions 资源上双击打开 Input Actions 配置界面，如图 4-3 所示。

Unity 中的 Input Action 资源是一种用于管理输入系统的资源，它允许开发人员定义输入操作（例如按键、鼠标单击、控制器输入等）及它们的对应动作（例如移动、跳跃、射击等），并且可以方便地在代码中访问和使用这些输入。

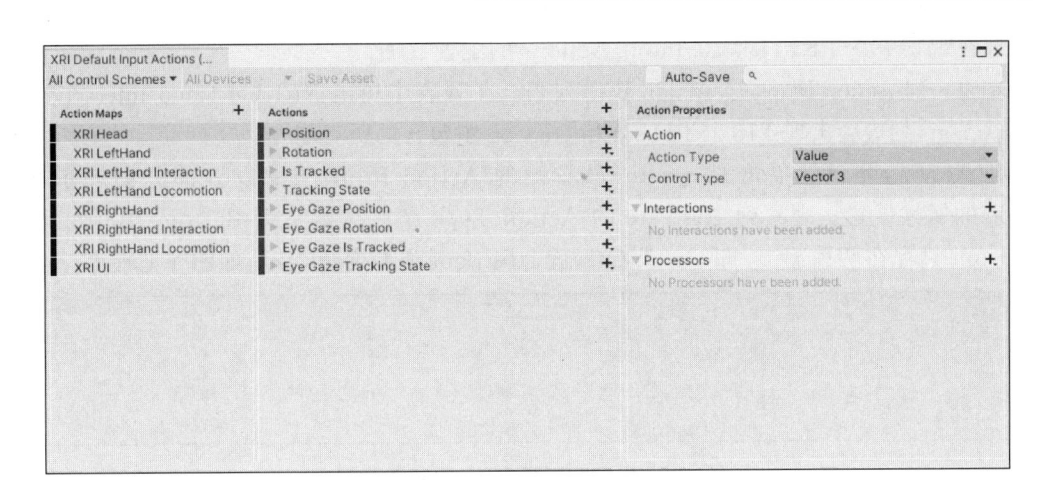

图 4-3　Input Actions 配置界面

2. Input Action 资源的一些关键概念和用法

(1) 创建 Input Action 资源：在 Unity 中可以通过创建 Input Action 资源来定义各种输入操作和动作。

大致操作方法是在 Project 窗口中右击，选择 Create → Input Action 来创建一个新的 Input Action 资源。

为了提高实践效率，本节并未从头开始创建一个 Input Action 文件，而是在现有 Input Action 资源的基础上新增所需的输入操作。

(2) 定义输入操作：在 Input Action 资源中，用户可以定义各种输入操作，例如按键、鼠标单击、轴向输入等。

每个输入操作都有一个唯一的名称，并且可以指定它们所对应的具体按键、鼠标按钮、控制器输入等。

(3) 定义输入动作：除了可以定义输入操作外，还可以定义输入动作，它们将一系列输入操作组合在一起，并且可以为这些组合定义一个名称。

例如，可以定义一个名为 Move 的输入动作，将 Move Horizontal 和 Move Vertical 这两个操作组合在一起，以便于在代码中进行处理。

(4) 绑定输入操作：一旦创建了输入操作和动作，就可以在 Unity 编辑器中为它们指定具体的按键、鼠标按钮或控制器输入。

这些绑定可以在 Input Action 资源的 Inspector 面板中进行设置，用户可以方便地为不同平台或不同控制方案设置不同的绑定。

(5) 在代码中使用 Input Action：一旦创建了 Input Action 资源并为其定义了输入操作和动作，同时也为它们绑定了具体的输入方式，就可以在代码中高效地访问和使用它们。

可以通过 Input System API 来访问和监听 Input Action，从而响应玩家的输入操作，并执行相应的游戏逻辑。

现在观察一下 XRI Default Input Actions 的配置界面。

左边一列 Action Maps 是 Action 映射列表。在列表中单击 XRI LeftHand Interaction，右边的 Actions 列表会出现 XRI LeftHand Interaction 中包含的所有动作。

在 Actions 列表中单击 Activate，最右侧的 Action Properties 设置部分会展示当前 Action 的属性设置。观察到 Activate 的 Action Type 属性被定义为 Button。Button 类型的 Action 只存在两种输出，即 On 或 Off，适合用 Bool 类型变量表示，如图 4-4 所示。

图 4-4 Actions 列表中 Activate 的设置

3. Bool 变量

在 Unity 开发中，布尔变量（Boolean Variables）是一种数据类型，用于表示逻辑值，即真（true）或假（false）。布尔变量通常用于控制程序的流程、判断条件、开关功能等方面。

在 C♯ 中，布尔变量通过 bool 关键字来定义。

在 Unity 的脚本中，用户可以像定义其他变量一样，使用 bool 关键字来定义布尔变量，并且可以初始化为 true 或 false。

在 Actions 列表中选中 Activate Value，观察右侧 Action Properties 部分的内容，发现 Action Type 是 Value，这意味着 Activate Value 获得的输入不是简单的 On 或者 Off，而是具体的数值。这个 Value 反映的是玩家按下按钮的程度（力度）。

展开 Actions 列表下的 Activate Value 项目，出现 trigger[LeftHand XR Controller]，对应具体的控制器功能按键，意味着这个名为 Activate Value 的 Action 绑定的是左控制器的扳机键，如图 4-5 所示。

图 4-5 Actions 列表中 Activate Value 的设置

由于当前的目标是用控制器按键控制手部动画的参数值，所以需要得到按键力度的具体值，需要用 Activate Value 来传递。

在 Hierarchy 中展开 XR Origin→Camera Offset→Left Hand，选中 Left Hand Model。

在 Project 面板中展开 Assets→Samples→XR Interaction Toolkit→版本号→Starter Assets，继续展开 XRI Default Input Actions，将 XRI Lefthand interaction/Activate Value（Input Action）拖曳到 Inspector 面板中 Animate Hand On Input 组件下的 Reference 属性

中，如图 4-6 所示。

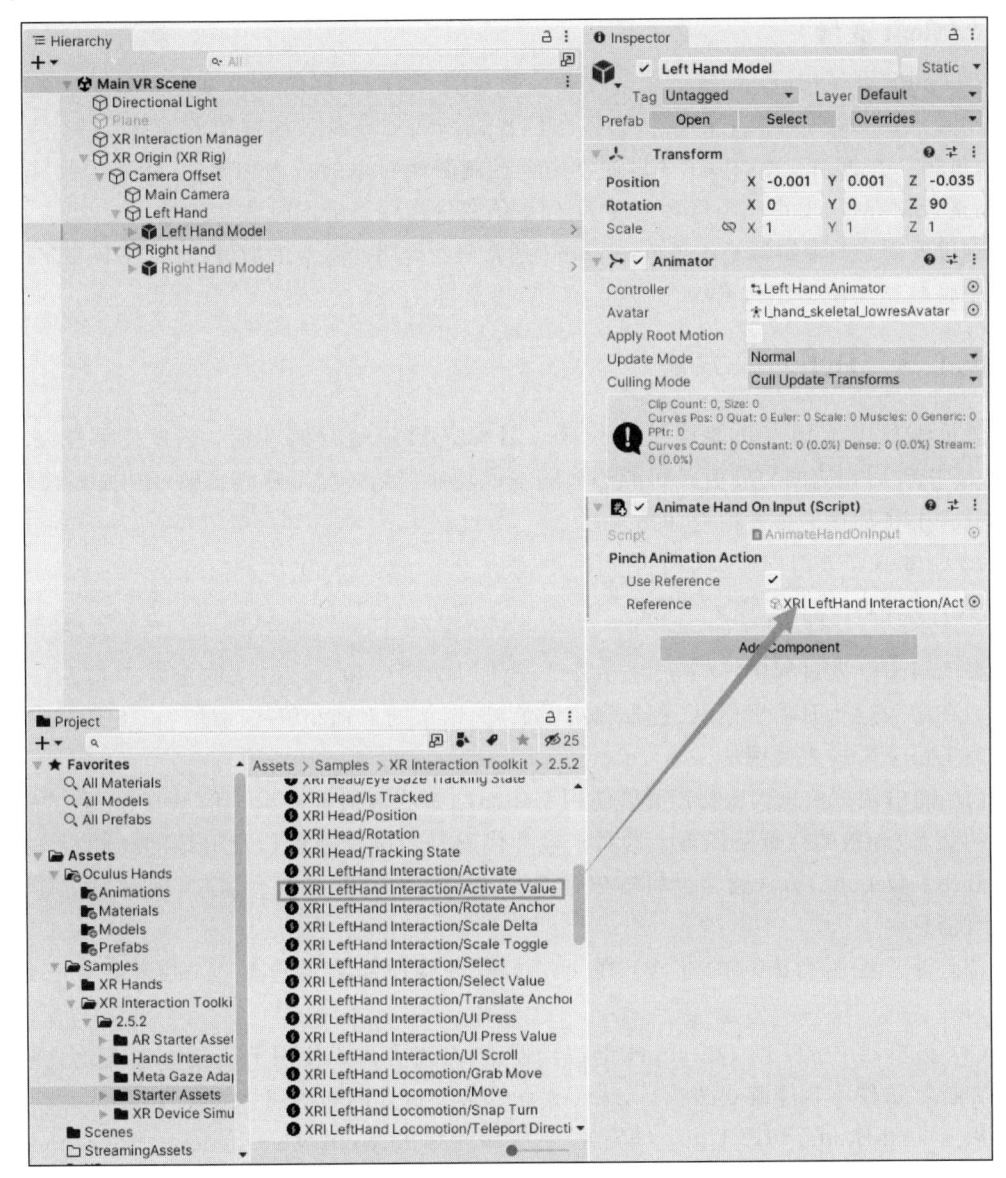

图 4-6　将 Pinch Animation Action 与左手控制器的 Activate 按键输入关联

到此为止左手控制器的 Activate Value 输入值就与脚本公共变量 Pinch Animation Action 完成了关联，接下来继续写脚本内容捕捉左手控制器的实际 activate 输入值。

回到 Visual Studio 的脚本编辑界面，在 Update() 方法中写入的代码如下：

```
float triggerValue = pinchAnimationAction.action.ReadValue<float>();
```

意思是每帧都通过 pinchAnimationAction 这个类的方法来读取浮点形式的输入变量，

并且把得到的输入赋给一个本地变量 float triggerValue。

4. float 变量

在 Unity 开发中,float 变量是一种基本数据类型,用于存储单精度浮点数值。它表示带有小数点的数字,通常用于表示物体的位置、旋转、缩放及其他数值的连续范围,例如速度、力量等。在 Unity 中,float 变量通常用于控制游戏对象的行为和属性,例如控制移动速度、调整音频音量、设置动画播放速度等。float 变量在编写脚本时非常常见。

这里要得到的控制器输入是 AxisValue,通常是一个带小数点的数值,所以在 ReadValue() 方法中将数据类型指定为 Float。

4.1.3 Debug()方法

最后编写用于脚本功能测试的代码。目标是检验运行游戏后,按下左手控制器的 Trigger 按键后相应的力度值是否能够被脚本成功捕捉到。为了观察结果,用 Debug() 方法在控制台上将捕捉的力度值打印出来。

在 Update() 方法中追加如下语句:

```
Debug.Log(triggerValue);
```

在 Unity 开发过程中,Debug() 方法是一种用于调试和测试游戏的重要工具。它允许开发者在游戏运行时输出信息、警告和错误消息,以帮助识别和解决问题。以下是 Debug() 方法在 Unity 中的主要用法。

(1) 输出调试信息:开发者可以使用 Debug() 方法输出各种调试信息,例如变量的值、对象的状态、函数的执行路径等。这对于检查代码是否按预期运行及追踪问题的根本原因非常有用。Debug() 方法通常会将输出信息发送到 Unity 的控制台窗口,使开发者能够实时查看消息。

(2) 打开控制台窗口的办法:在 Unity 编辑器顶部菜单选择 Window→General→Console。

(3) 编辑器中的断点:在 Unity 的编辑器中,开发者可以使用 Debug() 方法设置断点,以便在特定条件下暂停游戏的执行,从而更深入地分析代码和游戏行为。

从 Visual Studio 切回 Unity 编辑器,在菜单栏单击 Windows→General→Console 菜单项,打开控制台面版,这样 Debug() 输出的信息在这个面板中才能观察到。

单击 Unity 编辑器的 Play 按钮运行测试,用 Oculus Link 建立头盔和 Unity 的连接后戴上头盔,按下左控制器的 Trigger 按键,观察 Unity 编辑器中控制台面版的输出,如果有数值返回,则表示成功捕获了左控制器的 Trigger 按键输入的 AxisValue,如图 4-7 所示。

4.1.4 Oculus 控制器按键

Oculus 控制器上有以下几个按键。

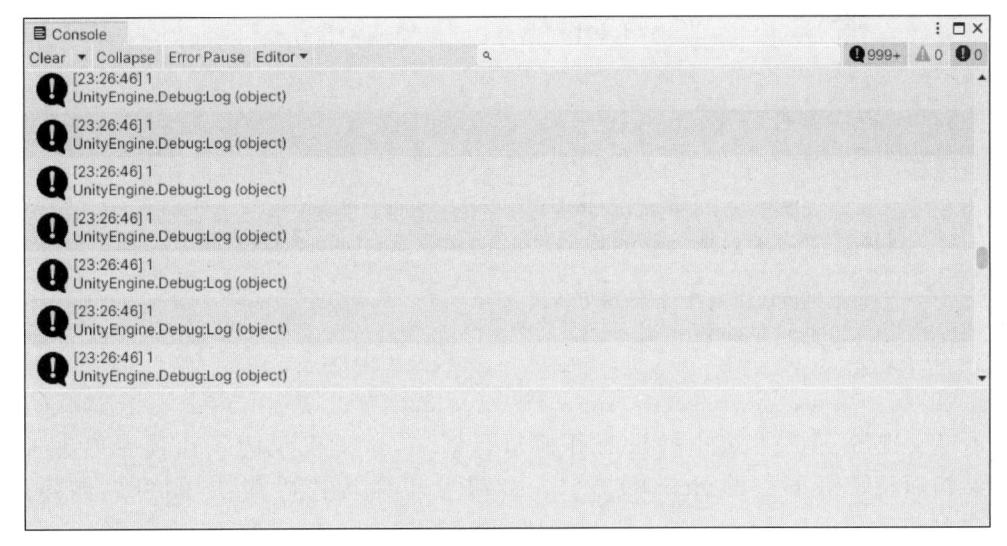

图 4-7　控制台反馈的控制器按键数值

（1）Trigger Button：扳机按钮，通常用于触发射击、抓取和交互等动作。

（2）Grip Button：抓握按钮，通常用于抓取、握持或释放物体。

（3）A Button：A 按钮，通常用于确认或选择。

（4）B Button：B 按钮，通常用于取消或返回。

（5）X Button：X 按钮，通常用于其他交互操作。

（6）Y Button：Y 按钮，通常用于切换视角、功能或其他操作。

（7）Menu Button：菜单按钮，通常用于打开游戏菜单、设置或暂停游戏。

（8）Oculus Button：Oculus 按钮，通常用于打开 Oculus Home、切换 VR 环境等操作。

（9）Thumbsticks：拇指摇杆，通常用于移动、旋转、浏览选项等。

其他设备的控制器按键基本与 Oculus 的按键内容一致。

目前脚本组件 Animate Hand On Input 的完整代码如下：

```
//第 4 章 - 捕捉控制器输入 - 脚本 AnimateHandOnInput
using System.Collections;
using System.Collections.Generic;
using UnityEngine;
using UnityEngine.InputSystem;

public class AnimateHandOnInput : MonoBehaviour
{
    //输入操作属性,用于关联捏合动画
    public InputActionProperty pinchAnimationAction;

    //Start 在第 1 次帧更新前调用
    void Start()
    {
```

```
    //当前 Start()方法中没有执行任何操作,但保留它以备将来需要初始化时使用
}

//Update 每帧调用一次
void Update()
{
    //从输入操作中读取扳机值,并将其存储在一个浮点变量中
    float triggerValue = pinchAnimationAction.action.ReadValue<float>();

    //将扳机值输出到控制台,用于调试
    Debug.Log(triggerValue);
}
```

可以发现 Start()方法中并没有任何执行语句,这里仅仅为了让读者熟悉 Unity 脚本结构而特意留下空的 Start()方法。如果希望保持代码简洁,则可以删除空的 Start()方法。

4.1.5 测试和总结

运行测试,按下左手控制器的 Trigger 按键,可以观察到控制台输出实时的力度数值 Activate Value,如图 4-8 所示。

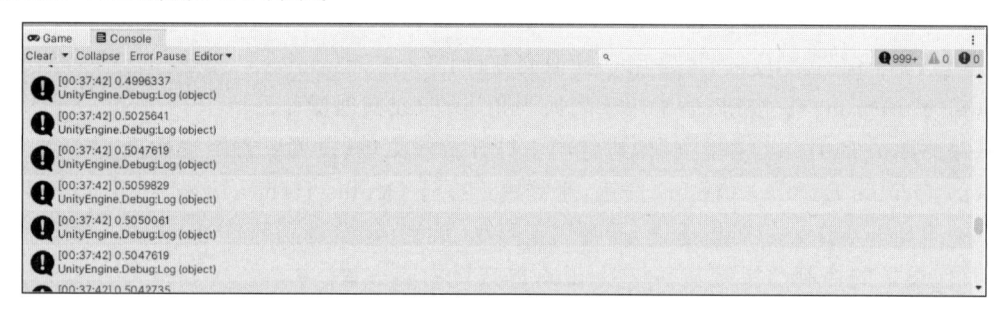

图 4-8 控制台输出实时的力度数值 Activate Value

本节的主要操作步骤如下:

在 Hierarchy 中展开 XR Origin→Left Hand,选中 Left Hand Model,在 Inspector 面板中追加自定义脚本组件,命名为 AnimateHandOnInput。

编辑自定义脚本 AnimateHandOnInput 的内容,在默认脚本内容的基础上,追加引用 unityengine.InputSystem,追加声明 inputActionProperty 类型的 pinchAnimationAction 变量。

保持选中 Left Hand Model,在 AnimateHandOnInput 组件下勾选 Use reference 复选框。

在 Project 面板中展开 Assets→Samples→XR Interaction Toolkit→版本号→Starter Assets→XRI Default Input Actions,找到 XRI Lefthand interaction/Activate Value(Input

Action),将这个 Action 文件拖曳到 Inspector 面板的 AnimateHandOnInput 组件下的 Reference 属性框中。

回到 VS 脚本编辑器继续编辑自定义脚本 AnimateHandOnInput,在 Update()方法中追加如下代码:

```
float triggerValue = pinchAnimationAction.action.ReadValue<float>();
debug.log(triggerValue)
```

4.2 关联控制器输入与手部动画

目前已经成功地获取了左控制器 Trigger 按键的输入值,接下来需要将这个值传递给左手动画的控制参数,实现控制左手模型的动作。

4.2.1 实现左手的捏合动作

回到 Visual Studio 的 AnimateHandOnInput 脚本编辑界面,在变量声明部分新建一个 Animator 类型的公共变量,命名为 handAnimator,这个变量将用于关联手部模型对象的 Animator 组件,声明变量的代码如下:

```
public Animator handAnimator;
```

在 Update()方法中,将控制器的 Trigger 按键传递来的 triggerValue 继续传递给手部模型动画的 BlenderTree 的控制参数 Trigger,代码如下:

```
handAnimator.SetFloat("Trigger", triggerValue);
```

Unity 的 Blend Tree(混合树)是用于控制和混合动画的强大工具之一。Blend Tree 允许开发者以平滑和可控的方式混合多个动画片段,创建复杂的角色动画,例如角色移动、转身、跳跃等。

Blend Tree 的主要特点如下。

(1) 多动画混合:Blend Tree 可以混合多个不同的动画片段,这些动画片段可以是角色的不同动作,例如站立、行走、跑步、跳跃等。

(2) 参数控制:可以使用参数(例如角色的速度、方向等)来控制 Blend Tree 的混合方式。这意味着可以根据角色的状态来实时调整动画的混合,使其更加自然和逼真。本书案例中手部模型的动画就使用了两个参数 Trigger 和 Grip 实现动画的控制。

(3) 平滑过渡:Blend Tree 允许创建平滑的过渡,以防止动画在切换时出现不自然的跳跃或闪烁。

(4) 二维混合:可以创建二维 Blend Tree,这样就可以使用两个参数来控制混合,例如速度和方向。本书所用手部模型的 Blend Tree 也属于二维混合。

(5) 状态机集成:Blend Tree 可以与 Unity 的状态机系统(例如 Mecanim)无缝集成,

以便更好地管理和控制角色动画。

（6）可视化编辑器：Unity 提供了可视化的 Blend Tree 编辑器，使开发者能够轻松地创建、调整和预览混合树。

由于已经验证过 triggerValue 的传值情况，不再需要在控制台观察 triggerValue 的值，所以删除 Update() 中的 Debug 行。

在 VS 脚本编辑器中保存修改，切换回 Unity 编辑器，下一步需要将 Hierarchy 中左手模型的 Animator 组件与脚本中声明的公共变量 handAnimator 关联。具体做法是在 Hierarchy 中展开 XR Origin→Camera Offset→Left Hand，选中 Left Hand Model，在 Inspector 面板中将 Animator 组件拖曳到 Animate Hand On Input 组件下的 Hand Animator 属性中，如图 4-9 所示。

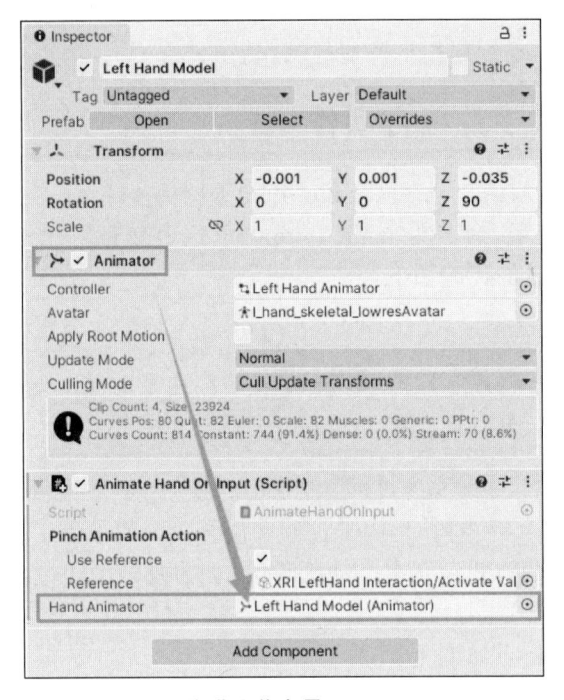

图 4-9　关联公共变量 handAnimator

单击 Play 按钮，戴上头盔，通过 Oculus Link 进入场景预览模式。按下左手控制器的 Trigger 按键，观察游戏场景中手部模型的动作。可以发现按下 Trigger 按键的同时，游戏场景中的左手手部模型动画对象姿势发生了相应的变化，做出手指捏合的动作，并且捏合程度随着 Trigger 按键的力度而呈正相关变化，如图 4-10 所示。

总结一下控制器按键输入时的传值过程，玩家按下左手控制器的 Trigger 按键，Trigger 按键的力度值信息会被传递给 Unity 编辑器，Unity 编辑器通过自定义脚本 AnimateHandOnInput 捕捉力度值信息并将值传递给控制左手手部模型动画的参数 Trigger，左手手部模型最终根据得到的 Trigger 参数值做出相应程度的捏合动作。

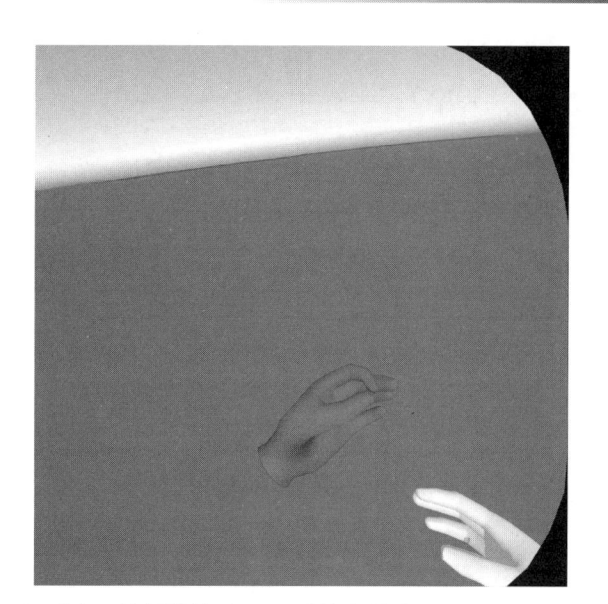

图 4-10　通过左手控制器的 **Trigger** 按键在游戏场景中做出手指捏合动作

4.2.2　实现左手的握拳动作

目前实现的是左手的 Trigger 动作控制，下面用类似的方式继续实现左手的另一个 Blend Tree 参数 Grip 的动作控制。

切换到 Visual Studio，打开自定义脚本 AnimateHandOnInput 的编辑界面，在变量声明部分追加设置一种类型为 InputActionProperty 的公共变量，命名为 gripAnimationAction，这个变量用于关联控制器按键输入时的 Grip 动作，代码如下：

```
public InputActionProperty gripAnimationAction;
```

在脚本的 Update() 方法中写 gripAnimationAction.action.ReadValue<float>() 用于获取控制器 Grip 按键的力度值，并把该值传给名为 gripValue 的 float 类型变量，代码如下：

```
float gripValue = gripAnimationAction.action.ReadValue<float>();
```

将 gripValue 作为参数传递给 handAnimator 的 grip 参数，代码如下：

```
handAnimator.SetFloat("Grip", gripValue);
```

保存修改后的脚本。

本节修改后的脚本的全部源码如下：

```
//第 4 章 - 关联控制器输入与手部动画 - 脚本 AnimateHandOnInput V1.0
using System.Collections;
using System.Collections.Generic;
using UnityEngine;
using UnityEngine.InputSystem;
```

```csharp
public class AnimateHandOnInput : MonoBehaviour
{
    //输入动作属性,用于触发动画(例如手部捏合动作)
    public InputActionProperty pinchAnimationAction;

    //手部动画控制器
    public Animator handAnimator;

    //输入动作属性,用于握持动画(例如手部握拳动作)
    public InputActionProperty gripAnimationAction;

    //Start 是 Unity 的生命周期方法,在游戏开始时调用一次
    void Start()
    {
        //此处暂未实现任何初始化逻辑
    }

    //Update()是 Unity 的生命周期方法,每帧调用一次
    void Update()
    {
        //读取捏合动作的输入值(通常为 0~1 的浮点数)
        float triggerValue = pinchAnimationAction.action.ReadValue<float>();
        //将读取到的捏合值传递给 Animator,控制"Trigger"参数的动画状态
        handAnimator.SetFloat("Trigger", triggerValue);

        //读取握持动作的输入值(通常为 0~1 的浮点数)
        float gripValue = gripAnimationAction.action.ReadValue<float>();
        //将读取到的握持值传递给 Animator,控制"Grip"参数的动画状态
        handAnimator.SetFloat("Grip", gripValue);
    }
}
```

回到 Unity 编辑器,在 Hierarchy 中展开 XR Origin→Camera Offset→Left Hand,选中 Left Hand Model,在 Inspector 面板中找到自定义脚本组件 AnimateHandOnInput,可以看到属性中出现了 Grip Animation Action,勾选下方的 Use Reference 复选框。

在 Project 面板中展开 Assets/Samples/XR Interaction Toolkit/版本号/Starter Assets/XRI Default Input Actions. inputactions,将 XRI LeftHand Interaction/Select Value 拖曳到 Grip Animation Action 下的 Reference 属性框中,如图 4-11 所示。

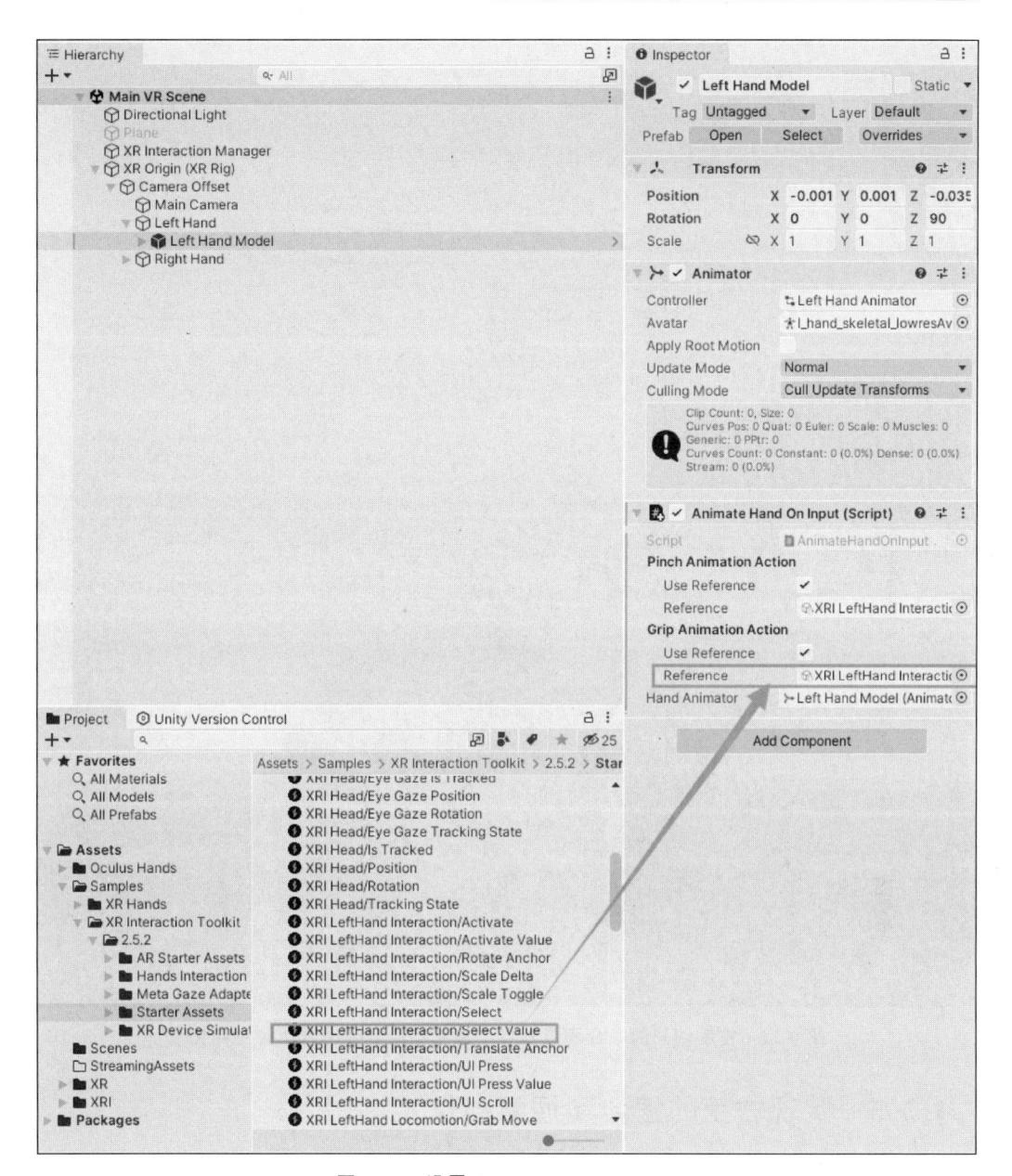

图 4-11 设置 Grip Animation Action

单击 Unity 编辑器的 Play 按钮，戴上 VR 头盔，对当前的脚本效果进行测试。当按下左手控制器的 Trigger 和 Grip 按键时，观察发现无论是拈指还是握拳的动画都可以通过控制器顺利控制了，并且动画的融合程度随着二维参数的数值增减呈现顺滑的变化，如图 4-12 所示。

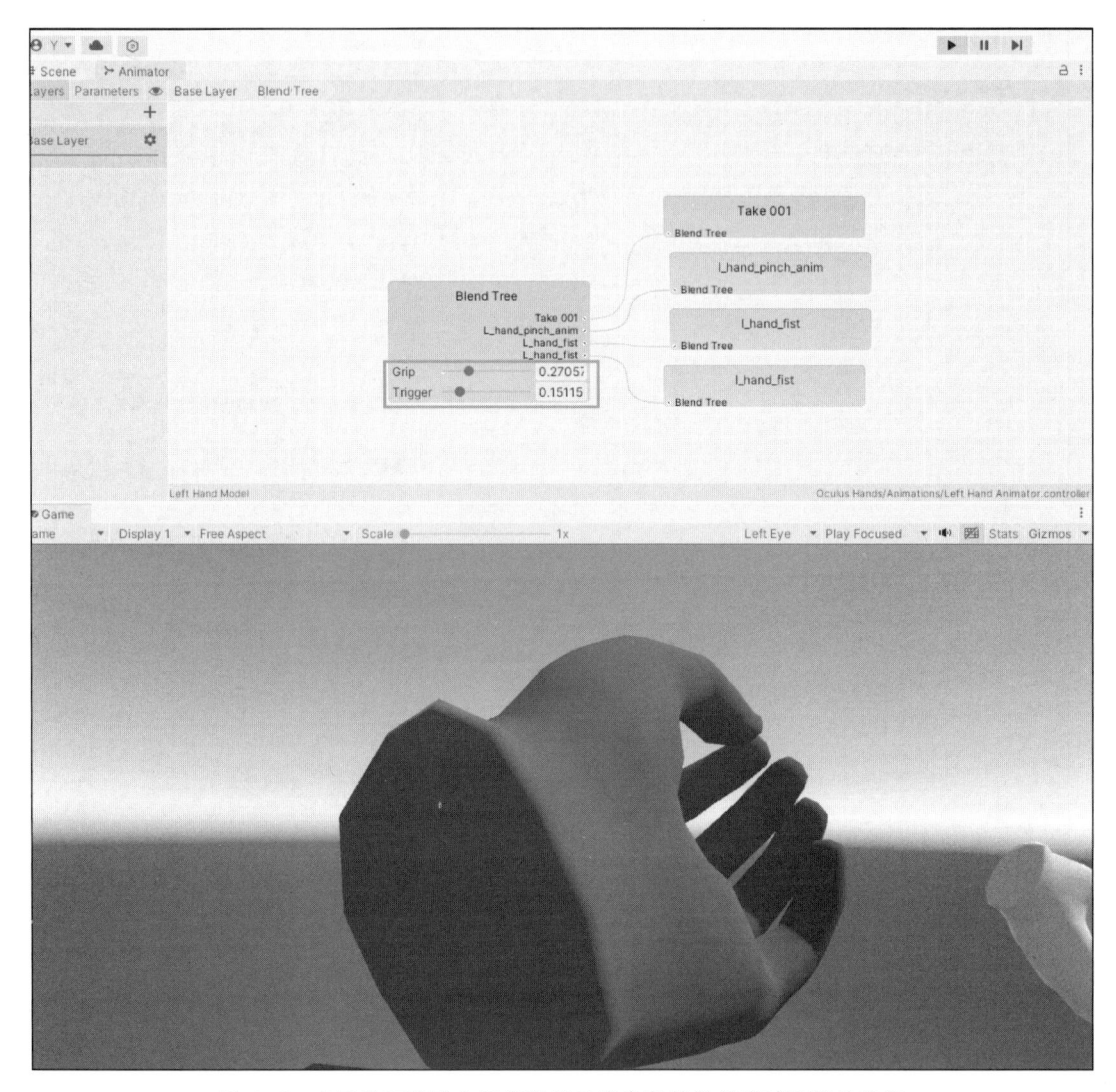

图 4-12　左手动画的融合程度随着二维参数的数值增减而线性变化

4.2.3　实现右手的捏合和握拳动作

目前完成了左手模型的动画控制，接下来继续对右手模型也应用相同的操作，实现右手控制器对右手模型动画的二维控制。

Left Hand Model 对象上的自定义脚本组件 AnimateHandOnInput 可以重复应用在 Right Hand Model 上，无须另写脚本，只需改变与脚本公共变量关联的对象。

自定义脚本组件 AnimateHandOnInput 下同时勾选 Pinch Animation Action 部分的 Use Reference 复选框和 Grip Animation Action 部分的 Use Reference 复选框。将 Inspector 面板中的 Animator 组件拖曳到 Hand Animator 属性。

在 Project 面板中展开 Assets/Samples/XR Interaction Toolkit/版本号/Starter Assets/XRI Default Input Actions.inputactions，将 XRI RightHand Interaction/SelectValue 拖曳到 Grip Animation Action 下的 Reference 属性中。

保持 Project 面板中 XRI Default Input Actions.inputactions 的展开状态，将 XRI RightHand Interaction/ActivateValue 拖曳到 Pinch Animation Action 下的 Reference 属性中。

设置完成后，Left Right Hand 对象的 Inspector 设置如图 4-13 所示。

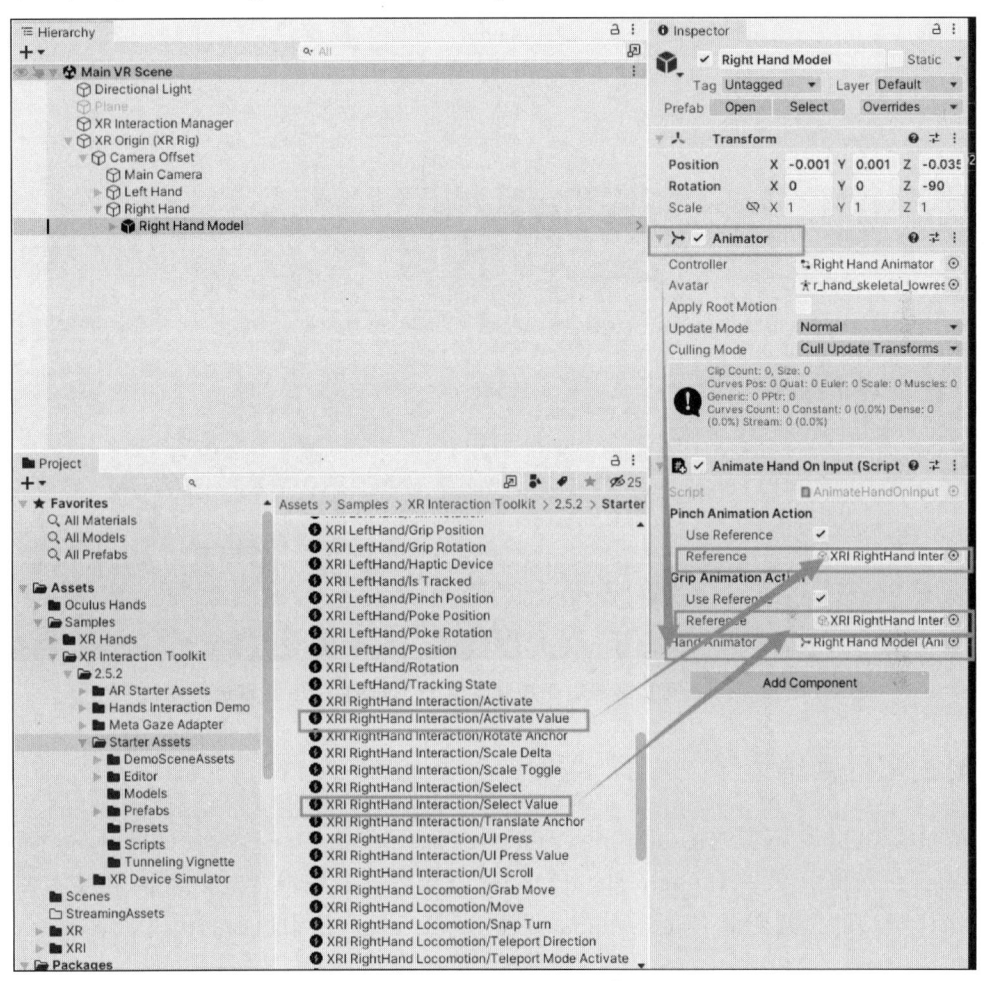

图 4-13　右手控制器的 Inspector 设置

再次单击 Play 按钮，戴上头盔，尝试右手控制器的 Trigger 和 Grip 按键触发动画效果，发现右手手部模型的动画也可以通过右手控制器的 Trigger 和 Grip 按键进行控制了，如图 4-14 所示。

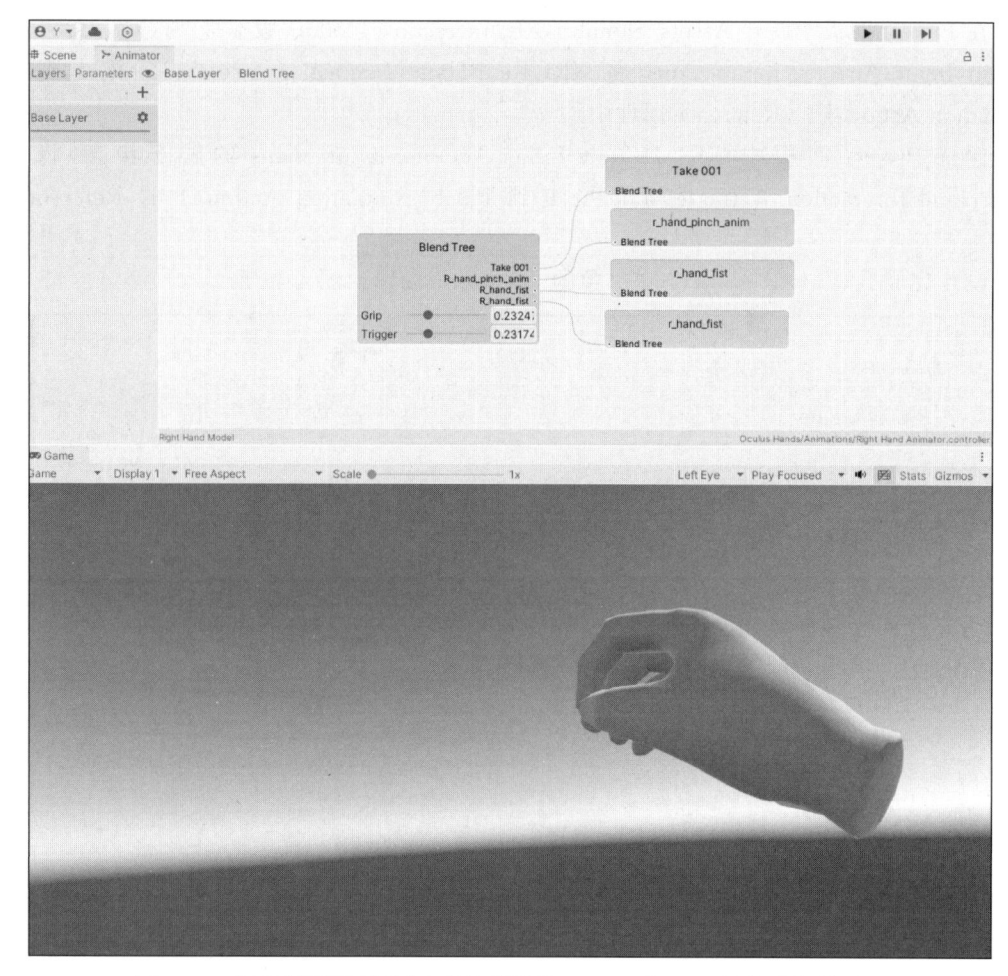

图 4-14 右手动画可以通过右手控制器的 **Trigger** 和 **Grip** 按键进行控制了

4.2.4 总结

在 Hierarchy 中展开 XR Origin→Camera Offset→Left Hand，选中 Left Hand Model，在 Inspector 面板中双击 Animate Hand On Input 组件开始编辑自定义脚本，在脚本中新增 Animator 类型的公共变量 Hand Animator，在 Update()方法中追加的代码如下：

```
handAnimator.SetFloat("Trigger", triggerValue);
```

删除 Debug 行。

保存脚本后切换回 Unity 编辑器，将 Left Hand 的 Inspector 面板中的 Animator 拖曳到自定义脚本组件 Animate Hand On Input 下的属性框 Hand Animator 中。

继续选中 Left Hand Model，在 Inspector 面板中再次双击自定义脚本组件 AnimateHandOnInput 编辑脚本。

新增 InputActionProperty 类型的公共变量 gripAnimationAction,更新 Update()方法,追加的代码如下:

```
gripValue = gripAnimationAction.action.ReadValue<float>();
handAnimator.SetFloat("Grip",gripValue);
```

保存脚本后切换回 Unity 编辑器,在新增的 Grip Animation Action 变量下勾选 Use reference 复选框,从 Project 面板将 XRI LeftHand Interaction/SelectValue 拖曳到 Grip Animation Action 下的 Reference 属性框中。

在 Hierarchy 中展开 XR Origin→Camera Offset→Right Hand,选中 Right Hand Model,在 Inspector 面板中搜索并追加已创建脚本组件 Animate Hand On Input,勾选两个 Use reference 复选框,将相同的 Inspector 面板上的 Animator 组件拖曳到 Hand Animator 属性框中,从 Project 面板将 XRI RightHand Interaction/SelectValue 拖曳到 Grip Animation Action 下的 Reference 属性框中,将 XRI RightHand Interaction/ActivateValue 拖曳到 Trigger Animation Action 下的 Reference 属性框中。

第 5 章

CHAPTER 5

主 体 运 动

5.1 连续移动

VR 中的移动主要有两种模式，即连续移动和传送移动。本节先介绍连续移动的实现方式。

5.1.1 连续移动与传送移动的比较

VR 开发中的连续移动和传送移动的主要不同如下。

(1) 连续移动(Continuous Locomotion)：在连续移动模式中，玩家可以通过持续操控控制器或控制器输入来平滑地在虚拟世界中移动。这种模式通常使用控制器的摇杆或触摸板来控制移动方向和速度。

连续移动模式通常需要玩家适应虚拟现实的晕眩感，因为玩家身体没有实际移动，但视觉上感觉自己在移动，因此一些用户可能会感到晕眩或不适，这种不适感也被称为晕动。

(2) 传送移动(Teleportation)：传送移动是一种更舒适的虚拟现实移动模式，它通过点对点跳跃的方式允许玩家在虚拟环境中移动。

首先玩家使用控制器来选择目标位置，然后按下按钮进行传送移动。这种方式避免了连续移动可能引发的晕眩感，因为玩家不会经历平滑的移动过程，而是立即出现在新的位置，因此传送移动有助于解决虚拟现实中的晕动问题，因为它减少了身体与视觉之间的不一致感觉。

选择使用哪种移动模式取决于项目的需求和目标受众。连续移动提供了更自然的移动体验，但可能会导致晕眩感；而传送移动则更舒适，适用于更广泛的受众，特别是那些容易晕动的用户。在某些游戏中会提供两种移动模式的选择，以让玩家根据他们的个人偏好选择移动模式。

5.1.2 配置连续移动

为了实现连续移动，需要在 Unity 中进行如下设置：

在 Hierarchy 中选中 XR Origin，在 Inspector 面板单击 Add Component 按钮，在弹出的输入框中搜索 Locomotion System。这个新追加的 Locomotion System 组件的 XR Origin 属性需要关联一个 XR Origin 对象，因此需要将相同 Inspector 面板上方的 XR Origin 组件直接拖曳到 XR Origin 属性框中。这个 Locomotion System 组件的作用是接收移动信号。

下面系统讲解关于 Unity VR 开发中的 Locomotion System。

在 Unity 中进行 VR 开发时，Locomotion System（运动系统）用于控制玩家在虚拟世界中的移动。这个系统允许玩家在虚拟现实环境中自由移动，而不仅是杵在一个静态的位置上。

Unity VR 开发中应用 Locomotion System 可以实现的移动主要有下面几种类型。

（1）Teleportation（传送移动）：传送移动是 VR 中常见的一种移动方式。玩家可以使用 VR 控制器选择一个目标点，然后瞬间传送到该位置。这种方式可以减少晕动感，并且容易控制。

（2）Continuous Locomotion（连续移动）：连续移动是模拟现实中的步行或奔跑。玩家可以使用 VR 控制器或者其他输入设备来控制角色在虚拟环境中连续自由移动。这种方式的移动更仿真自然但也更容易引起晕动。这里从玩家角度介绍一个使用连续移动但降低晕动的办法：前、后、左、右连续移动时可以使用控制器，转向时则不要使用控制器，而是依靠自己在现实中的物理转向来实现虚拟空间中的同步转向。这样可以大大地降低虚拟空间与现实空间的变化不一致，从而减轻使用 VR 头盔时的晕动。

（3）Blink Locomotion（眨眼移动）：严格来讲，眨眼移动是一种优化过的传送移动。本身也是采用将玩家瞬间传送到新位置的方式，但与纯粹的传送移动不同，这种方式通常在传送过程中显示一个短暂的黑屏或过渡效果，其作用也是减少晕动引起的不适感。

（4）Node-based Locomotion（基于节点的移动）：基于节点的移动也属于传送移动的特例。限制玩家在虚拟世界中向着预定的路径或点移动。这种方式适用于需要限制玩家移动的场景，例如解谜游戏或观光导览应用。

（5）Hand-based Locomotion（基于手的移动）：这是一种更为仿真的运动，玩家可以使用 VR 控制器来模拟行走或飞行的手势，例如挥动双臂以进行移动。这种方式可以增加沉浸感，但需要更多的交互设计和学习成本。

在以上 5 种常见运动系统中，传送移动和连续移动是其他几种运动系统的基础，应用最广泛，本书也将着重介绍这两种基本运动系统的构建方法。

保持选中 XR Origin，在 Inspector 面板中单击 Add Component 按钮追加组件，在弹出的输入框中搜索 ContinuousMoveProvider（Action-based）并单击完成追加。这个组件用于实现连续移动。

保持选中 XR Origin，在 Inspector 面板中单击 Add Component 按钮追加一个组件，在弹出的输入框中搜索 CharacterController，这个组件用于控制 XR Rig 响应移动指令的方式，例如该组件下的 SlopeLimit 的默认值为 45，意味着限制 XR Rig 无法登上斜度超过 45°

的地面。StepOffset 属性则定义了玩家可以跨过的最高台阶。这里先把所有 CharacterController 组件下的属性保留默认值即可。只需把 Radius 设置为 0.2，这个合理的半径值可以避免因为与其他物体碰撞而阻碍 XR Rig 的移动，让移动体验更精细。

回到 Inspector 面板的 ContinuousMoveProvider(Action-based)组件部分，将 Inspector 面板上方的 LocalmotionSystem 组件拖曳到 ContinuousMoveProvider(Action-based)组件的 System 属性中。EnableStrafe 属性用于控制是否能侧面移动，默认勾选。Use Gravity 属性决定是否让重力生效，默认勾选。Gravity Application Mode 属性有两个选项：Attempting Move 表示仅在移动时让重力生效，Immediately 表示总是让重力生效，此处改选为 Immediately。Forward Source 属性则决定以什么为参照来确定哪个方向是前方。一般符合经验的是将视线方向作为前方，因此在 Hierarchy 中展开 XR Origin→Camera Offset，将 Main Camera 拖曳到 Forward Source 属性框中。这样移动时就会以 Main Camera(也就是以头盔的正面方向)作为移动的 Forward 方向。

接下来设置 ContinuousMoveProvider(Action-based)组件下的控制器按键属性，也就是用哪个按键触发连续移动。由于习惯上连续移动在游戏中使用左控制器的摇杆完成，所以这里对 Left Hand Move Action 部分下的属性进行设置。如果希望用右手控制器摇杆触发连续移动，则需要用相同方法对 Right Hand Move Action 部分下的属性进行设置。

左手控制器动作的设置和之前设置 Pinch 和 Grip 动画动作时类似，先勾选 Left Hand Move Action 部分下的 Use Reference 属性选框，单击 Reference 属性右边的小圆点按钮，在弹出的对话框列表中搜索 XRI Lefthand Locomotion/Move，选中该对象完成关联设置。

5.1.3　避免主体坠落

此时还有一点设置工作没有完成，由于 XR Origin 对象在 Inspector 的 CharacterController 中应用了 Gravity 属性，并且目前 XR Origin 的 Transform Position 属性使 XR Origin 的初始位置穿透了地面，如图 5-1 所示。

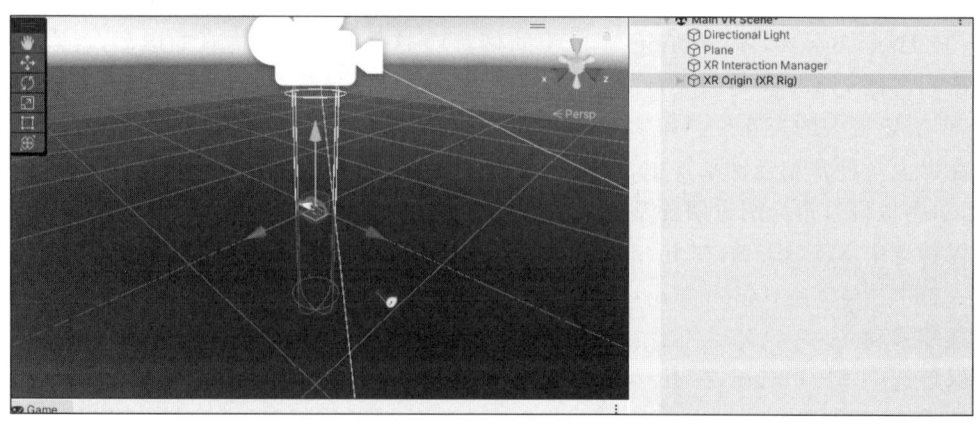

图 5-1　玩家碰撞体的初始位置一半在地面以下

目前如果运行 Unity 项目,玩家会在启动时就穿过地面落下无尽深渊。为了解决这个问题,只需把 XR Origin 对象 Transform Position 的 y 轴参数位置提升到地面上方。

在 Hierarchy 中选中 XR Origin,在 Inspector 面板中将 Character Controller 组件下 Center 的 y 轴属性值设置为 1 即可。设置完成后,代表玩家的碰撞体提升到了地面以上,如图 5-2 所示,这样运行测试后就不会坠落了。

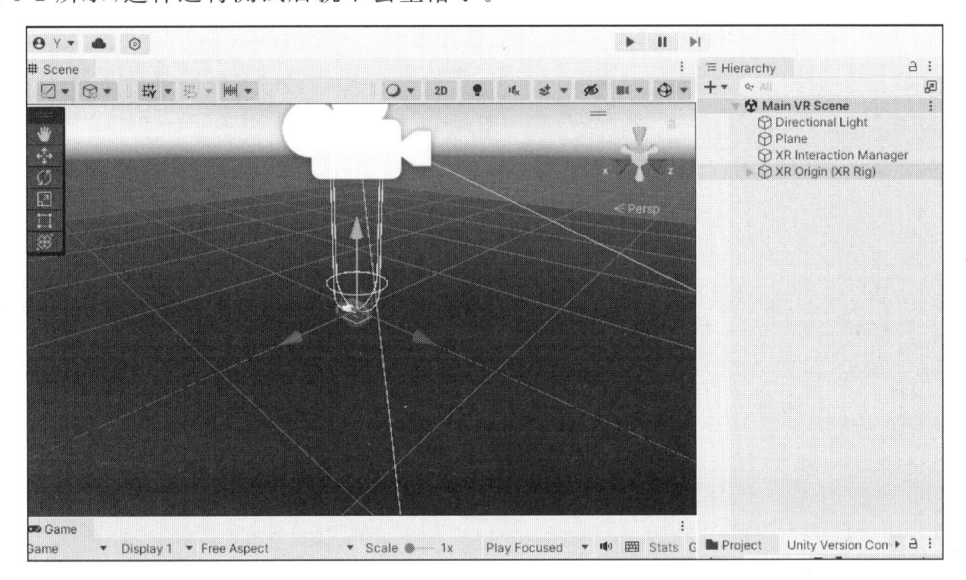

图 5-2 玩家碰撞体提升到了地面以上

XR Origin 的 Inspector 面板目前完整的设置如图 5-3 所示。

5.1.4 测试和总结

单击 Unity 编辑器的 Play 按钮,戴上 VR 头盔观察游戏场景,发现扳动左手控制器摇杆时,玩家在游戏场景中也相应地实现了连续移动。如果由于此时没有参照物而无法在头盔视野中判断自身是否移动,则可以摘下头盔,在 Unity 编辑器中选中 Hierarchy 的 XR Origin,然后观察操作左手控制器的摇杆时,XR Origin 对象的 Transform 的 Position 属性中 x 轴和 z 轴的数值是否发生连续变化,如图 5-4 所示。

本节的主要操作步骤如下:

在 Hierarchy 中选中 XR Origin,在 Inspector 面板中追加组件 LocamotionSystem,将 XR Origin 拖曳到 LocamotionSystem 组件的 XR Origin 属性框中。继续在 Inspector 面板中追加组件 ContinuousMoveProvider(Action-based),将相同的 Inspector 面板下的 LocalmotionSystem 组件拖曳到 ContinuousMoveProvider(Action-based)组件的 system 属性框中。勾选 EnableStrafe 属性框,将 Gravity Appliction Mode 属性设置为 Immediately,保持 Use Gravity 属性框默认勾选,从 Hierarchy 中将 XR Origin→Camera Offset→MainCamera 拖曳到 Forward Source 属性框中。

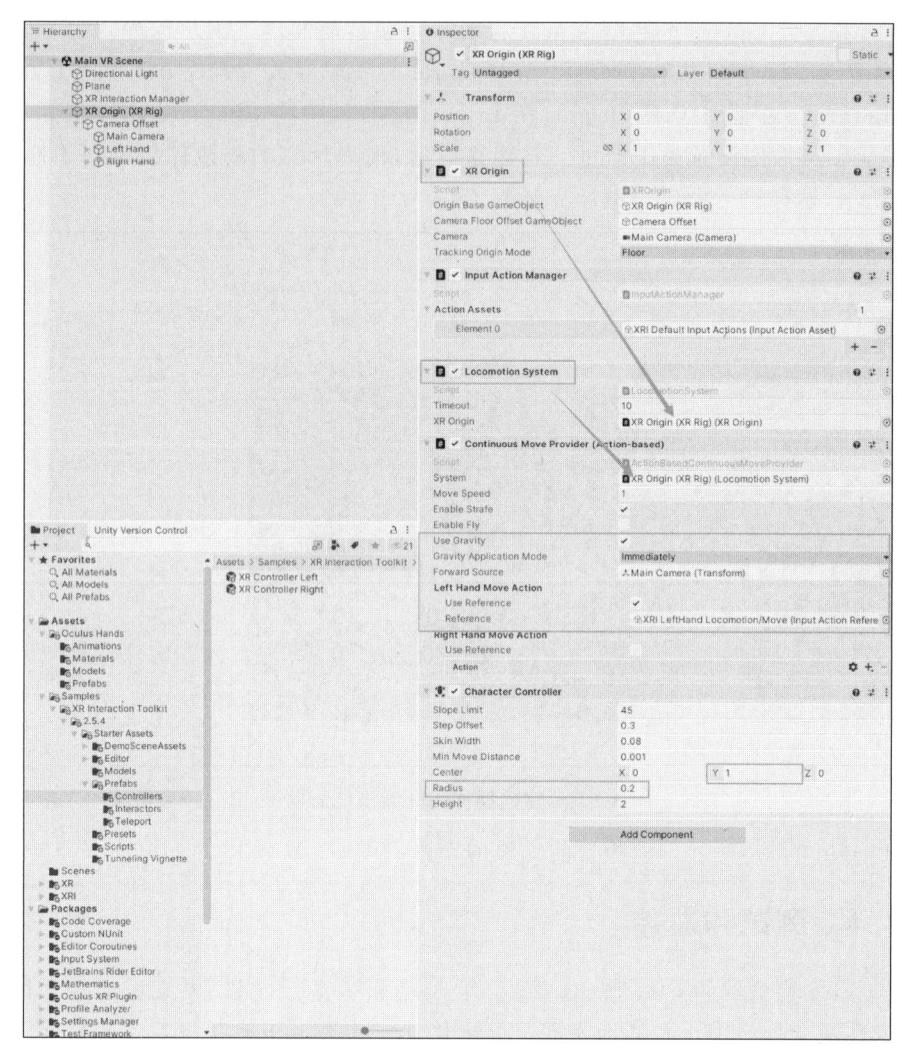

图 5-3　XR Origin 的完整设置

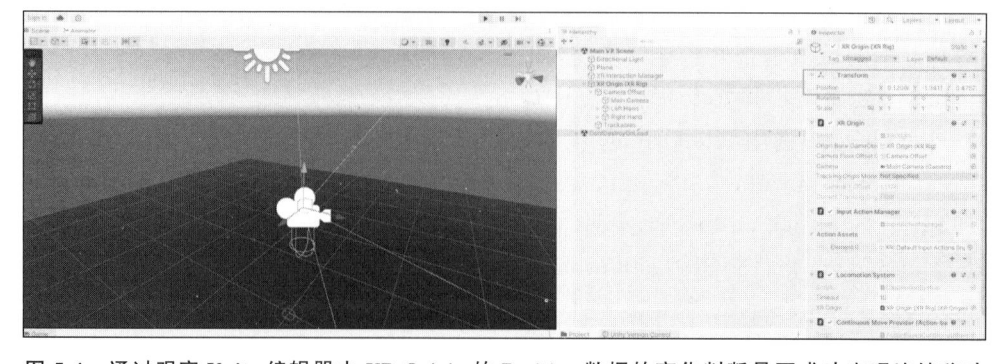

图 5-4　通过观察 Unity 编辑器中 XR Origin 的 Position 数据的变化判断是否成功实现连续移动

继续在 ContinuousMoveProvider(Action-based)面板中找到 Left Hand Move Action 部分,勾选 UseReference,Action 选择 XRI Lefthand Locomotion/Move。

在 Inspector 面板中继续追加组件 CharacterController,将 Radius 设置为 0.2,将 Center 设置为 1,其他设定保持原样。

5.2 转向运动

目前成功实现了玩家主体 Rig 通过左手控制器摇杆进行连续移动,接下来继续研究如何在 VR 中实现平滑转向。

5.2.1 VR 游戏中常见的转向方式

和移动一样,在 VR 中传统上有两种基本的转向方式,即连续(平滑)转向和传送(分段)转向。本节将同时实现并测试这两种转向运动。

平滑转向就是符合现实经验的平滑角度的转向,分段转向则是固定角度(例如 45°)为最小单位的单步转向。除此之外 VR 开发中还有其他形式的转向方式,但最基本和最常用的仍然是平滑转向与分段转向。游戏设计者需要根据需求场景结合合理的互动设计决定采用哪种转向方式,或者提供玩家在两种转向方式间切换的选择。

下面具体介绍 Unity 中总共有多少种较为常见的转向方式。

在 Unity VR 开发中,有不同的方式实现玩家在虚拟现实环境中进行转向,以便更好地适应不同的应用场景和用户体验需求。一些常见的转向方式如下。

(1) 基于控制器的旋转(Controller-based Rotation):这种方式通过 VR 控制器上的摇杆来实现玩家的旋转。玩家可以操作摇杆来左右旋转角色或摄像机的朝向。这种方式通常适用于连续移动或传送运动方式,以提供更自然的转向体验。

(2) 基于头部的旋转(Head-based Rotation):头部旋转方式是根据玩家的头部转动来旋转视角。当玩家转动头部时,摄像机或角色的朝向也相应旋转,模仿了真实世界中的头部转动。这种方式可以提供一种更沉浸的转向感觉,但也可能会导致晕动感。因为现实中只是头动了但身体没动。

(3) 基于定点的旋转(Point-and-Click Rotation):这种方式通过玩家使用 VR 控制器指向某个目标点加方向,传送后实现旋转。玩家可以先用控制器指向他们希望朝向的目标点,然后继续用摇杆来旋转确定传送后的方向。这种方式在简单游戏中比较常见,可以提供精确的控制。

(4) 基于传送的旋转(Teleportation-based Rotation):传送旋转方式与传送运动相似,玩家选择一个目标点并传送到那里,但同时也进行了旋转以适应新的方向。这种方式可以在传送过程中调整朝向,使玩家更容易适应新的位置和方向。

(5) 自动旋转(Automatic Rotation):自动旋转方式不需要玩家手动干预,而是根据场景和目标点自动调整视角和朝向。这种方式通常用于简化操作,但可能会降低一些控制性。

可以发现,无论旋转的方式有多少种,本质上都是传送旋转和连续旋转的衍生。选择哪种转向方式取决于 VR 游戏或应用的目标场景及用户体验需求。在实际开发中,通常会根据应用的情景,或者允许玩家在设置中选择他们喜欢的方式来实现转向。同时,也需要特别关注晕动感和用户的舒适度,确保选择的方式不容易导致晕动感。

5.2.2 配置平滑转向和分段转向

在 XR Origin 上追加需要的组件。在 Hierarchy 中选中 XR Origin,在 Inspector 面板中单击 Add Component 按钮,在弹出对话框中搜索 ContinuousTurnProvider(Action-based),选中该条目完成追加。

继续追加第 2 个组件。在 Hierarchy 中保持选中 XR Origin,在 Inspector 面板中单击 Add Component 按钮,在弹出的对话框中搜索 SnapTurnProvider(Action-based),选中该条目完成追加。

在 Inspector 中观察这两个组件,发现这两个组件下都有一个 System 属性,该属性需要关联 LocalMotionSystem 对象。找到 Inspector 面板上方的 Locomotion System 组件,分别拖曳到 ContinuousTurnProvider(Action-Based)和 SnapTurnProvider(Action-based)下的 System 属性框中。

继续配置相关的控制器输入。在 Inspector 面板同时勾选 ContinuousTurnProvider(Action-based)组件下的 Right Hand Turn Action 和 SnapTurnProvider(Action-based)组件下的 Right Hand Snap Turn Action 的 UserReference 属性框。分别在两个 UserReference 属性框下的 Reference 属性框单击右侧圆点按钮,在弹出的对话框中分别搜索并选中 XRI RightHand LocoMotion/Turn 和 XRI RightHand LocoMotion/Snap Turn 完成关联。这样右手控制器的摇杆输入就分配给了平滑转向和分段转向动作。设置完成后的 Inspector 面板如图 5-5 所示。

在 Inspector 面板中继续观察 ContinuousTurnProvider(Action-based)和 SnapTurnProvider(Action-based)这两个组件的参数,了解这两个组件下各个属性的作用。

ContinuousTurnProvider(Action-based)下的属性如下。

Turn Speed:控制旋转速度,单位是度/秒,方向是顺时针。

SnapTurnProvider(Action-Based)下的属性如下。

(1) Turn Amount:指定分段转向的最小单位。

(2) Debounce Time:两次转向间的最小等待时间。

(3) Enable Turn Left Right:这个属性决定了是否允许玩家使用 SnapTurnProvider 进行左右方向的旋转。如果启用了此选项,则玩家可以使用 VR 控制器的输入(例如摇杆)来左右旋转角色或摄像机的朝向。如果禁用了此选项,则玩家将无法进行左右旋转,只能在其他方向上(例如垂直方向)旋转。

(4) Enable Turn Around:这个属性决定了是否允许玩家使用 SnapTurnProvider 进行瞬时后转。如果启用了此选项,则在向后扳动 VR 控制器摇杆时玩家可以瞬时实现 180°的

图 5-5　转向运动的相关设置

方向改变，也就是瞬间向后转。如果禁用了此选项，则玩家将只能进行逐渐旋转，而不能分段转向 180°面向身后。

（5）Delay Time：从接收到转向指令到做出转向动作间的延迟反应时间。

接下来分别测试平滑转向和分段转向的效果。

首先测试平滑转向，如果要使平滑转向设置生效，则需要在 Inspector 面板中勾选 ContinuousTurnProvider（Action-based）组件使该组件激活，同时取消勾选 SnapTurnProvider（Action-based）组件使该组件隐藏。

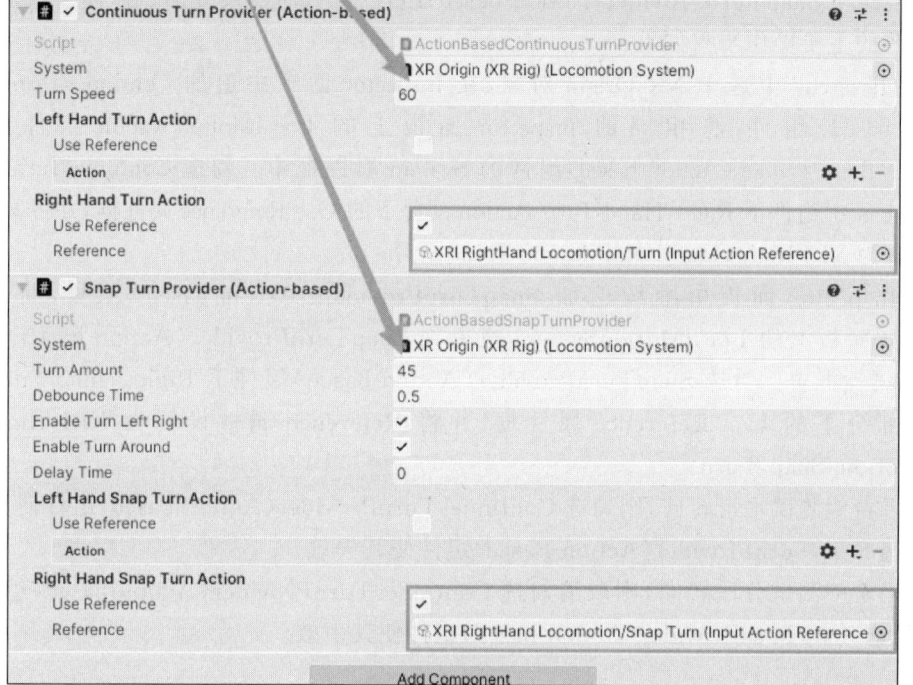

5.2.3　测试和总结

在 Unity 编辑器中单击 Play 按钮，戴上 VR 头盔观察游戏场景，可以观察到，通过操作遥感能够平滑转向了。

接着测试分段转向。如果要使分段转向设置生效，则需要在 Inspector 面板中取消勾选 ContinuousTurnProvider（Action-based）组件使该组件隐藏，勾选 SnapTurnProvider

(Action-based)组件使该组件激活。

再次在 Unity 编辑器中单击 Play 按钮，戴上 VR 头盔观察游戏场景，可以观察到变成了以 45°为单位进行分段转向。

可以继续修改本节介绍的两种不同旋转形式组件 ContinuousTurnProvider（Action-based）组件和 SnapTurnProvider（Action-based）组件下的属性，反复测试以体会效果。

本节的主要操作步骤如下：

在 Hierarchy 中选中 XR Origin 对象，在 Inspector 面板中追加 ContinuesTurnProvider（Action-based）组件，将相同的 Inspector 面板上的 LocalMotionSystem 组件拖曳到 ContinuesTurnProvider（Action-based）组件的 System 属性框中。勾选 ContinuesTurnProvider（Action-based）组件下 Right Hand Turn Action 部分下的 Use Reference 属性框，并将 Reference 属性设置为 XRI RightHand LocalMotion/Turn。

在 Inspector 面板中继续追加 SnapTurnProvider（Action-based）组件，将相同的 Inspector 面板上的 LocalMotionSystem 拖曳到 SnapTurnProvider（Action-based）组件的 System 属性框中。勾选 SnapTurnProvider（Action-based）组件下 Right Hand Snap Turn Action 部分下的 Use Reference 属性框，并将 Reference 属性设置为 XRI RightHand LocalMotion/Snap Turn。

如果希望测试平滑转向，则勾选 ContinuesTurnProvider（Action-based）组件使其生效，取消勾选 SnapTurnProvider（Action-Based）组件使其失效。

如果希望测试分段转向，则取消勾选 ContinuesTurnProvider（Action-based）组件使其失效，勾选 SnapTurnProvider（Action-based）组件使其生效。

5.3 使 Character Controller 跟随 XR Rig 移动

目前如果保持选中 XR Origin，在 Unity 编辑器中单击 Play 按钮，则移动头盔位置时可以发现即使 XR Origin 跟随头盔成功移动了，XR Origin 下 Character Controller 组件的胶囊状 Collider 仍然保持原地不动。这将导致 XR Origin 与 Character Controller 的位置之间产生偏差，游戏中代表玩家的 XR Origin 在运动和与环境互动时就会出现问题，如图 5-6 所示。

5.3.1 认识角色控制器

下面介绍 Unity VR 开发中的 Character Controller（角色控制器）组件的作用。

在 Unity VR 开发中，Character Controller（角色控制器）组件是用于控制角色在虚拟现实环境中移动和环境交互的一个常见组件。它允许开发者轻松地实现角色的移动、跳跃、碰撞检测等功能，是构建虚拟现实体验的重要组成部分之一。

Character Controller 组件的主要功能如下。

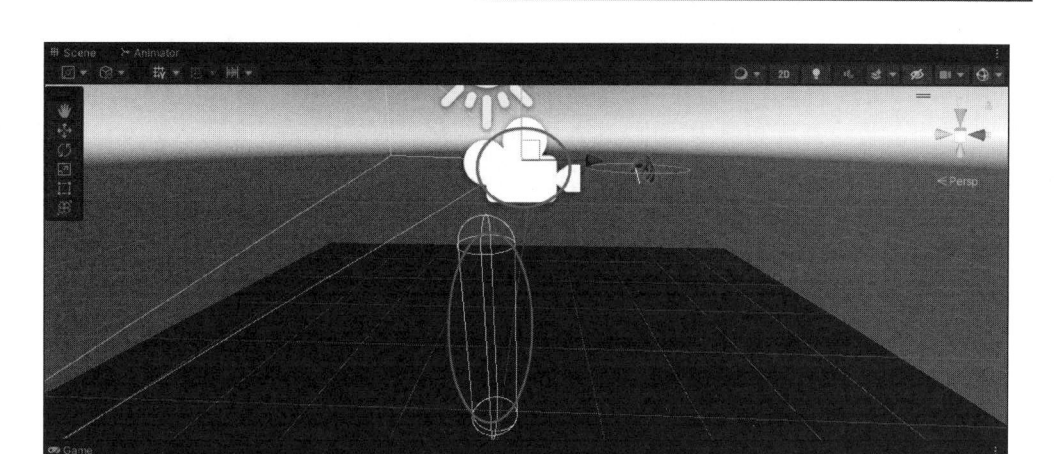

图 5-6　XR Origin 与 Character Controller 位置产生偏差

（1）移动控制：Character Controller 组件允许开发者方便地控制角色在虚拟现实环境中进行移动。通过编程控制角色的位置和方向，开发者可以实现角色的行走、奔跑、蹲伏等动作。

（2）碰撞检测：Character Controller 可以检测角色与环境之间的碰撞，包括与地面、墙壁、障碍物等的碰撞。这使角色能够在遇到障碍物时停止移动或进行相应的反应，从而增强了游戏或应用的真实感和交互性。

（3）重力和跳跃：Character Controller 组件通常会考虑让重力生效，使角色能够在地面上受到重力影响，并能够进行跳跃等动作。开发者既可以通过编程来控制角色的跳跃高度和跳跃力度等参数，也可以通过属性直接设定可攀爬斜度 Slope Limit，以及可跨越高度 Step Offset 等属性。

（4）动作响应：Character Controller 允许开发者根据角色的输入（例如玩家的控制器操作）来触发不同的动作响应，例如移动、转向、跳跃等。这使角色能够根据玩家的操作进行实时响应，并且增强了游戏或应用的交互性。

5.3.2　使 Character Controller 跟随主体移动

如果要解决 Character Controller 不跟随 XR Origin 主体移动问题，则需要追加一个 Character Controller Driver 组件。

在 Unity VR 开发中，Character Controller Driver 组件又起什么作用呢？

Character Controller Driver 组件是用于连接 VR 头盔的头部跟踪器和 Unity 的 Character Controller 组件的桥梁。它允许开发者利用头盔的位置和方向来控制角色在虚拟现实环境中的移动和旋转，以增强玩家的沉浸感和交互性。

在 Hierarchy 中选中 XR Origin，在 Inspector 面板上单击 Add Component 按钮，在弹出的对话框中搜索 Character Controller Driver，选中该条目完成追加操作。

观察 Character Controller Driver 组件的属性，可以发现存在一个 Locomotion Provider

属性。从 Inspector 面板的上方，将 Continues Movement Provider 组件拖曳到 Locomotion Provider 属性框中。Min Height 属性和 Max Height 属性用于设定代表玩家的胶囊 Collider 的有效最小高度和最大高度，这里留为默认值，Max Height 的默认值 infinity 的意思是无上限，Character Controller Driver 组件的完整设定如图 5-7 所示。

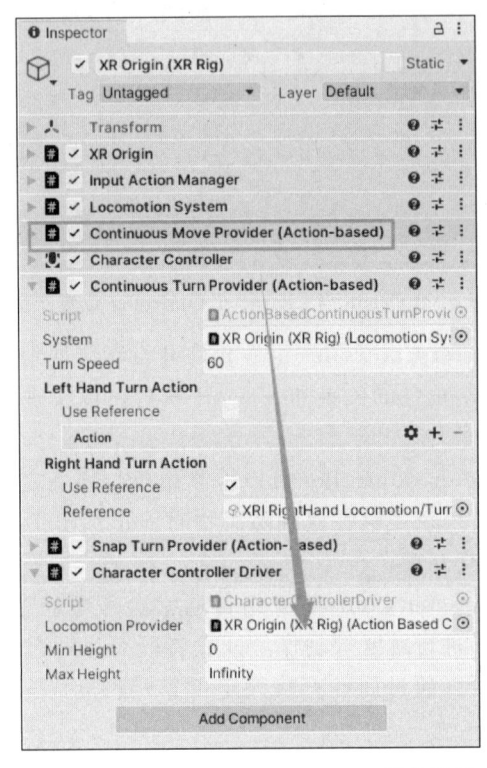

图 5-7　Character Controller Driver 组件设置

5.3.3　测试和总结

在 Unity 编辑器中单击 Play 按钮，戴上 VR 头盔观察编辑器中的游戏场景，可以观察到通过左手控制器摇杆移动玩家 XR Origin 位置后，Character Controller 组件可以正常跟随 XR Origin 移动，胶囊 Collider 的高度也随头盔的位置而变化，如图 5-8 所示。

在 Hierarchy 中选中 XR Origin 对象，追加 CharacterControllerDriver 组件，将 Inspector 上方的 ContinuesMovementProvider 组件拖入 Locomotion Provider 属性框中。

在 Unity 编辑器中运行测试，可以观察到 Character Controller 对象正常随 XR Origin 对象同步移动，高度也随头盔的高度位置而相应变化。

本节涉及的主要操作步骤如下：

XR Origin 新增 Character Controller Driver 组件。在 Inspector 面板中将 Continues Movement Provider 组件拖曳到 Locomotion Provider 属性框中。

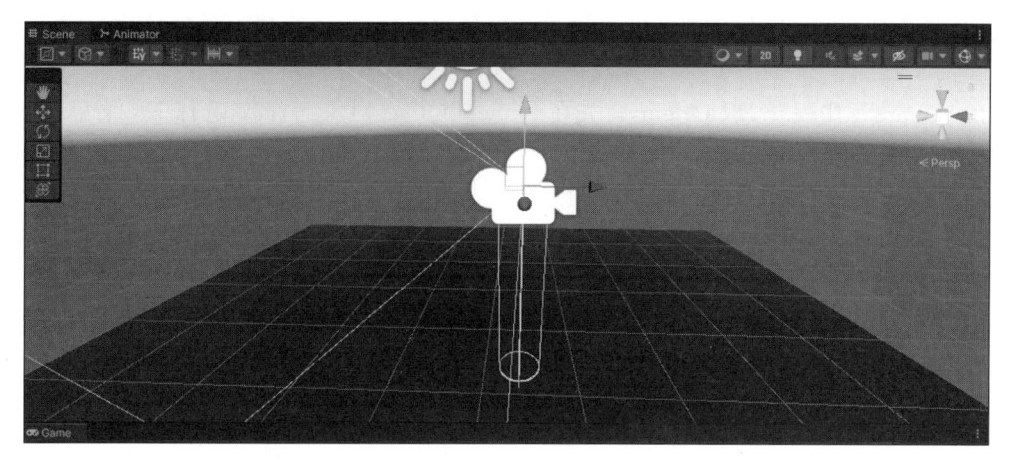

图 5-8　XR Origin 位置与 Character Controller 同步

5.4　传送移动时指示射线的呈现

5.1 节已经介绍了如何进行连续移动,接下来继续介绍如何进行传送移动。

5.4.1　认识指示射线

所谓的传送移动,也就是通过一条指示射线 Ray,选定目标地点,再使玩家的位置改变到所选目标地点的动作。

为了实现传送移动,首先需要一条指示射线 Ray。

接下来介绍传送移动时指示射线 Ray 的具体作用。

在 VR 开发中,传送移动时的指示射线 Ray 是一种可视化的工具,用于帮助玩家选择目标位置,并指示玩家在虚拟世界中将要传送到该位置。

传送移动时指示射线 Ray 的主要作用如下。

(1) 目标位置选择:传送移动通常需要玩家选择一个目标位置进行传送。指示射线 Ray 可以帮助玩家准确定位和选择目标位置。玩家通过操控 VR 控制器使指示射线 Ray 准确地瞄准他们希望传送到的位置,从而进行传送。

(2) 可视化传送路径:指示射线 Ray 通常在虚拟环境中以一条直线或曲线的形式呈现,可以清晰地展示传送的路径和目标位置。这种可视化有助于玩家了解他们将要传送到的位置,提供了更直观的传送体验。

(3) 避免碰撞:指示射线 Ray 通常会在玩家传送目标位置的周围进行碰撞检测,以确保目标位置是安全的并且不会与障碍物相交。这有助于避免玩家在传送过程中出现意外碰撞或穿过物体的情况。

(4) 提供反馈:指示射线 Ray 通常会在玩家进行目标位置选择时提供反馈,例如改变颜色、放大或震动等。这种反馈有助于增强玩家的交互体验,并提供对传送操作的视觉和触觉确认。

在 Hierarchy 中展开 XR Origin,首先在 Camera Offset 对象上右击,选择 XR 菜单,然后在二级菜单选择 RayInteractor(Action-based)。将新追加的对象命名为 RightTeleportationRay。观察 Inspector 面板,可以发现目前该对象下包含 XR Controller 和 XR Ray Interactor 两个组件。

先介绍 XR Controller 组件的作用。

XR Controller 组件是一种用于管理和控制虚拟现实控制器的重要组件,它提供了一种统一的方式来与不同的虚拟现实设备(例如 Oculus Rift、HTC Vive、Windows Mixed Reality 等)进行交互。XR Controller 组件的主要作用如下。

(1)控制器跟踪:XR Controller 组件负责追踪虚拟现实控制器的位置和方向。它可以通过传感器和追踪设备来获取控制器的准确位置和姿态,从而实现真实的手部交互。

(2)用户输入:XR Controller 组件接收来自控制器的用户输入,包括按键、触摸板、扳机等的互动输入。开发者可以根据用户的输入来触发不同的动作、事件或交互功能。

(3)手部交互:XR Controller 组件使开发者能够轻松地实现手部交互功能,例如抓取、放置、移动、旋转目标对象等。通过追踪控制器的位置和手势,开发者可以模拟真实世界中的手部动作,并与虚拟环境中的对象进行互动。

(4)虚拟物体生成:XR Controller 组件可以用于生成虚拟物体,例如光束、射线、箭头等,用于指示玩家的目标位置、交互范围或提示信息。这些虚拟物体可以帮助玩家更直观地理解虚拟环境中的交互和场景。XR Ray Interactor 组件必须依赖于 XR Controller 组件发挥作用。

(5)交互反馈:XR Controller 组件通常会提供交互反馈,例如震动、声音、光效等,以增强用户体验和沉浸感。这种反馈可以在用户操作中提供视觉、听觉和触觉上的确认,使用户更加投入到虚拟环境中。

XR Ray Interactor 组件的作用如下。

RightTeleportationRay 对象下还有一个 XR Ray Interactor 组件,这个组件定义了指示射线与场景的互动形式。

在 Unity VR 开发中,XR Ray Interactor 组件主要用于控制射线投射,检测交互对象,并响应用户的手势和操作。XR Ray Interactor 组件的主要作用如下。

(1)射线投射:XR Ray Interactor 组件可以根据用户的手势或控制器的位置和方向发射射线,以模拟用户的触摸或指向操作。这使用户可以通过简单的手势或控制器移动来与虚拟环境中的对象进行交互。

(2)交互检测:XR Ray Interactor 组件负责检测射线与虚拟环境中的交互对象之间的碰撞和交互。它可以检测到射线与虚拟物体的交叉点、碰撞物体的信息及触发的事件等,从而实现对交互对象的准确识别和响应。

(3)交互响应:XR Ray Interactor 组件可以根据射线与交互对象的碰撞情况,触发相应的交互事件或动作，例如，当射线与按钮、物体或 UI 元素相交时，可以触发按钮的单击、物体的抓取、UI 的选中等交互行为，从而实现丰富的用户交互体验。

（4）物体抓取和放置：XR Ray Interactor 组件通常与物体抓取和放置功能配合使用，使用户能够通过手势或控制器来抓取、移动和放置虚拟物体。它可以检测手势动作并实时更新虚拟物体的位置和姿态，从而实现自然、直观的物体操作。

（5）UI 交互：XR Ray Interactor 组件还可以用于与虚拟现实环境中的用户界面进行交互。用户可以通过射线投射来选择、单击和操作虚拟界面上的按钮、滑块、文本框等 UI 元素，从而实现对应的功能和操作。

XR Ray Interactor 组件的相关属性分为几部分，其中 LineRenderer 部分的属性用来控制如何渲染指示射线 Ray，XR Interactor Line Visual 组件下的属性则用来控制 Ray 的样式。

XR Ray Interactor 组件下有一个 Interaction Manager 属性，此属性需要关联 Hierarchy 面板中的 XR Interaction Manager 对象。

5.4.2 配置指示射线对象

在 Hierarchy 中展开 XR Origin→Camera Offset，选中子对象 RightTeleportationRay。在 Inspector 面板找到 XR Controller(Action-based)组件，单击组件 Title 右侧的"设置"按钮，这里假定需求是通过右手控制器控制 XR Ray Interactor，所以在弹出的列表中双击选择 XRI Default Right Controller。右手控制器的相关设置会自动关联到当前的 XR Ray Interactor 组件，如图 5-9 所示。

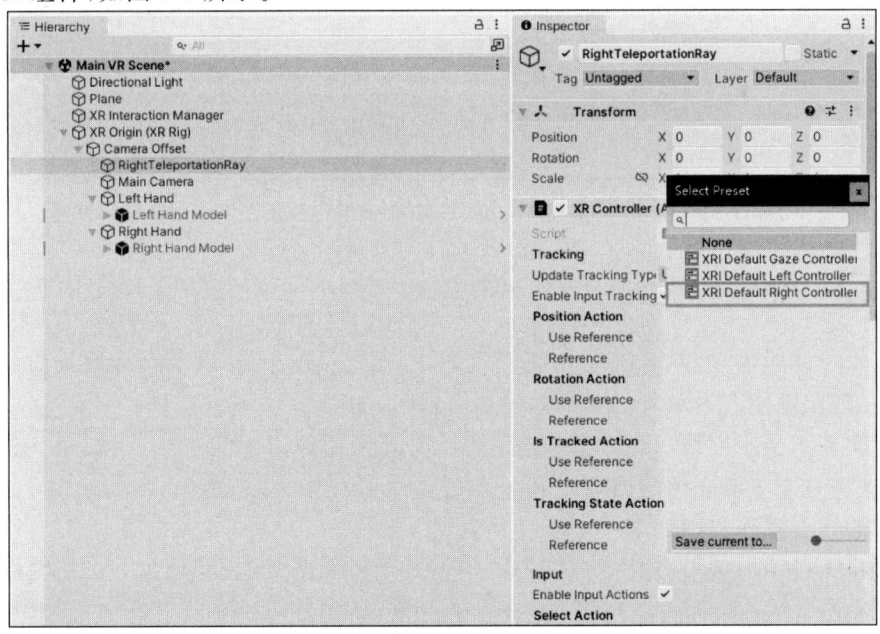

图 5-9 对 XR Controller(Action-based)应用右手控制器预设

如果希望左手控制器也能够控制 XR Ray Interactor，则只需在 Hierarchy 中选中 RightTeleportationRay 对象，按快捷键 Ctrl+D 完成复制，复制后在 RightTeleportationRay（1）对象上右击，在弹出的快捷菜单后选择 Rename，改名为 LeftTeleportationRay。

在 Hierarchy 中继续选中 XR Origin→Camera Offset 下的 LeftTeleportationRay。在 Inspector 面板中找到 XR Controller 组件，单击组件 Title 右侧的"设置"按钮，在弹出的列表中双击选择 XRI Default Left Controller。左手控制器的相关设置会自动关联到当前的 XR Controller 组件，如图 5-10 所示。

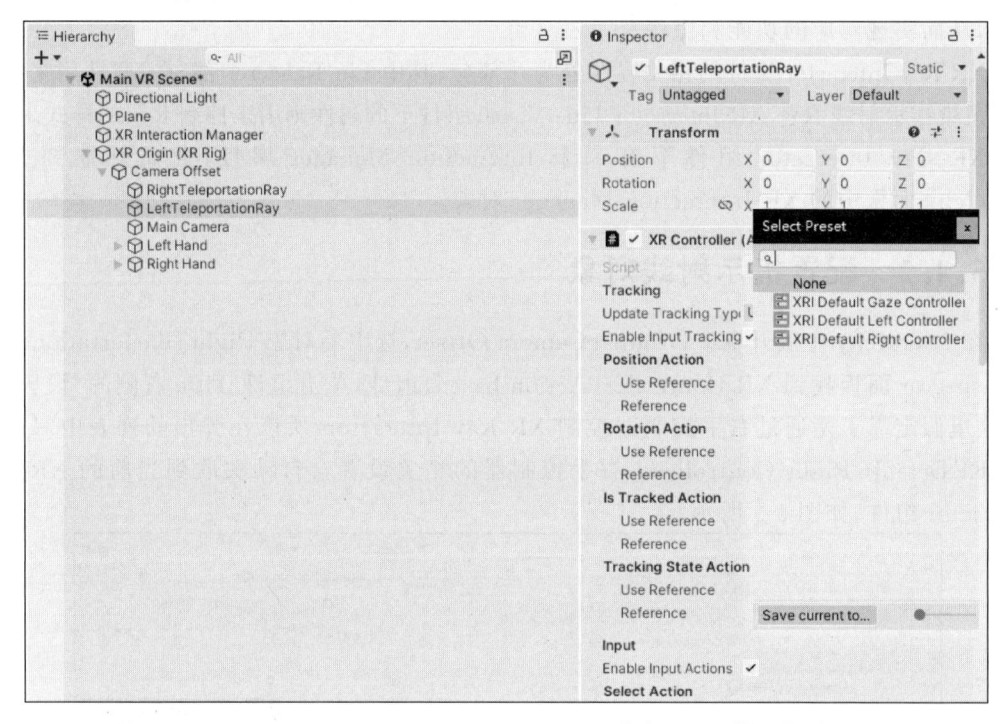

图 5-10　LeftTeleportationRay 下 XR Controller 组件套用左手控制器默认设置

5.4.3　测试和总结

在 Unity 编辑器中单击 Play 按钮开始测试，戴上 VR 头盔后观察游戏场景中的左右手，可以发现跟随左右手对象的指示射线都出现了，如图 5-11 所示。

本节实现了指示射线 Ray 的呈现，但是目前既无法通过射线产生互动，也无法实现传送移动，这将是 5.5 节介绍的内容。

本节的主要操作步骤如下：

在 Hierarchy 中展开 XR Origin→Camera Offset，在 Camera Offset 下新建子对象 RayInteractor（Action-based），将 RayInteractor（Action-based）对象重命名为 Right Teleportation Ray。在 Inspector 面板中找到 XR Controller 组件，应用预设设置 XRI

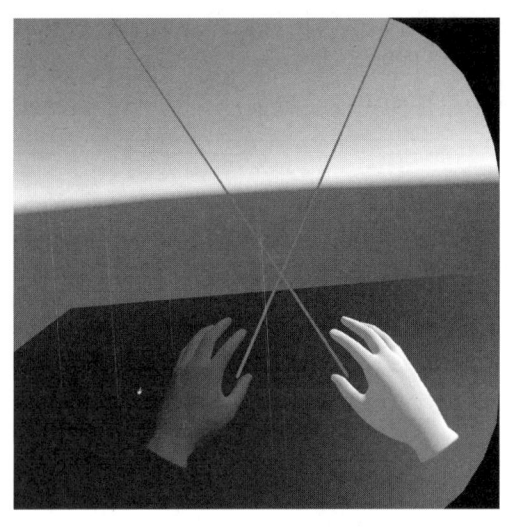

图 5-11　跟随左右手对象的指示射线

Default Right Controller。

在 Hierarchy 中复制 Right Teleportation Ray，重命名为 Left Teleportation Ray，在 Inspector 面板中找到 XR Controller 组件，应用预设 XRI Default Left Controller。

5.5　实现指定区域内的传送移动

目前已经实现了指示射线 Ray 的展现和初步设置，这些设置是实现传送移动的前提条件，本节将继续介绍如何实现传送移动。

5.5.1　配置 Teleportation Provider 组件

在 Hierarchy 中选中 XR Origin，在 Inspector 面板中单击 Add Component 按钮，在弹出的对话框中搜索 Teleportation Provider，在搜索结果中单击该条目完成添加。

观察 Inspector 面板，发现 Teleportation Provider 组件下有一个 System 属性，由于该属性需要关联一个 Locomotion System 对象，所以需要把 Inspector 面板上方的 Locomotion System 组件拖曳到 Teleportation Provider 组件下的 System 属性框中。

Teleportation Provider 组件下的另一个属性 Delay Time 表示用户发出传送指令后，传送动作实际生效之前的等待时间。在传送动作开始之前的这段延迟时间内，通常会显示一些视觉效果或提示，以告知玩家传送即将发生，并帮助准确定位目标位置。

设置较短的延迟时间可以使传送更加即时和流畅，但可能会导致玩家在传送过程中感觉突兀或不舒服，而设置较长的延迟时间则可以给玩家更多的准备时间，减少突然传送带来的不适感，但可能会降低传送的实时性和响应性。

因此，在设置延迟时间时，需要综合考虑玩家的舒适度和传送体验，通常需要通过测试和调整来找到最佳的延迟时间设置,以确保传送操作的流畅性和舒适性。

这里将 Delay Time 属性保持默认值 0。

Teleportation Provider 组件的完整设置如图 5-12 所示。

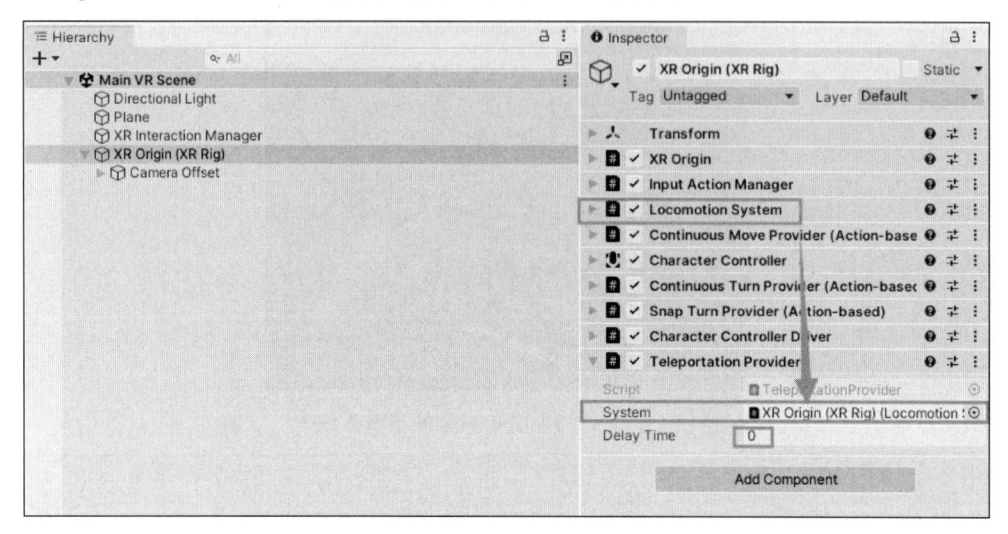

图 5-12　Teleportation Provider 组件的完整设置

5.5.2　两种传送移动

下一步需要决定传送移动的落点。在 Unity 的 XR Interacter Toolkit 中有两种类型的传送区域指定模式,即 TeleportationArea 和 TeleportationAnchor。

在 Unity VR 开发中,TeleportationArea 和 TeleportationAnchor 是用于实现指向传送功能的组件,它们通常与 VR 交互系统(例如 XR Interaction Toolkit)一起使用。

TeleportationArea(传送区域)是一个用于定义可传送的区域的组件。它通常被放置在场景中的一个区域内,表示玩家可以往该区域的任意位置传送。传送区域通常由一个或多个碰撞体定义,以确保传送范围的准确性和可靠性。

当玩家触发传送操作时,系统会检查玩家所处的位置是否位于任何 TeleportationArea 内部,如果是,则可以执行传送操作,将玩家传送到指定的目标位置。

TeleportationAnchor(传送锚点)是用于定义传送目标位置的组件。它通常是被放置在场景中的一个点,表示玩家在进行传送操作时将要传送到的目标点位。

当玩家触发传送操作时,系统会将玩家传送到 TeleportationAnchor 的位置,从而实现定点传送功能。

TeleportationAnchor 通常被设置在场景中的重要关键点,例如目标点、安全区域等。

5.5.3　配置传送区域

本节先实现第 1 种传送模式,即区域传送。

在 Hierarchy 中选中 Plane，在 Inspector 面板中单击 Add Component 按钮，在弹出的对话框中搜索 Teleportation Area，单击此条目完成添加。

Teleportation Area 组件允许开发者在场景中定义一个或多个可以进行传送的区域。这些区域可以是任意形状和大小的几何体，例如立方体、球体、圆柱体等，以满足不同场景的需求。

观察 Teleportation Area 组件下的属性，发现存在 Colliders 属性，通过 Colliders 属性关联的一个或多个 Collider 与 Right Teleportation Ray 或 Left Teleportation Ray 产生碰撞可以决定传送移动的目标地点。

在 Hierarchy 中保持选中 Plane，在 Inspector 面板中将上方的 Mesh Collider 组件拖曳到 Teleportation Area 组件的 Collider 属性 Title 上，发现 Colliders 数组下多了一个 Element 0，此 Element 0 关联了 Mesh Collider 组件，表示 Plane 所在范围已被设置为可以进行传送移动的区域，此时的 Teleportation Area 组件设置如图 5-13 所示。

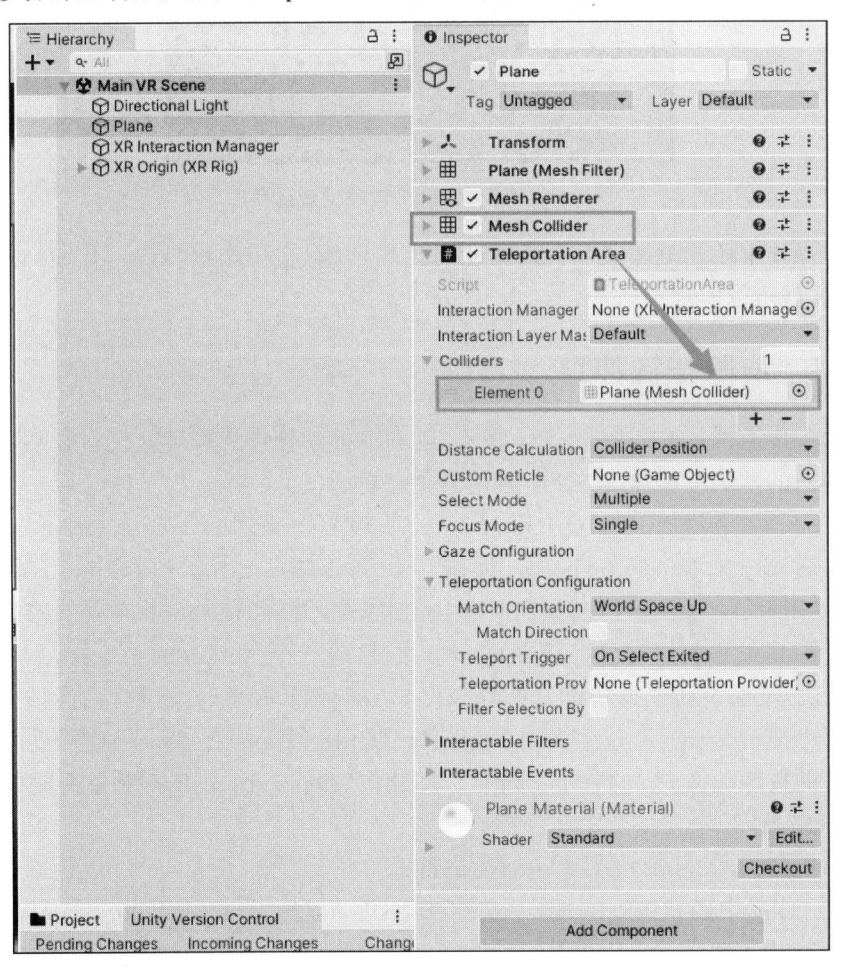

图 5-13 Teleportation Area 组件设置

在 Unity 编辑器中单击 Play 按钮，戴上 VR 头盔，按下左右任一控制器的 Grip 按键，将 Ray 指向平面区域后松开，可以观察到自己被传送移动到了指示射线 Ray 指向的位置，如图 5-14 所示。

图 5-14　按下 Grip 按键触发传送移动

目前的操作本质上是把整个平面设置为传送区域，在传送区域内，只要单击 Ray 指向的地点，玩家就可以实现传送。

5.5.4　消除按键冲突

目前由于传送默认的按钮是 Grip 按键，这和抓握动作产生按键冲突。需要通过针对性的设置把传送的默认按键修改成更合理的其他按键。

在 Hierarchy 中展开 XR Origin→Camera Offset，选中 Camera Offset 下的 Right Teleportation Ray 对象，在 Inspector 面板中找到 XR Controller（Action-based）组件下 Input 下的 Select Action 属性配置，当前 Select Action 对应的 Reference 是 XRI RightHand Interaction/Select，也就是右手控制器的 Grip 按键，将这个 Action 的 Reference 映射成别的按键，就可以改变触发传送的按键。单击 Select Action 下 Reference 属性右侧的圆点，在弹出的对话框中搜索 activate，选中 XRI RightHand Interaction/Activate 选项，此时右手控制器触发传送的按键就换成了 Trigger 按键。Right Teleportation Ray 对象此时的相关属性设置如图 5-15 所示。

对 LeftTeleportationRay 对象也做类似设置。

在 Hierarchy 中展开 XR Origin→Camera Offset，选中 LeftTeleportationRay 对象，在 Inspector 面板中 XR Controller（Action-based）组件下 Input 下的 Select Action 属性配置，当前此 Action 对应的 Reference 是 XRI LeftHand Interaction/Select，也就是左手控制器的

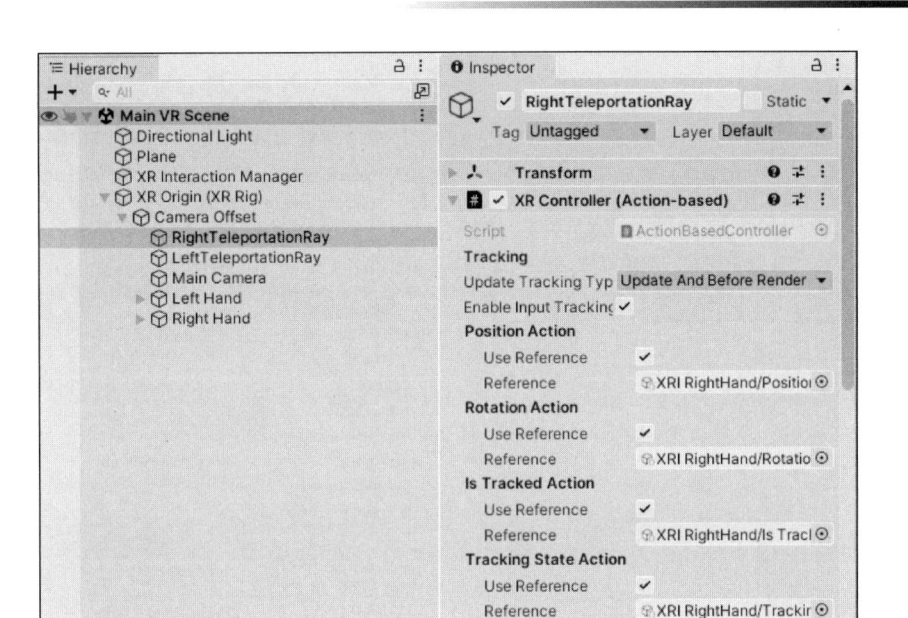

图 5-15　将右手触发传送的按键从 Grip 键变更为 Trigger 键

Grip 按键，将这个 Action 的 Reference 映射成别的按键，就可以改变触发传送的按键。单击 Select Action 下 Reference 属性右侧的圆点，在弹出的对话框中搜索 activate，选中 XRI LeftHand Interaction/Activate 选项，此时左手控制器触发传送的按键就换成了 Trigger 按键。LeftTeleportationRay 对象此时的相关属性设置如图 5-16 所示。

5.5.5　测试和总结

单击 Unity 编辑器的 Play 按钮运行测试，戴上 VR 头盔观察游戏场景，按下左右手任一控制器的 Trigger 按键，在指定传送区域尝试传送移动，观察到虽然线性存在一定扭曲，但是不妨碍松开 Trigger 按键后成功传送到指定地点，如图 5-17 所示。

本节的主要操作步骤如下：

在 Hierarchy 中选中 XR Origin，在 Inspector 面板追加组件 Teleportation Provider，将 Inspector 面板上方的 Locomotion System 组件拖曳到 System 属性框中。

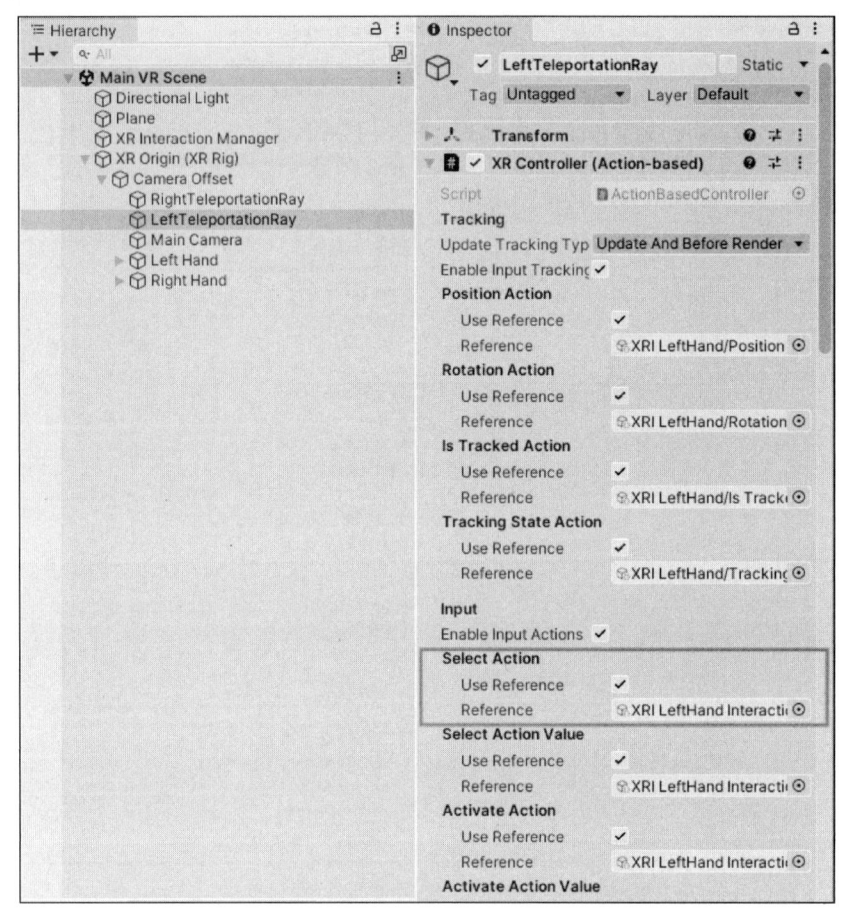

图 5-16 将左手触发传送的按键从 Grip 键变更为 Trigger 键

图 5-17 按下 Trigger 键触发传送移动

在 Hierarchy 中选中 Plane 对象,在 Inspector 面板中追加 TeleportationArea 组件,将 Inspector 面板中的 Mesh Collider 拖曳到 TeleportationArea 组件的 Colliders 属性列表中。

在 Hierarchy 中展开 XR Origin→Camera Offset,选中 Right Teleportation Ray 对象,找到 XR Controller(Action-based)组件下的 SelectAction 项下的 Reference 属性框,将关联按键重选为 XRI RightHand Interaction/Activate。

同样在 Hierarchy 的 XR Origin→Camera Offset 下选中 LeftTeleportationRay 对象,找到 XR Controller(Action-based)组件下的 SelectAction 项下的 Reference 属性框,将关联按键重选为 XRI LeftHand Interaction/Activate。

5.6 实现指定目标锚点的传送移动

除了可以在指定传送区域内的传送移动外,另一种常见的传送移动模式是面向指定锚点位置的传送移动。

5.6.1 创建锚点

为了创建指定目标锚点的传送移动,在 Hierarchy 中选中根目录 Main VR Scene,右击后在弹出的快捷菜单中选择 GameObject→3D Object→Plane,新建一个 Plane 对象,默认名称为 Plane(1)。

在 Scene 面板中选中新建的 Plane(1)对象,按下键盘上的 W 键,出现平移坐标轴,拖曳红色的 x 轴,往箭头方向平移 Plane(1)对象到现有 Plane 的左边,如图 5-18 所示。

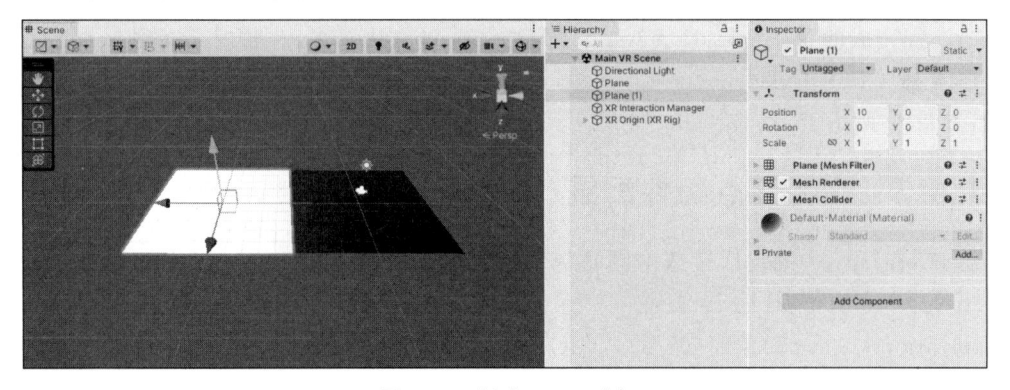

图 5-18 新建 Plane 对象

在 Hierarchy 中,首先右击根目录 Main VR Scene,在弹出的快捷菜单中选择 GameObject → Create Empty,创建一个空对象,然后将这个空对象重命名为 TeleportationAnchor。

继续在新建的 TeleportationAnchor 上右击,在弹出的快捷菜单中选择 TeleportationAnchor→Cylinder,新建一个圆柱体作为子对象,如图 5-19 所示。

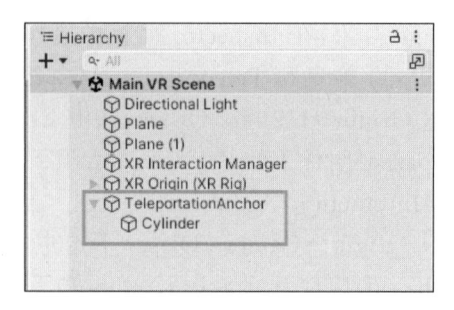

图 5-19　新建 TeleportationAnchor 对象和 Cylinder 对象

5.6.2　创建透明材质

为新建的圆柱体 Cylinder 创建 material。在 Project 面板中展开 Assets→Materials，打开 Materials 文件夹。在空白处右击，从快捷菜单中选择 Create→Material，将这个新建的 Material 重命名为 Teleportation Anchor Material，如图 5-20 所示。

图 5-20　新建 Teleportation Anchor Material 材质资源

进一步设置新建的 Teleportation Anchor Material，保持 Project 面板中选中 Teleportation Anchor Material 材质资源文件，在 Inspector 面板中，将 Shader 属性重选为 Legacy Shader→Transparent→Diffuse，打开 Main Color 属性并修改 RGB 属性，设定一个自己喜欢的颜色，例如蓝色。再调整 A 属性获得一定的透明度，如图 5-21 所示。

把设置完成的 Teleportation Anchor Material 对象从 Project 面板拖曳到 Scene 面板中的圆柱体上。应用了 Teleportation Anchor Material 材质的圆柱体立即具备了相应的透明度，如图 5-22 所示。

5.6.3　完善锚点组件配置

在 Hierarchy 中继续保持选中圆柱体对象 Cylinder，在 Inspector 面板中将 Transform 组件下的 Position 属性设置为 X＝0，Y＝1，Z＝0。该设置的效果是当选中 TeleportationAnchor 对象时，锚点（Pivot）位于圆柱的底部，效果如图 5-23 所示。

在 Hierarchy 中选中 TeleportationAnchor 对象，在 Inspector 面板中单击 Add Component 按钮，在弹出的对话框中搜索 TeleportationAnchor 组件，单击该条目追加一个 TeleportationAnchor 组件。在 TeleportationAnchor 组件下可以看到 Colliders 属性列表，从 Hierarchy 中将 Cylinder 拖曳到 TeleportationAnchor 组件下的 Colliders 属性列表中，再从 Hierarchy 中将 TeleportationAnchor 对象拖曳到 TeleportationAnchor 组件下 TeleportationAnchorTransform 属性框中，这样一个传送锚点的设置就完成了，如图 5-24 所示。

图 5-21　Teleportation Anchor Material 的设置

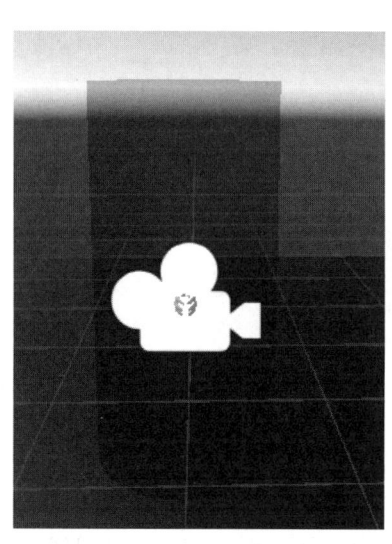

图 5-22　圆柱体立即具备透明度

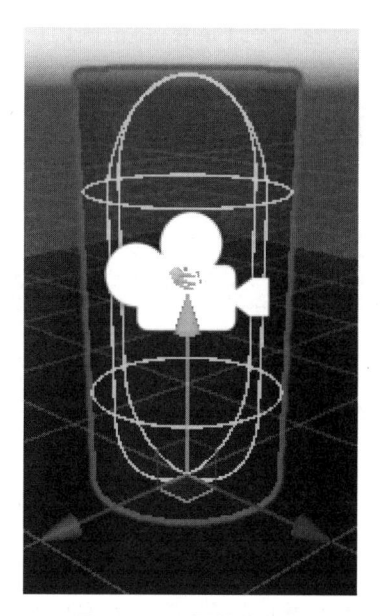

图 5-23　设置锚点位置

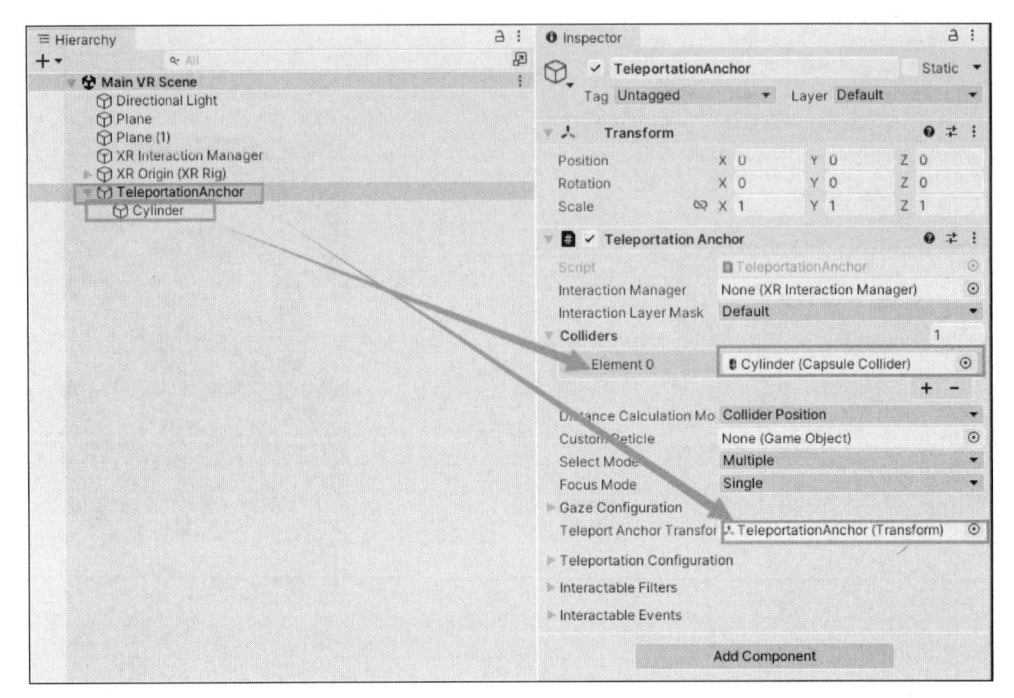

图 5-24 传送锚点的组件设置

作为传送移动目标的第 1 个圆柱体锚点创建完成,将这个对象复制后可以重复使用。在 Hierarchy 中选中 TeleportationAnchor,按快捷键 Ctrl+D 复制 3 次,将复制后对象沿着 x 或 z 轴方向移动到 Plane(1)范围内的不同地点,如图 5-25 所示。

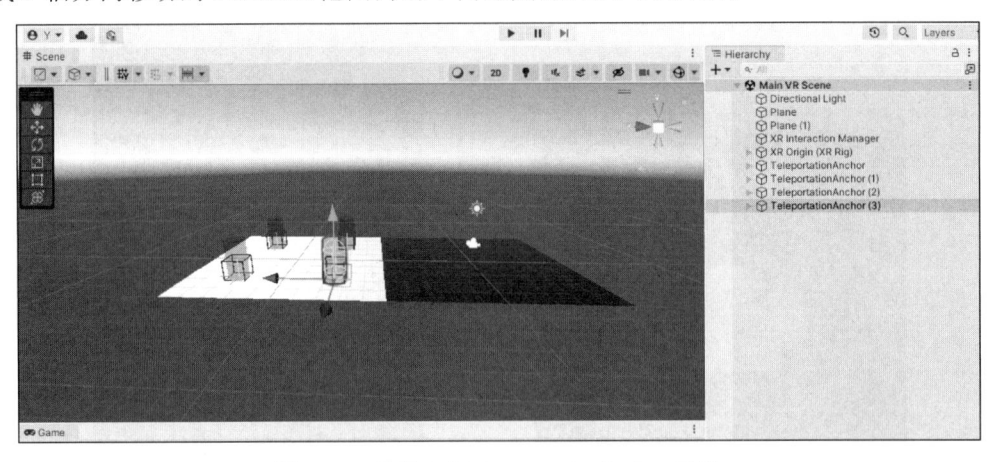

图 5-25 复制 4 个 TeleportationAnchor 对象

在 Unity 编辑器单击 Play 按钮运行测试,戴上 VR 头盔,尝试用左手或右手控制器的 Trigger 按键触发传送移动。观察到可以通过 Trigger 按键在各个锚点间实现传送移动。同时注意到在 Plane(1)范围内无法传送到锚点以外的地面位置。这是因为 Plane(1)自身未被设置为 Teleportation Area。

5.6.4 指定每个锚点的主体移动后朝向

测试过程中同时发现传送移动后玩家面对的方向是随机的。

如果想要指定传送移动到锚点后的身体朝向，则可以选中该锚点所在圆柱体对象进行设置。在 Hierarchy 中选中 Teleportation Anchor，在 Inspector 面板中找到 Teleportation Anchor 组件下 Teleportation Configuration 部分的 Match Orientation 属性，将这个属性改选为 Target Up And Forward。这个选项的作用是规定玩家传送到当前锚点后 Forward 方向对齐 Teleportation Anchor 对象 Transform 坐标轴的 z 轴正方向（蓝色箭头），Upward 方向对齐 Teleportation Anchor 对象 Transform 坐标轴的 y 轴正方向（绿色箭头）。

TeleportationAnchor 组件的完整设置如图 5-26 所示。

图 5-26　TeleportationAnchor 组件指定传送后面对方向

5.6.5 测试和总结

再次运行测试，传送到各个锚点位置后，观察到玩家朝向与锚点的 Forward 方向一致。
本节的主要操作步骤如下：
在 Hierarchy 中新建 Plane 对象，默认名称为 Plane(1)。在 Scene 面板中将 Plane(1) 的

位置移动到现有 Plane 对象的左边。

在 Hierarchy 下新建一个空对象,命名为 Teleportation Anchor。在 Teleportation Anchor 下新建 Cylinder 子对象。

在 Project 面板中展开 Assets→Materials,新建一个 Material 资源文件,命名为 Teleportation Anchor Material。将 Shader 属性修改为 Legacy Shaders/Transparent/Diffuse。修改 Main Color 属性,调用调色板后调整到自己偏好的 RBG 和透明度 alpha 值。

在 Hierarchy 中展开 Teleportation Anchor,选中 Teleportation Anchor 对象下的圆柱体 Cylinder。将新建的材质资源文件 Teleportation Anchor Material 拖曳到圆柱体上。

在 Inspector 面板中将 Transform 组件下的 Position 属性设置为 X=0,Y=1,Z=0。追加 Teleportation Anchor 组件,从 Hierarchy 中将圆柱体 Cylinder 对象拖曳到 Colliders 属性列表中,再将 Inspector 上方的 Teleportation Anchor 组件拖曳到 Teleportation Anchor Transform 属性框中。

复制 3 次锚点对象 Teleportation Anchor,将复制体放置在场景中 Plane(1)上的不同位置。

在 Hierarchy 中选中 Teleportation Anchor,在 Inspector 面板中找到 Teleportation Anchor 组件的 Teleportation Configuration 属性设置部分,将 Match Orientation 属性设置为 Target Up And Forward。

5.7 自定义 Ray 的外观

目前实现了区域和锚点两种传送移动方法,这一节继续介绍如何自定义和美化指示射线 Ray 的外观。

5.7.1 设置射线的线性

首先自定义 Ray 的线性。

在 hierarchy 中展开 XR Origin→Camera Offset,选中 Right Teleportation Ray,在 Inspector 面板中找到 XR Ray Interactor 组件下的 Raycast Configuration 部分,将代表线型的 LineType 属性重选为 Bezier Curve(贝塞尔曲线)。

贝塞尔曲线(Bezier Curve)是一种用于计算机图形学和相关领域的曲线定义方法。它由法国数学家 Pierre Bézier 在 20 世纪 60 年代提出,被广泛地应用于曲线建模、字体设计、动画路径、CAD/CAM 系统等。贝塞尔曲线通过控制点来定义,曲线的形状由这些控制点的位置决定。在这里我们只需知道将线性选为 Bezier Curve 后指示射线将从单调的直线变为优美的曲线,如图 5-27 所示。

在 Unity 编辑器中单击 Play 按钮运行测试,戴上 VR 头盔后用控制器的 Trigger 按键触发传送移动,可以发现,用于指示传送移动目标地点的 Ray 从原本的直线线型变为一条优美的曲线线型。这条曲线就叫贝塞尔曲线,可以通过 Inspector 面板中 LineType 下的属

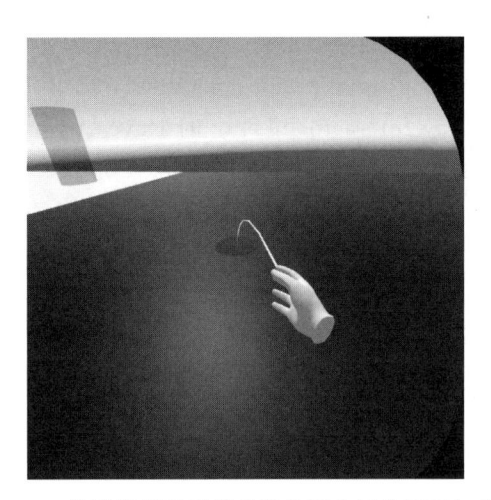

图 5-27　传送指示射线线性变为更自然的贝塞尔曲线

性来控制这条曲线的呈现。

在 Hierarchy 中保持选中 Right Teleportation Ray，在 Inspector 面板中将 XR Ray Interactor 组件下 Raycast Configuration→Line Type 下的 End Point Distance 属性设置为 5，将 End Point Height 设置为 -7，将 Control Point Distance 设置为 3，将 Control Point Height 设置为 -0.3。这样就完成了这条贝塞尔曲线的设定，如图 5-28 所示。

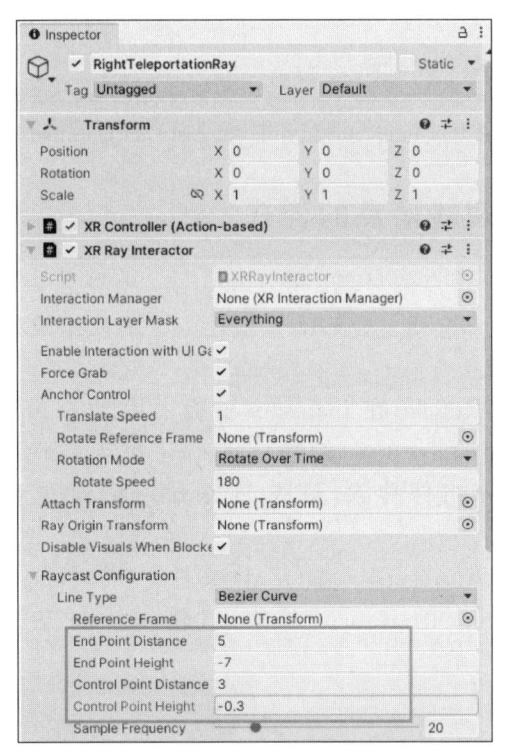

图 5-28　Right Teleportation Ray 的设置

对 Left Teleportation Ray 也做类似设置。

在 Hierarchy 中展开 XR Origin→Camera Offset，选中 Left Teleportation Ray，在 Inspector 面板中找到 XR Ray Interactor 组件下的 Raycast Configuration 部分，将代表线型的 LineType 属性重选为 Bezier Curve。将 Raycast Configuration→Line Type 下的 End Point Distance 属性设置为 5，将 End Point Height 设置为 -7，将 Control Point Distance 设置为 3，将 Control Point Height 设置为 -0.3。这样就完成了左手贝塞尔曲线的设定。Left Teleportation Ray 的 Raycast Configuration 设定此时如图 5-29 所示。

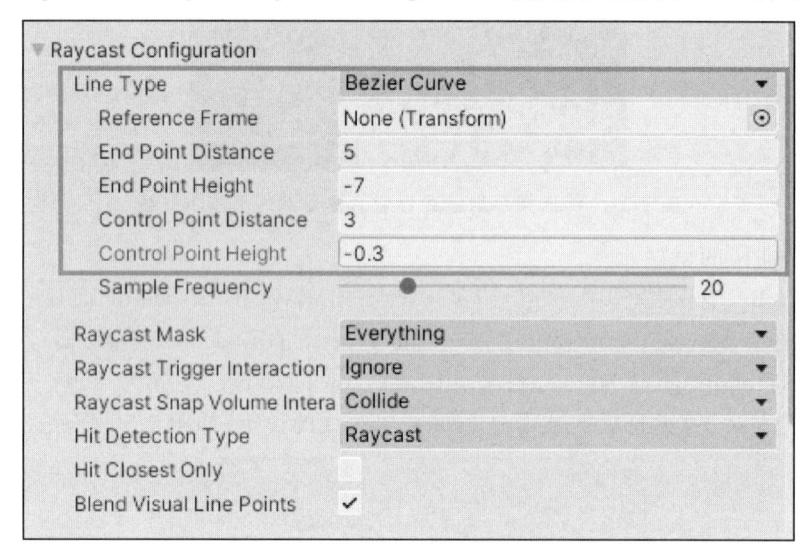

图 5-29　XR Ray Interactor 组件下 Raycast Configuration 部分的设置

5.7.2　自定义射线落点的样式

接下来继续美化 Ray 落点的呈现。在 Hierarchy 中右击 Right Teleportation Ray 对象，在快捷菜单中选择 3D Object→Cylinder，新建一个圆柱体子对象。将这个圆柱体对象 Cylinder 重命名为 Reticle。

在 Hierarchy 中选中 Reticle，在 Inspector 面板中找到 Transform 部分，将 Scale 属性设置为 X=0.5，Y=0.01，Z=0.5，圆柱体 Reticle 呈现饼状。在 Inspector 面板中将 Reticle 的 Capsule Collider 组件移除，最终 Hierarchy 结构和 Inspector 设置如图 5-30 所示。

在 Projects 面板中展开 Assets→Materials 文件夹，将 Teleportation Anchor Material 拖曳到 Hierarchy 或 Scene 的 Reticle 对象上，使 Reticle 应用 Teleportation Anchor Material 材质，如图 5-31 所示。

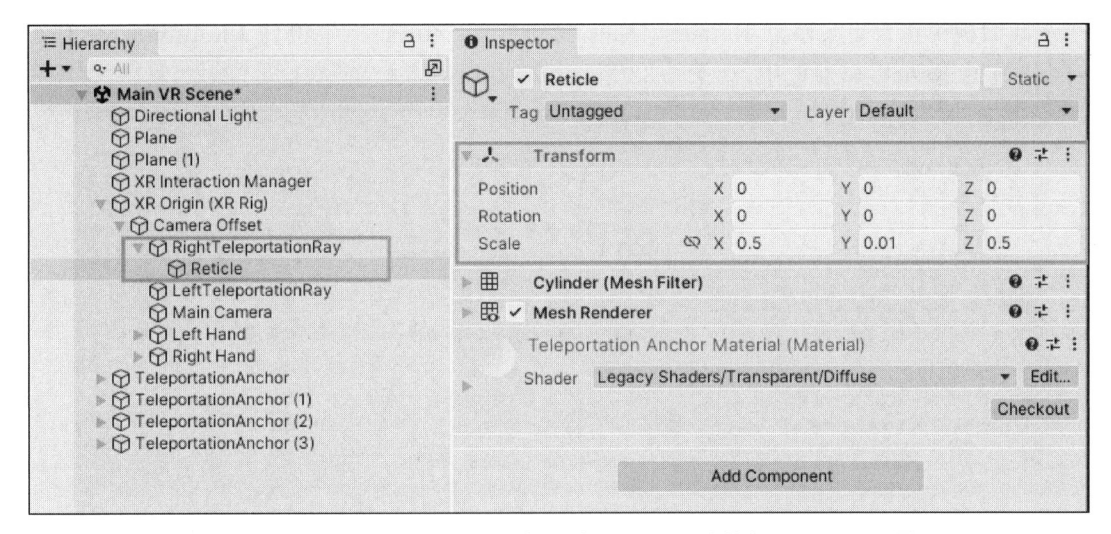

图 5-30 创建并设置 Reticle 对象后的 Hierarchy 结构与 Inspector 设置

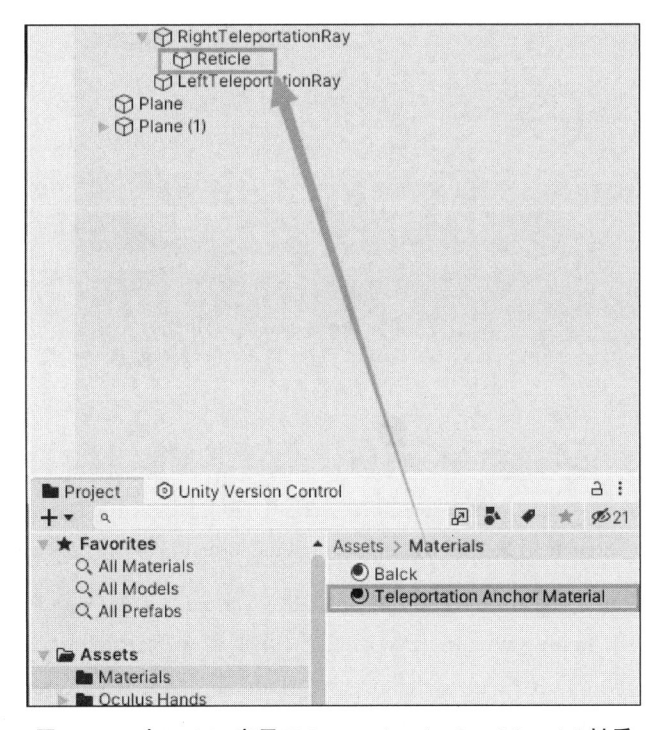

图 5-31 对 Reticle 应用 Teleportation Anchor Material 材质

在 Hierarchy 中展开 XR Origin→Camera Offset，选中 Right Teleportation Ray，从 Project 面板中将自定义落点 Reticle 对象拖曳到 Inspector 面板中组件 XR Interactor Line Visual 下的 Reticle 属性框中，如图 5-32 所示。

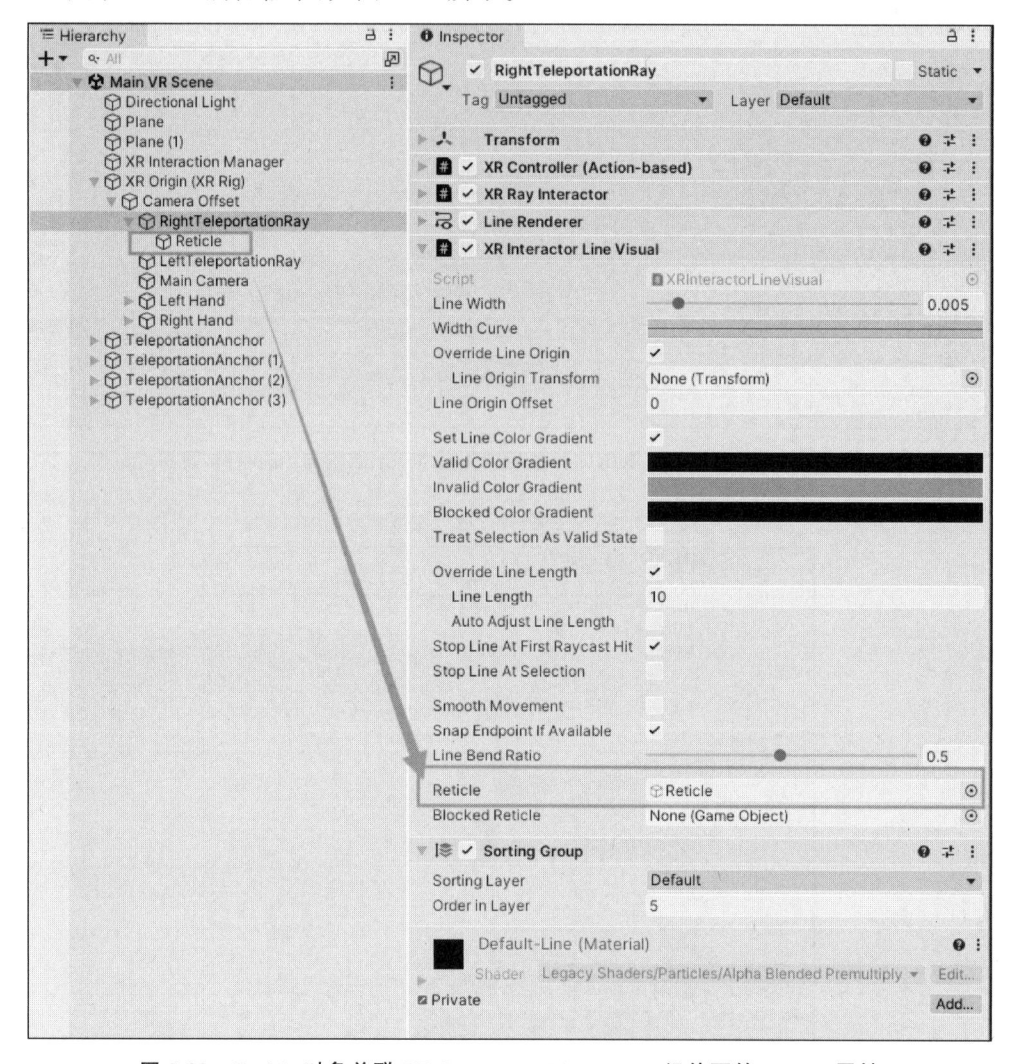

图 5-32　Reticle 对象关联 XR Interactor Line Visual 组件下的 Reticle 属性

在 Hierarchy 中选中 Reticle 对象，按快捷键 Ctrl＋D 复制为新对象 Reticle(1)。将 Reticle(1) 拖曳到 Left Teleportation Ray 对象下，并重命名为 Reticle。

在 Hierarchy 中展开 XR Origin→Camera Offset，选中 Left Teleportation Ray 对象，从 Project 面板中将自定义落点 Reticle 对象拖曳到 Inspector 面板中 XR Interactor Line Visual 组件下的 Reticle 属性框中，如图 5-33 所示。

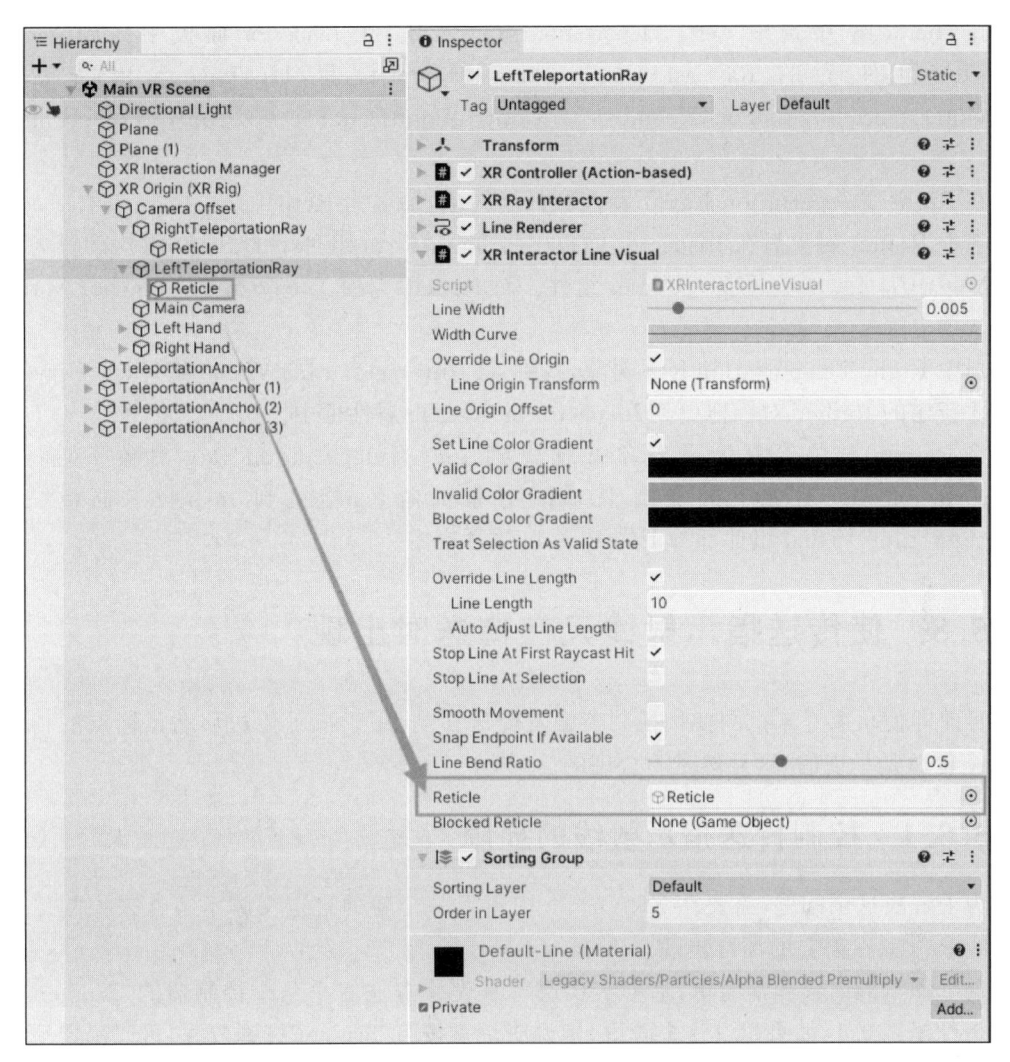

图 5-33　Reticle 对象关联 XR Interactor Line Visual 组件下的 Reticle 属性

5.7.3　测试和总结

单击 Unity 编辑器的 Play 按钮运行测试,用左右手控制器的 Trigger 按键触发传送移动,发现射线与地面碰撞的落点以自定义的形式显现,落点显得更为美观了。

本节的主要步骤如下:

在 Hierarchy 中选中 Right Teleportation Ray 对象,在 Inspector 面板中找到 XR Ray Interactor 组件下的 RayCast Configuration 部分,设置 LineType = Bezier Curve, EndPointDistance = 5, EndPointHeight = −7, ControlPointDistance = 3, ControlPointHeight = −0.3。

在 Hierarchy 中选中 Left Teleportation Ray 对象,在 Inspector 面板中找到 XR Ray Interactor 组件下的 RayCast Configuration 部分,设置 LineType = Bezier Curve,EndPointDistance=5,EndPointHeight=-7,ControlPointDistance=3,ControlPointHeight=-0.3。

在 Right Teleportation Ray 下新建圆柱子对象,命名为 Reticle。

选中 Reticle 对象后在 Inspector 面板中将 Transform 组件下的 Scale 属性设置为 X=0.5,Y=0.01,Z=0.5。移除 Collider 组件。对 Reticle 应用 Teleportation Anchor Material 材质。

选中 Right Teleportation Ray 对象,找到 XR Interactor Line Visual 组件,从 Hierarchy 将刚才新建的 Reticle 对象拖曳到 Inspector 的 Reticle 属性框中。

将 Reticle 对象复制为子对象并拖曳到 Left Teleportation Ray 对象下,将 Left Teleportation Ray 对象下的复制 Reticle 对象重命名,拖曳到 Inspector 面板的 XR Interactor Line Visual 组件部分下的 Reticle 属性框中。

5.8 使传送指示射线只在传送时出现

目前即使玩家并未试图使用控制器触发传送移动,用于指示传送移动目标点的指示射线 Ray 也总是呈现的,这显然是不合理的。

5.8.1 控制传送指示射线的显隐

为了解决这个问题,需要在 XR Origin 中引入一个新的自定义脚本组件来控制传送指示射线 Ray 只在需要的场合出现。

这个脚本的内容非常简单,基本实现逻辑是先检查左右手两个控制器的 Trigger 按键阈值是否超过 0.1,如果超过这个阈值,则说明玩家按下 Trigger 按键较深,可以确定玩家意图触发传送移动,此时呈现 Left Teleportation Ray 或 Right Teleportation Ray 对象。如果左右手两个控制器的 Trigger 按键阈值低于 0.1,则说明玩家未碰触或只是轻微碰触到 Trigger 按键,没有明确触发传送移动的意图,此时隐藏 Left Teleportation Ray 和 Right Teleportation Ray 对象。

在 Hierarchy 中选中 XR Origin。在 Inspector 面板中单击 Add Component 按钮,在弹出的对话框中单击 New Script,将此自定义脚本组件命名为 ActivateTeleportationRay,如图 5-34 所示。最后单击 Create and Add 按钮,完成自定义脚本的追加。

图 5-34 创建自定义脚本组件 **ActivateTeleportationRay**

双击 Script 属性框，打开 VS 脚本编辑器，开始编写 ActivateTeleportationRay 脚本的具体内容。

第一部分用于引入需要的包，包括 XR.Interaction.Toolkit 包和 InputSystem 包，代码如下：

```
using UnityEngine.XR.Interaction.Toolkit;
using UnityEngine.InputSystem;
```

第二部分用于声明变量。声明两个 GameObject 类型的公共变量 leftTeleportation 和 rightTeleportation，这两个公共变量在 Unity 编辑器的 Inspector 面板中用于关联 Hierarchy 下的 leftTeleportationRay 和 rightTeleportationRay 对象，代码如下：

```
public GameObject leftTeleportation;
public GameObject rightTeleportation;
```

继续声明两个 InputActionProperty 类型的公共变量 leftActiviate 和 rightActiviate，用于获取左右手控制器的 Trigger 按键的数值，代码如下：

```
public InputActionProperty leftActiviate;
public InputActionProperty rightActiviate;
```

第三部分用于编写 Update() 函数。在 Update 逻辑中用 leftActivate 和 rightActivate 的数值是否大于 0.1 作为显示或是隐藏 leftTeleportation 和 rightTeleportation 的判断条件。

ActivateTeleportationRay 脚本的完整代码内容如下：

```
//第5章 - 只在意图传送时呈现传送指示射线 - 脚本 ActivateTeleportationRay
using System.Collections;
using System.Collections.Generic;
using UnityEngine;
using UnityEngine.XR.Interaction.Toolkit;
using UnityEngine.InputSystem;

public class ActivateTeleportationRay : MonoBehaviour
{
    //左手的传送指示射线(游戏对象)
    public GameObject leftTeleportation;

    //右手的传送指示射线(游戏对象)
    public GameObject rightTeleportation;

    //左手传送激活动作属性(用于检测输入)
    public InputActionProperty leftActiviate;

    //右手传送激活动作属性(用于检测输入)
    public InputActionProperty rightActiviate;

    //Start 是 Unity 的生命周期方法,在游戏开始时调用一次
```

```
void Start()
{
    //此处暂未实现任何初始化逻辑
}

//Update 是 Unity 的生命周期方法,每帧调用一次
void Update()
{
    //检测右手的传送激活输入值,如果值大于 0.1,则激活右手传送指示射线
    rightTeleportation.SetActive(rightActiviate.action.ReadValue<float>() > 0.1f);

    //检测左手的传送激活输入值,如果值大于 0.1,则激活左手传送指示射线
    leftTeleportation.SetActive(leftActiviate.action.ReadValue<float>() > 0.1f);
}
```

5.8.2　配置自定义脚本组件 ActivateTeleportationRay

回到 Unity 编辑器界面,在 Hierarchy 中保持选中 XR Origin,在 Inspector 面板中找到自定义脚本组件 ActivateTeleportationRay 的部分,开始对 ActivateTeleportationRay 组件下的公共变量属性进行关联设置。

从 Hierarchy 中将 Right Teleportation Ray 拖曳到 Inspector 面板中 ActivateTeleportationRay 组件下的 Right Teleportation 属性。将 Left Teleportation Ray 拖曳到 Inspector 面板中 ActivateTeleportationRay 组件下的 Left Teleportation 属性。

继续在 Inspector 面板中勾选 ActivateTeleportationRay 组件下的 Right Activate 部分下的 Use Reference 选框,Action 选取 XRI RightHand Interaction/Activate Value。继续勾选 ActivateTeleportationRay 组件下的 Left Activate 下的 Use Reference 选框,Action 选取 XRI LeftHand Interaction/Activate Value。

ActivateTeleportationRay 组件的完整设置如图 5-35 所示。

图 5-35　ActivateTeleportationRay 组件的完整设置

5.8.3　测试和总结

在 Unity 编辑器中单击 Play 按钮运行测试,戴上 VR 头盔后尝试用左手或右手控制器

按下 Trigger 按键触发传送移动，观察到只有按下 Trigger 按键到一定深度时，才会出现传送移动的指示射线。

接下来介绍 Update() 和 FixedUpdate() 函数的异同。

在 Unity 脚本中，Update() 和 FixedUpdate() 是两个常用的方法，它们用于在每帧更新游戏对象的状态和行为。虽然它们的作用类似，但在调用时机和用途上有一些区别。

Update() 函数是在每帧中被调用的，它用于更新游戏对象的状态、位置、旋转等信息。一般用于处理与游戏对象位置、输入、动画等相关的逻辑。

Update() 函数的调用频率是不固定的，取决于游戏的帧率。在每帧中，Update() 函数都会被调用一次，但如果游戏的帧率发生变化，则 Update() 函数的调用次数也会发生相应变化。

FixedUpdate() 函数是在固定的时间间隔内被调用的，它用于处理与物理相关的逻辑，例如刚体运动、碰撞检测等。

FixedUpdate() 函数的调用频率是固定的，不受游戏帧率的影响。在默认情况下，它每秒调用一次，并且在物理系统更新之后执行，确保物理计算的稳定性和准确性。

由于 Update() 函数的调用频率不固定，而 FixedUpdate() 函数的调用频率是固定的，因此 Update() 函数适用于处理与游戏对象位置、输入、动画等相关的逻辑，而 FixedUpdate() 函数适用于处理与物理相关的逻辑，例如刚体运动、碰撞检测等。

本节的主要操作步骤如下：

在 Hierarchy 中选中 XR Origin，在 Inspector 面板中新增自定义脚本组件 Activate Teleportation Ray。

打开脚本编写逻辑，先引入需要的命名空间，代码如下：

```
using UnityEngine.XR.Interaction.Toolkit;
using UnityEngine.InputSystem;
```

声明逻辑中需要使用的变量，代码如下：

```
public GameObject leftTeleportation;
public GameObject rightTeleportation;
public InputActionProperty leftActiviate;
public InputActionProperty rightActiviate;
```

编写 Update() 函数逻辑，检查左右两个控制器的按键阈值是否超过 0.1，如果超过，则说明玩家按下按钮意图移动，激活 LeftTeleportation 或 RightTeleportation 对象，代码如下：

```
rightTeleportation.SetActive(rightActiviate.action.ReadValue<float>() > 0.1f);
leftTeleportation.SetActive(leftActiviate.action.ReadValue<float>() > 0.1f);
```

第 6 章 物体互动

CHAPTER 6

6.1 基本互动设定

目前为止的内容介绍了如何设置玩家机架 XR Origin 在 VR 中的连续移动和传送移动。第 6 章开始介绍如何实现玩家与游戏场景中的物体进行互动,例如抓取和使用物品。

6.1.1 实现物体互动的两类组件

为了实现和物体互动,需要两类组件,一类是 Interactor,意思是交互器;另一类是 Interactable,意思是可交互对象。

在 Unity VR 开发中,Interactor 和 Interactable 通常用于实现交互式体验,例如抓取、移动、交互等。

Interactor(交互器)是一种用于响应用户输入的控制器或控制器对象。在 VR 场景中,通常是玩家手持的 VR 控制器,它可以通过控制器上的按钮、扳机等输入设备与虚拟世界进行交互。

Interactor 是交互行为的主动发起方,负责接收用户输入,并将其传递给游戏对象,以执行相应的交互操作,例如,当玩家按下控制器上的抓取按钮时,Interactor 可以检测到输入,并将抓取操作传递给 Interactable 对象。

Interactable(可交互对象)是一种游戏对象,它可以与 Interactor 进行交互。通常是虚拟世界中的物体、按钮、门等可交互的对象。

Interactable 对象具有一些交互行为,例如抓取、放置、旋转、按下等。当 Interactor 与 Interactable 对象进行交互时,Interactable 对象可以根据交互器的输入来执行相应的行为,例如被抓取、被移动、被激活等。

概括来讲,Interactor 对应用户手持的 VR 控制器,用于接收用户输入并将其传递给虚拟世界中的对象,而 Interactable 是虚拟世界中的可交互对象,它可以响应 Interactor 的输入并执行相应的交互行为。通过 Interactor 和 Interactable,开发者可以创建出丰富而交互性强的 VR 体验。

6.1.2 配置 Interactor 组件

首先需要让 LeftHand 和 RightHand 具备发起交互的 Interactor 的能力。

在 Hierarchy 中展开 XR Origin→Camera Offset，选中 LeftHand 和 RightHand，在 Inspector 面板单击 Add Component 按钮，在弹出的对话框中搜索 XR Direct Interactor，单击结果中的 XR Direct Interactor 条目完成组件的追加，追加完成后 LeftHand 和 RightHand 对象的 Inspector 结构如图 6-1 所示。

图 6-1　LeftHand 和 RightHand 对象追加 XR Direct Interactor 组件

组件 XR Direct Interactor 会监听用户的输入事件，例如 VR 设备的控制器按键。同时 Interactor 与 Unity 中的物理系统结合，通过碰撞检测来确定用户的输入是否与游戏对象发生了交互。LeftHand 和 RightHand 追加了 XR Direct Interactor 组件后就具备了这样的碰撞检测条件，可互动对象进入 LeftHand 和 RightHand 对象为主体的指定半径的碰撞检测范围后，如果接收到指定的控制器操作就会被判定为发生了互动。

接下来需要定义用来判定互动的碰撞区域范围 zone，在 Hierarchy 中保持选中 LeftHand 和 RightHand，在 Inspector 面板单击 Add Component 按钮，在弹出的对话框中搜索 Sphere Collider，单击结果中的 Sphere Collider 条目完成组件的追加，此时 LeftHand 和 RightHand 对象的 Inspector 结构如图 6-2 所示。

图 6-2　LeftHand 和 RightHand 对象新增 Sphere Collider 组件

继续设定 Sphere Collider 组件下的属性。在 Inspector 面板的 Sphere Collider 组件下，勾选 IsTrigger 属性框，表示这个圆形碰撞体只用于触发事件而被物理引擎忽略，不会与其他对象发生物理碰撞。继续定义这个互动域的半径，设置一个更精确的值，将 Radius 属性值设定为 0.2。

到此为止 Interactor 的基本设定就结束了，XR Direct Interactor 组件和 Sphere Collider 组件的完整属性设置如图 6-3 所示。

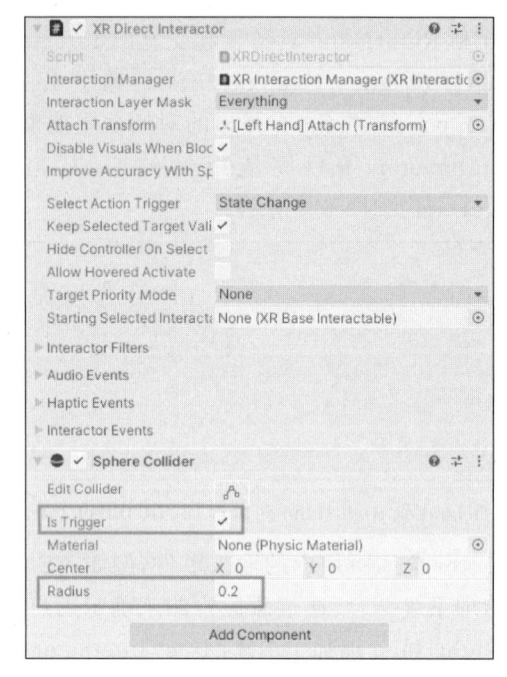

图 6-3　XR Direct Interactor 组件和 Sphere Collider 组件的设置

6.1.3　配置可交互对象

由于有了交互器而没有可交互对象，仍然是一个巴掌拍不响，所以接下来需要创建并设置一个可交互对象。

为了方便与可交互对象互动，在创建可交互对象前，先在场景中简单制作用于放置可交互对象的桌子。

在 Hierarchy 空白处右击，在快捷菜单中选择 3D Object→Cube，新建一个 Cube 对象，重命名为 Table，如图 6-4 所示。

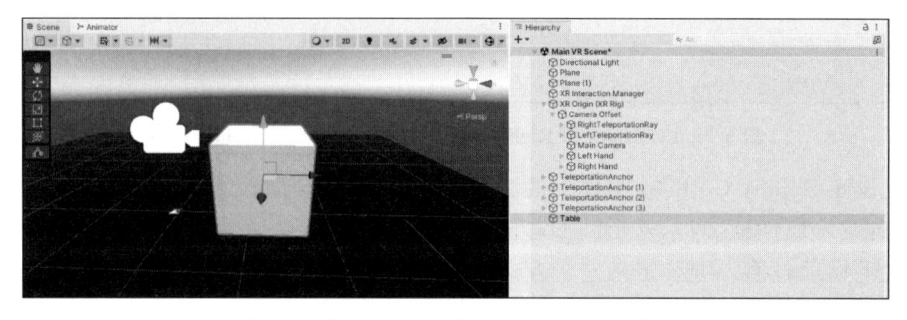

图 6-4　在 Hierarchy 中新建一个 Cube 对象

第6章 物体互动 119

在 Hierarchy 中选中 Table，在 Inspector 面板中右击 Transform 组件并选择 Reset，将 Table 的位置设置为原点。接下来适当地对 Table 进行移动和变形操作，把 Table 从一个正方体变为一张桌子的形状和大小。将 Table 对象在 Transform 组件下的 Position 属性设置为 X＝0，Y＝0.5，Z＝0，将 Scale 属性设置为 X＝2，Y＝1，Z＝1，如图 6-5 所示。

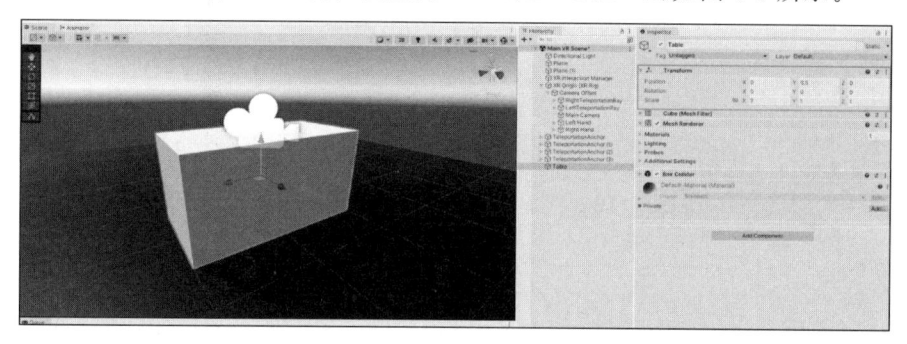

图 6-5　Table 对象的 Transform 组件设置

在 Project 面板中打开 Materials 文件夹，在 Materials 文件夹浏览界面的空白处右击，在快捷菜单中选择 Create→Material，将新建材质文件重命名为 Blue。在 Project 面板中选中 Blue，在 Inspector 面板中单击 Main Maps 下的 Albedo 属性，选取一种蓝色作为材质颜色，如图 6-6 所示。

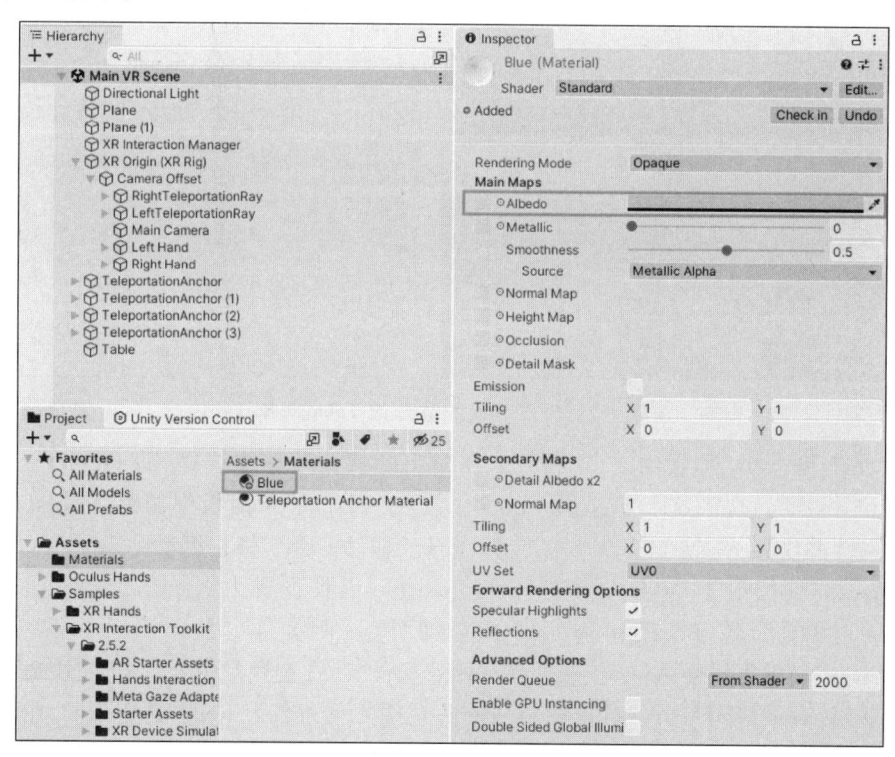

图 6-6　创建材质资源文件 Blue

从 Project 面板中将材质资源文件 Blue 拖曳到 Hierarchy 或 Scene 面板中的 Table 对象上,此时材质 Blue 被应用到 Table 对象,应用材质后的 Table 对象外观如图 6-7 所示。这个 Table 对象接下来会作为桌面用于摆放各种可互动物品对象。

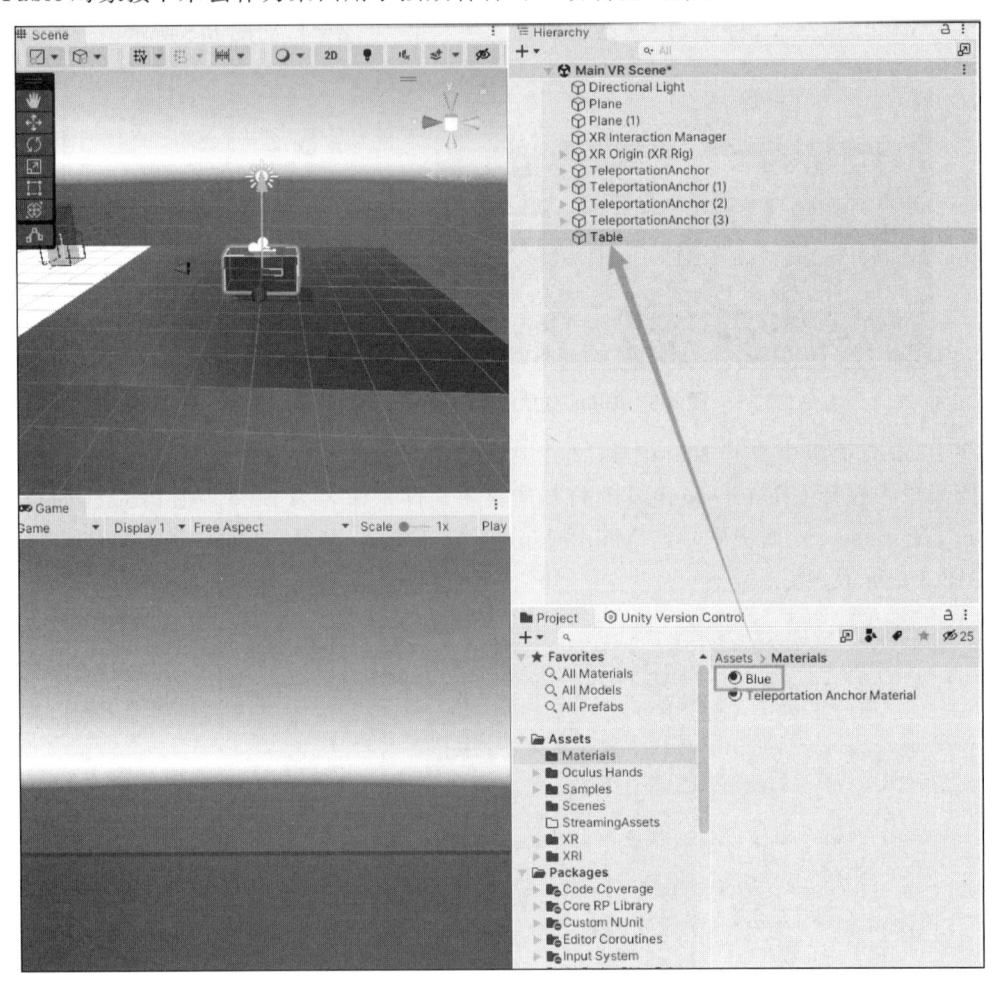

图 6-7 应用 Blue 材质后的 Table 对象

继续在 Hierarchy 面板的空白处右击,在弹出的快捷菜单中选择 3D Object→Cube,新建一个 Cube 对象。选中这个新建的 Cube 对象,在 Inspector 面板中调整 Transform 组件下 Scale 属性并设置为 X=0.1,Y=0.1,Z=0.1。移动 Cube,将它挪动到桌子上,也可以直接将 Inspector 面板中 Transform 组件下的 Position 属性设置为 X=0.5,Y=1.05,Z=0。将此 Cube 对象重命名为 Simple Interactable,如图 6-8 所示。

在 Project 面板中展开 Assets,选中 Materials 文件夹,在右侧空白处右击,在快捷菜单中选择 Create→Material,新建一个 Material 材质资源文件并重命名为 Red。选中 Red,在 Inspector 面板单击 Main Maps 下的 Albedo 属性,选取一种红色作为材质颜色,如图 6-9 所示。

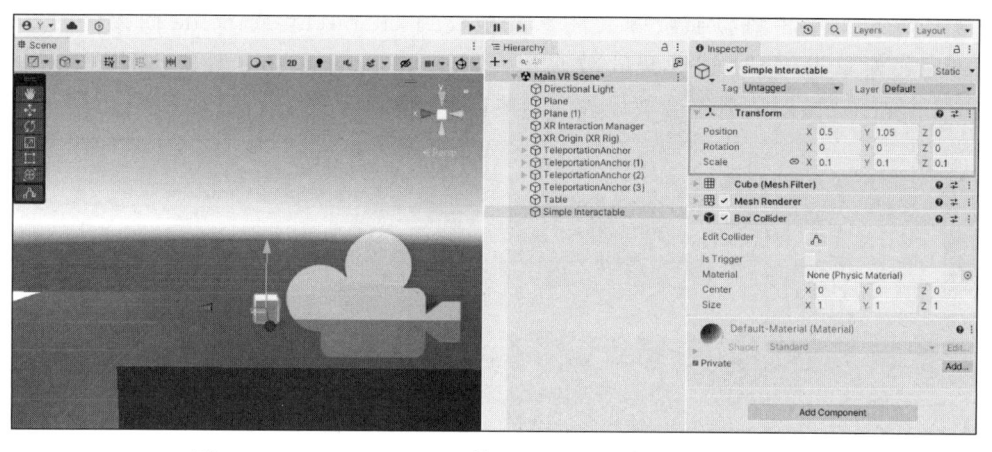

图 6-8　Simple Interactable 的 Transform 组件下的属性设置

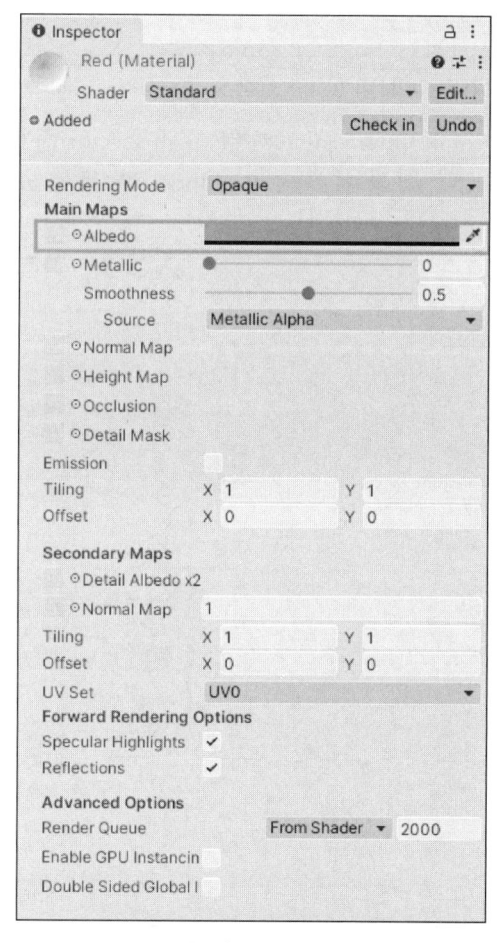

图 6-9　材质 Red 的属性设置

从 Project 面板中将材质资源文件 Red 拖曳到 Hierarchy 或 Scene 面板中的 Simple Interactable 对象上，此时材质 Red 被应用到 Simple Interactable 对象，如图 6-10 所示。Simple Interactable 对象后续会被设置为本项目中的第 1 个可互动对象。

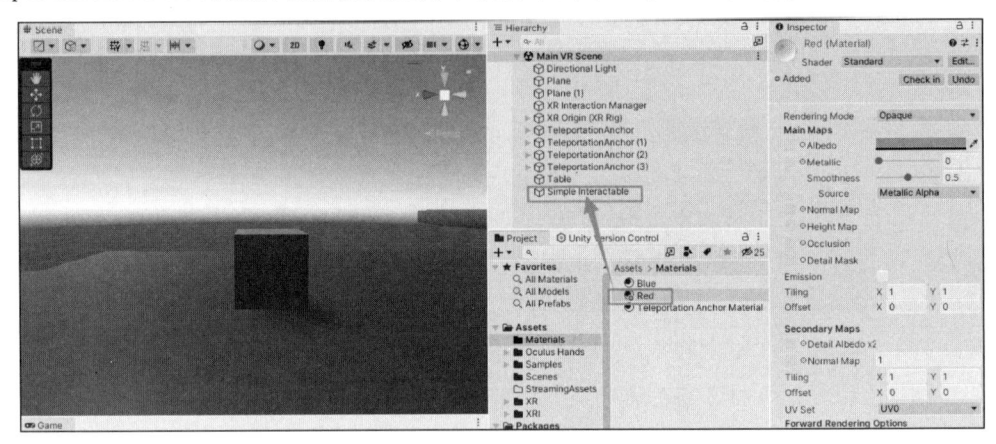

图 6-10　将材质 Red 应用到 Simple Interactable 对象

在 Hierarchy 中选中 Simple Interactable 对象，在 Inspector 面板中单击 Add Component 按钮，搜索 Rigidbody，在搜索结果中单击 Rigidbody 条目完成组件的追加，如图 6-11 所示。

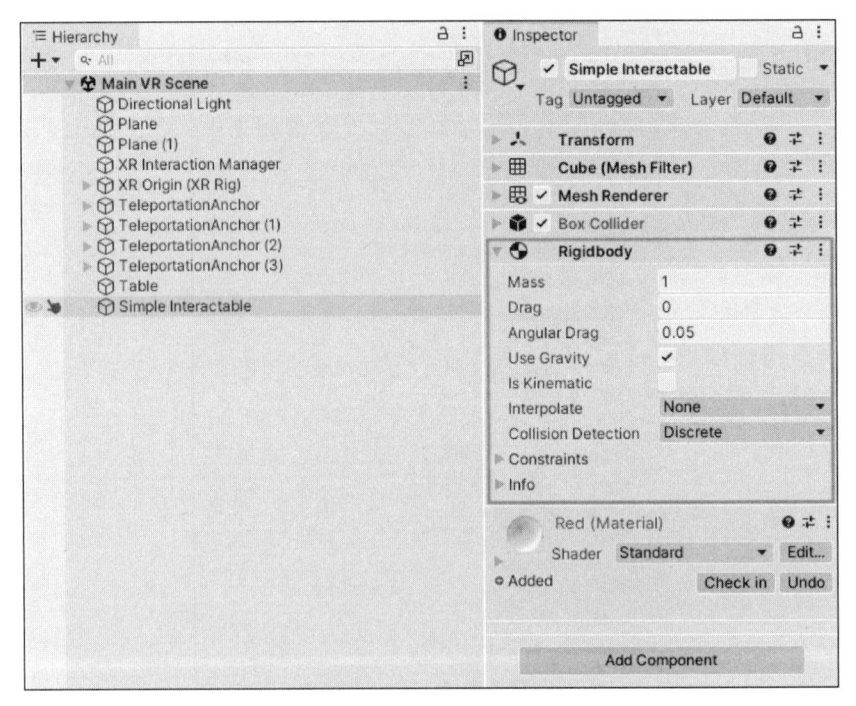

图 6-11　在 Simple Interactable 对象上新增 Rigidbody 组件

在 Unity 开发中，Rigidbody（刚体）组件用于给游戏对象添加物理属性和行为。Rigidbody 主要用于模拟游戏对象的物理运动，包括受到力的作用、碰撞响应、重力影响等。具体来讲，Rigidbody 在 Unity 开发中的主要作用如下。

（1）物理模拟：Rigidbody 使游戏对象能够在物理环境中进行模拟运动。通过添加 Rigidbody 组件，游戏对象可以受到物理引擎的模拟，例如重力、摩擦、空气阻力等。

（2）碰撞检测：Rigidbody 可以与其他游戏对象进行碰撞检测，当两个对象发生碰撞时，物理引擎会根据它们的碰撞属性计算碰撞反应，例如弹射、反作用力等。

（3）受力作用：通过给 Rigidbody 施加力或者推力，可以改变游戏对象的运动状态，例如，给一个球形游戏对象的 Rigidbody 施加力，可以使其向前滚动。

（4）关联脚本：可以通过脚本来控制 Rigidbody 的行为，例如根据用户输入控制游戏对象的移动、跳跃等动作。

（5）物理材质：可以为 Rigidbody 设置物理材质，用于控制碰撞的摩擦力、弹性等属性，从而影响游戏对象的物理行为。

总而言之，Rigidbody 是 Unity 中用于实现物理效果的重要组件，它使游戏对象能够在物理环境中进行模拟运动，从而增强了游戏的真实感和交互性。在开发中，通过 Rigidbody 可以实现各种各样的物理效果，包括 VR 场景下手与物体的互动效果。

继续给 Simple Interactable 对象追加一个 XR Simple Interactable 组件。

在 Hierarchy 中选中 Simple Interactable 对象，在 Inspector 面板中单击 Add Component 按钮，搜索 XR Simple Interactable，在搜索结果中选中 XR Simple Interactable 条目完成组件的追加，如图 6-12 所示。

XR Simple Interactable 是一个给对象提供简单可交互能力的组件，追加了这个组件后 Simple Interactable 对象就具备了与发起互动的 Interactor 对象实现简单交互的能力。

在 Hierarchy 中选中 Simple Interactable 对象，观察 Inspector 面板下 XR Simple Interactable 组件的属性设置，其中 Colliders 属性是一个列表，至少需要关联一个 Collider 对象。由于 Simple Interactable 对象自身存在 Box Collider 组件，所以 Unity 编辑器运行时会自动引用 Simple Interactable 对象的 Box Collider，不需要手动将上方的 Box Collider 组件拖曳到 Colliders 属性中完成关联。不过，出于养成不遗漏细节的开发习惯的考虑，建议还是手动完成关联，如图 6-13 所示。

Unity VR 开发中的 XR Simple Interactable 组件提供了一些简单的交互能力，使开发者能够快速地实现基本的物体交互效果。具体来讲，XR Simple Interactable 组件可以为可交互对象提供以下简单的交互能力。

（1）抓取（Grab）：XR Simple Interactable 组件允许用户通过 VR 控制器或手部追踪器等设备直接抓取（Grab）和释放（Release）游戏对象。用户可以在 VR 环境中按下抓取按钮，将游戏对象抓取到手中，并在释放按钮时释放可互动对象。

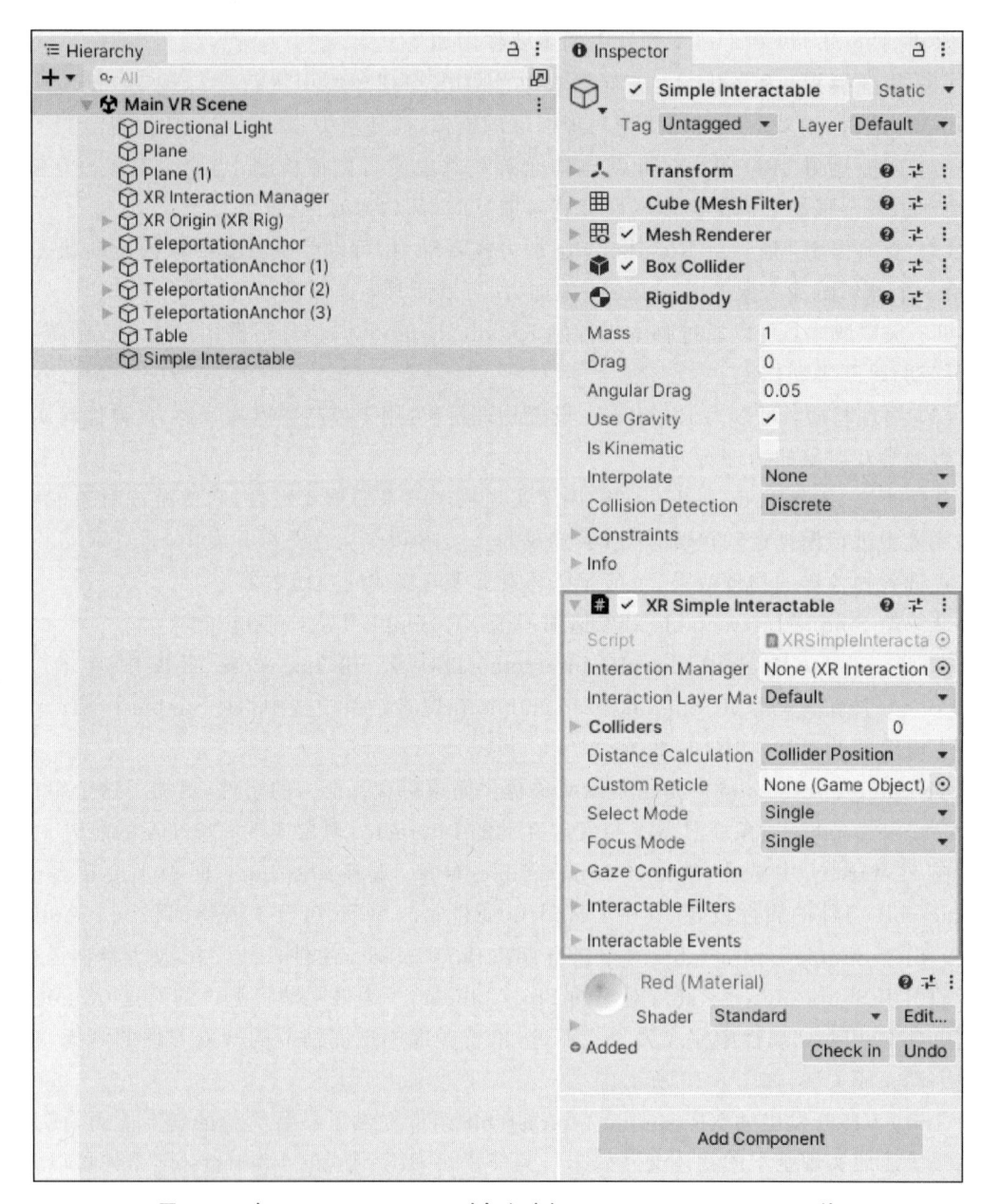

图 6-12 在 Simple Interactable 对象上追加 XR Simple Interactable 组件

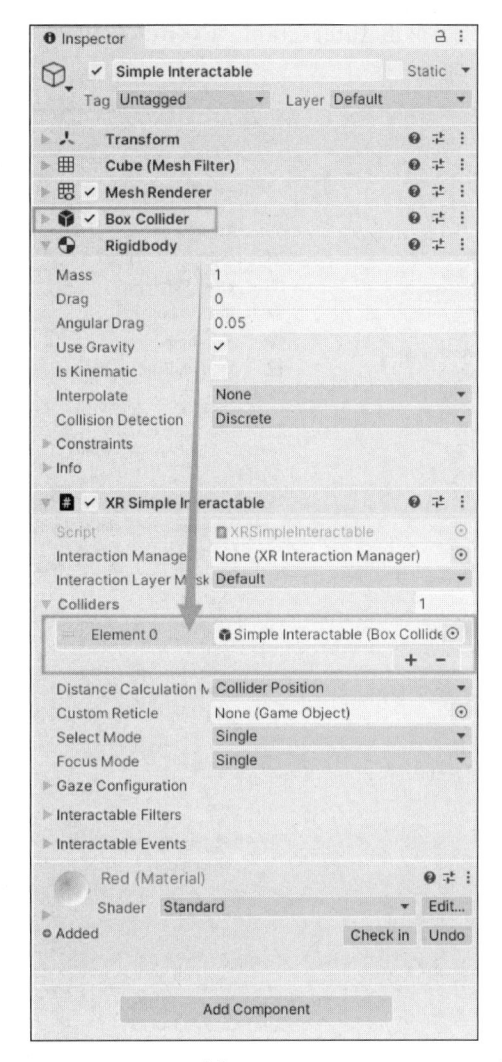

图 6-13　手动关联 Simple Interactable 对象下 XR Simple Interactable 组件的 Colliders 属性

（2）碰撞（Collision）：XR Simple Interactable 组件可以检测游戏对象与其他对象之间的碰撞，例如，当用户用控制器触摸游戏对象时，可以触发碰撞事件，将可交互对象碰倒等。

（3）按钮（Button）：XR Simple Interactable 组件可以将游戏对象设置为按钮，用户在触摸或单击按钮时可以触发相应的事件或动作。这使开发者能够在 VR 场景中实现按钮式的交互效果。

（4）悬停（Hover）：XR Simple Interactable 组件可以检测用户的悬停动作，当用户将控制器或手部追踪器移动到游戏对象上方时，可以触发悬停事件，并执行相应的交互效果。

在 XR Simple Interactable 组件中需要指定当接收到互动信号时将触发哪些相应的事件。

在 Hierarchy 中保持选中 Simple Interactable 对象，在 Inspector 面板中找到 XR

Simple Interactable 组件部分，单击 Interactable Events 左边的三角形按钮，展开所有可以监听的互动事件，如图 6-14 所示。

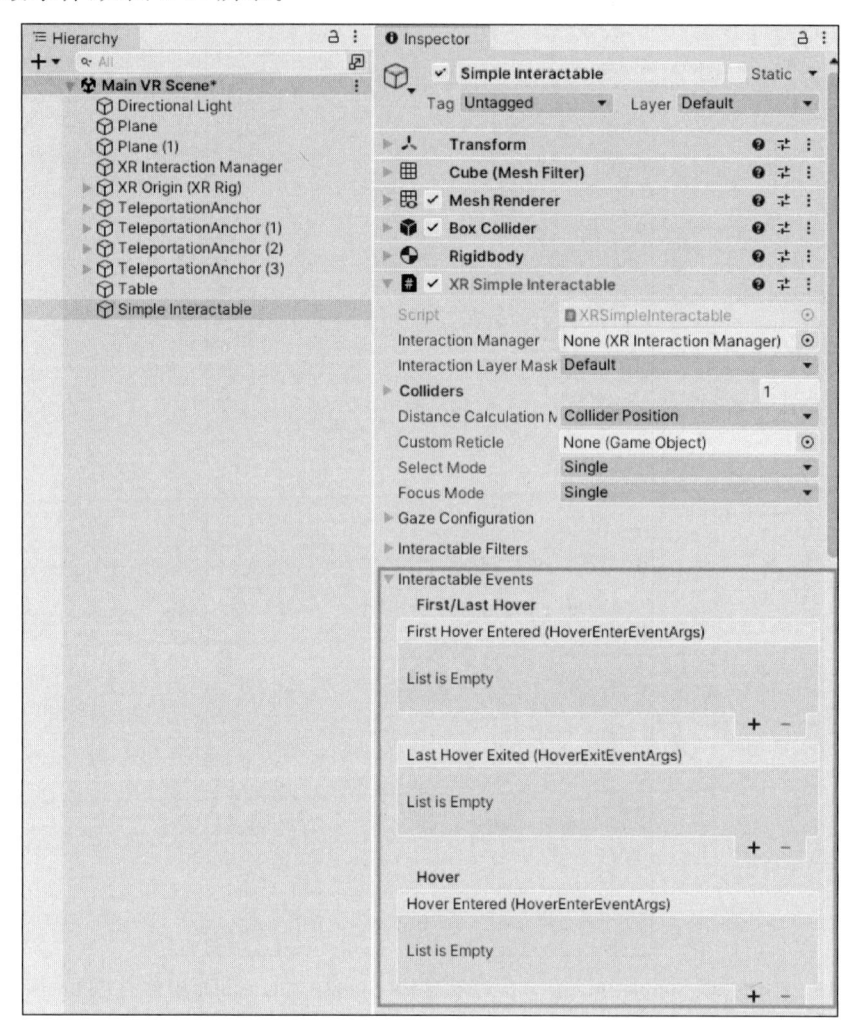

图 6-14　展开 XR Simple Interactable 组件下可以监听的互动事件

找到从上到下位列第三的 Hover 事件，单击 Hover Entered 事件右下角的"＋"按钮新建一个监听动作，如图 6-15 所示。

图 6-15　单击"＋"按钮新建一个空的 Hover 监听事件

将 Simple Interactable 对象从 Hierarchy 拖曳到 Hover 监听事件的目标对象选框中，表示接收到 Hover 信号时将对 Simple Interactable 对象进行操作。单击右侧的 No Function 按钮，从功能列表中选择 MeshRenderer→Material material，指定具体的操作函数。在 Project 面板中展开 Materials 文件夹，将一个不同的 material 资源文件（例如 Blue）拖曳到 Hover Entered 的 MeshRenderer.material 下方的属性选框中，这个选框用于关联 MeshRenderer() 函数所需的参数。这样就完成了一个 Hover Entered 监听事件的定义，设置如图 6-16 所示。

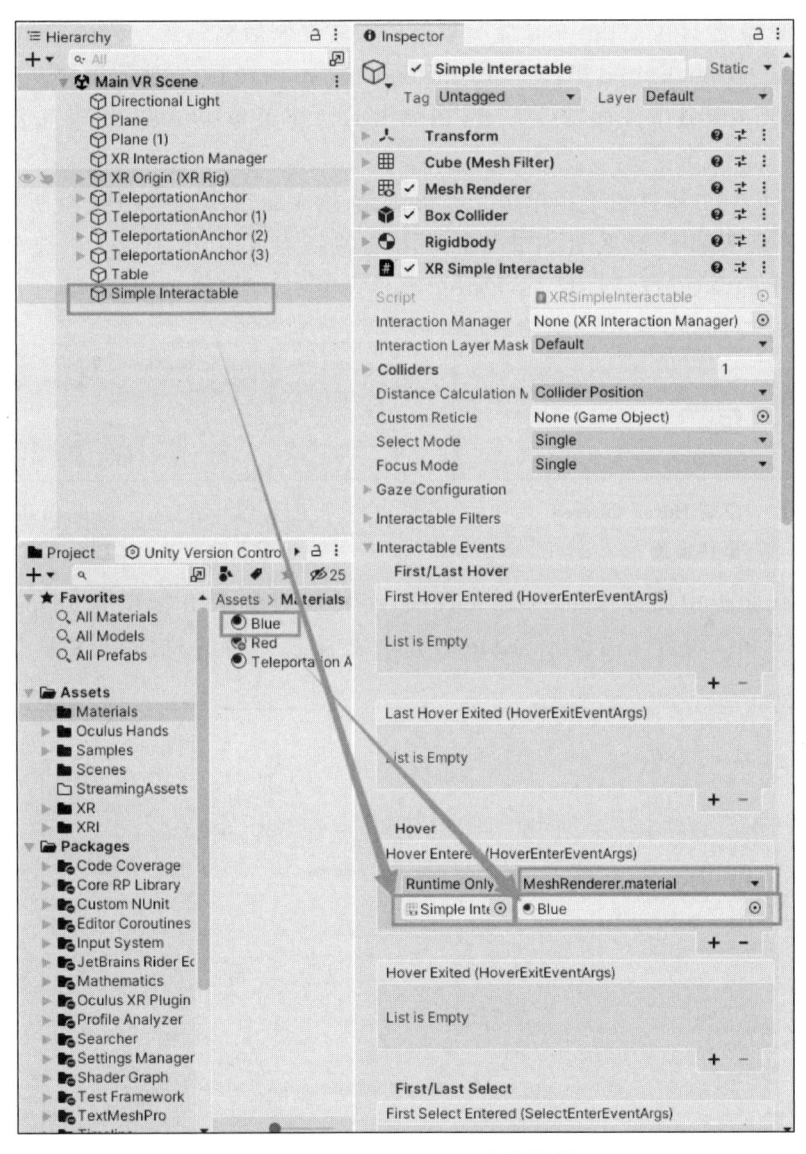

图 6-16 Hover Entered 事件设置

在上述进行 Hover Event 设置的 3 个要素中，Simple Interactable 对象是事件作用的对象，MeshRenderer.material 是方法，而 Blue 是该方法所需的参数。这个事件的效果，是当 Interactor 与 Simple Interactable 对象进入互动范围内时触发 MeshRenderer.material()方法，将 Simple Interactable 对象原本的红色材质替换为蓝色材质，达到变色的效果。

当 Interactor 与 Simple Interactable 对象退出互动范围时也需要将 Simple Interactable 对象的蓝色材质设置回红色材质。为此需要用设置 Hover Entered 监听事件时类似的方法，设置 Hover Exited 的监听事件。由于针对的对象和所使用的方法都相同，只有方法参数不同，所以只需把 Hover Entered 监听事件的设置复制后粘贴到 Hover Exited 监听事件中，再修改一下 Hover Exited 事件下 MeshRenderer.material()方法的参数。

在 Hover Entered 事件标题处右击，在弹出的快捷菜单中单击 Copy 选项，如图 6-17 所示。

在 Hover Exited 事件右下角单击"＋"按钮，新增 1 个 Hover Exited 监听事件，然后在 Hover Exited 监听事件标题处右击，在弹出的快捷菜单中单击 Paste 选项，将 Hover Entered 事件中的设置粘贴到 Hover Exited 事件设置中，如图 6-18 所示。

图 6-17　复制 Hover Entered 事件设置

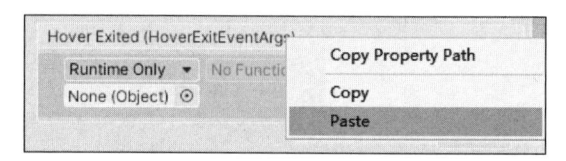

图 6-18　将 Hover Entered 事件的设置粘贴到 Hover Exited 事件中

在 Project 面板中展开 Materials 文件夹，将材质对象 Red 拖曳到 Inspector 面板中 Interactable Events 组件下 Hover Exited 事件设置右下角的材质属性框中，如图 6-19 所示。

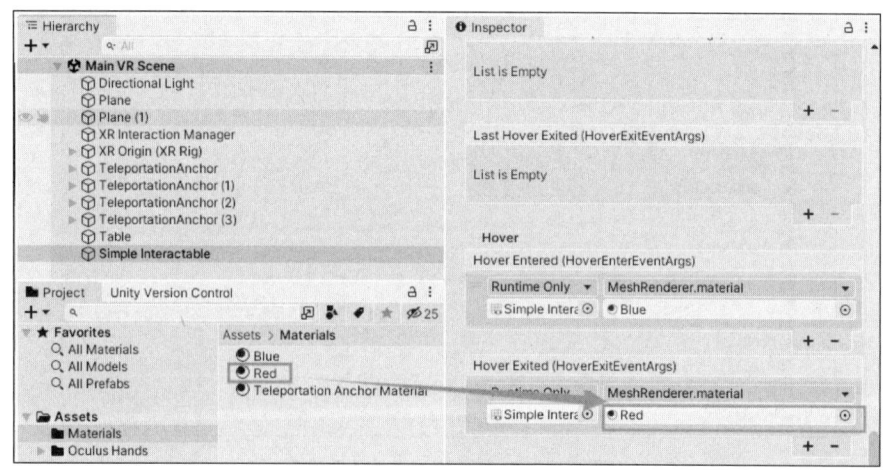

图 6-19　Hover Exited 事件的设置

Hover Event 部分设置了 Interactable 对象在进入和退出与 Interactor 可互动范围时的高亮效果,接下来继续设置 Simple Interactable 对象被选中时的高亮效果。

在 Project 面板中展开 Assets,选中 Materials 文件夹,在右侧文件列表的空白处右击,从快捷菜单中选择 Create→Material,将新建的材质文件重命名为 Yellow,如图 6-20 所示。

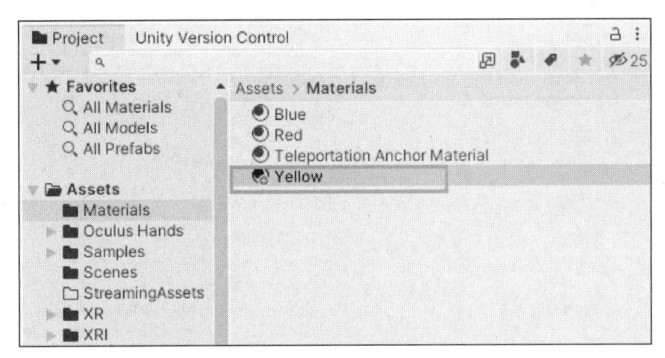

图 6-20 新建 Material 资源文件 Yellow

在 Project 面板中选中 Yellow,在 Inspector 面板单击 Main Maps 下的 Albedo 属性,选取一种黄色作为材质颜色。材质 Yellow 的属性设置如图 6-21 所示。

在 Hierarchy 中保持选中 Simple Interactable 对象,在 Inspector 面板中找到 Interactable Events 组件下的 Select 监听设置部分,单击 Select Entered 事件右下角的"＋"按钮新建一个监听。将 Simple Interactable 对象从 Hierarchy 拖曳到监听事件的目标对象选框中。再单击右侧的 No Function 按钮,从功能列表中选择 MeshRenderer 的 Material material。在 Project 面板中展开 Materials 文件夹,将 material 对象 Yellow 拖曳到 Select Entered 监听功能 MeshRenderer. material 下方的材质选框。这样就完成了一个 Select Entered 监听事件的定义。Select Entered 事件的设置如图 6-22 所示。

当 Simple Interactable 不再被选取时也需要将 Simple Interactable 对象的黄色材质设置回红色材质。为此需要用设置 Select Entered 监听事件时类似的方法,设置 Select Exited 的监听事件。由于针对的对象和所使用的方法都相同,只有方法参数不

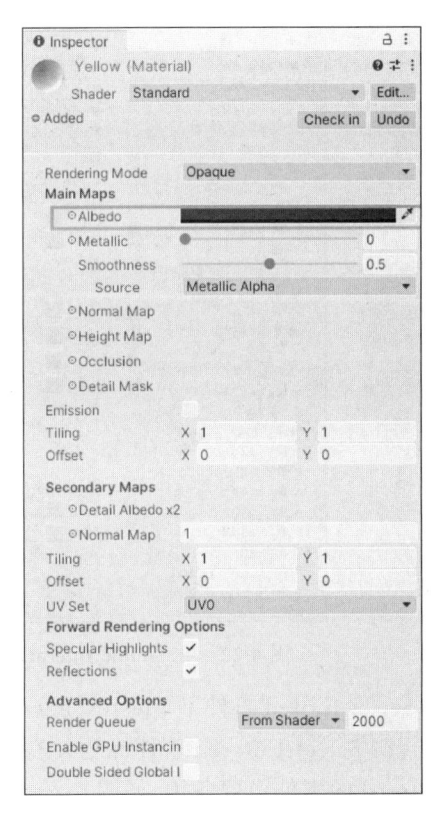

图 6-21 材质 Yellow 的属性设置

同,所以只需把 Select Entered 监听事件的设置复制后粘贴到 Select Exited 监听事件中,再

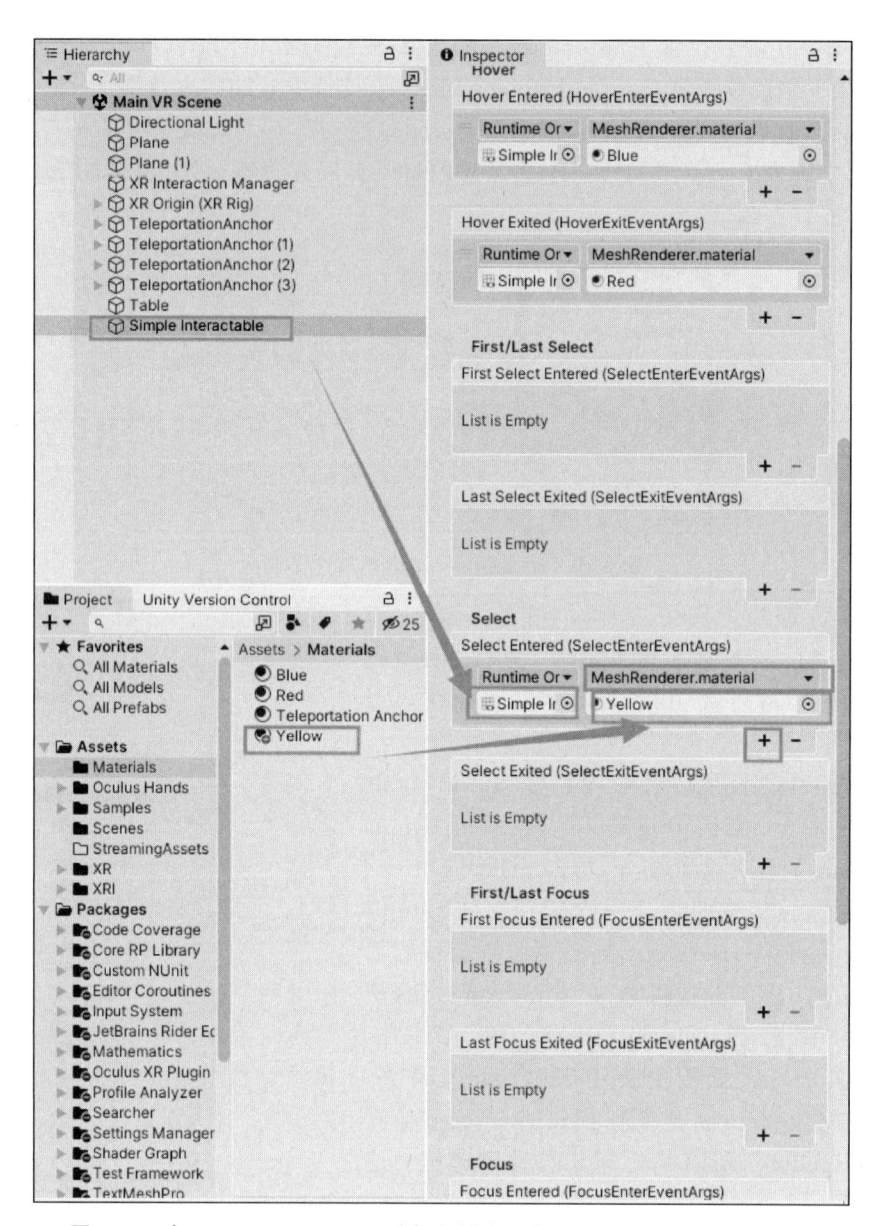

图 6-22　在 Simple Interactable 对象上新建一个 Select Entered 监听 Action

将 Select Exited 事件下 MeshRenderer.material 方法的参数修改为材质资源文件 Red。

在 Select Entered 事件标题处右击，在弹出的快捷菜单中单击 Copy 选项，复制 Select Entered 的事件设置备用，如图 6-23 所示。

首先在 Select Exited 事件的右下角单击"＋"按钮，新增 1 个 Select Exited 监听事件，然后在 Select Exited 监听事件标题处右击，在弹出的快捷菜单中单击 Paste 选项，将刚才复制的 Select Entered 事件参数粘贴到当前事件的设置项中。在 Project 面板中展开

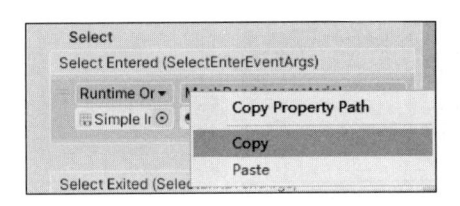

图 6-23 复制 Select Entered 的事件设置

Materials 文件夹，将材质资源文件 Red 拖曳到 Inspector 面板中 Interactable Events 组件下 Select Exited 事件的材质选框中。Select Exited 事件的设置如图 6-24 所示。

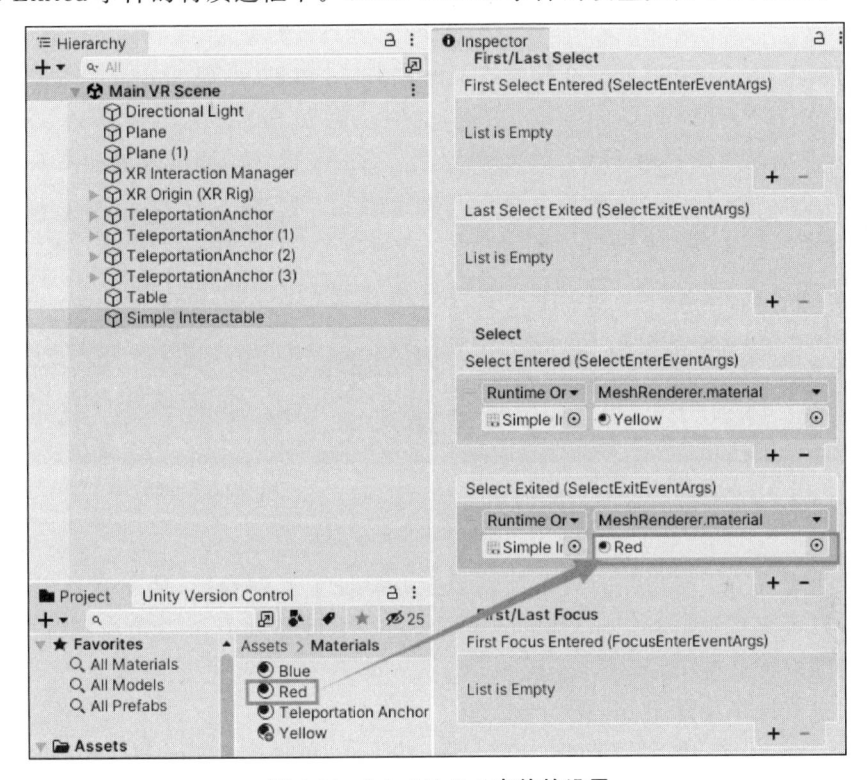

图 6-24 Select Exited 事件的设置

6.1.4 测试和总结

在 Unity 编辑器中单击 Play 按钮进行测试，戴上 VR 头盔，先观察 Hover 监听事件的效果。在游戏场景中将手靠近桌面上的 Simple Interactable 对象，可以发现在较近距离处，Simple Interactable 方块对象变为蓝色，再让手远离 Simple Interactable 对象，发现 Simple Interactable 方块对象变回红色。这两次变化的效果是 Hover Entered 和 Hover Existed 实现的。Hover 事件的测试效果如图 6-25 所示。

继续测试 Select 事件的效果，在游戏场景中尝试在 Interactor 触及 Simple Interactable

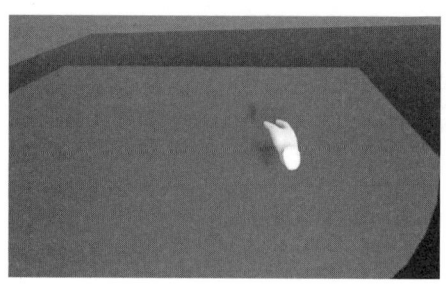

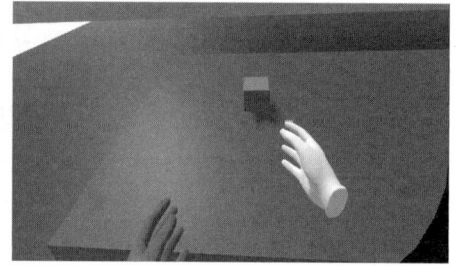

(a) Hover Entered　　　　　　　　　　(b) Hover Exited

图 6-25　Hover 事件的测试效果

对象的同时按下 Grab 按键,此时会触发 Select Entered 事件,发现 Simple Interactable 方块对象变为黄色,再松开控制器的 Grab 按键,此时会触发 Select Exited 事件,发现 Simple Interactable 方块对象恢复为 Hover 状态的红色。Select 事件的测试效果如图 6-26 所示。

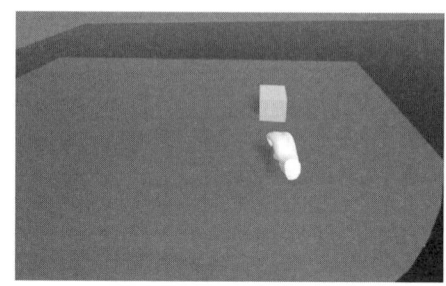

(a) Select Entered　　　　　　　　　　(b) Select Exited

图 6-26　Select 事件的测试效果

到此为止完成了手与物体的简单互动设定并验证了互动效果,使交互器 Interactor 的指令能够触发可交互对象 Interactable 的不同事件。在此基础上,6.2 节将继续介绍如何实现用手直接抓取物品对象。

本节的主要操作步骤如下:

在 Hierarchy 中展开 XR Origin→Camera Offset,同时选中 LeftHand 和 RightHand。追加组件 XR Direct Interactor 和组件 SphereCollider。在组件 SphereCollider 下勾选属性框 IsTrigger,设置属性 Radius=0.2。

在 Hierarchy 中新建对象 3D Object→Cube,重命名为 Table。将 Transform 组件下属性值 Position 设置为 X=0,Y=0.5,Z=0,将 Rotation 设置为 X=0,Y=0,Z=0,将 Scale 设置为 X=2,Y=1,Z=1。新建蓝色材质资源文件,命名为 Blue。将 Blue 拖曳到 Table 对象上。

在 Hierarchy 中新建对象:3D Object → Cube,重命名为 Simple Interactable。将 Simple InteractableScale 对象的 Transform 组件下的 Scale 属性设置为 X=0.1,Y=0.1,Z=0.1。

新建红色材质资源文件,命名为 Red。将 Red 拖曳到 Simple Interactable 对象上。

在 Simple InteractableScale 对象上追加组件 Rigid Body 和 XRSimpleInteractabe。在 Inspector 面板中找到 InteractableEvents 部分，开始设置 Hover 事件。在 Hover Entered 部分追加 Event，将 Simple Interactable 对象从 Hierarchy 拖曳到 Hover Entered 的左下角属性框，将 Function 设置为 MeshRenderer→Material material，将材质资源文件 Blue 从 Project 面板的 Assets→Materials 拖曳到 Hover Entered 的右下角属性框。

继续设置 Hover Exited，单击右下角的"+"按钮追加 Event，复制 Hover Entered 处的设置后粘贴到 Hover Exited。从 Project 面板的 Assets→Materials 处将 Red 材质资源文件拖曳到 Hover Exited 的右下角属性选框。

继续设置 Select 部分下的监听事件。

单击 Select Entered 右下角的"+"按钮追加一个 Event，复制 Hover Exited 的设置后粘贴到 Select Entered。从 Project 面板的 Assets→Materials 处将黄色材质资源文件 Yellow 拖入 Select Entered 的右下角属性选框。

单击 Select Exited 右下角的"+"按钮追加一个 Event，复制 Select Entered 的设置后粘贴到 Select Exited。从 Project 面板的 Assets→Materials 处将红色材质资源文件 Red 拖入 Select Exited 的右下角属性选框。

6.2 抓取物体

本节介绍如何在游戏场景中实现用手抓取物体。

6.2.1 配置可抓取对象

在 Hierarchy 中选中 Simple Interactable 对象，按快捷键 Ctrl + D 复制 Simple Interactable 对象，重命名为 GrabInteractable，如图 6-27 所示。

在 Hierarchy 中选中 GrabInteractable，目前 GrabInteractable 对象的位置与 Simple Interactable 对象的位置重合，所以先调整一下 GrabInteractable 对象的 Position，挪动到桌面靠右一点的位置，如图 6-28 所示。

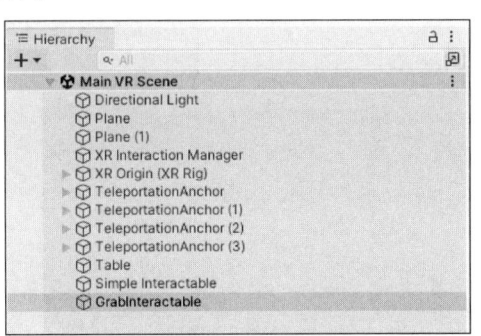

图 6-27 新建 GrabInteractable 对象

在 Inspector 面板中找到 XR Simple Interactable 组件，在组件 Title 部分上右击后从弹出的快捷菜单中选择 Remove Component，删除 XR Simple Interactable 组件。

继续为 GrabInteractable 对象追加一个 XR Grab Interactable 组件。

单击 Add Component 按钮，在弹出的对话框中搜索 XR Grab Interactable，在搜索结果中单击 XR Grab Interactable 条目完成组件追加，如图 6-29 所示。

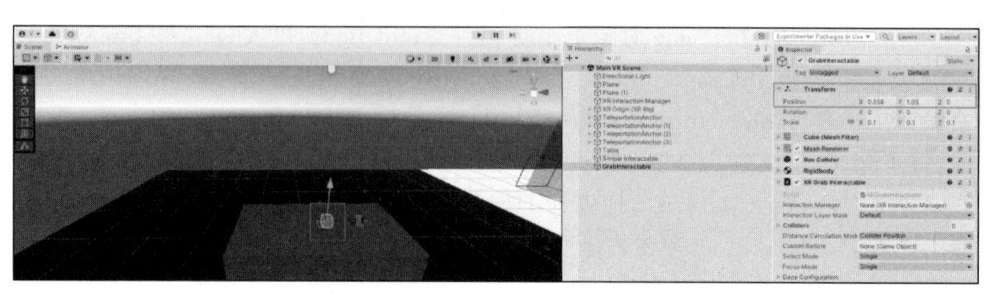

图 6-28　将 GrabInteractable 对象平移到合适位置

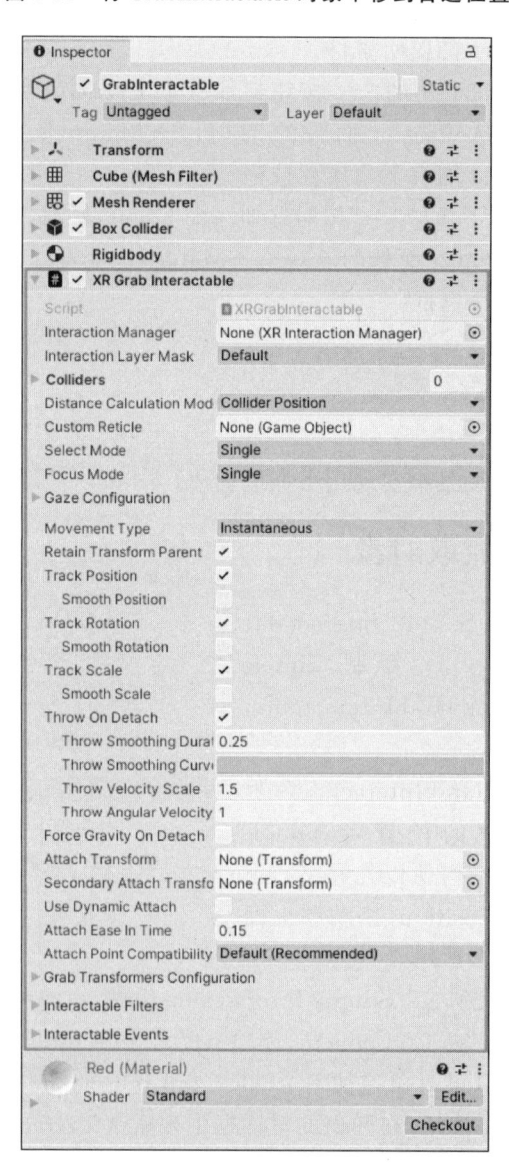

图 6-29　为 GrabInteractable 对象追加 XR Grab Interactable 组件

目前暂不需要对 XR Grab Interactable 组件下的属性进行任何设置,基于 XR Grab Interactable 组件的默认设置 GrabInteractable 对象就已经具备直接被抓取的功能了。

通过测试来验证一下当前设置的效果。在 Unity 编辑器中单击 Play 按钮运行测试,戴上 VR 头盔,在游戏场景中尝试用手接触 GrabInteractable 对象后按下控制器的 Grab 按键,此时会发现虽然存在穿模问题,但是已经可以实现用手抓取这个物品了,如图 6-30 所示。

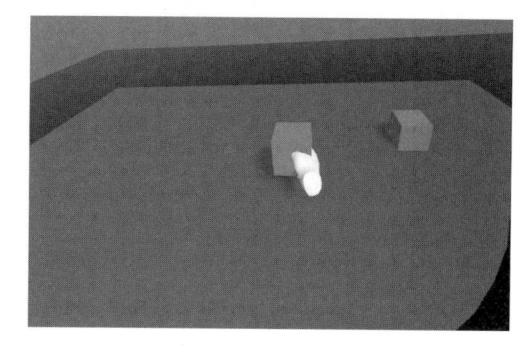

图 6-30 抓取 GrabInteractable 对象

6.2.2 Unity 常用快捷键

在 Unity 项目开发时,快捷键可以大大地提高操作效率。接下来介绍 Unity 编辑器中常用的快捷键。

(1) 常规操作快捷键如下。

Ctrl + S:保存场景或项目。

Ctrl + Z:撤销上一步操作。

Ctrl + Y:重做上一步操作。

Ctrl + C:复制选中的内容。

Ctrl + V:粘贴已复制的内容。

Ctrl + X:剪切选中的内容。

Ctrl + D:复制选中的对象。

Delete:删除选中的对象或组件。

F:将焦点定位到选中的对象。

(2) 场景编辑快捷键如下。

W:移动工具。

E:旋转工具。

R:缩放工具。

Q:移动画布工具。

(3) 游戏视图快捷键如下。

Ctrl + P:切换播放/暂停游戏。

Shift + Space:将当前窗口切换到全屏。

(4) 项目面板快捷键如下。

Ctrl + N:新建资源或脚本。

F2:重命名选中的资源。

Ctrl + D：在项目中复制选中的资源。
Ctrl + F：在项目中搜索。
Ctrl + Shift + N：新建文件夹。
（5）其他快捷键如下。
Ctrl + Alt + B：清除缓存并重新编译脚本。
Ctrl + Shift + B：构建项目。

6.2.3　GrabInteractable 组件属性设置

GrabInteractable 对象下的 XR Grab Interactable 组件是当前赋予 GrabInteractable 对象可抓取能力的核心组件。在 Inspector 面板中展开 XR Grab Interactable 组件，观察相关属性设置。可以发现 XR Grab Interactable 组件下的属性内容繁多，其中除了和 XR Simple Interactable 组件相似的属性，例如 Interactable Filters、Interactable Events 等以外，XR Grab Interactable 组件下还有一些和 Throw 动作，以及物品的位移和转向的流畅度相关的属性设置。

所有属性中最需要了解的是 Movement Type 属性，如图 6-31 所示。

Movement Type 指定了可交互对象 Interactable 在被交互器 Interactor 抓取后，可交互对象如何跟随 Interactor 移动。有 3 种移动方式 Velocity Tracking、Kinematic、Instantaneous 可供选择。这 3 种方式的效果异同如下。

（1）Velocity Tracking：将 Movement Type 设置为 Velocity Tracking 后可以通过设置刚体 Rigidbody 的速度和角速度来移动可交互对象。如果不希望目标对象能够穿过没有刚体的其他碰撞器 Colliders，同时需要让对象跟随交互器 Interactor 移动，就可以选用这种方式，但是需要权衡的是在这种移动方式下 Interactable 对象相较于 Interactor 的运动可能会有所滞后，移动效果可能不如瞬时移动那样平滑。

（2）Kinematic：将 Movement Type 设置为 Kinematic 后可以通过移动动力学刚体使可交互对象移动到目标位置和方向。如果希望保持目标对象可观察到的移动与其物理状态匹配，并且希望允许目标对象在跟随 Interactor 进行移动时能够穿过没有刚体的其他 Colliders，则可以使用这种方式。

（3）Instantaneous：将 Movement Type 设置为 Instantaneous 后可以通过在每帧直接更新 Transform 的位置和旋转来移动可交互对象。如果希望每帧更新移动位置，使目标对象跟随移动的延迟降低到最小，就可以选用这种方式，然而，需要权衡的是，随着 Interactor 的移动，Instantaneous 移动方式下的 Interactable 对象能够穿过没有刚体的其他 Colliders。

为了展示 3 种不同 MovementType 的效果，需要在现有的 GrabInteractable 对象外再复制出两个用于抓取测试的可交互对象。

在 Hierarchy 中选中 GrabInteractable 对象，将此对象重命名为 GrabInteractable Instantaneous。在 Inspector 面板中确认 XR Grab Interactable 组件下的 Movement Type 是默认的 Instantaneous，如图 6-32 所示。

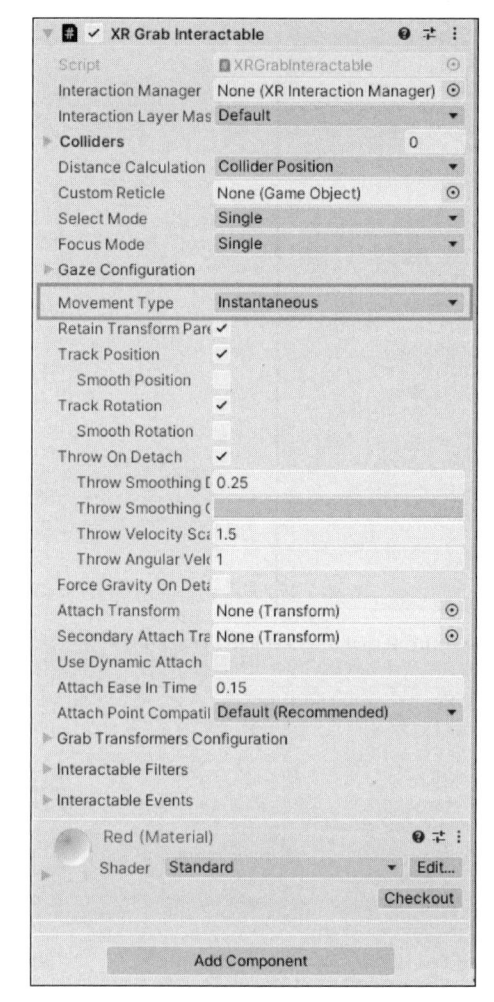

图 6-31　XR Grab Interactable
组件下的 Movement Type 属性设置

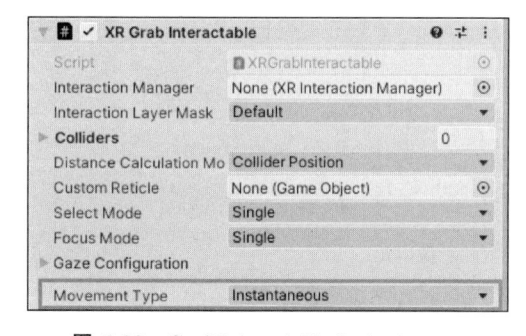

图 6-32　GrabInteractable Instantaneous
对象的 Movement Type 属性值为 Instantaneous

保持选中 GrabInteractable Instantaneous 对象，按快捷键 Ctrl+D 两次，复制出两个相同的对象。将其中一个重命名为 GrabInteractable Kinemetic，将另一个重命名为 GrabInteractable Velocity Tracking，如图 6-33 所示。

在 Hierarchy 中选中 GrabInteractable Kinemetic 对象，在 Inspector 面板中将 XR Grab Interactable 组件下的 Movement Type 属性设置为 Kinematic，如图 6-34 所示。

在 Hierarchy 中选中 GrabInteractable Velocity Tracking 对象，在 Inspector 面板中将 XR Grab Interactable 组件下的 Movement Type 设置为 Velocity Tracking，如图 6-35 所示。

将 3 个可互动方块对象移动到桌面上的合适位置，腾出空间观察它们被抓取后跟随手部 Interactor 的移动状态。

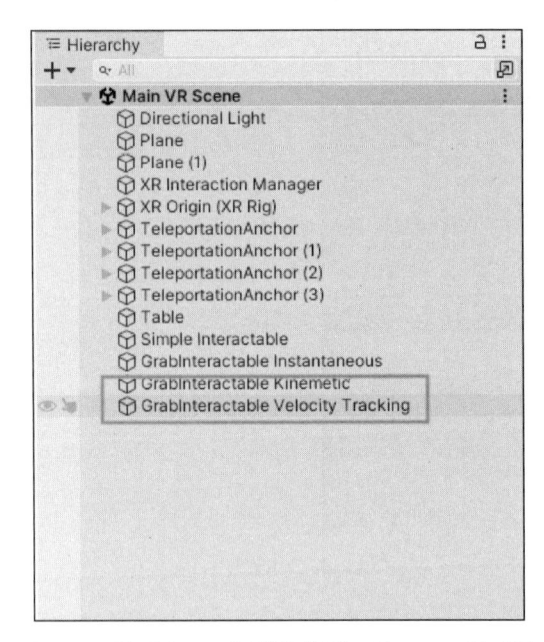

图 6-33 新建 GrabInteractable Kinemetic 对象和 GrabInteractable Velocity Tracking 对象

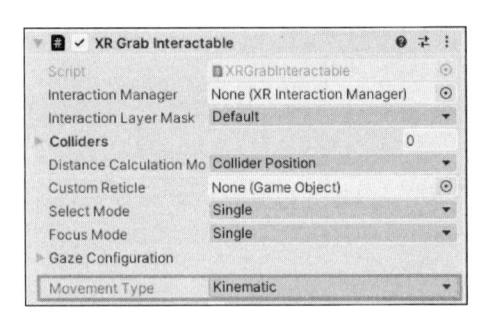

图 6-34 将 GrabInteractable Kinemetic 对象的 Movement Type 设置为 Kinematic

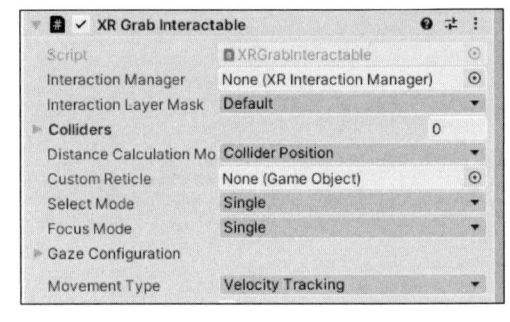

图 6-35 将 GrabInteractable Velocity Tracking 对象的 Movement Type 设置为 Velocity Tracking

在 Hierarchy 中选中 Simple Interactable，在 Inspector 面板中找到 Transform 组件，将 Position 属性设置为 X=0.9,Y=1.05,Z=0。

继续在 Hierarchy 中选中 GrabInteractable Instantaneous，在 Inspector 面板中找到 Transform 组件，将 Position 属性设置为 X=0.5,Y=1.05,Z=0。

继续在 Hierarchy 中选中 GrabInteractable Kinemetic，在 Inspector 面板中找到 Transform 组件，将 Position 属性设置为 X=0,Y=1.05,Z=0。

继续在 Hierarchy 中选中 GrabInteractable Velocity Tracking 对象，在 Inspector 面板中找到 Transform 组件下的 Position，将此属性设置为 X=-0.5,Y=1.05,Z=0。此时场景中桌面上的 4 个方块对象的排布如图 6-36 所示。

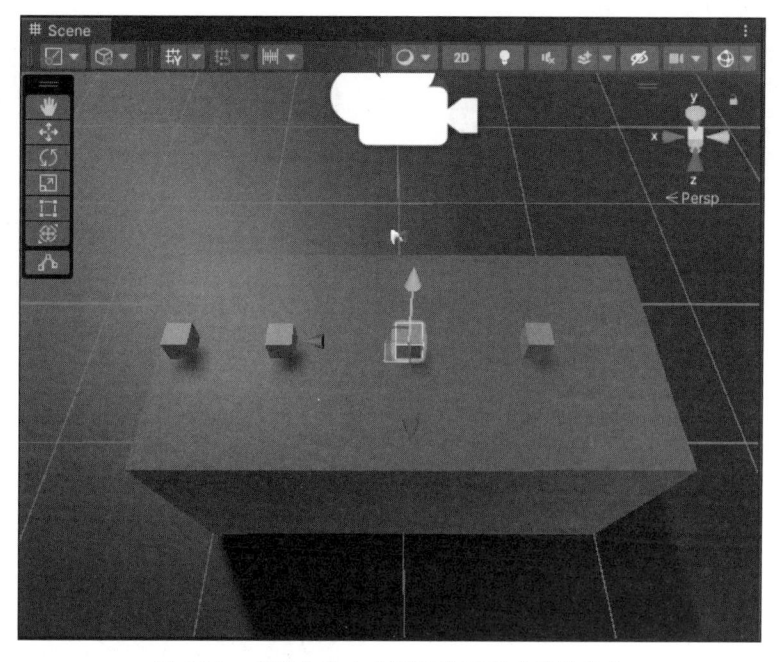

图 6-36 桌面上的 4 个可互动对象方块的排布

6.2.4 测试和总结

在 Unity 编辑器中单击 Play 按钮运行测试，戴上 VR 头盔观察游戏场景。尝试用手逐个抓取桌面上的 3 个不同 Movement Type 设定的可互动对象，抓取任意一个方块对象后，通过观察方块对象被抓取后跟随手部的移动特点（手部穿过桌面 Table 对象时方块对象的跟随情况、手持方块对象去碰撞另一个方块对象这两种动作）直观地体会这 3 种 Movement Type 的不同效果。

对于 Movement Type 为 Instantaneous 的可互动对象 GrabInteractable Instantaneous，发现用手抓取该方块对象并快速挥动时，方块对象完全跟着手的动作走，看不出相对于手的运动有明显延迟。手部抓握方块穿过桌面时，由于该方块不具备物理特性，所以会跟着一起穿过桌子，如图 6-37 所示。另外，由于不具备刚体特性，手持 GrabInteractable Instantaneous 对象与其他方块对象碰撞时会感觉到一定的延迟。

对于 Movement Type 为 Kinemetic 的对象 GrabInteractable Kinemetic，发现用手抓取该方块对象并快速挥动时，方块对象基本能够跟上手的动作，相对于手的运动的延迟不大。当手部穿过桌面 Table 时，虽然该方块具备物理特性，但是仍然跟随手部一起穿过桌子，这是因为 Kinemetic 刚体不会影响自身的位置，如图 6-38 所示。

当手持 GrabInteractable Kinemetic 对象与另外两个桌面方块碰撞时，物理模拟效果比较即时和仿真，这是因为 Kinemetic 刚体发生作用，使被抓取物体对别的物品生效。

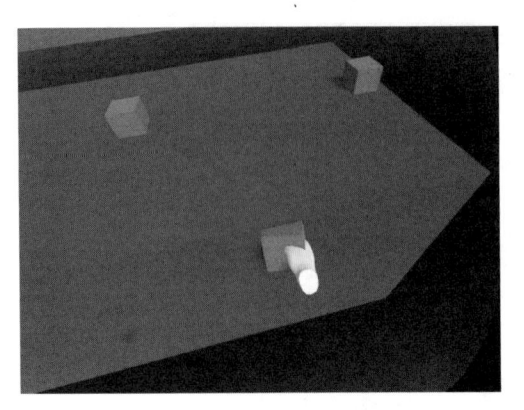

图 6-37　手持 GrabInteractable
Instantaneous 对象时的运动效果

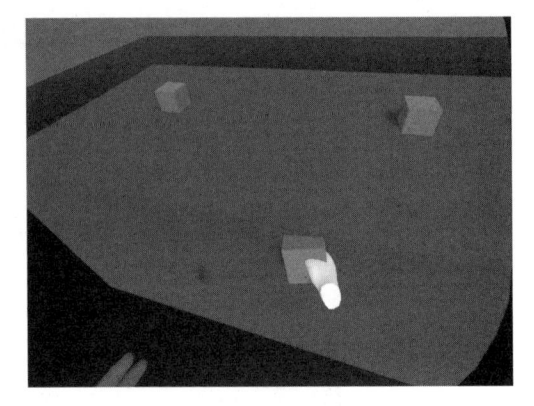

图 6-38　手持 GrabInteractable
Kinemetic 对象时的运动效果

对于 Movement Type 为 Velocity Tracking 的对象 GrabInteractable Velocity Tracking，发现用手抓取该方块对象并快速挥动时，方块对象相对于手的动作存在明显的延迟。手部穿过桌面 Table 时，由于该方块对象具备碰撞作用，所以无法跟随手的动作一起穿过 Table，如图 6-39 所示。

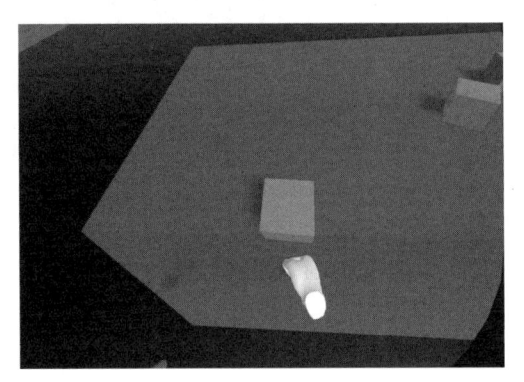

当手持 GrabInteractable Velocity Tracking 对象与另外两个桌面方块碰撞时，由于刚体作用，物理模拟效果也比较即时和仿真。

本章实现了直接用手抓取可互动对象，

图 6-39　手持 GrabInteractable Velocity
Tracking 对象时的运动效果

也体会了 3 种不同 Movement Type 设定下互动时的具体效果。6.3 节将介绍如何指定抓取对象时的抓握点位置和方向，以及如何在抓取物品对象后进一步与物品对象互动。

本节的主要操作步骤如下：

在 Hierarchy 中复制对象 Simple Interactable，重命名为 GrabInteractable。

在 Hierarchy 中选中 GrabInteractable 对象，删除组件 Simple Interactable，追加组件 XR Grab Interactable。

在 Hierarchy 中将 GrabInteractable 对象重命名为 GrabInteractable Instantaneous。复制两次 GrabInteractable Instantaneous 对象，将复制的对象分别重命名为 GrabInteractable Kinemetic 对象和 GrabInteractable Velocity Tracking 对象。

在 Hierarchy 中选中 GrabInteractable Kinemetic 对象，在 Inspector 面板中找到 XR Grab Interactable 组件，将属性 MovementType 设置为 Kinematic。

在 Hierarchy 中选中 GrabInteractable Velocity Tracking 对象，在 Inspector 面板中找到 XR Grab Interactable 组件，将属性 MovementType 设置为 Velocity Tracking。

6.3 自定义物品抓取位置

XR Grab Interactable 组件下有一个 AttachTransform 属性。这个属性是指定抓取物品对象位置的关键属性。

6.3.1 导入手枪模型资源

当我们抓取物品时，作为交互器 Interactor 的手实际握住并对齐的是可交互对象的一个固定位置，这个固定位置的位置和方向是可以通过 AttachTransform 属性指定的。

拿手枪的抓取作为示例。

首先从 Unity 上下载一个手枪的简单模型。单击菜单 Window→Asset Store，跳出 Asset Store 重定向界面，再单击 Search online 按钮，如图 6-40 所示。

图 6-40　Asset Store 重定向界面

跳出浏览器并自动打开 Unity 资源商店后，搜索一个免费的手枪模型资源。搜索设置如图 6-41 所示。

单击资源 Modern Guns：Handgun 右下角的"添加至我的资源"，如果跳出登录界面，则输入用户名和密码完成登录后继续操作。

添加资源 Modern Guns：Handgun 到自己的资源库后，回到 Unity 编辑器主界面。此时需要确保 Unity 编辑器处于已登录状态，否则后续操作中将无法获得个人 Package 资源列表。可以通过 Unity 编辑器左上角的登录状态按钮查看是否是已登录状态，如图 6-42 所示。

打开菜单 Window→Package Manager，打开 Package Manager 窗口。单击左上角的 Projects：In Project，从下拉选单中选择 My Assets，如图 6-43 所示。

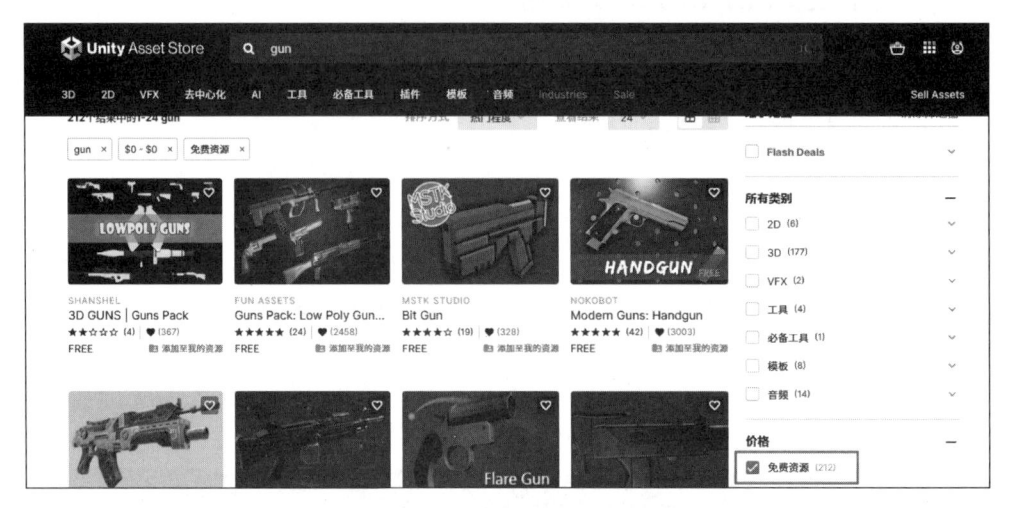

图 6-41 搜索免费的手枪模型

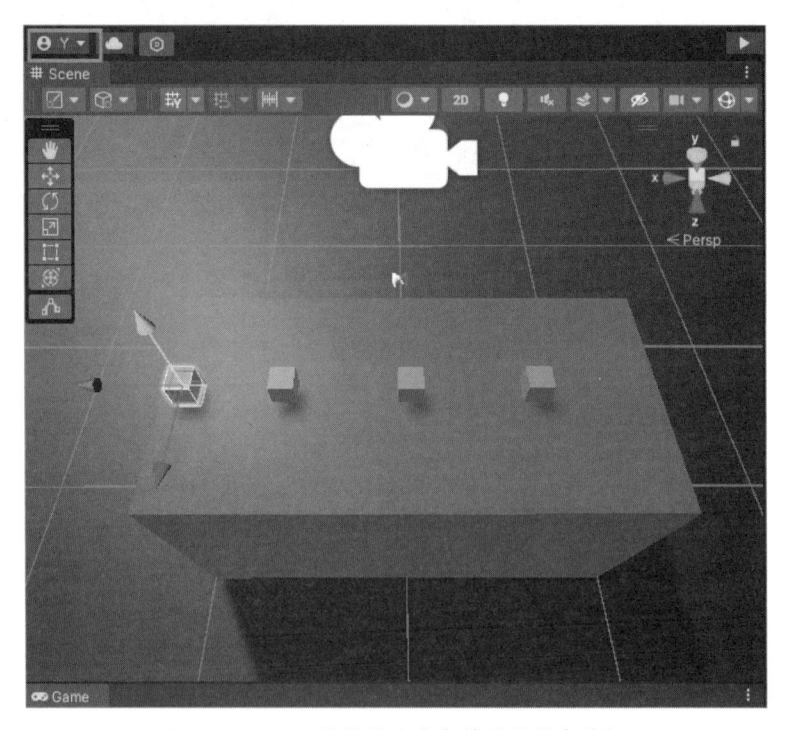

图 6-42 Unity 编辑器左上角的登录状态按钮

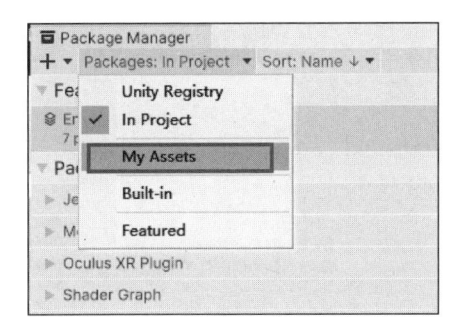

图 6-43 在 Package Manager 面板中选择查看 My Assets 列表

从左侧的 Package 列表中可以看到刚才从资源商店获得的手枪模型包 Modern Guns：Handgun，如果列表内容过多，则可以通过右上角的搜索框进行搜索，如图 6-44①所示。

图 6-44 Package Manager 中找到 Modern Guns：Handgun

在左侧列表中选中 Modern Guns：Handgun 条目，如图 6-44②所示，在 Package Manager 面板单击右下角的 Download 按钮下载手枪模型包资源，下载完成后窗口右下角会出现 Import 按钮，如图 6-44③所示。

单击 Import，此时会弹出 Import Unity Package 窗口，如图 6-45 所示。

保持默认勾选项目不变，单击 Import Unity Package 窗口右下角的 Import。将所有勾选的资源项目导入项目中。关闭 Import Unity Package 窗口。

在 Project 面板中可以观察到 Assets 下多了一个名为 Nokobot 的文件夹，展开

图 6-45 Import Unity Package 窗口

Nokobot→Modern Guns - Handgun→_Prefabs→Handgun Black，将 M1911 Handgun_Black 从 Project 面板拖曳到 Hierarchy 中，如图 6-46 所示。

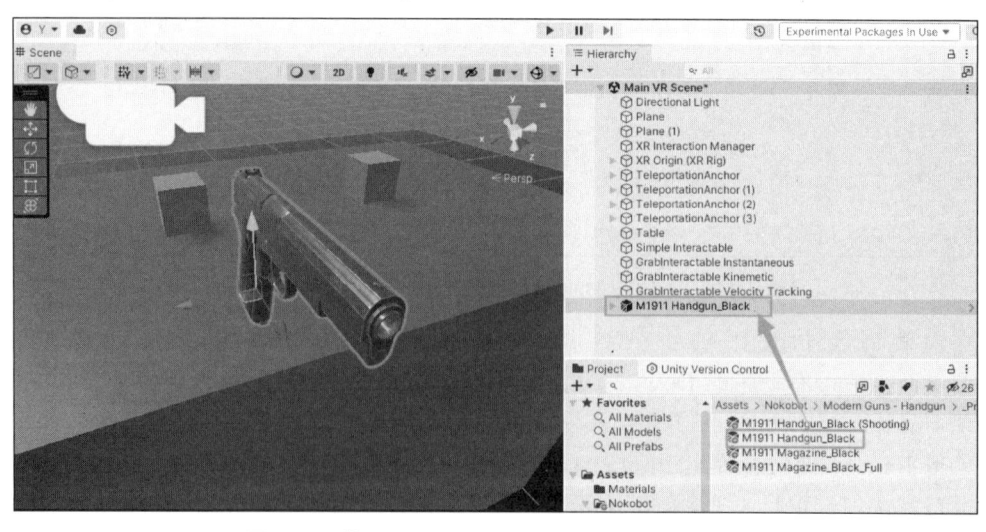

图 6-46 将 M1911 Handgun_Black 拖曳到场景中

在 Hierarchy 中选中 M1911 Handgun_Black，在 Inspector 面板中将 Transform 组件下的 Position 属性设置为 X=0，Y=1.03，Z=0.5，将 Rotation 属性设置为 X=0，Y=90，Z=−90，将 Scale 属性设置为 X=1，Y=1，Z=1。此时手枪对象 M1911 Handgun_Black 以容易抓取的位置放置于桌面上，如图 6-47 所示。

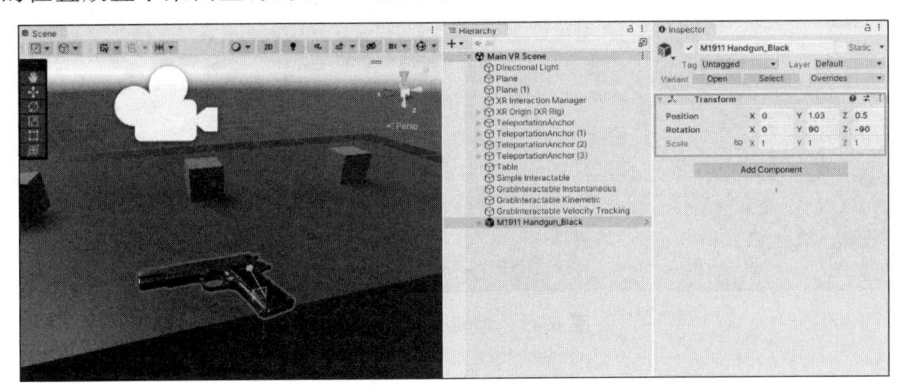

图 6-47　手枪对象 M1911 Handgun_Black 以容易抓取的位置放置在桌面上

6.3.2　使手枪模型可交互

在游戏场景中导入了手枪模型后，下一步就是研究如何以合适的位置抓握这把枪。

为了抓握这把手枪，先要在 M1911 Handgun_Black 对象下追加一个 Box Collider 组件。在 Hierarchy 中选中 M1911 Handgun_Black 对象，在 Inspector 面板中单击 Add Component 按钮，在弹出的对话框中搜索 Box Collider，在搜索结果中单击 Box Collider 条目，完成组件的追加。

默认的 Box Collider 的大小并不能适当地覆盖整把手枪，需要进行手动调整。在 Inspector 面板中单击 Box Collider 组件下的 Edit Collider 按钮，进入 Collider 的编辑状态，如图 6-48 所示。

代表碰撞体大小和形状的 Collider 会以可编辑状态呈现在场景中，如图 6-49 所示。

可以发现，Box Collider 的每个面的中心都有一个实心点，通过拖曳每个面的中心点可以将 Collider 的大小调整到正好覆盖桌面上的手枪对象 M1911 Handgun_Black，如图 6-50 所示。

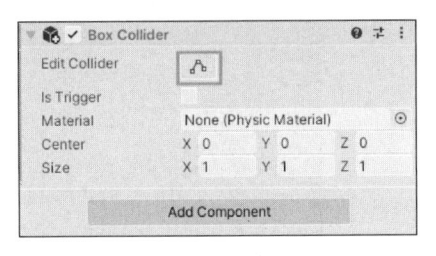

图 6-48　单击 Box Collider 组件下的 Edit Collider 按钮

为了能够抓握枪支对象 M1911 Handgun_Black，需要让它具备刚体，从而能够受到 Unity 物理引擎的作用。在 Hierarchy 中继续保持选中 M1911 Handgun_Black，在 Inspector 中单击 Add Component 按钮，在弹出的对话框中搜索 RigidBody，在搜索结果中选择 RigidBody 条目完成组件的追加。暂时不需要对这个组件下的属性做任何设置，如图 6-51 所示。

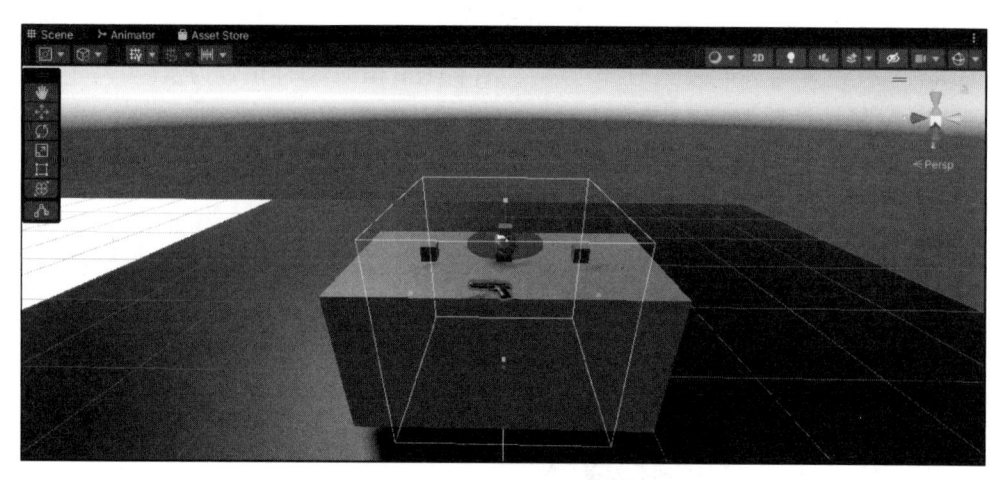

图 6-49　编辑 Box Collider

图 6-50　将 Box Collider 的大小调整到合适尺寸

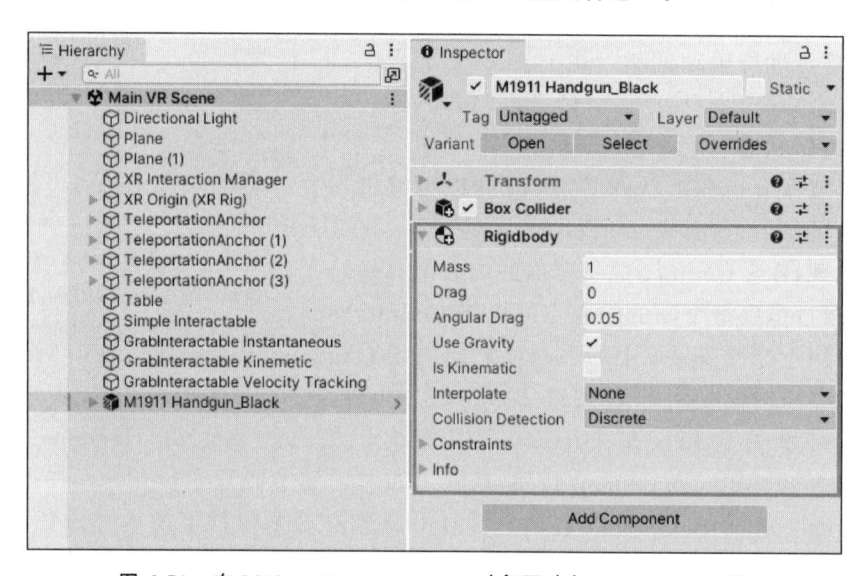

图 6-51　在 M1911 Handgun_Black 对象下追加 RigidBody 组件

为了让枪支对象 M1911 Handgun_Black 具备可交互能力，还需要追加 XR Grab Interactable 组件。在 Hierarchy 中保持选中 M1911 Handgun_Black 对象，在 Inspector 面板中单击 Add Component 按钮，在弹出的对话框中搜索 XR Grab Interactable，在结果列表中选择 XR Grab Interactable 完成组件的追加，如图 6-52 所示。

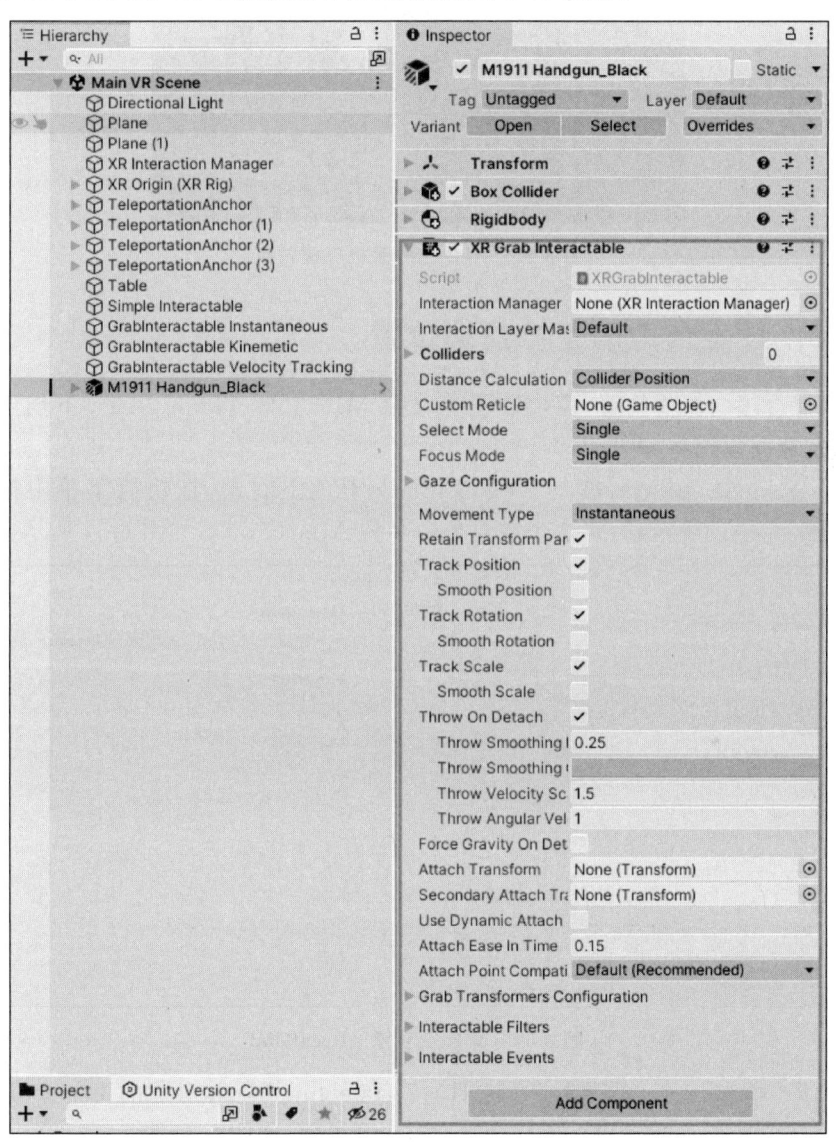

图 6-52　在 M1911 Handgun_Black 对象下追加 XR Grab Interactable 组件

在 Unity 编辑器中单击 Play 按钮运行测试，戴上 VR 头盔后，在游戏场景中尝试使用控制器的 Grab 按键抓取手枪，发现能够抓取手枪，但是抓握的位置并不合理，需要进一步调整，如图 6-53 所示。

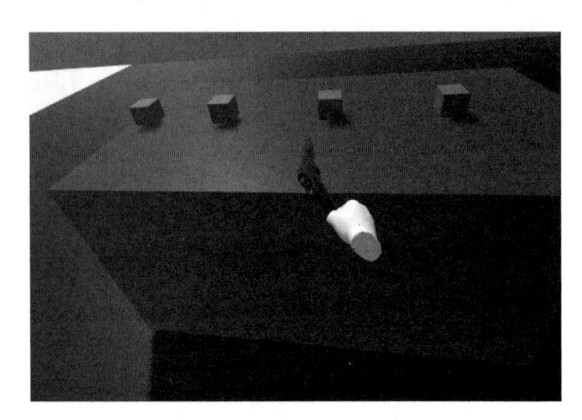

图 6-53　不合理的手枪抓握位置

6.3.3　设定合适的手枪抓握位置

为了设置合理的抓取位置，需要在手枪对象 M1911 Handgun_Black 下创建一个子对象，用于指定抓握位置和方向。

在 Hierarchy 中，在 M1911 Handgun_Black 对象上右击，在快捷菜单中选择 Create Empty 新建一个空的子对象，将这个空对象命名为 AttachPoint，如图 6-54 所示。

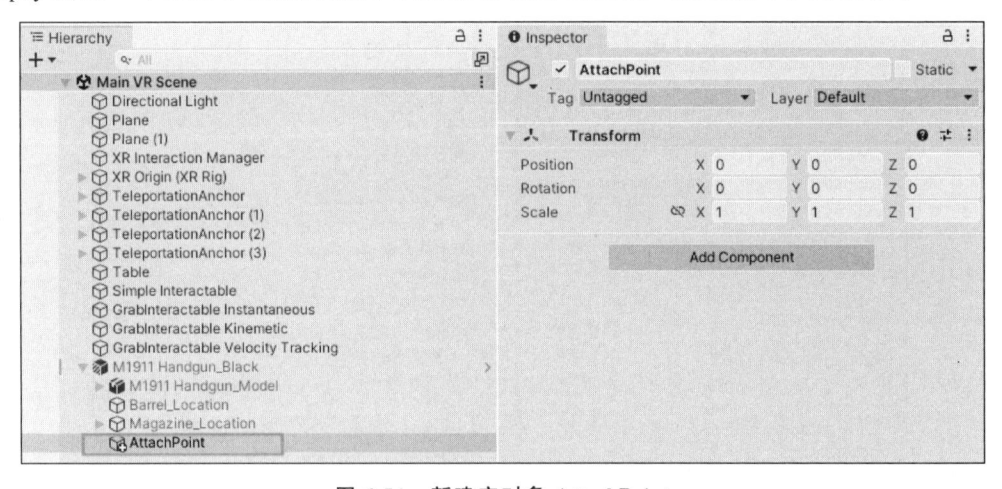

图 6-54　新建空对象 AttachPoint

接下来将 AttachPoint 对象关联到 M1911 Handgun_Black 对象的 Inspector 面板下的 XR Grab Interactable 组件下的 Attach Transform 属性，如图 6-55 所示。

接下来需要调整 AttachPoint 对象的位置和方向，使它位于手枪枪托的适当位置，将 AttachPoint 对象的 Forward 方向调整为枪口方向。

为了方便调整，需要先将 Unity 编辑器左上角菜单栏下方的 Toggle Tool Handle Rotation 模式从 Global 切换成 Local，如图 6-56 所示。

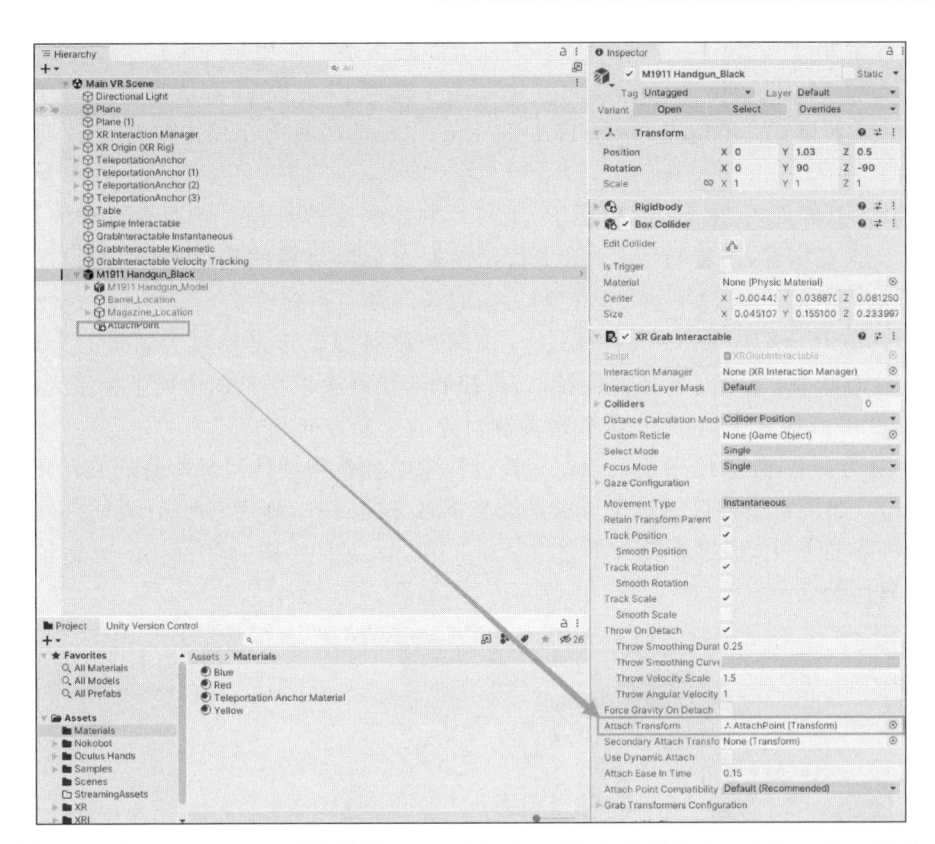

图 6-55 将 AttachPoint 对象关联到 M1911 Handgun_Black 对象的 Attach Transform 属性

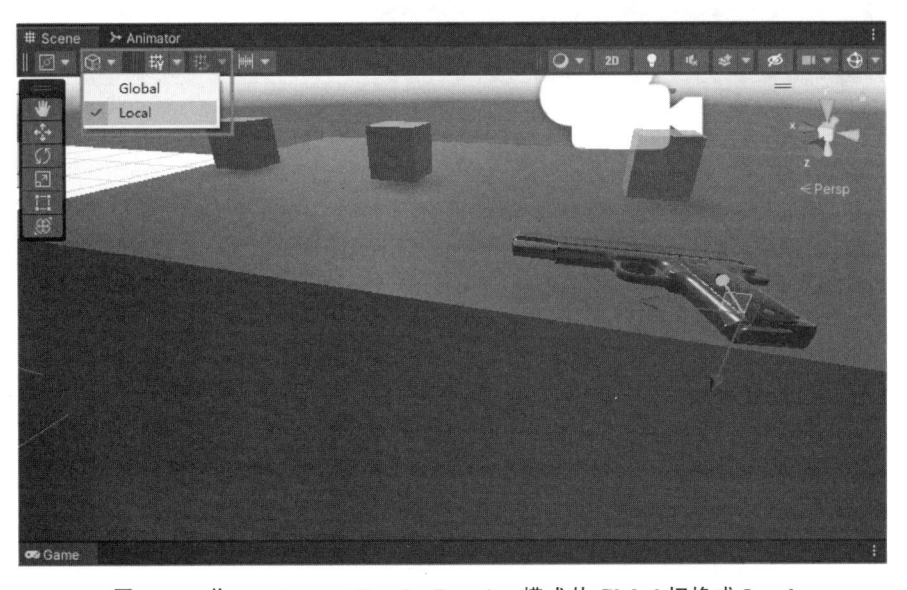

图 6-56 将 Toggle Tool Handle Rotation 模式从 Global 切换成 Local

接下来介绍 Toggle Tool Handle Rotation 状态切换的作用是什么。

在 Unity 中，Toggle Tool Handle Rotation 选项用于控制场景视图中工具控制器(Gizmo)的旋转模式。Toggle Tool Handle Rotation 选项具有 Local 和 Global 两种，它们的意义如下。

(1) Local(局部)：在 Local 模式下，工具控制器的旋转是相对于对象自身的局部坐标系进行的。这意味着，当旋转对象时，工具控制器也会以对象的局部坐标系为参考进行旋转。在 Local 模式下，可以更容易地控制对象的局部方向和旋转。

(2) Global(全局)：在 Global 模式下，工具控制器的旋转是相对于场景的全局坐标系进行的。这意味着，无论对象如何旋转，工具控制器始终会以场景的全局坐标系为参考进行旋转。在 Global 模式下，可以更准确地控制对象的全局方向和旋转。

在使用场景上，如果使用者希望在旋转过程中明确看到旋转对象本身的旋转角度，则用 Local 模式。如果希望将目标对象与场景的坐标轴方向对齐，则用 Global 模式。

在 Scene 面板中，通过旋转和平移将 AttachPoint 空对象拖放到枪托的合适位置，参考 Position 属性为 X=−0.03，Y=0.05，Z=0.05，如图 6-57 所示。

图 6-57　将 AttachPoint 对象调整到合适位置

如果觉得很难凭经验调整，这里介绍一个高效调整的技巧。先在 Unity 编辑器中单击 Play 按钮运行测试，在测试状态下反复调整并验证 AttachPoint 的 Position 和 Rotation 是否理想。由于 Unity 运行状态下的组件属性变动在停止运行后会消失，所以在找到理想的 Position 和 Rotation 设置后，需要在运行场景下将调整合适的 AttachPoint 空对象的 Transform 组件参数复制到剪贴板。在 Hierarchy 中选中 AttachPoint 空对象，在 Inspector 面板中找到 Transform 组件，在组件 Title 部分右击，在弹出快捷菜单后选择 Copy→Component，如图 6-58 所示。

停止运行测试，回到 Unity 编辑器的编辑状态，将复制下来的 Transform 参数值粘贴到 AttachPoint 对象的 Transform 组件中。

在 Hierarchy 中保持选中 AttachPoint 空对象，在 Inspector 面板中找到 Transform 组件，在组件 Title 上右击，在弹出的快捷菜单中选择 Paste→Component Values，如图 6-59 所示。

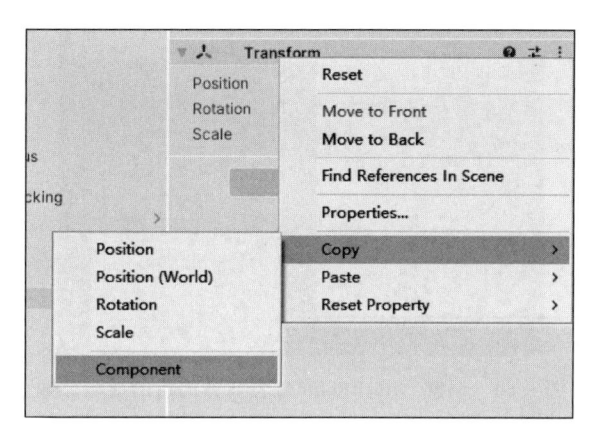

图 6-58　右击 AttachPoint 对象的 Transform 组件 Title 后在弹出的快捷菜单中选择 Copy→Component

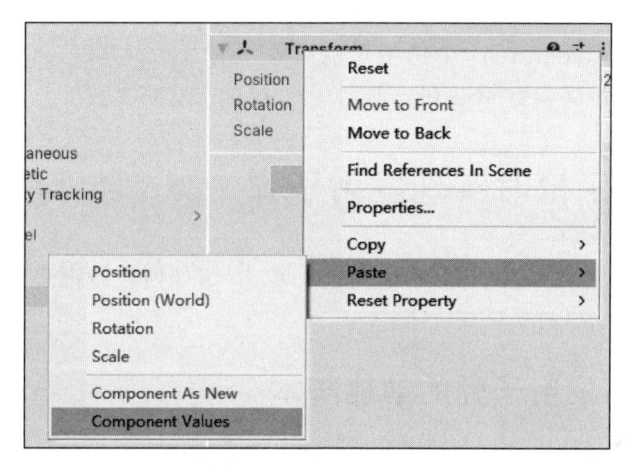

图 6-59　右击 AttachPoint 对象的 Transform 组件后在快捷菜单中选择 Paste→Component Values

6.3.4　测试和总结

在 Unity 编辑器中单击 Play 按钮，运行测试。戴上 VR 头盔，在游戏场景中尝试用手抓握桌面上的手枪，发现举枪位置位于枪托的合适部分，枪口面向前方，如图 6-60 所示。

本节的主要操作步骤如下：

从 Unity 资源市场下载免费手枪模型，下载完成后将手枪 Prefab 资源从 Project 面板拖曳到 Hierarchy 场景根目录。

在 Hierarchy 中选中手枪对象，在 Inspector 面板中调整 Transform 使它位于游戏场景的桌面上。在 Inspector 面板追加组件 Box Collider。单击 Box Collider 组件下的 Edit Collider 按钮，将 Box Collider 调整到正好覆盖手枪对象。

继续在 Inspector 面板中追加 RigidBody 组件和 XR Grab Interactable 组件。

在 Hierarchy 中保持选中手枪对象，新建一个空的子对象 AttachPoint。

图 6-60　调整 AttachPoint 位置与方向后的握枪位置

运行测试，在游戏场景中将 AttachPoint 的 Position 和 Rotation 调整到枪柄的合适位置与方向。复制调整完成后 AttachPoint 的 Transform 组件参数。

停止运行测试，在 Hierarchy 中选中手枪对象下的 AttachPoint 子对象，将之前复制的 Position 和 Rotation 设置参数粘贴到当前的 Transform 组件参数。

6.4　抓取手枪时实现发射子弹

目前已经实现了正确抓握手枪，本节更进一步，介绍如何在持握手枪的状态下使手枪发射子弹。

6.4.1　编写发射子弹的功能脚本

为了实现使用手枪发射子弹的动作，需要在手枪对象 M1911 Handgun_Black 的 XR Grab Interactable 组件的 Activate 事件中新增监听动作，这个动作用于触发发射子弹的脚本。

首先编写发射子弹的功能脚本。

在 Hierarchy 中选中手枪对象 M1911 Handgun_Black，在 Inspector 面板中单击 Add Component 按钮，在弹出的对话框中选择 New Script，将这个发射子弹的自定义脚本命名为 FireBulletOnActivate，单击下方的 Create And Add 按钮完成自定义脚本的追加，如图 6-61 所示。

双击自定义脚本组件 Fire Bullet On Activate 下的 Script 属性，打开 VS 编辑器编写脚本内容。

第 1 步，引入需要的 namespace。

为了能够使用 Unity 提供的 VR 开发包，需要在引用部分追加如下代码：

```
Using unityengin.xr.interaction.toolkit
```

第 2 步，定义需要的公共变量。

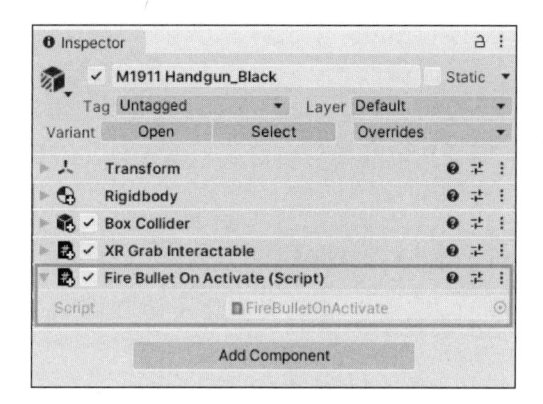

图 6-61　在 M1911 Handgun_Black 对象上追加自定义脚本组件 FireBulletOnActivate

在这个脚本中，需要 3 个公共变量。

第 1 个公共变量命名为 bullet，类型为 GameObject，用于关联子弹对象。

第 2 个公共变量命名为 spawnPoint，类型为 Transform，用来指定子弹实例在场景中实例化出现的位置。

第 3 个变量命名为 fireSpeed，类型为 float，用于定义子弹速度，预设值为 20f。

这 3 个公共变量的定义代码如下：

```
public GameObject bullet;
public Transform spawnPoint;
public float fireSpeed = 20f;
```

其中，public float fireSpeed = 20f 表示在创建公共变量 fireSpeed 的同时给予这个变量 20f 的默认值。

第 3 步，编写 start() 函数。

在脚本实例被加载时，需要给抓握动作追加一个监听，使在抓握手枪时激活进一步发射子弹的能力。这就需要在 start() 函数中为后续发射子弹的功能函数做变量初始化和监听设置等准备。

在 start() 函数的函数体中，用 GetComponent 方法获得手枪对象 M1911 Handgun_Black 下的 XR Interactable 组件，将这个组件赋给一个名为 grabbable 的 XRGrabInteractable 类型的变量备用，代码如下：

```
XRGrabInteractable grabbable = GetComponent<XRGrabInteractable>();
```

然后给变量 grabbable 追加激活监听，代码如下：

```
grabbable.activated.AddListener(FireBullet);
```

此时由于尚未定义 FireBullet() 函数，所以 FireBullet 下会有红色波浪线警告找不到此函数。

第 4 步，编写 FireBullet 功能函数，函数的声明代码如下：

```csharp
public void FireBullet(ActivateEventArgs arg)
{
}
```

要实现发射子弹,首先需要在游戏场景中创建子弹实例。在 FireBullet() 函数的函数体中实例化一个 bullet 对象,代码如下:

```csharp
GameObject spawnedBullet = Instantiate(bullet);
```

用公共变量 spawnPoint 的位置来指定实例化子弹在游戏中出现的初始位置,代码如下:

```csharp
spawnedBullet.transform.position = spawnPoint.position;
```

子弹实例在游戏场景中出现后,设置子弹实例的方向,代码如下:

```csharp
spawnedBullet.GetComponent<Rigidbody>().velocity = spawnPoint.forward * fireSpeed;
```

任何一个实例都需要有一个完整的生命周期,子弹实例出现在游戏场景后被射向远方,掉落后如果不回收会有越来越多的子弹实例囤积在游戏场景中,因此需要设置一个自动清除的时间,例如设定实例化后的子弹在被发射 5s 后消失,代码如下:

```csharp
Destroy(spawnBullet,5);
```

到此为止,一个以发射子弹为目的的功能脚本就完成了,完整的代码如下:

```csharp
//第 6 章 - 抓取手枪时实现开枪射击 - 脚本 FireBulletOnActivate
using System.Collections;
using System.Collections.Generic;
using UnityEngine;
using UnityEngine.XR.Interaction.Toolkit;

public class FireBulletOnActivate : MonoBehaviour
{
    //子弹的预制体
    public GameObject bullet;

    //子弹的生成位置(枪口)
    public Transform spawnPoint;

    //子弹发射速度
    public float fireSpeed = 20f;

    //Start 是 Unity 的生命周期方法,在游戏开始时调用一次
    void Start()
    {
        //获取 XRGrabInteractable 组件,表示此对象可以被抓取
        XRGrabInteractable grabbable = GetComponent<XRGrabInteractable>();
        //监听抓取物体的"激活"事件,当触发时调用 FireBullet 方法
        grabbable.activated.AddListener(FireBullet);
```

```
    }

    //Update()是Unity的生命周期方法,每帧调用一次
    void Update()
    {
        //此处未实现任何帧更新逻辑
    }

    //FireBullet()是一个用于发射子弹的自定义方法
    public void FireBullet(ActivateEventArgs arg)
    {
        //实例化子弹预制体
        GameObject spawnedBullet = Instantiate(bullet);

        //将子弹的位置设置为生成点的位置(枪口)
        spawnedBullet.transform.position = spawnPoint.position;

        //设置子弹的速度和方向,使其沿枪口的前方向移动
        spawnedBullet.GetComponent < Rigidbody >( ). velocity = spawnPoint. forward * fireSpeed;

        //在5s后销毁生成的子弹,防止场景中存在过多未销毁的对象
        Destroy(spawnedBullet, 5);
    }
}
```

回到 Unity 编辑器,开始准备需要与脚本 Fire Bullet On Activate 中 3 个公共变量关联的 Hierarchy 对象。

6.4.2 创建子弹预制件

由于公共变量 bullet 需要关联子弹预制件,所以先创建子弹 Prefab。

在 Hierarchy 中右击,在弹出的快捷菜单中选择 3D Object→Sphere,新建一个球形,重命名为 Bullet。

在 Hierarchy 中选中 Bullet,在 Inspector 中找到 Transform 组件,将 Scale 属性设置为 X=0.03,Y=0.03,Z=0.03,如图 6-62 所示。

由于子弹需要受到力的作用,所以需要给子弹对象 Bullet 追加一个刚体组件来接受物理引擎的作用。在 Hierarchy 面板中保持选中 Bullet 对象,在 Inspector 面板中单击 Add Component 按钮,在弹出对话框中输入 Rigidbody,在搜索结果中选择 Rigidbody 条目,完成组件的追加,如图 6-63 所示。

接着开始设置 Rigidbody 组件下的属性。

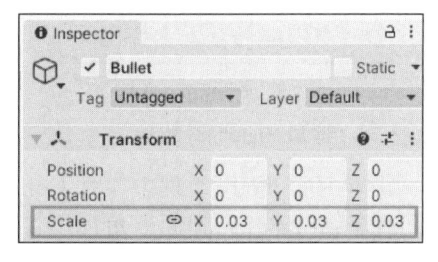

图 6-62　Bullet 对象的 Scale 属性设置

首先取消应用重力,将 Use Gravity 属性取消勾选,这样子弹便能够顺利飞行而不会坠落。然后将碰撞检测模式 Collision Detection 选为 Continuous Dynamic。Rigidbody 组件的属性设置如图 6-64 所示。

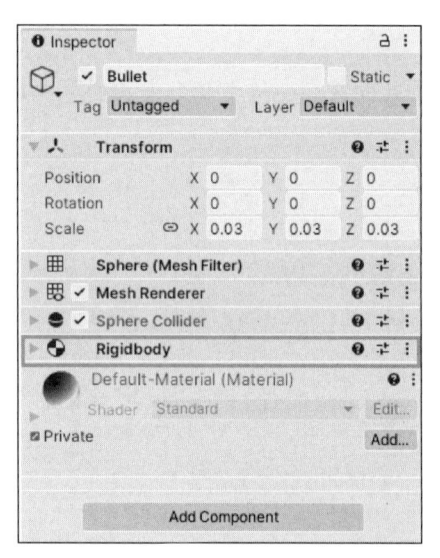

图 6-63　在 Bullet 对象追加 Rigidbody 组件

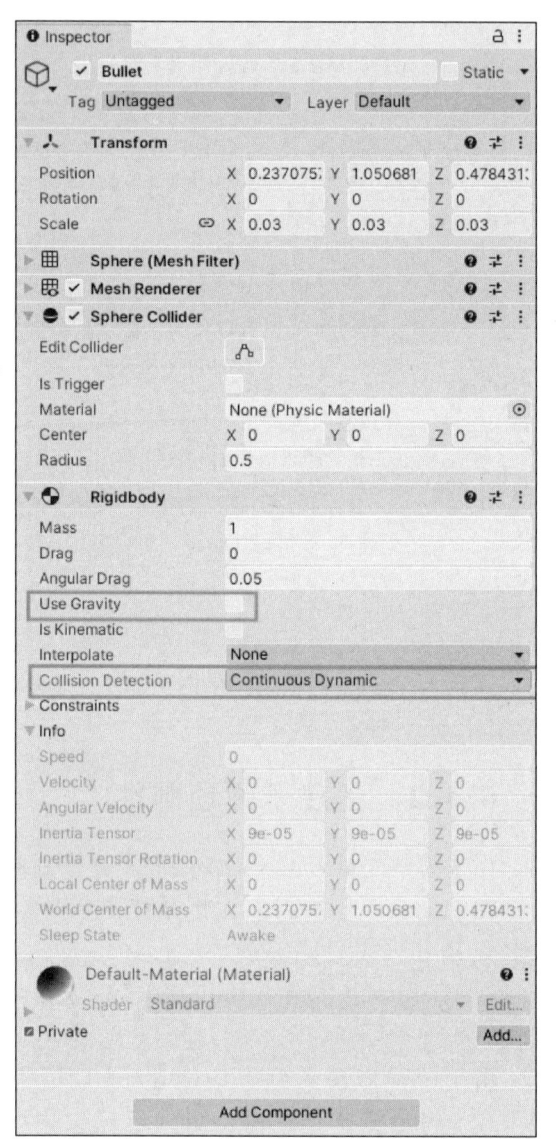

图 6-64　手枪对象 M1911 Handgun_Black 下 Rigidbody 组件的属性设置

讲解 Rigidbody 组件中 4 种 Collision Detection(碰撞检测)选项的不同效果。

在 Unity 的 Rigidbody 组件中,Collision Detection 选项决定了物体如何处理物理碰撞检测。这些选项对于优化物理性能和确保准确的碰撞反应至关重要。

（1）Discrete（离散）：这是默认的碰撞检测模式，物体在每帧进行一次碰撞检测。适用于大多数情况，尤其是慢速或静止的物体。优点是计算量小，性能高，但在高速运动的情况下，物体可能会穿过较小的障碍物而检测不到碰撞。

（2）Continuous（连续）：对于高速运动的物体，Continuous 模式进行更多的碰撞检测，以防止穿透其他物体。适用于需要准确碰撞检测的快速移动物体，例如子弹、快速移动的玩家角色。优点是降低高速物体穿透其他物体的可能性，但是计算量较大，可能影响性能。

（3）Continuous Dynamic（连续动态）：类似于 Continuous，但专门用于动态刚体之间的碰撞检测，提供更高的准确性。适用于需要更高精度的高速动态物体之间的碰撞检测。可以减少高速动态物体相互穿透的可能性，但是计算量更大，可能会显著影响性能。

（4）Continuous Speculative（连续推测性）：这是一种新的碰撞检测模式，试图通过推测物体未来的位置来避免穿透。适用于需要避免物体穿透而不显著增加计算量的场景。这种方法的特点在于在性能和准确性之间取得平衡，适用于大部分需要较高精度的物体。但是，在某些情况下可能不如 Continuous 或 Continuous Dynamic 精确，但性能开销较低。

选择合适的 Collision Detection 模式需要根据具体的游戏需求和性能考虑来决定。在调试和优化过程中，可以尝试不同的设置，以找到最佳的平衡点。

在 Hierarchy 中将 Bullet 对象拖曳到 Project 面板的 Assets 文件夹中，Bullet 对象会自动保存为 Prefab 资源，如图 6-65 所示。

先删除 Hierarchy 中的 Bullet 对象，再将 Bullet 预制件拖曳到发射子弹功能脚本的公共变量 Bullet 的属性框中，如图 6-66 所示。

图 6-65　将 Bullet 对象存储为 Prefab

6.4.3　指定子弹的出现位置

接下来，再创建用于定义子弹 Prefab 在场景中出现的初始位置的 SpawnPoint 对象。这个对象的 Transform 属性需要与发射子弹功能脚本 Fire Bullet On Activate 的 Spawn Point 公共变量关联。

在 Hierarchy 中右击手枪对象 M1911 Handgun_Black，在弹出的快捷菜单后选择 Create Empty，将这个空对象命名为 SpawnPoint，如图 6-67 所示。

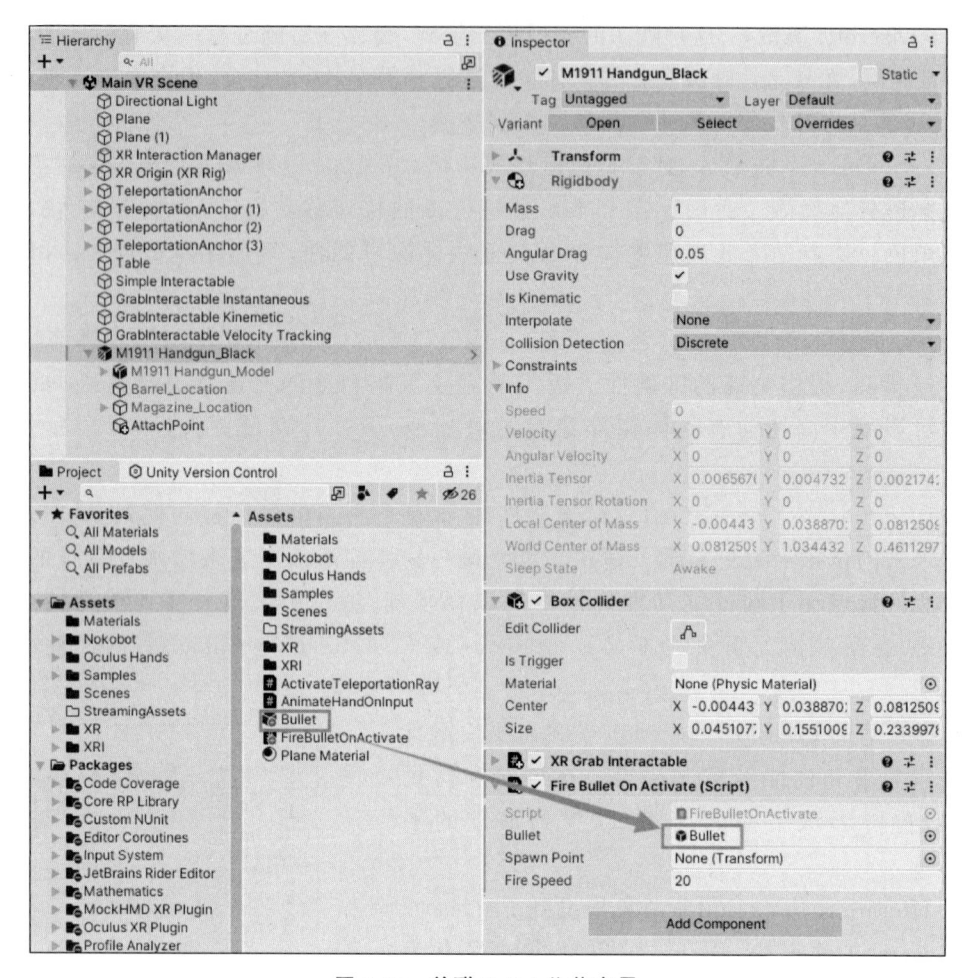

图 6-66 关联 Bullet 公共变量

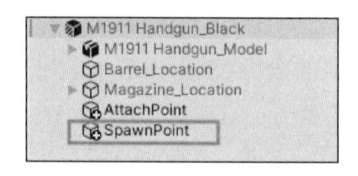

图 6-67 在 M1911 Handgun_Black 对象下新建名为 SpawnPoint 的空对象

在 Scene 面板中通过平移和旋转操作改变 SpawnPoint 对象的位置和方向,使它靠近手枪对象 M1911 Handgun_Black 的枪口位置,SpawnPoint 对象的 Forward 方向是枪口向外的方向,效果如图 6-68 所示,其中黑色箭头代表 Forward,白色箭头代表 Upward。

具体 SpawnPoint 的 Transform 参数设置可以参考图 6-69。

最后将新建对象 SpawnPoint 从 Hierarchy 拖曳到发射子弹功能脚本 Fire Bullet On Activate 的 SpawnPoint 公共变量属性框中,如图 6-70 所示。

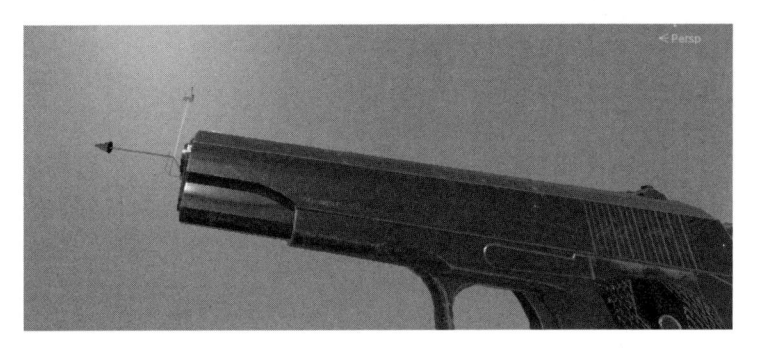

图 6-68 调整 SpawnPoint 对象的位置到枪口位置方向为枪口向外方向

图 6-69 SpawnPoint 的 Transform 参数设置（参考值）

图 6-70 将 SpawnPoint 对象从 Hierarchy 拖曳到
Fire Bullet On Activate 自定义脚本组件的 SpawnPoint 属性框中

6.4.4 关联事件和脚本

完成了发射子弹功能脚本的编写和配置，下一步只需将这个脚本关联到手枪对象 M1911 Handgun_Black 在抓握状态下的激活监听事件就可以实现抓握手枪时按下控制器扳机键发射子弹的目的。

在 Hierarchy 中选中手枪对象 M1911 Handgun_Black，在 Inspector 面板展开 XR Grab Interactable 组件，找到 Interactable Events 部分并展开。在事件列表中找到 Activate 事件，单击右下角的"＋"按钮追加一个监听事件。将手枪对象 M1911 Handgun_Black 拖曳到下方的事件对象属性框，Function 选择 FireBulletOnActivate→Dynamic ActivateEventArgs→FireBullet，如图 6-71 所示。

图 6-71　Activated 事件触发 FireBulletOnActivate 脚本

6.4.5　测试和总结

在 Unity 编辑器中单击 Play 按钮运行测试，戴上 VR 头盔，尝试用手抓握手枪后按下 Trigger 按键，观察到可以发射子弹，FireBulletOnActivate 脚本运行成功，如图 6-72 所示。

图 6-72　发射子弹时的 Trigger 按键与传送移动的按键设置冲突导致射击后丢失手枪

同时可以观察到目前发射子弹时的 Trigger 按键与传送移动的按键设置冲突，导致发射子弹和传送同步进行，6.5 节介绍如何优化脚本解决这个按键冲突问题。

本节的主要操作步骤：

在 Hierarchy 中选中 M1911 Handgun_Black 对象，在 Inspector 面板中新建自定义脚本组件 FireBulletOnActivate。

开始编辑脚本，追加引用，代码如下：

```
Using unityengin.xr.interaction.toolkit
```

声明公共变量 GameObject bullet、Transform spawnPoint 和 float fireSpeed=20f。

更新 Start()函数，代码如下：

```
XRGrabInteractable grabbable =
    GetComponent<XRGrabInteractable>();
grabbable.activated.AddListener(FireBullet)
```

新增函数 FireBullet()，代码如下：

```
public void FireBullet(ActivateEventArgs arg)
{
    GameObject spawnedBullet = Instantiate(bullet);
    spawnedBullet.transform.position = spawnPoint.position;
```

```
        spawnedBullet.GetComponent < Rigidbody >().velocity = spawnPoint.forward * fireSpeed;
        Destroy(spawnBullet,5);
    }
```

新建 Sphere 对象，重命名为 Bullet。选中 Bullet 对象，在 Inspector 面板上将 Scale 设置为 X = 0.03，Y = 0.03，Z = 0.03。追加组件 Rigidbody，Use Gravity 取消勾选，将 Collision Detection 设置为 Continuous Dynamic。

先将 Bullet 对象拖曳到 Project 面板的 Assets 文件夹中成为预制件，再将 Bullet 对象从 Hierarchy 中删除。

在 Hierarchy 中选中手枪对象 M1911 Handgun_Black，在 M1911 Handgun_Black 下创建空对象，命名为 SpawnPoint。调整 SpawnPoint 的 Position，使实例化子弹出现的位置位于枪口位置。

从 Hierarchy 中将 SpawnPoint 拖曳到 FireBulletOnActivate 下的公共变量 SpawnPoint 的属性框中。保持选中 M1911 Handgun_Black 对象，在 Inspector 面板中展开 XR Grab Interactable，继续展开 Interactable Events，在 Activate 部分追加一个 Activated 监听事件，事件对象关联 M1911 Handgun_Black 对象，Function 选择 FireBulletOnActivate.FireBullet。

6.5 解决发射子弹与传送移动的按键冲突

目前，发射子弹所用控制器按键和传送移动的按键都是控制器的 Trigger 按键，存在冲突。

6.5.1 解决按键冲突的方法

为了让同一个 Trigger 按键在不同场景下分别触发合适的动作，需增加判断逻辑来区分触发动作的场景。

具体到当前的问题，需要追加判断逻辑区分玩家是否正在抓握手枪，如果不处在抓握手枪的状态，则按下控制器的 Trigger 按键触发传送移动，如果处于举枪状态，则触发发送子弹功能。

由于发射子弹功能脚本 FireBulletOnActivate 的触发条件已经具备 Grab 按键和 Trigger 按键的两个判断，所以需要修改的只有触发传送移动的脚本逻辑。

6.5.2 细化传送移动指示射线的出现条件

在 Hierarchy 中选中 XR Origin，在 Inspector 面板找到自定义脚本组件 Activate Teleportation Ray，双击 Script 属性框打开 VS 脚本编辑器开始修改 Activate Teleportation Ray 的脚本内容，如图 6-73 所示。

在变量声明部分追加两个 InputActionProperty 类型的公共变量，一个名为 leftGrab，

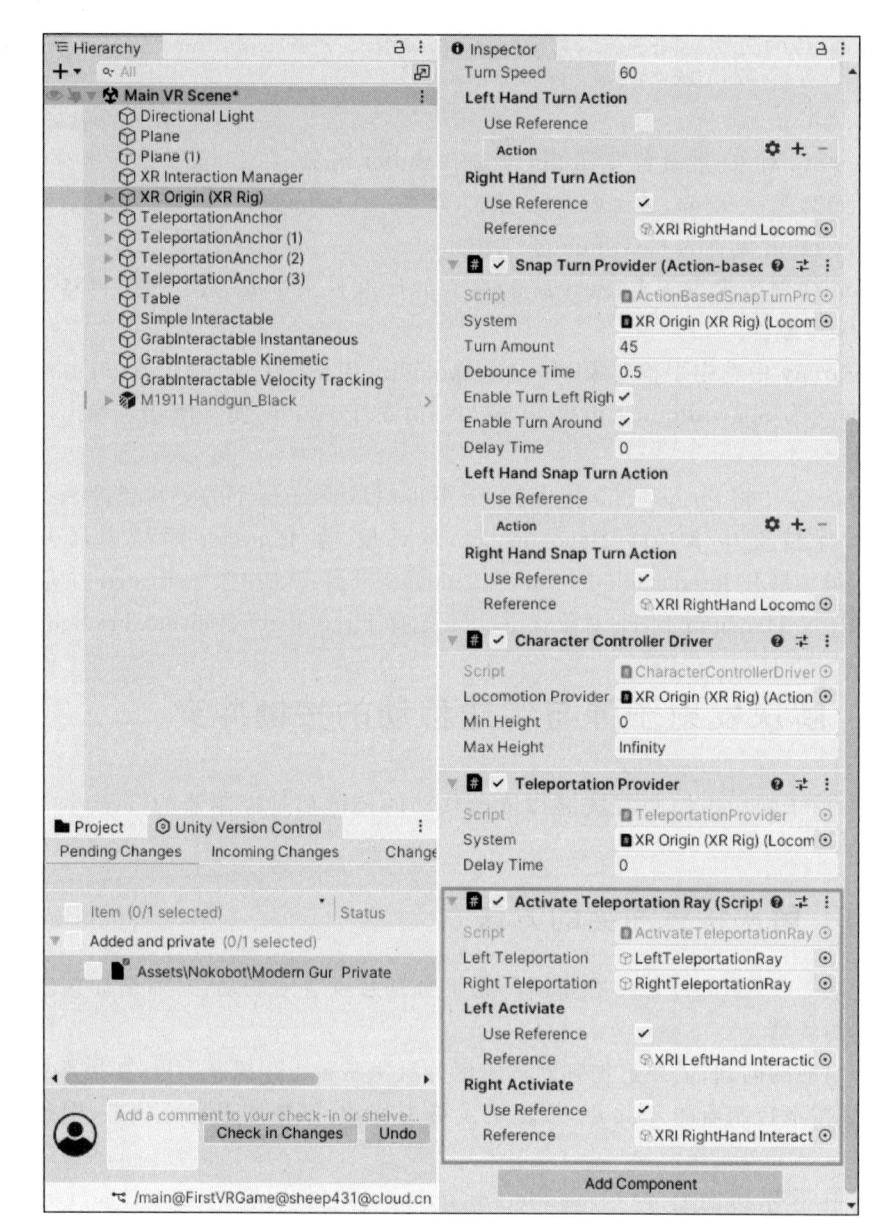

图 6-73 双击 Activate Teleportation Ray 脚本打开 VS 脚本编辑器

另一个名为 rightGrab。这两个公共变量用于在 Unity 编辑器中关联左右手控制器的 Grab 按键，代码如下：

```
public InputActionProperty leftGrab;
public InputActionProperty rightGrab;
```

在 Update() 函数体中优化判断条件，仅在同时满足控制器 Grab 按键不按下且 Trigger 按键按下的前提下触发传送移动。

当 leftGrab 和 rightGrab 接收值为 0 时判断为 Grab 按键未按下，Trigger 按键按下的判断维持原样，代码如下：

```
        rightTeleportation.SetActive(rightGrab.action.ReadValue<float>() == 0 &&
rightActiviate.action.ReadValue<float>() > 0.1f);
        leftTeleportation.SetActive(leftGrab.action.ReadValue<float>() == 0 &&
leftActiviate.action.ReadValue<float>() > 0.1f);
```

这样 Activate Teleportation Ray 脚本内容的修改就完成了，完整的代码如下：

```
//第 6 章 - 解决发射子弹与传送移动的按键冲突 - 脚本 ActivateTeleportationRay
using System.Collections;
using System.Collections.Generic;
using UnityEngine;
using UnityEngine.XR.Interaction.Toolkit;
using UnityEngine.InputSystem;

public class ActivateTeleportationRay : MonoBehaviour
{
    //左手的传送指示射线(游戏对象)
    public GameObject leftTeleportation;

    //右手的传送指示射线(游戏对象)
    public GameObject rightTeleportation;

    //左手传送激活动作属性(用于检测传送输入)
    public InputActionProperty leftActiviate;

    //右手传送激活动作属性(用于检测传送输入)
    public InputActionProperty rightActiviate;

    //左手抓取动作属性(用于检测是否正在抓取物体)
    public InputActionProperty leftGrab;

    //右手抓取动作属性(用于检测是否正在抓取物体)
    public InputActionProperty rightGrab;

    //Start 是 Unity 的生命周期方法,在游戏开始时调用一次
    void Start()
    {
        //此处暂未实现任何初始化逻辑
    }

    //Update 是 Unity 的生命周期方法,每帧调用一次
    void Update()
    {
        //检测右手是否没有抓取物体(rightGrab 的值为 0),同时按下传送按钮(rightActiviate
        //的值大于 0.1),激活右手传送指示射线
        rightTeleportation.SetActive(rightGrab.action.ReadValue<float>() == 0 &&
rightActiviate.action.ReadValue<float>() > 0.1f);
```

```
            //检测左手是否没有抓取物体(leftGrab 的值为 0),同时按下传送按钮(leftActiviate 的
            //值大于 0.1),激活左手传送指示射线
            leftTeleportation.SetActive(leftGrab.action.ReadValue<float>() == 0 &&
leftActiviate.action.ReadValue<float>() > 0.1f);
        }
    }
```

保存脚本后返回 Unity 编辑器。

在 Hierarchy 中保持选中 XR Origin, 在 Inspector 面板中找到自定义脚本组件 Activate Teleportation Ray, 将该组件下的 leftGrab 和 rightGrab 属性分别勾选 Use Reference 选框, 激活 Reference 属性后单击右侧的圆点, 映射选择 XRI LeftHand Interaction/Select 和 XRI RightHand Interaction/Select 这两个按键, 如图 6-74 所示。

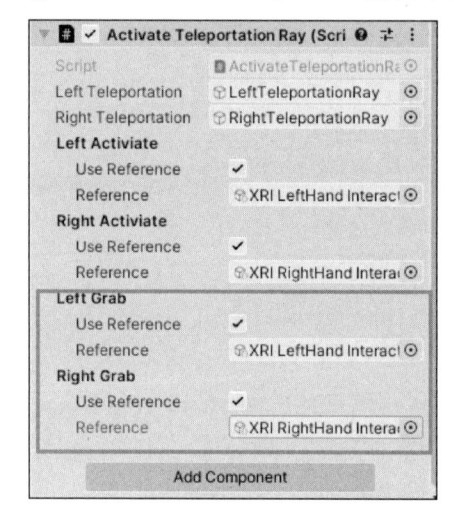

图 6-74 映射 leftGrab 和 rightGrab 的触发按键

6.5.3 测试和总结

在 Unity 编辑器中单击 Play 按钮运行测试, 戴上 VR 头盔, 在游戏场景中再次用手抓握手枪后按下 Trigger 按键, 观察到在成功发射子弹的同时不再激活传送移动, 如图 6-75 所示。

本节的主要操作步骤如下:

在 Hierarchy 中选中 XR Origin 对象, 在 Inspector 面板中找到 Activate Teleportation Ray 组件, 双击 Script 属性框开始编辑脚本内容。

追加公共变量 leftGrab 和 rightGrab, 代码如下:

```
public InputActionProperty leftGrab;
public InputActionProperty rightGrab;
```

更新 Update() 函数内容, 代码如下:

图 6-75　成功发射子弹的同时不再激活传送移动

```
rightTeleportation.SetActive(rightGrab.action.ReadValue<float>() == 0 && rightActiviate.
action.ReadValue<float>() > 0.1f);
leftTeleportation.SetActive(leftGrab.action.ReadValue<float>() == 0 && leftActiviate.
action.ReadValue<float>() > 0.1f);
```

按键 Mapping 设定，LeftHand Grab 关联 XRI LeftHand Interaction/Select，RightHand Grab 关联 XRI RightHand Interaction/Select。

6.6　如何避免交互器（Interactor）与互动对象的碰撞

使用手枪的过程中，玩家很可能会发现代表自己的 Rig 对象会发生奇怪的预想外的运动，这些奇怪的运动都是由于玩家的手部交互器（Interactor）与可互动对象发生了非预期的碰撞导致的，本节介绍如何修正这个问题。

6.6.1　解决非预期碰撞的方法

如果玩家想要顺利地抓握一个可互动对象，就必须取消玩家的手部与该可互动对象的碰撞作用。为了实现这个目标，可以先给玩家和可互动对象分配不同的 Layer，然后让两个 Layer 之间的物理作用失效。

在 Unity 开发中，Layer 是一种用于管理和区分游戏对象的可见性和碰撞检测的机制。每个游戏对象都可以被分配到一个或多个 Layer 中，而每个 Layer 可以具有特定的可见性和碰撞检测规则。Layer 的作用主要如下。

（1）可见性控制：通过将游戏对象分配到不同的 Layer，可以根据需要控制它们的可见性。在 Camera 或 Light 组件中，可以设置只渲染特定 Layer 中的游戏对象，从而实现场景中不同部分的可见性控制。

（2）碰撞检测：Layer 还可以用于控制游戏对象之间的碰撞检测。在 Physics Settings 中，可以设置哪些 Layer 之间的游戏对象会发生碰撞，哪些不会。这样可以实现不同类型的游戏对象之间的碰撞规则，提高游戏的逼真度和可玩性。本节就是通过这个机制实现避免玩家与可互动对象的非预期碰撞。

（3）优化性能：通过合理地使用 Layer，可以提高游戏的性能，例如，只渲染特定 Layer 中的游戏对象可以减少渲染的计算量，而忽略特定 Layer 之间的碰撞检测可以减少物理引擎的计算量，从而提高游戏的运行效率。

（4）组织管理：使用 Layer 可以更好地组织和管理游戏对象。通过将具有相似功能或属性的游戏对象分配到相同的 Layer 中，可以使代码和结构更清晰，方便维护和扩展。

6.6.2 配置 Layer

在 Hierarchy 中选中 M1911 Handgun_Black 对象，在 Inspector 面板的右上角找到 Layer 属性，在下拉菜单中选择最下方的 Add Layer，如图 6-76 所示。

将 Inspector 面板切换到 Tags & Layers 设定后，找一个空白的 User Layer 属性，例如 User Layer 7，在右侧属性框中输入 Player，再找到 User Layer 9，在属性框中输入 Interactable。这样就在项目中新建了一个名为 Player 的层和一个名为 Interactable 的层，如图 6-77 所示。

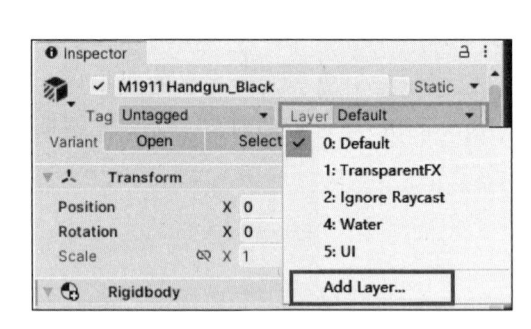

图 6-76 追加 Layer

图 6-77 新建 Player 层和 Interactable 层

接下来将 XR Origin 对象的 Layer 改选为 Player。

在 Hierarchy 中重新选中 XR Origin，在 Inspector 面板中单击右上角的 Layer 属性框，在下拉列表中选择 Player，如图 6-78 所示。

如果弹出对话框询问是否将 Player 同时应用到所有子对象，则选择否，如图 6-79 所示。

图 6-78 将 XR Origin 对象的 Layer 改选为 Player

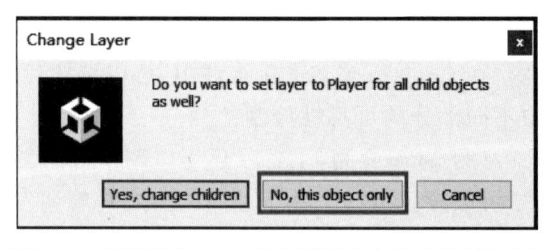

图 6-79 不需要将 Layer 的变更同时应用到所有子对象

在 Hierarchy 中用 Ctrl＋鼠标单击选中全部需要互动的对象，包括 Simple Interactable、GrabInteractable Instantaneous、GrabInteractable Kinematic、GrabInteractable Velocity Tracking 这 4 个方块对象和手枪对象 M1911 Handgun_Black。在 Inspector 面板中统一把 Layer 修改为 Interactable，如图 6-80 所示。

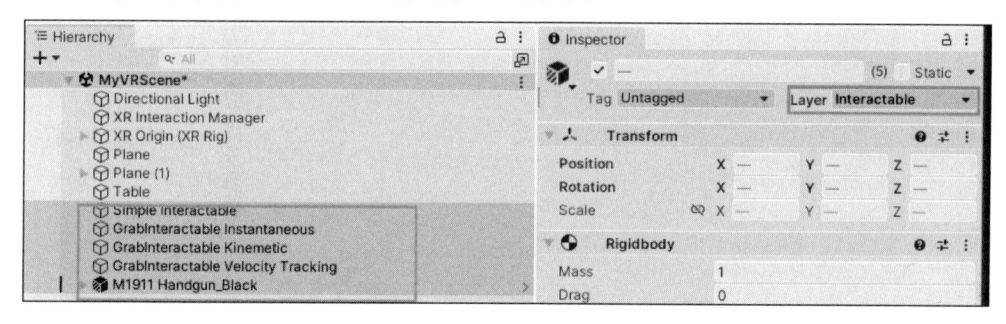

图 6-80　把所有可交互对象的 Layer 设为 Interactable 层

如果弹出对话框询问是否将 Interactable 同时应用到所有子对象，则选择是。

在部分情况下需要将 Layer 的变动应用到所有子对象。

在 Unity 中，当改变一个对象的 Layer 时会弹出一个对话框询问是否将更改应用到所有子对象（子物体），这个选择取决于开发者的具体需求。

如果希望该对象及其所有子对象都切换到新的 Layer 就选择"Yes"（是），在这种情况下，所有子对象会继承父对象的新 Layer 设定。这通常用于当希望整个对象层次结构在渲染、碰撞、物理等方面都统一管理时。

如果只希望更改父对象的 Layer，不希望影响子对象就选择"No"（否），在这种情况下，只有父对象的 Layer 会改变，子对象会保留它们原有的 Layer 设定。这通常用于当子对象需要独立管理，或当子对象存在不同的用途或行为时。

接下来需要通过 Unity 的项目设置让 Player 层和 Interactable 层的物理互动关系失效。

在 Unity 编辑器中选择顶部菜单 Edit→Project Settings→Physics，在右侧的 Layer Collision Matrix 矩阵中取消 Player 层和 Interactable 层交叉点的勾选，如图 6-81 所示。

6.6.3　测试和总结

在 Unity 编辑器中单击 Play 按钮运行测试，戴上 VR 头盔，在游戏场景中再次尝试抓握手枪并移动，可以观察到游戏中不再出现奇怪的身体抖动等问题。

本节的主要操作步骤如下：

在 Hierarchy 中选中 M1911 Handgun_Black 对象，在 Inspector 面板的右上角找到 Layer 设定，追加 Layer 7 Player 层和 Layer 9 Interactable 层。

在 Hierarchy 中选中 XR Origin，在 Inspector 面板的右上角找到 Layer 设定，将 Layer 改选为 Player 层，在弹出的对话框中选择不要将变更应用到所有子对象。

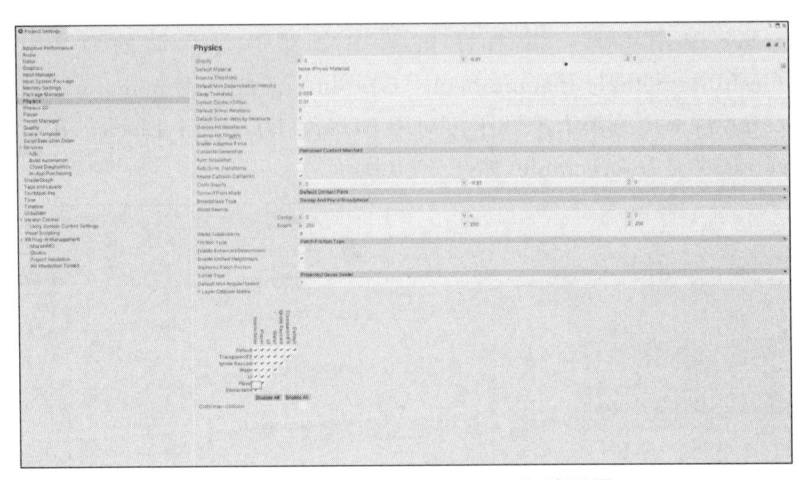

图 6-81 Layer Collision Matrix 矩阵设置

在 Hierarchy 中同时选中 Simple Interactable、GrabInteractable Instantaneous、GrabInteractable Kinematic、GrabInteractable Velocity Tracking 和手枪对象 M1911 Handgun_Black,在 Inspector 面板中统一将层设置为 Interactable。在弹出的对话框中选择将变更应用到所有子对象。

编辑器顶部菜单选择 Edit→Project Settings,打开 Project Settings 面板后在左侧列表中选择 Physics 项,在右侧 Layer Collision Matrix 中取消勾选 Player 和 Interactable 的交叉点。

6.7 修正左手握枪位置

目前手枪抓握点 AttachPoint 的位置参数是根据右手调整的,因此目前用右手抓握手枪位置理想,但换成左手握枪位置就显得很奇怪,如图 6-82 所示。

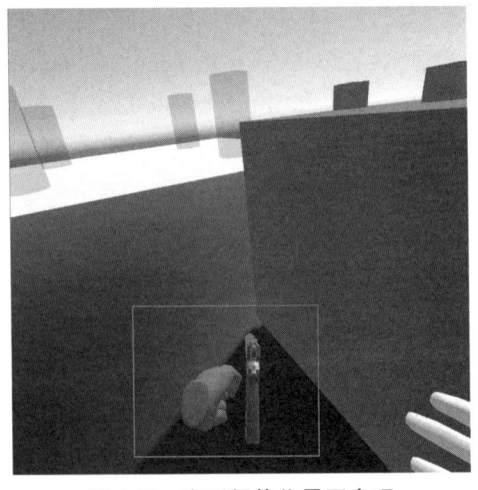

图 6-82 左手握枪位置不合理

下面介绍一个修正此问题的高效方法。

6.7.1 创建继承 XR Grab Interactable 所有功能的自定义脚本

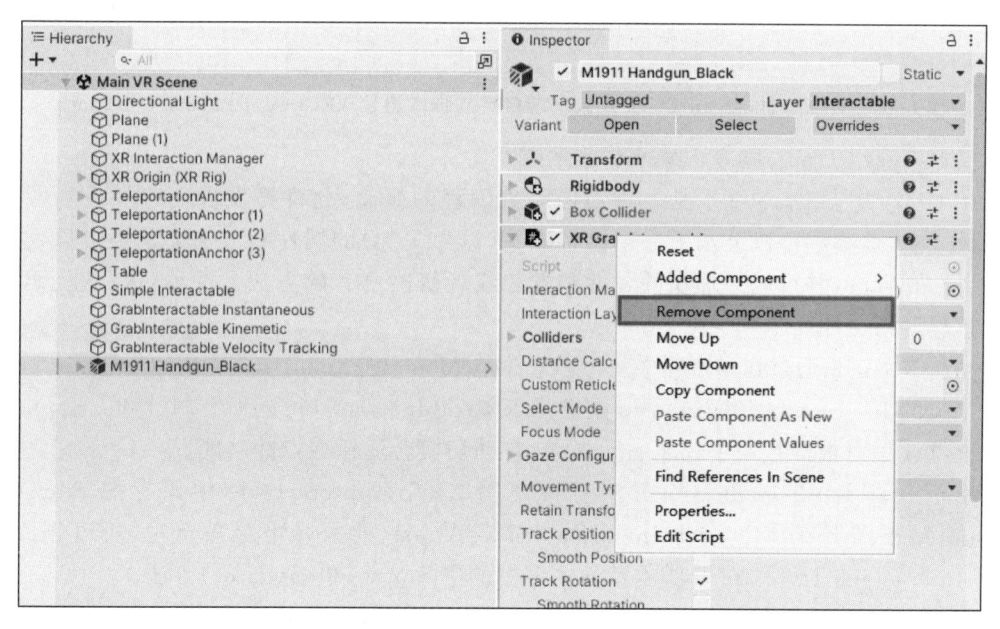

删除 M1911 Handgun_Black 手枪对象下现有的 XR Grab Interactable 组件，用一个新的自定义脚本继承 XR Grab Interactable 组件能力的同时追加识别左右手切换 Attachpoint 对象的逻辑，使切换左右手抓握手枪时自动更换合适的 Attachpoint 对象以实现精准切换抓握位置。

在 Hierarchy 中单击手枪对象 M1911 Handgun_Black，在 Inspector 面板中找到 XR Grab Interactable 组件，右击后在快捷菜单中选择 Remove Component，删除该组件，如图 6-83 所示。

图 6-83　删除 M1911 Handgun_Black 手枪对象的 XR Grab Interactable 组件

接着追加一个新的自定义脚本。

在 Inspector 面板单击底部的 Add Component 按钮，在弹出的对话框中选择 New script，将新脚本命名为 XRGrabInteractableTwoAttach，如图 6-84 所示。

在自定义脚本组件 XR Grab InteractableTwoAttach 下双击 Script 属性框进入 VS 脚本编辑器，开始编写脚本内容。

在导入命名空间部分中追加引用 Unity 的 XR 开发套件，代码如下：

```
using UnityEngine.XR.Interaction.Toolkit;
```

为了让这个函数完全继承 XRGrabInteractable 脚本的所有功能，需要在 XR Grab InteractableTwoAttach 的类声明中将继承对象从 MonoBehaviour 改写为 XRGrabInteractable。

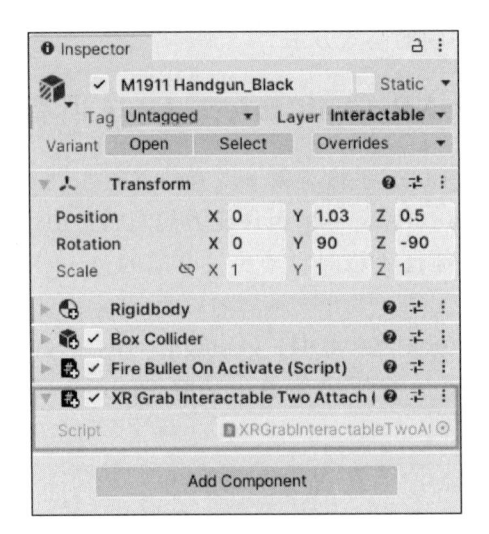

图 6-84　M1911 Handgun_Black 对象新增自定义脚本组件 XRGrabInteractableTwoAttach

接下来介绍 Unity 脚本中关于脚本的继承。

在 Unity 中，脚本的继承是一种面向对象编程的概念，允许开发者创建一个新的脚本（称为子类），该脚本可以继承另一个已有脚本（称为父类）的属性和方法。子类可以使用父类的属性和方法，并可以添加新的属性和方法或者修改已有的方法。这种机制使代码的复用和扩展变得更加简单和灵活。

当前脚本正是通过在类声明中将继承对象从 MonoBehaviour 修改为 XRGrabInteractable，使自定义的 InteractableTwoAttach 类继承 XRGrabInteractable 的所有属性和方法，并在此基础上继续编写根据被左手还是右手抓握，自动切换合适抓握点的功能。

由于 Start() 和 Update() 方法直接使用 XRGrabInteractable 中原有的 Start() 和 Update()，不需要在 XR Grab InteractableTwoAttach 的内容中覆盖重写，所以删除 XR Grab InteractableTwoAttach 脚本默认内容中的空 Start() 和 Update() 方法。

需要在 XR Grab InteractableTwoAttach 中重写的是 OnselectEntered() 方法，声明重写该方法的代码如下：

```
protected override void OnSelectEntered(SelectEnterEventArgs args)
    {
        base.OnSelectEntered(args);
    }
```

由于当前场景下重写方法的目的是在原有方法的基础上增加逻辑，因此补充逻辑内容的同时需要保留原有功能，通过 base.OnSelectEntered(args) 实现保留 OnSelectEntered() 方法的原有功能。

追加声明两个 Transform 类型的公共变量，用来分别关联适用于左手的 AttachPoint 对象和适用于右手的 AttachPoint 对象，代码如下：

```
public Transform leftAttachTransform;
public Transform rightAttachTransform;
```

接下来需要在脚本中判断当前发起交互的是左手还是右手。

6.7.2　配置 Tag

为了能够方便地在脚本中识别左手和右手对象，可以通过给左右手对象指定 Tag 的形式，通过 Tag 识别左右手对象。

回到 Unity 编辑器，在 Hierarchy 中展开 XR Origin→Camera Offset，选中 Left Hand。在 Inspector 面板中单击上方的 Tag 属性框，选择 Add Tag，如图 6-85 所示。

在 Tags & Layers 面板中，单击 Tags 列表下的"＋"按钮，在弹出对话框中输入 Left Hand，单击 Save 完成 Tag 的追加。以同样的方法再追加一个 Tag，命名为 Right Hand，如图 6-86 所示。

图 6-85　打开 Tag 编辑面板　　图 6-86　追加 Left Hand 和 Right Hand 两个新 Tag

将新建的两个 Tag 分配给 Left Hand 和 Right Hand。

在 Hierarchy 中选中 Left Hand，在 Inspector 面板中单击 Tag 属性框，将 Tag 改选为 Left Hand，如图 6-87 所示。

在 Hierarchy 中选中 Right Hand，在 Inspector 面板中单击 Tag 属性框，将 Tag 改选为 Right Hand，如图 6-88 所示。

图 6-87　将 Left Hand 的 Tag 设置为 Left Hand　　图 6-88　将 Right Hand 的 Tag 设置为 Right Hand

接下来介绍 Unity 开发中 Tag 属性的作用。

在 Unity 中，Tag 是用来标识游戏对象的一种方式。它可以帮助开发者快速地识别和区分不同类型的游戏对象，从而方便地在代码中进行操作或者进行条件判断。通过为游戏对象分配标签，开发者可以更加灵活地管理游戏中的各种元素，并且可以轻松地在代码中筛选和处理具有相同标签的对象，例如，可以使用标签来区分敌人、玩家、障碍物等不同类型的游戏对象，并且根据需要在代码中对它们进行特定处理或者触发交互。标签的使用使游戏开发更加方便和高效。

本节中标签就在脚本编程中被用于区分 Left Hand 和 Right Hand 对象。

6.7.3 追加判断左右手逻辑

切换到 VS 脚本编辑器，开始继续优化 XR Grab InteractableTwoAttach 自定义脚本内容。在 OnSelectEntered 方法中追加区分左右手的条件判断。

如果当前抓握手枪对象 M1911 Handgun_Black 的是左手，就把抓握点设置为 leftAttachTransform。如果当前抓握手枪对象 M1911 Handgun_Black 的是右手，就把抓握点设置为 rightAttachTransform，代码如下：

```
if (args.interactorObject.transform.CompareTag("Left Hand"))
{
    attachTransform = leftAttachTransform;
}
else if (args.interactorObject.transform.CompareTag("Right Hand")) {
    attachTransform = rightAttachTransform;
}
```

此时完整的 XR Grab InteractableTwoAttach 脚本代码如下：

```
//6.7 - 修正左手握枪位置 - XR Grab InteractableTwoAttach
using System.Collections;
using System.Collections.Generic;
using UnityEngine;
using UnityEngine.XR.Interaction.Toolkit;

public class XRGrabInteractableTwoAttach : XRGrabInteractable
{
    //左手的抓取点(Transform)
    public Transform leftAttachTransform;

    //右手的抓取点(Transform)
    public Transform rightAttachTransform;

    //当物体被选中(抓取)时调用
    protected override void OnSelectEntered(SelectEnterEventArgs args)
    {
        //如果抓取的交互对象是左手(根据标签"Left Hand"判断)
        if (args.interactorObject.transform.CompareTag("Left Hand"))
        {
            //将抓取点设置为左手的抓取点
            attachTransform = leftAttachTransform;
        }
```

```csharp
            //如果抓取的交互对象是右手(根据标签"Right Hand"判断)
            else if (args.interactorObject.transform.CompareTag("Right Hand"))
            {
                //将抓取点设置为右手的抓取点
                attachTransform = rightAttachTransform;
            }

            //调用基类的 OnSelectEntered()方法,确保继承的功能可以正常运行
            base.OnSelectEntered(args);
        }
    }
```

在 VS 脚本编辑器用 Ctrl+S 快捷键保存脚本后切换到 Unity 编辑器,开始配置自定义脚本组件 XRGrabInteractableTwoAttach 中的两个公共变量属性 leftAttachTransform 和 rightAttachTransform。

6.7.4 快速创建手枪的左手抓握点

在 Hierarchy 中展开手枪对象 M1911 Handgun_Black,选中 AttachPoint 子对象,重命名为 Right Attach Point。接下来需要再创建一个针对左手的空对象作为左手持枪时的抓握点。

由于左手抓握点应该是右手抓握点的镜像,因此创建左手抓握点的方便方法是复制右手抓握点后在右手抓握点对象的基础上对 Transform 属性参数稍做修改。

在 Hierarchy 中选中 Right Attach Point 时使用 Ctrl+D 快捷键复制右手抓握点,将复制后对象重命名为 Left Attach Point,结果如图 6-89 所示。

在 Hierarchy 中保持选中 Left Attach Point,在 Inspector 面板中将 Transform 组件下的 Position 属性中的 Y 值变为负数,这样在位置上 Left Attach Point 就成为 Right Attach Point 相对于枪体的镜像,参考 Position 参数设置,如图 6-90 所示。

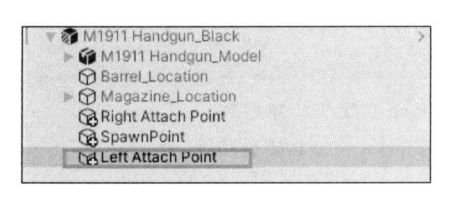

图 6-89　M1911 Handgun_Black 对象下新增 Left Attach Point 对象

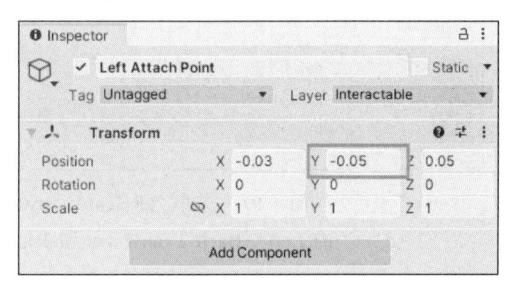

图 6-90　Right Attach Point 的 Position 参数设置

从 Hierarchy 中将 Right Attach Point 拖曳到 XRGrabInteractableTwoAttach 组件下 Right Attach Transform 属性框中。将 Left Attach Point 拖曳到 XRGrabInteractableTwoAttach 组件下的 Left Attach Transform 属性框中,如图 6-91 所示。

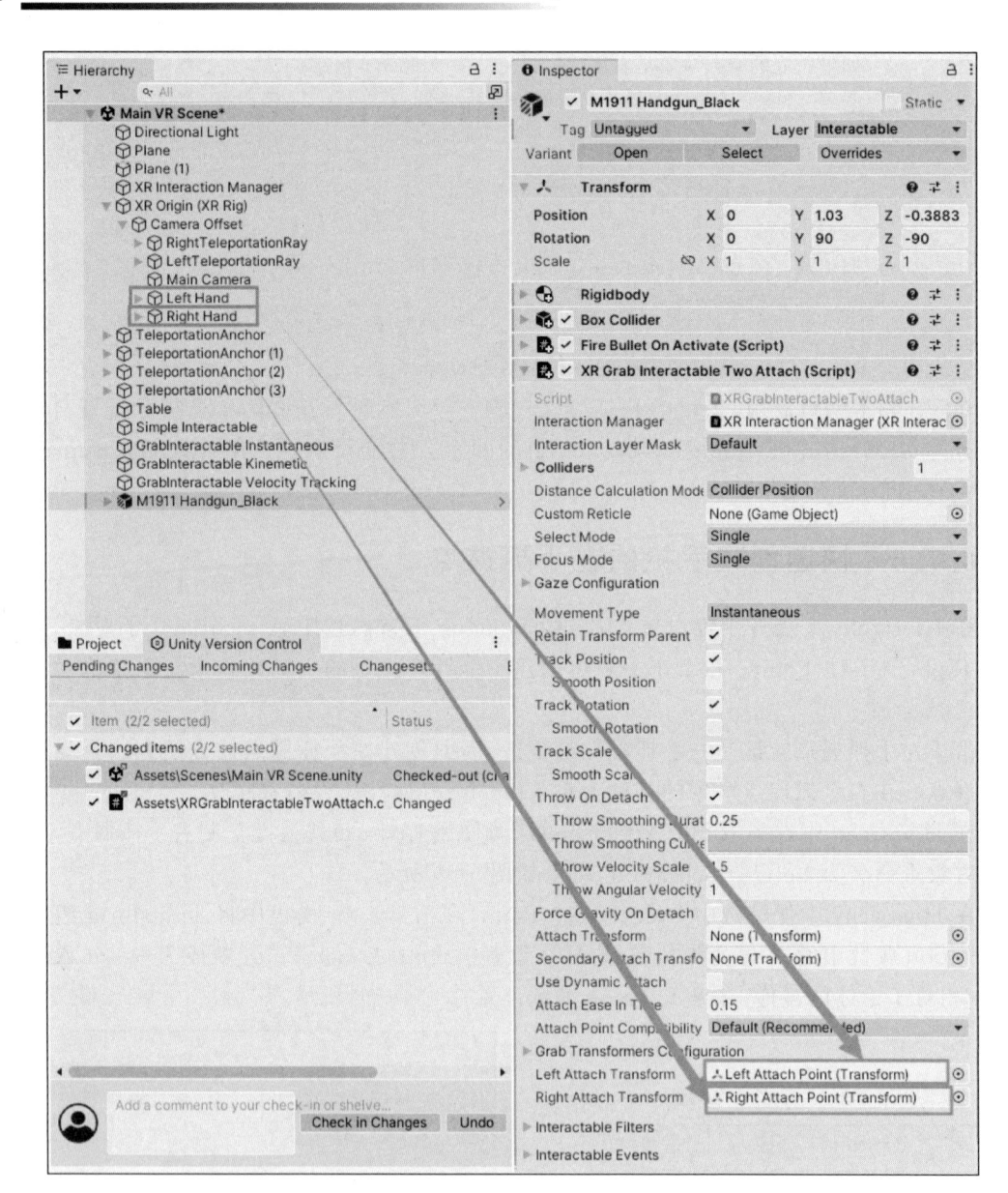

图 6-91　关联 XRGrabInteractableTwoAttach 自定义脚本组件
的 Left Attach Transform 和 Right Attach Transform 公共变量属性

6.7.5　解决首次握枪错位的问题

在 Unity 编辑器中单击 Play 按钮运行测试，戴上 VR 头盔，在游戏场景中尝试先用右手持枪，观察到持枪位置合适，然后换为左手持枪，观察到持枪位置也合适，如图 6-92 所示。

图 6-92　左手持枪位置也变正常了

仔细观察，可以发现这时还有一个小问题，每只手第 1 次握枪时，Attachpoint 设置并不合适，需要相同的一只手连续两次抓握手枪时才能以合适的抓握点握住手枪。接下来继续解决这个问题。

首先结合现象，分析产生问题的原因。左手或右手连续两次握枪时正确的 AttachPoint 设置生效，这意味着第 1 次握枪位置不合适，其原因在于 AttachPoint 位置设定尚未生效。因此考虑将判断左右手并设定正确 AttachPoint 的逻辑触发时间放到抓握动作之前。

从抓握的过程来看，只要手枪对象的自定义脚本 XRGrabInteractableTwoAttach 感知到左手或右手靠近，就可以进行 AttachPoint 的设定了，这样等到真正的抓握动作发生时，正确的抓握点早已设置完毕，首次握枪的位置也会正确。

在 Inspector 面板中双击手枪对象下的自定义脚本组件 XRGrabInteractableTwoAttach，修改脚本内容，将判断左右手 Tag 并设定 AttachPoint 的逻辑放到 OnTriggerEnter 事件中，并删除 OnSelectEntered 的覆写逻辑，代码如下：

```
//6.7 - 修正左手握枪位置 - XR Grab InteractableTwoAttach - 修正版
using System.Collections;
using System.Collections.Generic;
using UnityEngine;
using UnityEngine.XR.Interaction.Toolkit;

public class XRGrabInteractableTwoAttach : XRGrabInteractable
{
    //左手的抓取点(Transform)
    public Transform leftAttachTransform;

    //右手的抓取点(Transform)
    public Transform rightAttachTransform;

    //当触发器碰撞开始时调用
    private void OnTriggerEnter(Collider other)
    {
        //输出碰撞调试信息
        Debug.Log("collisionEnter");
```

```csharp
        //如果碰撞对象是左手(根据标签"Left Hand"判断)
        if (other.CompareTag("Left Hand"))
        {
            //输出左手碰撞信息
            Debug.Log("Left Hand");

            //将抓取点设置为左手的抓取点
            attachTransform = leftAttachTransform;
        }
        //如果碰撞对象是右手(根据标签"Right Hand"判断)
        else if (other.CompareTag("Right Hand"))
        {
            //将抓取点设置为右手的抓取点
            attachTransform = rightAttachTransform;
        }
    }
}
```

接下来介绍 OnTriggerEnter 事件的用法。

在 VR 开发中，OnTriggerEnter 事件的用法与传统的 Unity 3D 开发类似，但常用于处理 VR 交互，例如手部碰撞检测、按钮按下、物体抓取等。在 VR 场景中，玩家通常通过控制手柄(Controller)或手部模型与虚拟环境进行交互。OnTriggerEnter 事件可以帮助检测这些交互，并触发相应的行为。在上述修正后的脚本中，OnTriggerEnter 事件用于检测手部带有触发器(Trigger)的 Collider 进入手枪 Collider 的区域，触发相应的判断和处理逻辑。

6.7.6 测试和总结

单击 Play 按钮运行测试，观察到左右手互换握枪时第 1 次抓握手枪的抓握点也变得恰到好处了。

本节的主要操作步骤如下：

在 Hierarchy 中选中 M1911 Handgun_Black 对象，在 Inspector 面板中删除组件 XR Grab Interactable。单击 Add Component 按钮新增自定义脚本组件 XR Grab InteractableTwoAttach。双击自定义脚本组件 XR Grab InteractableTwoAttach 下的 Script 属性框打开 VS 编辑器开始编辑脚本。

追加引用 unityEngine.XR.Interaction.Toolkit，主体继承 XR Grab Interactable，追加声明公共变量 public Transform leftAttachTransform 和 public Transform rightAttachTransform，删除 Start()函数和 Update()函数，覆写函数 OnSelectEntered()。

单击 Inspector 面板右上角的 Tag 属性框，单击 Add Tag 打开 Tags 编辑面板。新建 Tag Left Hand 和 Right Hand。

在 Hierarchy 中展开 XR Origin→Camera Offset→Left Hand，将 Tag 改选为 Left Hand。

在 Hierarchy 中展开 XR Origin→Camera Offset→Right Hand，将 Tag 改选为 Right Hand。

在 Hierarchy 中选中 M1911 Handgun_Black 对象，编辑自定义脚本组件 XR Grab InteractableTwoAttach 的内容。更新函数 OnSelectEntered()，代码如下：

```
if(args.interactorObject.transform.CompareTag("Left Hand"))
{attachTransform = leftAttachTransform}
else if(args.interactorObject.transform.CompareTag("Right Hand"))
{attachTransform = rightAttachTransform}
base.OnSelectEntered(args)
```

复制 AttachPoint 子对象，重命名为 Right Attach Point。将 Right Attach Point 对象拖曳到 XR Grab InteractableTwoAttach 组件下公共变量 Right Attach Transform 属性框中。

复制 Right Attach Point 对象，重命名为 Left Attach Point，在 Position 参数中将 X 的值改为正值，拖曳到 XR Grab InteractableTwoAttach 组件下公共变量的 Left Attach Transform 属性框中。

为了修正第 1 次换手握枪正确位置不生效的问题，进一步修改脚本，将判断左右手 Tag 并设定 AttachPoint 的逻辑放到 OnTriggerEnter 事件中，并删除 OnSelectEntered 的覆写逻辑。

6.8 实现动态抓取物体

动态抓取是 XR Interactable Toolkit 在 version 2.1.0 后才追加的新特性，具体效果是实现碰撞物体后抓取可交互对象且保持相对位置不变，意味着 Player 在抓取物体时可以任意选取抓握点，而不是只能以固定的点实现抓握。

6.8.1 快速实现动态抓握

如果使用的是 version 2.1.0 以上的新版 Interaction Toolkit，则只需在 XR Grab Interactable 下勾选 Use Dynamic Attach 特性便可让动态抓取物体生效，如图 6-93 所示。

不过如果正在使用的是旧版 Interaction Toolkit，该怎么实现类似效果呢？

6.8.2 自定义脚本实现动态抓取

下面介绍如何编写自定义脚本实现动态抓取。

编写自定义脚本前，先了解实现动态抓取的原理。简单来讲，也就是在现有的 XR Grab Interactable 脚本的功能基础上，增加抓握物品时动态修改 Attach Transform 的位置属性，实现与可互动对象间的 Offset 距离不变。

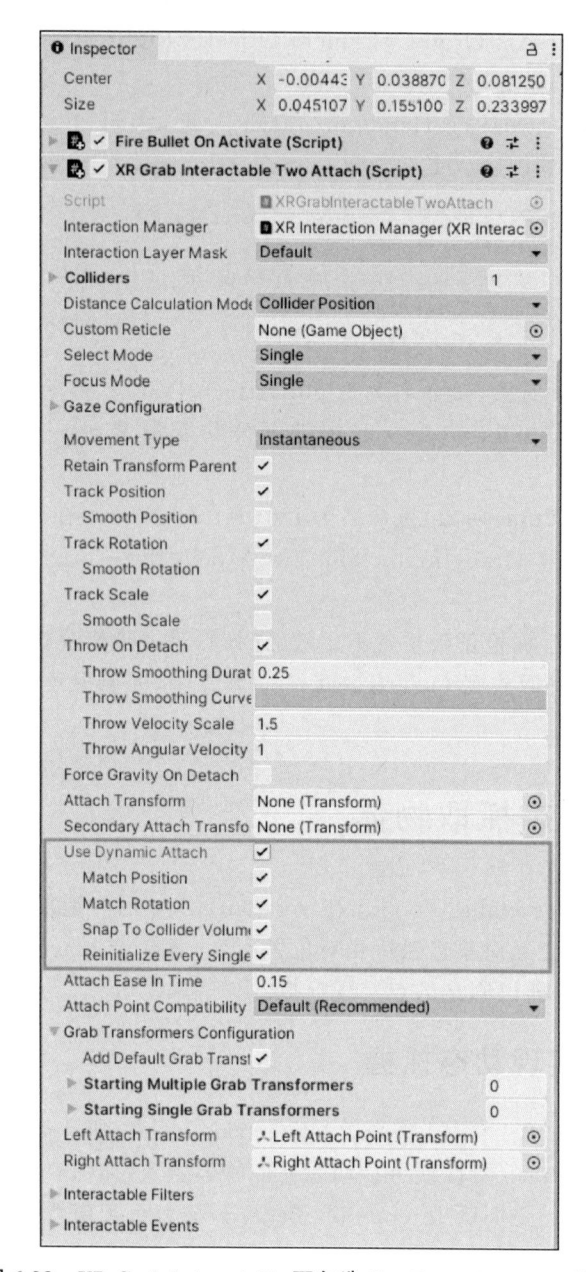

图 6-93　XR Grab Interactable 下勾选 Use Dynamic Attach 特性

在 Hierarchy 中复制 Simple Interactable，重命名为 Grab Interactable Offset，如图 6-94 所示。

在 Hierarchy 中选中 Grab Interactable Offset 对象，在 Inspector 面板中找到 XR Simple Interactable 组件，右击，在弹出的快捷菜单中选择 Remove Component 选项，移除 XR Simple Interactable 组件，如图 6-95 所示。

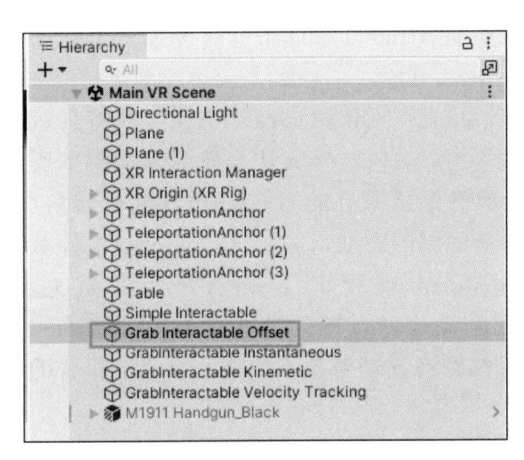

图 6-94　在 Hierarchy 中复制 Simple Interactable 对象并重命名为 Grab Interactable Offset

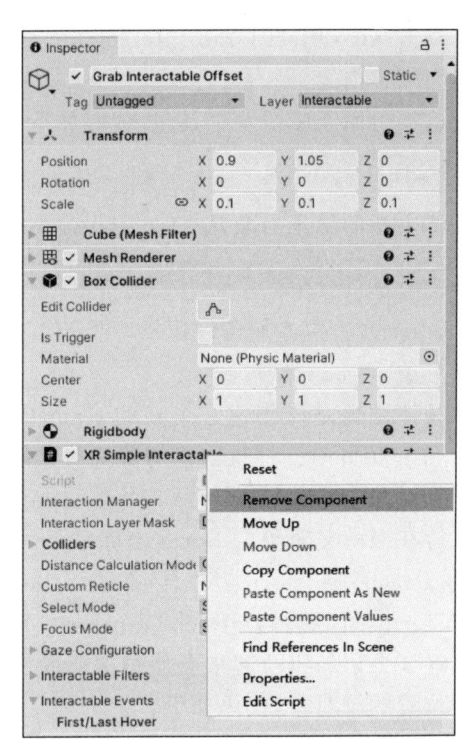

图 6-95　移除 Grab Interactable Offset 对象的 XR Simple Interactable 组件

新建一个自定义脚本组件。单击 Inspector 面板底部的 Add Component 按钮，在弹出的对话框中选择 New Script，将这个自定义脚本组件命名为 XROffsetGrabInteractable，按 Enter 键完成组件的追加，如图 6-96 所示。

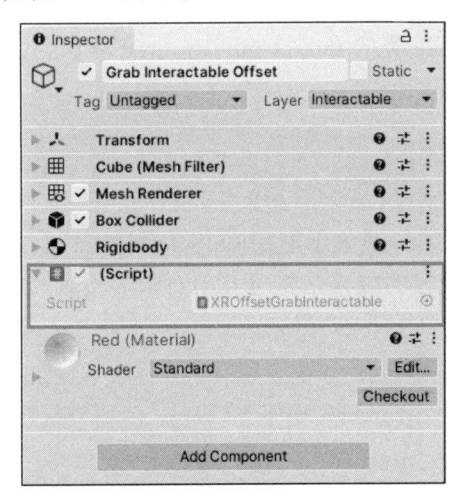

图 6-96　在 Grab Interactable Offset 对象下新建自定义脚本组件 XROffsetGrabInteractable

双击 XR Offset Grab Interactable 组件下的 Script 属性框，打开 VS 脚本编辑界面，开始编写脚本内容。

追加引用 XR 开发工具包，代码如下：

```
using UnityEngine.XR.Interaction.Toolkit;
```

将主类的继承对象从 MonoBehaviour 改为 XRGrabInteractable，代码如下：

```
public class XROffsetGrabInteractable : XRGrabInteractable
```

Start 方法中追加条件逻辑，当不存在抓握位置 attachTransform 时创建一个初始的抓握点对象。

具体逻辑是先创建一个新的 GameObject，命名为 "Offset Grab Pivot"，并将其赋值给变量 attachPoint。将新创建的游戏对象的父对象用 SetParent 方法设置为当前脚本所附加的游戏对象（Transform），第 2 个参数 false 表示不保留原有的 Global 位置和旋转角度，而是保持在当前父对象的 Local 坐标系下。再将新创建的游戏对象的 Transform 组件赋值给变量 attachTransform，这样变量 attachTransform 就指向了新创建的游戏对象的 Transform，可以通过 attachTransform 来访问和操作新创建的游戏对象的 Transform 属性。这 3 个语句组合起来会使每次抓握发生时都在可互动对象下生成一个标准位置的代表抓握位置的子对象，代码如下：

```
if (!attachTransform)
    {
        GameObject attachPoint = new GameObject("Offset Grab Pivot");
        attachPoint.transform.SetParent(transform, false);
        attachTransform = attachPoint.transform;
    };
```

由于当前脚本不需要写 Update 内容，所以删除 update() 函数。

覆写 XRGrabInteractable 类的 OnSelectedEntered 方法，代码如下：

```
protected override void OnSelectEntered(SelectEnterEventArgs args)
{
    base.OnSelectEntered(args);
}
```

其中，base.OnSelectEntered(args) 表示沿用 OnSelectEntered() 函数所有的原有内容，然后继续补充扩展逻辑。追加逻辑的效果是将可互动对象的位置和方向传给 attachTransform，代码如下：

```
attachTransform.position = args.interactorObject.transform.position;
attachTransform.rotation = args.interactorObject.transform.rotation;
```

完整的 XR Offset Grab Interactable 的代码如下：

```
//6.8 - 实现动态抓取物体 - XROffsetGrabInteractable
using System.Collections;
```

```csharp
using System.Collections.Generic;
using UnityEngine;
using UnityEngine.XR.Interaction.Toolkit;

public class XROffsetGrabInteractable : XRGrabInteractable
{
    //Start()是Unity的生命周期方法,在游戏开始时调用一次
    void Start()
    {
        //如果没有设置抓取点(attachTransform)
        if (!attachTransform)
        {
            //创建一个新的空游戏对象,命名为Offset Grab Pivot
            GameObject attachPoint = new GameObject("Offset Grab Pivot");

            //将创建的游戏对象设置为当前物体的子对象
            attachPoint.transform.SetParent(transform, false);

            //将抓取点设置为新创建对象的Transform
            attachTransform = attachPoint.transform;
        };
    }

    //当物体被选中(抓取)时调用
    protected override void OnSelectEntered(SelectEnterEventArgs args)
    {
        //调用基类的OnSelectEntered方法,确保默认抓取行为正常运行
        base.OnSelectEntered(args);

        //将抓取点的位置动态设置为交互器(手部)的当前位置
        attachTransform.position = args.interactorObject.transform.position;

        //将抓取点的旋转动态设置为交互器(手部)的当前旋转
        attachTransform.rotation = args.interactorObject.transform.rotation;
    }
}
```

6.8.3 测试和总结

保存脚本后切换回Unity编辑器,单击Play按钮运行测试,戴上VR头盔,在游戏场景中尝试抓取物品后快速晃动手部。可以发现抓起物品后,物品的抓握点维持在与手的接触位置,无论切换左手还是右手都可以实现抓取位置就是持握位置的自然效果,如图6-97所示。

本节的主要操作如下:

在Hierarchy中单击Simple Interactable,重命名为Grab Interactable Offset,在Inspector面板中删除组件XR Grab Interactable,再追加组件XR Offset Grab Interactable。

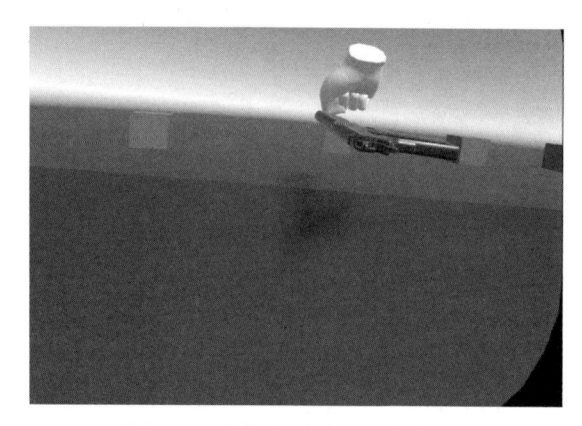

图 6-97　通过任意部位抓取物体

编辑 XR Offset Grab Interactable 的脚本内容，追加引入 using UnityEngine.XR.Interaction.Toolkit，将主类继承对象修改为 XRGrabInteractable，编写 Start() 函数，代码如下：

```
if(!attachTransform)
{
GameObject attachPoint = new GameObject("Offset Grab Pivot");
attachPoint.transform.SetParent(transform,false);
attachTransform = attachPoint.transform;
};
```

删除 Update() 函数，覆写 OnSelectedEntered() 函数，参数为 SelectEnterArgs args，在继承原有函数内容的基础上补充逻辑，代码如下：

```
attachTransform.position = args.interactorObject.tranform.position;
attachTransform.rotation = args.interactorObject.tranform.rotation;
base.OnSelectEntered(args);
```

6.9　远距离抓取对象

本节实现远距离抓取可互动对象。

6.9.1　创建 Ray Interactor 对象

远距离抓取对象的一般方法是通过从控制器或者追踪器上发射交互射线，并检测射线与物体的交点，对接触到射线的可互动对象进行抓取，所以首先需要在项目中创建作为交互器的射线，即 Ray Interactor 对象。

在 Hierarchy 中展开 XR Origin，右击 Camera Offset，在快捷菜单中选择 XR→Ray Interactor(Action-based)，新建一个 Ray Interactor 对象，如图 6-98 所示。

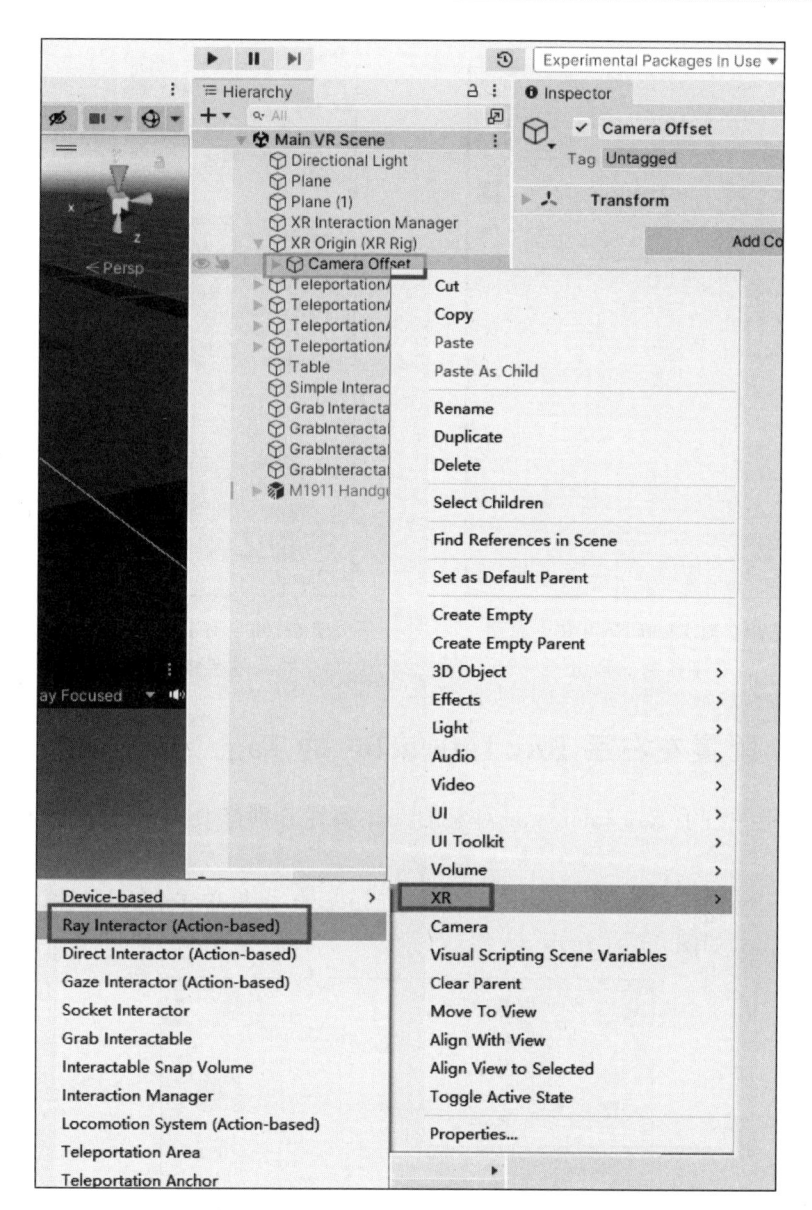

图 6-98　在 Camera Offset 下新建一个 Ray Interactor 对象

将新建后的对象重命名为 Right Grab Ray，在 Hierarchy 中选中 Right Grab Ray，在 Inspector 面板中找到 XR Controller 组件，单击右侧的预设按钮，在列表中选择 XRI Default Right Controller，将这个对象设置为右手控制器的指示射线，如图 6-99 所示。

继续复制 Right Grab Ray 对象，重命名为 Left Grab Ray，在 Hierarchy 中选中 Left Grab Ray，在 Inspector 面板中找到 XR Controller 组件，单击右侧的预设按钮，在列表中选择 XRI Default Left Controller，将这个对象设置为左手控制器射线，如图 6-100 所示。

图 6-99　对 Right Grab Ray 套用
右手控制器预设

图 6-100　对 Left Grab Ray 套用
左手控制器预设

6.9.2　配置左右手 Ray Interactor 的 Tag

接下来再把左右手 Ray Interactor 对象的 Tag 属性分别修改为 LeftHand 和 RightHand，操作如下：

在 Hierarchy 中选中 Right Grab Ray，在 Inspector 面板单击 Tag 属性，从下拉列表中选择 Right Hand，如图 6-101 所示。

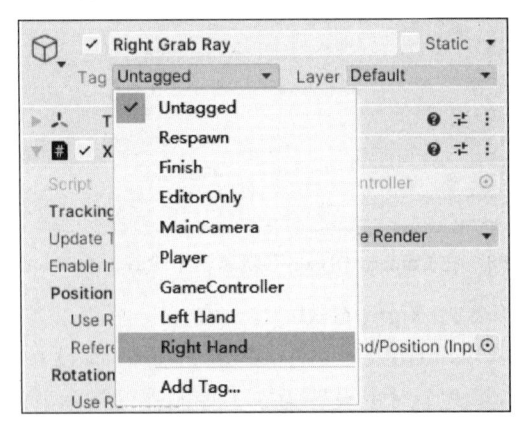

图 6-101　将 Right Grab Ray 的 Tag 设置为 Right Hand

在 Hierarchy 中选中 Left Grab Ray，在 Inspector 面板单击 Tag 属性，从下拉列表中选择 Left Hand，如图 6-102 所示。

图 6-102 将 Left Grab Ray 的 Tag 设置为 Left Hand

到此为止,用于远距离抓握的 Ray Interactor 对象的设置就初步完成了。

6.9.3 测试和总结

在 Unity 编辑器中单击 Play 按钮运行测试,戴上 VR 头盔,观察游戏场景中的双手,可以发现从手上会发出射线,如果把指示射线对准物体,然后按下 Grab 按键,则可以观察到物体沿指示射线移动到手中。

本节的主要操作内容如下:

在 XR Origin 中选中 Camera Offset,在 Camera Offset 下新建对象并命名为 Ray Interactor(Action-based),重命名为 Right Grab Ray,在 Inspector 面板中将 XR Controller 组件的预设设置为 XRI Default Right Controller,将 Tag 属性设置为 Right Hand。

在 Hierarchy 中复制 Right Grab Ray,重命名为 Left Grab Ray,将 XR Controller 组件的预设设置为 XRI Default Left Controller,将 Tag 属性设置为 Left Hand。

6.10 射线的基本美化

本节对默认的射线样式进行美化。

6.10.1 优化指示射线的显隐

第 1 个优化点,玩家只需在有意远距离抓取可互动对象时才需要看到抓取所用的指示射线，但目前指示射线却是一直显示着的，应该在未将手柄指向可互动对象并按下 Grab 按键时将抓取用指示射线设置为不可见。

在 Hierarchy 中展开 XR Origin→Camera Offset，同时选中 Camera Offset 下的 Right Grab Ray 和 Left Grab Ray 对象。在 Inspector 面板中找到并展开 XR Interactor Line Visual 组件，找到该组件下的 Invalid Color Gradient 属性，如图 6-103 所示。

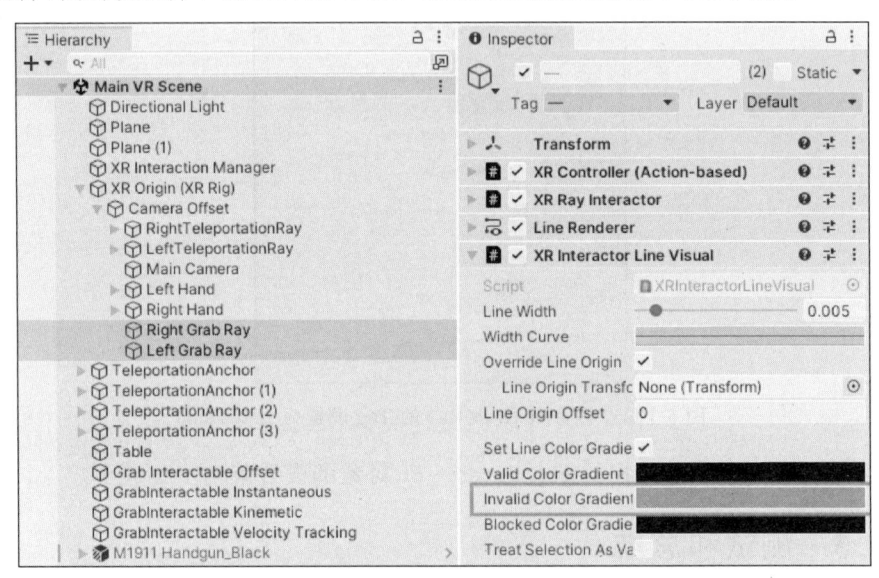

图 6-103　XR Interactor Line Visual 组件下的 Invalid Color Gradient 属性

单击属性框打开 Gradient Editor 面板，单击渐变色条上方的两个关键帧，选中第 1 个关键帧，将渐变色条下方控制透明度的 Alpha 通道的值设置为 0。这样渐变色的起始颜色就变为透明无色。以相同方法再将渐变色条的右侧关键帧的 Alpha 透明度设置为 0，如图 6-104 所示。

如果想改变互动射线在生效时的颜色，则可以通过设置 XR Interactor Line Visual 组件下的 Valid Color Cradient 来实现。一般为了让互动射线的显隐更加柔和，可以将 Valid Color Cradient 属性设置一点透明。

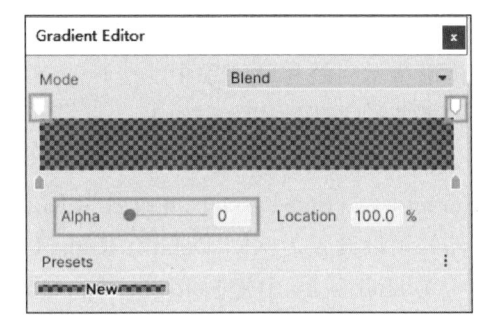

图 6-104　通过 Gradient Editor 面板将射线设置为透明无色

在 Hierarchy 中保持选中 Right Grab Ray 和 Left Grab Ray，在 Inspector 面板中找到 XR Interactor Line Visual 组件，单击 Valid Color Cradient 属性框，在弹出的 Gradient Editor 面板中单击渐变条上方的两种颜色关键帧标志，将两个 Alpha 值调整到 150。再单击渐变条下方的两种颜色关键帧标志，选取红色或任意其他自己喜欢的颜色，如图 6-105 所示。

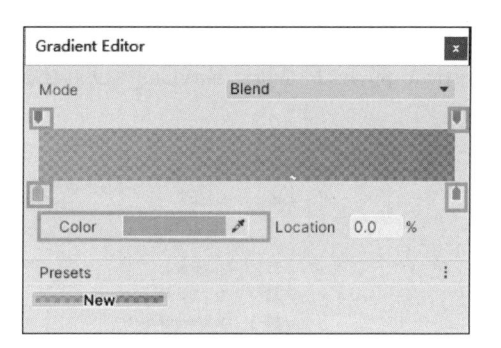

图 6-105　将指示射线生效时的外观设置为红色渐变

设置完成后 Interactor Line Visual 组件属性设置如图 6-106 所示。

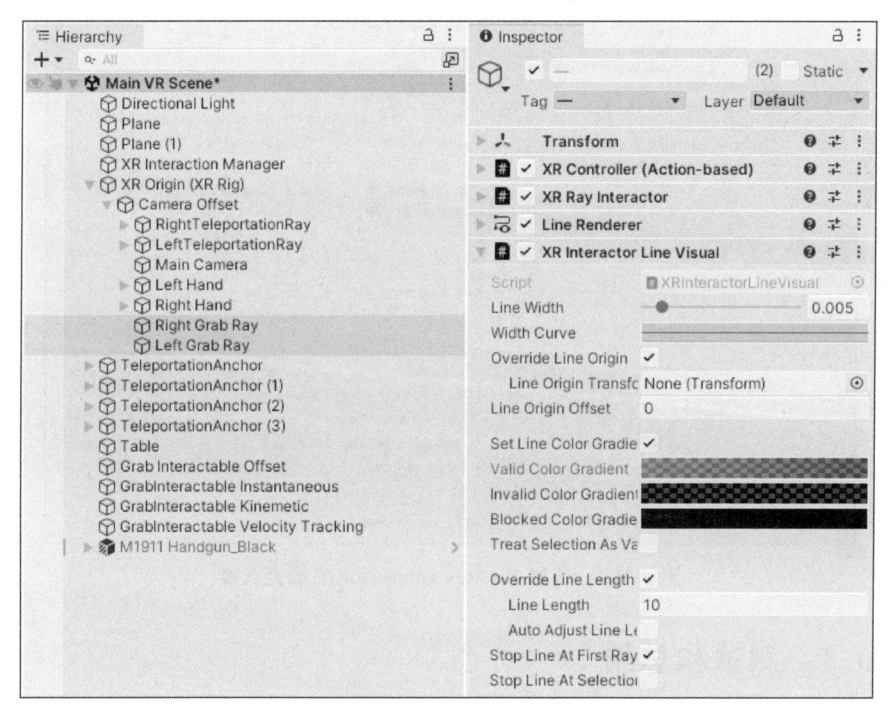

图 6-106　Interactor Line Visual 组件属性设置

6.10.2　优化指示射线的粗细和有效距离

可以再把线宽变得更细一些。将 XR Interactor Line Visual 组件下 LineWidth 属性值设置为 0.001，如图 6-107 所示。

图 6-107　设置指示射线的线宽

射线的长度也可以适当缩短,在 Inspector 面板中向上滚动并找到 XR Ray Interactor 组件,将 Raycast Configuration 部分下 Max RayCast Distance 的属性值修改为 4,如图 6-108 所示。

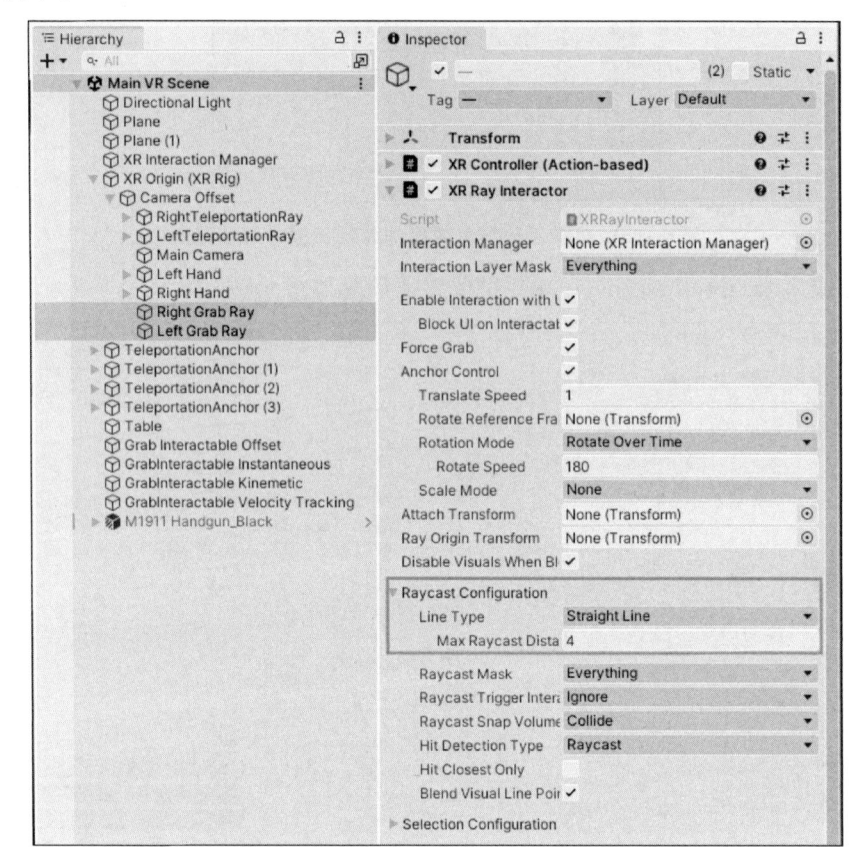

图 6-108 设置 XR Ray Interactor 的最大长度

6.10.3 测试和总结

在 Unity 编辑器中单击 Play 按钮运行测试,戴上 VR 头盔,在游戏场景中尝试将控制器对准可以抓取的可互动对象,可以观察到射线在无效时不可见,同时在出现时变得美观,如图 6-109 所示。

本节涉及的主要操作如下:

在 Hierarchy 中展开 XR Origin→Camera Offset,同时选中 Left Ray 和 Right Ray 对象,在 Inspector 面板中找到 XR Interactor Line Visual 组件下的 Invalid Color Cradient 属性,将渐变条的起止透明度调到完全透明。继续编辑 Valid Color Cradient 属性,将渐变条的起止透明度调到部分透明,同时将渐变条的起止颜色调到自己喜欢的颜色。

找到 XR Interactor Line Visual 组件下的 Line Width 属性,将值设置为 0.001。

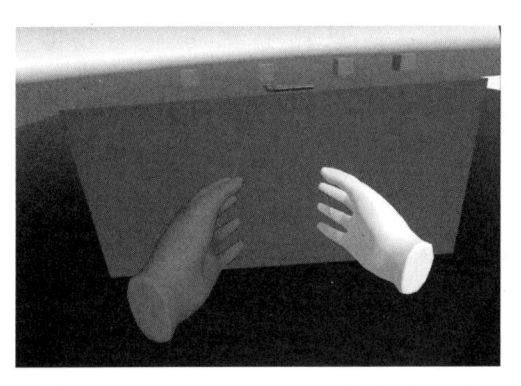

图 6-109　XR Ray Interactor 美化后的效果

找到 XR Ray Interactor 组件下的 Raycast Configuration 部分，将 Max RayCast Distance 属性设置为 4。

6.11　解决动态互动与远程抓取的冲突问题

目前成功实现了用指示射线远程抓取可互动对象的功能，但是当对挂载了动态互动脚本的可互动对象进行抓取时，由于可互动对象会触发重置保持 Offset 距离的脚本，所以可互动对象会维持原来的距离而无法进入玩家手中。这一节来说明如何解决这一冲突问题。

6.11.1　细分动态互动与远程抓取的作用场景

在 Hierarchy 中选中 Grab Interactable Offset，在 Inspector 面板中找到 XR Offset Grab Interactable 组件，双击该组件的 Script 属性框，如图 6-110 所示，开始编辑 XROffsetGrabInteractable 的脚本内容。

图 6-110　打开 XR Offset Grab Interactable 的脚本编辑界面

解决按键冲突问题的一般思路是细分冲突场景后分别处理。本节在 XROffsetGrabInteractable 脚本的 OnSelectEntered 方法中追加一个判断，当确定是远程抓取动作时不再触发重置可互动对象与 Interactor 的 Offset 距离的逻辑。

首先需要判断如果当前的 Interactor 是 XRDirectInteractor，则执行原有的动态抓取逻辑。这里的 XRDirectInteractor 指直接用手接触可互动对象的 Interactor，代码如下：

```
if (args.interactorObject is XRDirectInteractor) {
    attachTransform.position = args.interactorObject.transform.position;
    attachTransform.rotation = args.interactorObject.transform.rotation;
}
```

如果当前的 Interactor 不是 XRDirectInteractor，则说明当前发起互动的是远距离互动射线 XR Ray Interactor，这时用已设定的 attachment point 的位置和方向来抓握物品。

这部分逻辑需要定义两个局部变量，分别用来传递抓握点的位置和方向。

在脚本的变量声明部分追加如下代码：

```
private Vector3 initialLocalPos;
private Quaternion initialLocalRot;
```

接下来介绍 Vector3 和 Quaternion 在 Unity 开发中的意义和用法。

在 Unity 开发中，Vector3 和 Quaternion 分别用于处理三维空间中的向量和旋转。

Vector3 是一个结构体，表示三维空间中的点或向量。它包含 3 个浮点数 x、y 和 z，分别表示向量的 3 个坐标。Vector3 通常用于表示位置、方向、速度、加速度等。

Quaternion 是一个用于表示旋转的结构体，也叫四元数。它通过 4 个浮点数 x、y、z 和 w 来定义一个旋转。相比欧拉角，四元数避免了万向节锁等问题，是一种更加稳定和高效的旋转表示方法。常用于表示旋转、插值旋转、创建旋转等场景。

Start() 函数中原本有一个判断是否存在抓握点对象 attachTransform 的 if 语句，在这个 if 语句后追加一段 else 逻辑，当存在 attachTransform 对象时将 attachTransform 对象的 positioon 和 rotation 分别传给新定义的两个局部变量，代码如下：

```
else {
    initialLocalPos = attachTransform.localPosition;
    initialLocalRot = attachTransform.localRotation;
}
```

接着在 OnSelectEntered 中追加 else 逻辑，如果当前发起互动的 Interactor 不是 XRDirectInteractor，就将初始获得的 attachTransform 的位置和方向再传回给 attachTransform，实现了 attachTransform 的位置与方向的固定重置，代码如下：

```
else {
    attachTransform.position = initialLocalPos;
    attachTransform.rotation = initialLocalRot;
}
```

这样 XRDirectInteractor 和 XRRayInteractor 的处理逻辑就区分开来了，完整的脚本代码如下：

```csharp
//6.11 - 解决动态互动与远程抓取的冲突问题 - XROffsetGrabInteractable - 修正版
using System.Collections;
using System.Collections.Generic;
using UnityEngine;
using UnityEngine.XR.Interaction.Toolkit;

public class XROffsetGrabInteractable : XRGrabInteractable
{
    //初始抓取点的本地位置
    private Vector3 initialLocalPos;

    //初始抓取点的本地旋转
    private Quaternion initialLocalRot;

    //Start()是 Unity 的生命周期方法，在游戏开始时调用一次
    void Start()
    {
        //如果没有设置抓取点(attachTransform)
        if (!attachTransform)
        {
            //创建一个新的空游戏对象，命名为 Offset Grab Pivot
            GameObject attachPoint = new GameObject("Offset Grab Pivot");

            //将创建的游戏对象设置为当前物体的子对象
            attachPoint.transform.SetParent(transform, false);

            //将抓取点设置为新创建对象的 Transform
            attachTransform = attachPoint.transform;
        }
        else
        {
            //保存抓取点的初始本地位置和旋转
            initialLocalPos = attachTransform.localPosition;
            initialLocalRot = attachTransform.localRotation;
        }
    }

    //当物体被选中(抓取)时调用
    protected override void OnSelectEntered(SelectEnterEventArgs args)
    {
        //调用基类的 OnSelectEntered()方法，确保默认抓取行为正常运行
        base.OnSelectEntered(args);

        //判断当前的交互器是否为直接交互器(XRDirectInteractor,通常代表近距离的手部交互)
        if (args.interactorObject is XRDirectInteractor)
        {
            //如果是直接交互,则将抓取点动态调整为交互器(手部)的当前位置和旋转
```

```
                attachTransform.position = args.interactorObject.transform.position;
                attachTransform.rotation = args.interactorObject.transform.rotation;
            }
            else
            {
                //如果是远程交互,则将抓取点恢复到初始本地位置和旋转
                attachTransform.localPosition = initialLocalPos;
                attachTransform.localRotation = initialLocalRot;
            }
        }
    }
```

6.11.2 测试和总结

在 Unity 编辑器中单击 Play 按钮运行测试,戴上 VR 头盔,在游戏场景中尝试远程抓取 Grab Interactable Offset 对象,发现此时的远程抓取已经可以发生作用,互动对象 Grab Interactable Offset 被拉近了距离,但是由于 Grab Interactable Offset 对象在靠近手附近范围依然会触发 DirectInteractor,当在较远距离抓握时 Grab Interactable Offset 对象依然无法到达指定 AttachPoint,下一节将继续讲解如何进一步解决这一问题。

本节的重点操作如下:

在 Hierarchy 中选中 Grab Interactable Offset 对象,在 Inspector 面板中找到 XROffsetGrabInteractable 组件,双击 Script 属性打开 VS 脚本编辑器修改内容。

追加声明变量,代码如下:

```
private Vector3 initialLocalPos;
private Quaternion initialLocalRot;
```

更新 Start()函数,在 if 逻辑后补充 else,在 else()函数体中追加以下内容,代码如下:

```
attachTransform.position = initialLocalPos;
attachTransform.rotation = initialLocalRot;
```

修改 OnSelectEntered()函数,在 if 逻辑后补充 else,在 else()函数体中追加以下内容,代码如下:

```
attachTransform.position = initialLocalPos;
attachTransform.rotation = initialLocalRot;
```

6.12 解决不同 Interactor 交互时的干涉问题

当多种 Interactor 作用于同一个对象而互相干涉时,解决这些干涉现象的思路仍然是细分场景,确保细分后只让特定的 Interactor 发生作用。

6.12.1 认识交互层属性

目前发生干涉的Interactor分别是远程抓取所用的XR Ray Interactor和直接抓取所用的XR Director Interactor。Unity的XR开发工具包为Interactor设置了一个属性，可以方便地在运行时指定Interactor针对哪些可互动对象发生交互，为细分场景提供了一个抓手。在Hierarchy中展开XR Origin→Camera Offset，选中左手对象Left Hand，在Inspector面板中找到XR Direct Interactor，在这个组件下有一个Interaction Layer Mask属性，这个属性就是指定Interactor对哪些可互动对象生效的关键属性，如图6-111所示。

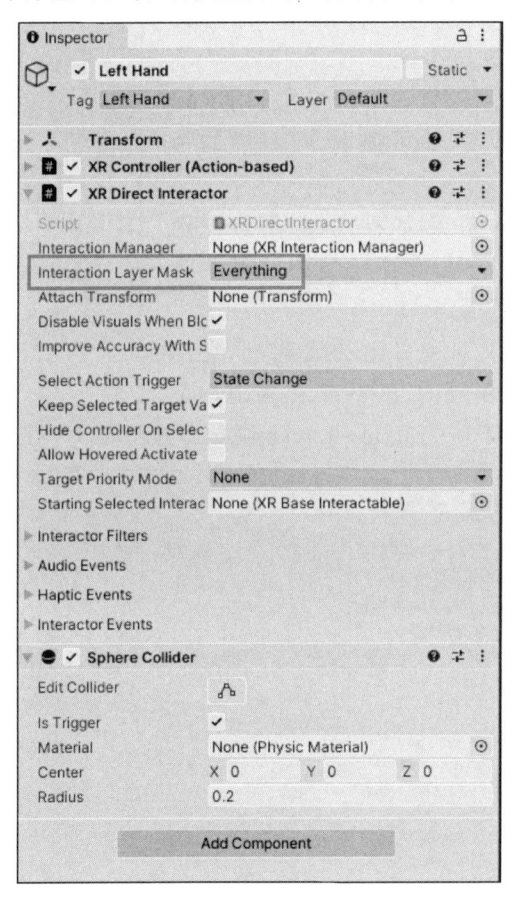

图6-111 可以指定Interactor对哪些可互动对象生效的关键属性Interaction Layer Mask

通过指定可作用的Layer Mask，玩家可以指定不同的Interactor分别作用于不同的可互动对象。

下面介绍Layer和Interaction layer的区别。

在Unity VR开发中，Interaction Layer和Layer是两个不同的概念，它们分别用于不同的目的。

Layer(层)：在 Unity 中，Layer 是一种用于将游戏对象分组的机制。通过将不同的游戏对象分配到不同的层，可以在物理引擎、碰撞检测和渲染等方面进行控制。

层可以在 Unity 编辑器中的 Layers 设置中进行管理和定义，如图 6-112 所示。

在物理引擎中，可以通过设置碰撞矩阵来控制不同层之间的碰撞关系。在渲染中，可以通过摄像机的 culling mask 来过滤指定层的对象。

Interaction Layer(交互层)：Interaction Layer 是在 VR 开发中常用的一个概念，用于标识 VR 中可交互的物体或区域。

在 VR 交互中，通常会定义一个交互层，用于标记可以被用户交互的物体，例如可抓取、可触摸的物体等。

交互层通常与输入系统(例如控制器、手势识别等)结合使用，以便识别用户与虚拟环境中的哪些物体进行交互，如图 6-113 所示。

因此，虽然两者都涉及对象分组的概念，但它们的应用场景和使用方式是不同的。Layer 更多地用于物理和渲染方面的控制，而 Interaction Layer 则更专注于定义 VR 中的交互对象。

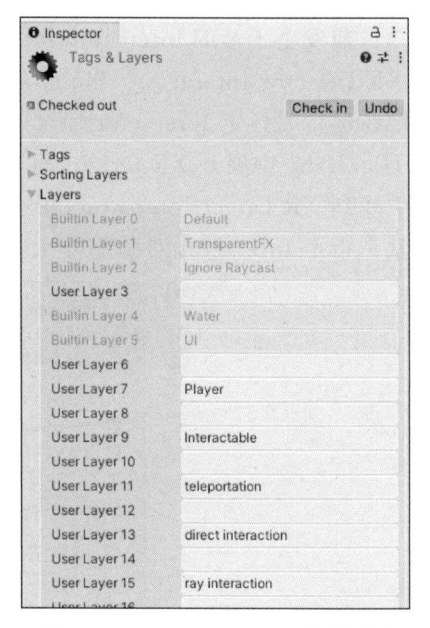

图 6-112　Tags & Layers 设置面板

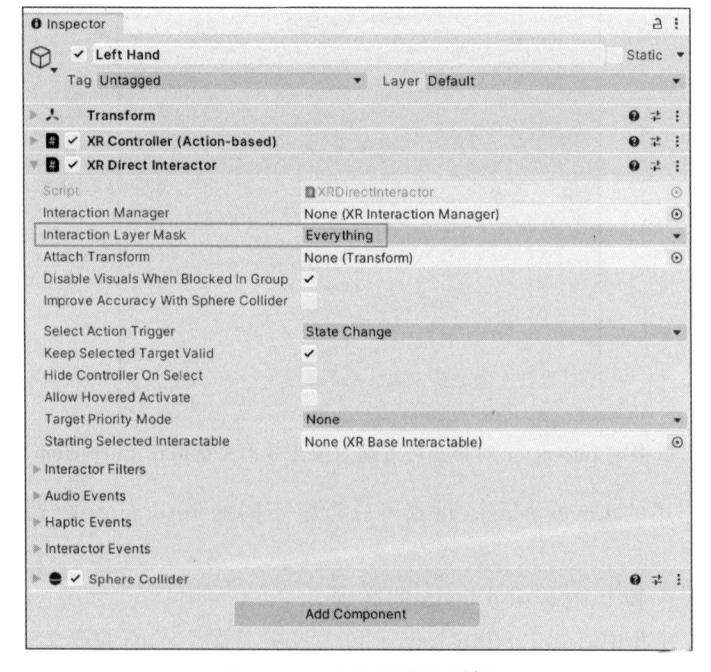

图 6-113　交互层设置面板

6.12.2 配置交互层

首先，为了给每种 Interactor 对象指定 Interaction Layer 属性，需要先新建 3 个交互层。在 Unity 编辑器中单击菜单 Edit→Project Settings，找到左侧列表中的 XR Plug-in Management，展开后选中 XR Interaction Toolkit 条目，如图 6-114 所示。

图 6-114　打开 Project Settings 下的 XR Interaction Toolkit 设置面板

此时 Project Settings 面板右侧会展现与 XR Interaction Toolkit 相关的所有设置项内容，其中在 Interaction Layer Settings 部分下存在 Interaction Layers 设置列表，单击左侧三角展开设置列表后可以在这个列表中追加交互层 Interaction Layers，如图 6-115 所示。

图 6-115　展开 Interaction Layers 设置列表

在属性值空余的 User Layer 旁输入希望新建层的名称。目前本项目中需要区分应用的 Interactor 总共有 3 种，因此在 User Layer 1 的属性框中输入 teleportation，在 User Layer 3 的属性框中输入 direct interaction，在 User Layer 5 的属性框中输入 ray interaction，如图 6-116 所示。

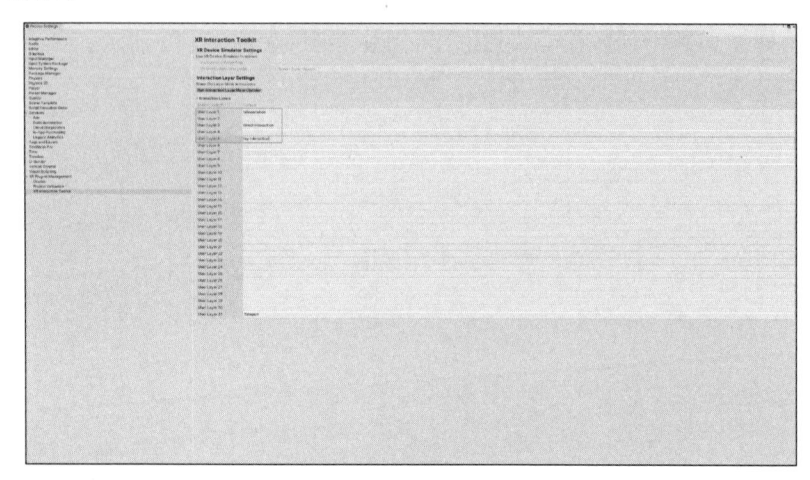

图 6-116　新建交互层

接着为不同的 Interactor 对象分配 Interaction Layer。在 Hierarchy 中展开 XR Origin→Camera Offset，同时选中 Left Hand 和 Right Hand 对象，在 Inspector 面板中找到 XR Direct Interactor 组件，单击 Interaction Layer Mask 属性框，在下拉列表中选择 direct interaction，如图 6-117 所示。

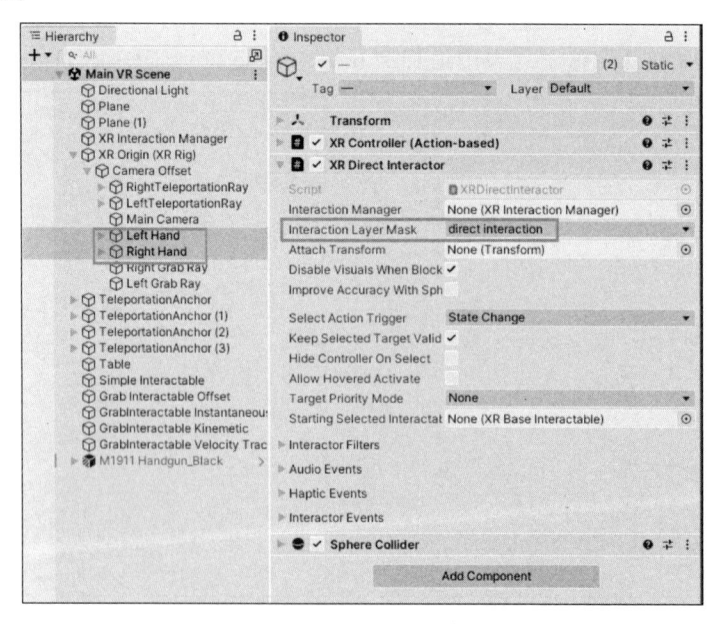

图 6-117　设置 Left Hand 和 Right Hand 对象的交互层

以相同的方法,继续给用于传送移动的 Interactor 对象和远距离抓取的 Interactor 对象分别设定相应的交互层。

在 Hierarchy 中展开 XR Origin→Camera Offset,同时选中 RightTeleportationRay 和 LeftTeleportationRay 对象,在 Inspector 面板中找到 XR Ray Interactor 组件,单击 Interaction Layer Mask 属性框,在下拉列表中选择 teleportation,如图 6-118 所示。

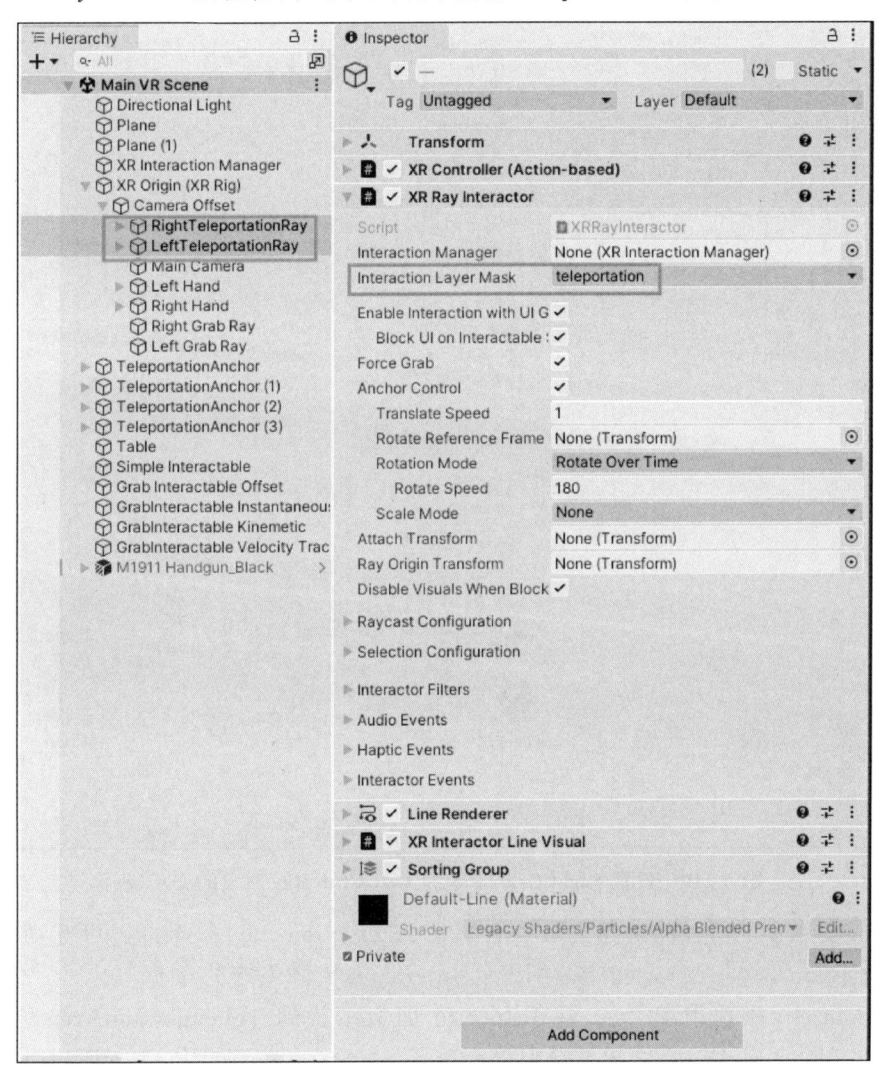

图 6-118 设置 RightTeleportationRay 和 LeftTeleportationRay 对象的交互层

在 Hierarchy 中展开 XR Origin→Camera Offset,选中 Right Grab Ray 和 Left Grab Ray 对象,在 Inspector 面板中找到 XR Ray Interactor 组件,单击 Interaction Layer Mask 属性框,在下拉列表中选择 ray interaction,如图 6-119 所示。

这样发起瞬移和抓握等不同类型互动的 Interactor 对象的层就配置好了。接下来对应

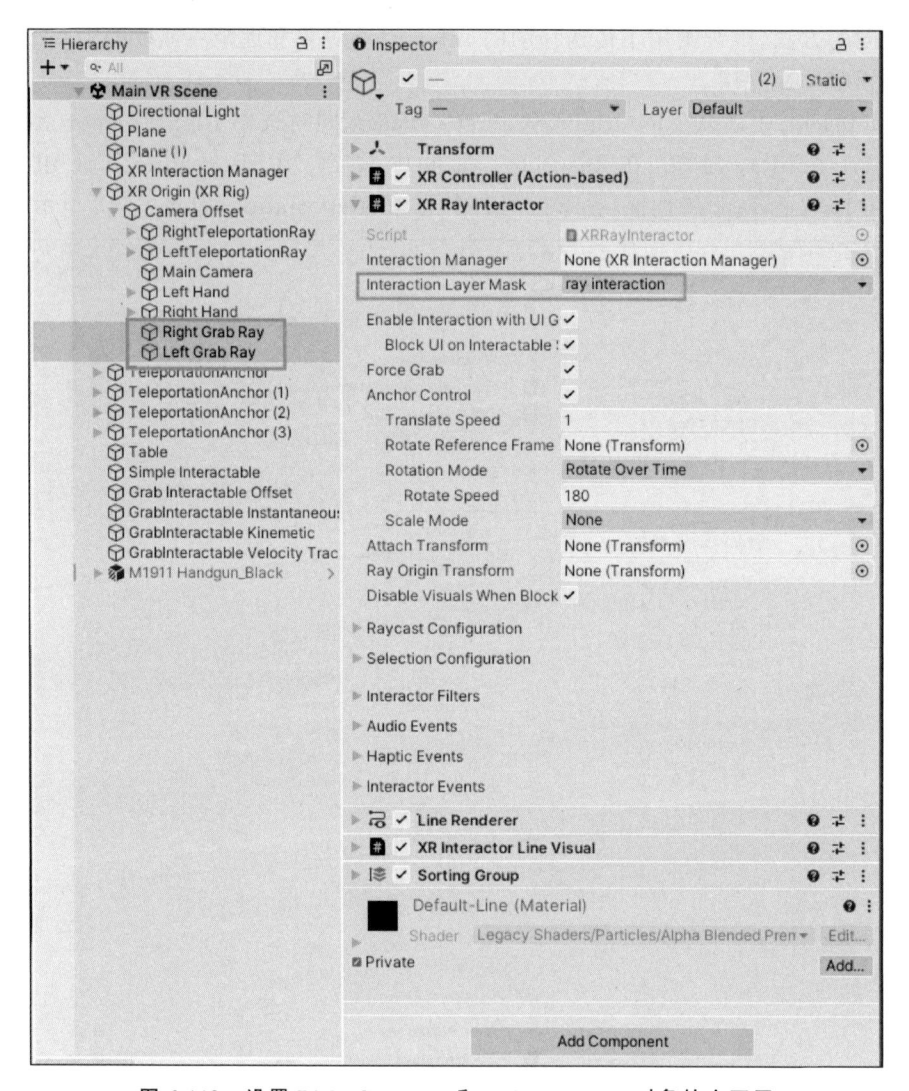

图 6-119 设置 Right Grab Ray 和 Left Grab Ray 对象的交互层

地需要在接受互动的可互动对象上设置合适的 Interaction Layer Mask。可互动对象只会接受 Interaction Layer Mask 指定范围内的 Interactor 对象发起的互动。

在 Hierarchy 中选中 Plane。在 Inspector 面板中找到 TeleportationArea 组件，修改 Interaction Layer Mask 属性，从下拉列表中选择 teleportation，如图 6-120 所示。

在 Hierarchy 中展开 Plane(1)，同时选中 4 个传送锚点子对象 TeleportationAnchor、TeleportationAnchor（1）、TeleportationAnchor（2）和 TeleportationAnchor（3）。在 Inspector 面板中找到 TeleportationAnchor 组件，修改 Interaction Layer Mask 属性，从下拉列表中选择 teleportation，如图 6-121 所示。

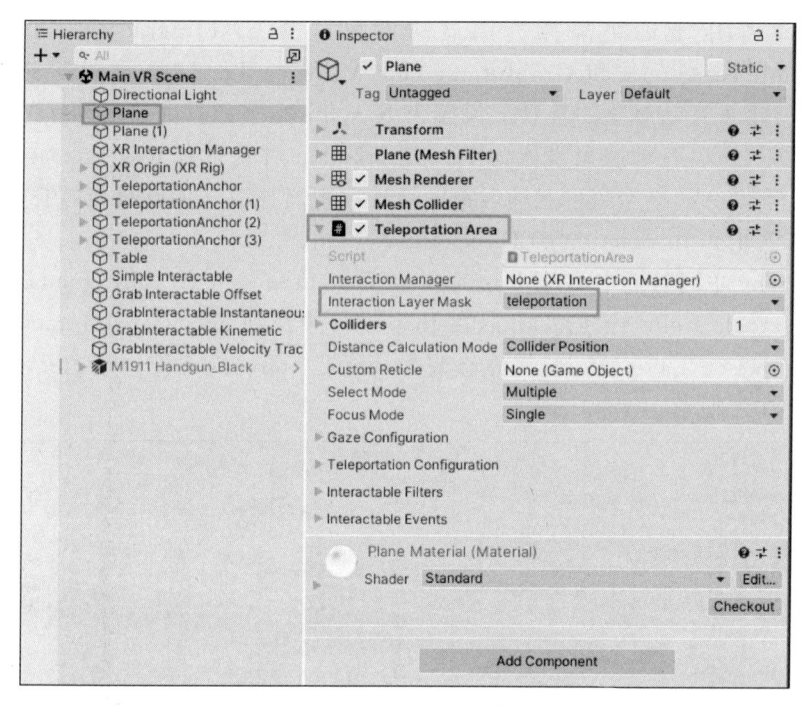

图 6-120　设置 Plane 对象的交互层

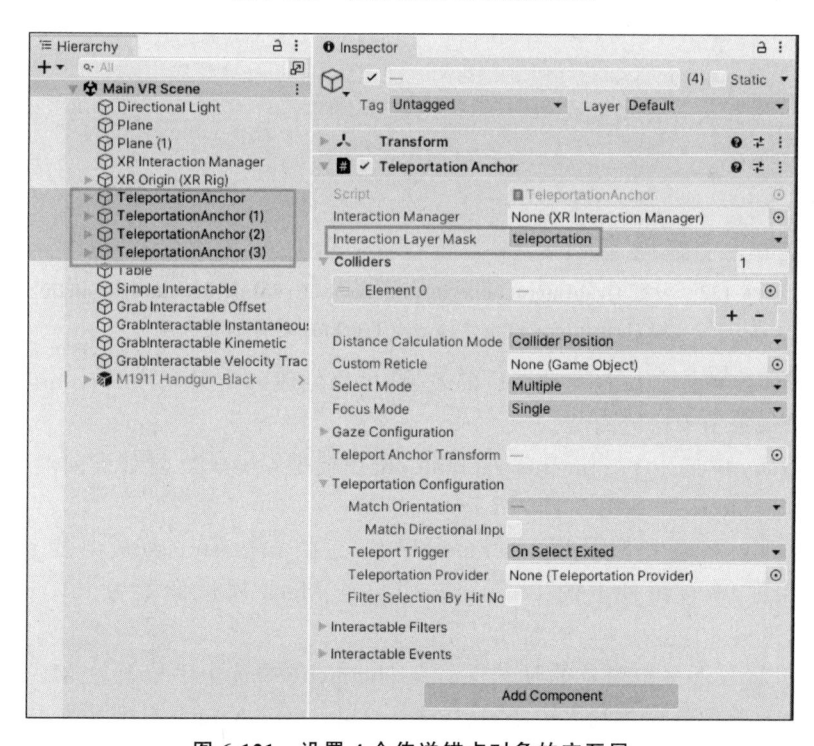

图 6-121　设置 4 个传送锚点对象的交互层

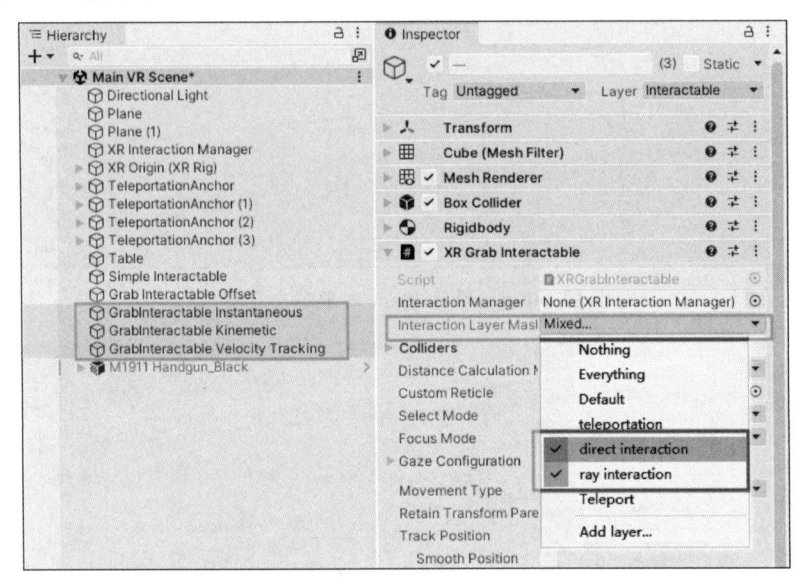

继续给 3 个用于远距离抓握测试的方块对象 GrabInteractable Instantaneous、GrabInteractable Kinematic 和 GrabInteractable Velocity Tracking 设置互动层。根据需要，可以将这 3 个可互动对象的互动层设置为 Ray Interaction。由于互动层的不同选择会形成不同的效果，所以互动层只设置为 Ray Interaction 时就只有 Ray Interactor 能够与可互动对象发生互动。如果希望可互动对象既能被远距离抓取又能够被直接抓取，则可以在互动层设置多选 Ray Interaction 和 Direct Interaction。

在 Hierarchy 中同时选中 GrabInteractable Instantaneous、GrabInteractable Kinematic 和 GrabInteractable Velocity Tracking，在 Inspector 中找到 XR Grab Interactable 组件，将组件下的 Interaction Layer Mask 属性修改为 direct interaction 和 ray interaction，呈现为 Mixed，如图 6-122 所示。

图 6-122 设置 GrabInteractable Instantaneous、GrabInteractable Kinematic 和 GrabInteractable Velocity Tracking 对象的交互层

为了能够明显地体会设置互动层后的效果，可以创建一个只允许 Ray Interaction 发起互动的可互动对象用于比较测试。

在 Hierarchy 中选中 Simple Interactable，按快捷键 Ctrl＋D 复制当前对象，重命名为 Simple Interactable Ray，如图 6-123 所示。

在 Hierarchy 中选中 Simple Interactable Ray，在 Inspector 面板中找到 XR Simple Interactable 组件，将该组件下的 Interaction Layer Mask 属性设置为 ray interaction，如图 6-124 所示。

最后，也设置一下手枪对象的互动层。在 Hierarchy 中选中手枪对象 M1911 Handgun_Black，在 Inspector 面板中找到 XR Grab Interactable Two Attach 自定义脚本组件，将属性 Interaction Layer Mask 设置为 ray interaction，如图 6-125 所示。

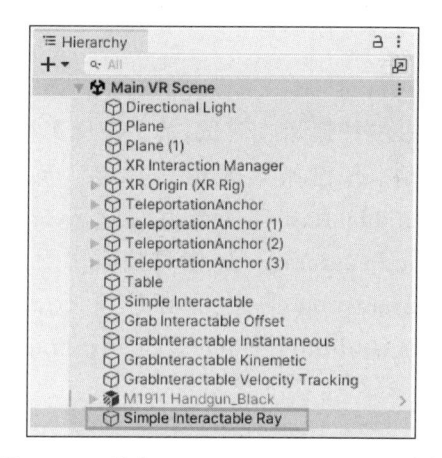

图 6-123　新建 Simple Interactable Ray 对象

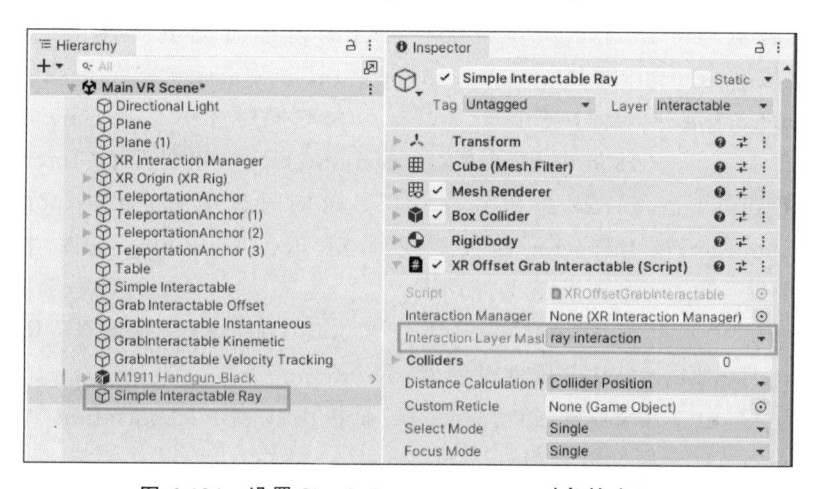

图 6-124　设置 Simple Interactable Ray 对象的交互层

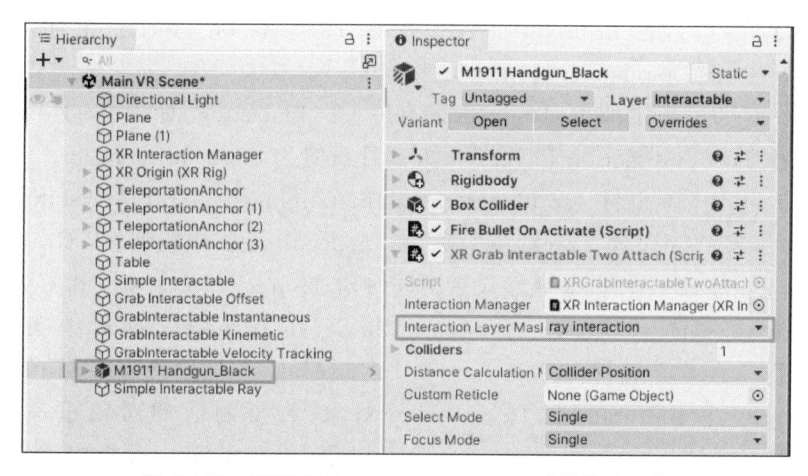

图 6-125　设置 M1911 Handgun_Black 对象的交互层

6.12.3　测试和总结

在 Unity 编辑器中单击 Play 按钮运行测试，戴上 VR 头盔，在游戏场景中尝试对不同的可互动对象发起直接抓取、远程抓取或传送移动。可以发现互动层设置为 Ray Interaction 的 Simple Interactable Ray 只接受射线远程抓取，而互动层设置为 Direct Interaction 的可互动对象 Simple Interactable 则只接收用手直接抓取。至于同时设定了 Ray Interaction 和 Direct Interaction 的可互动对象 GrabInteractable Instantaneous、GrabInteractable Kinematic 和 GrabInteractable Velocity Tracking，直接抓取和远程抓取都生效。

本节的主要操作如下：

单击 Unity 编辑器菜单中的 Edit→Project Settings，在左侧列表选中 XR Plug-in Management，找到 XR Interaction Toolkit，在右侧设置面板中展开 Interaction Layer Settings，新建层 teleportation、direct interaction 和 ray interaction。

在 Hierarchy 中展开 XR Origin→Camera Offset，同时选中 Left Hand 对象和 Right Hand 对象，在 Inspector 面板中找到 XR Direct Interactor 组件下的 Interaction Layer Mask 属性，将 direct interactor 指定为互动层。再同时选中 RightTeleportationRay 和 LeftTeleportationRay，在 Inspector 面板上找到 XR Ray Interactor 组件，将 Interaction Layer Mask 属性 teleportation 指定为互动层。

在 Hierarchy 中同时选中 Right Grab Ray 和 Left Grab Ray，找到 XR Ray Interactor 组件，将 Interaction Layer Mask 属性设置为 ray interaction。

在 Hierarchy 中选中 Plane，在 Inspector 面板中找到 Teleportation Area 组件，将 Interaction Layer Mask 属性设置为 teleportation。

在 Hierarchy 中同时选中 TeleportationAnchor、TeleportationAnchor(1)、TeleportationAnchor(2)、TeleportationAnchor(3)，在 Inspector 面板中找到 Teleportation Anchor 组件，将 Interaction Layer Mask 属性设置为 teleportation。

在 Hierarchy 中选中 Simple Interactable，在 Inspector 面板中找到 XR Simple Interactable 组件，将 Interaction Layer Mask 属性设置为 direct interaction。

在 Hierarchy 中同时选中 GrabInteractable Instantaneous、GrabInteractable Kinematic 和 GrabInteractable Velocity Tracking 对象，在 Inspector 面板中找到 XR Grab Interactable 组件，将 Interaction Layer Mask 属性设置为同时勾选 direct interaction 和 ray interaction。

在 Hierarchy 中选中 M1911 Handgun_Black，在 Inspector 面板中找到 XR Grab Interactable Two Attach 组件，将 Interaction Layer Mask 属性设置为 ray interaction。

在 Hierarchy 中复制 Simple Interactable 对象，将复制后的对象重命名为 Simple Interactable Ray，选中 Simple Interactable Ray 对象，在 Inspector 面板中找到 XR Simple Interactable 组件，将 Interaction Layer Mask 属性值设置为 ray interaction。

6.13 成功抓取可互动对象时不再呈现指示射线

目前与可互动对象的抓取互动方面还存在一个问题,当已经成功用 Ray Interactor 抓取物体后,射线仍然不会消失,这在用户体验上并不合理,本节介绍如何解决这个问题。

6.13.1 新建自定义脚本 ActivateGrabRay

与解决不同 Interactor 互动作用的冲突问题时一样,需要编写自定义脚本细分场景和处理逻辑。

在 Hierarchy 中选中 XR Origin,在 Inspector 面板单击底部的 Add Component 按钮,在弹出的对话框中选择 New Script,将这个自定义脚本命名为 ActivateGrabRay,单击 Create and Add 按钮完成组件的追加,如图 6-126 所示。

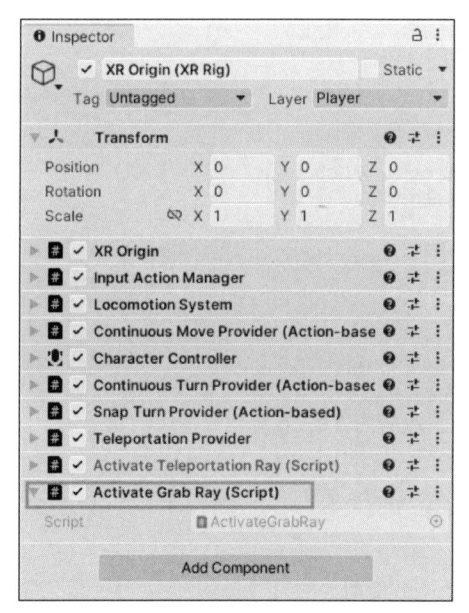

图 6-126　XR Origin 对象追加自定义脚本组件 ActivateGrabRay

双击自定义脚本组件 ActivateGrabRay 下的 Script 属性框,打开 VS 脚本编辑器,开始编辑自定义脚本内容。

在引用命名空间的部分追加引用 Unity 的 XR 开发工具包,代码如下:

```
using UnityEngine.XR.Interaction.Toolkit;
```

在声明变量的位置创建两种类型为 GameObject 的 Public 变量,代码如下:

```
public GameObject leftGrabRay;
public GameObject rightGrabRay;
```

再继续声明两种类型为 XRDirectInteractor 的 public 变量,代码如下:

```
public XRDirectInteractor leftDirectGrab;
public XRDirectInteractor rightDirectGrab;
```

接着在 Update() 函数体中编写逻辑,判断当不存在已抓取的可互动对象时,才激活呈现 Left Grab Ray 或 Right Grab Ray,代码如下:

```
leftGrabRay.SetActive(leftDirectGrab.interactablesSelected.Count == 0);
rightGrabRay.SetActive(rightDirectGrab.interactablesSelected.Count == 0);
```

完整的脚本代码如下:

```
//6.13 - 成功抓取可互动对象时隐藏指示射线 - ActivateGrabRay
using System.Collections;
using System.Collections.Generic;
using UnityEngine;
using UnityEngine.XR.Interaction.Toolkit;

public class ActivateGrabRay : MonoBehaviour
{
    //左手的抓取指示射线(游戏对象)
    public GameObject leftGrabRay;

    //右手的抓取指示射线(游戏对象)
    public GameObject rightGrabRay;

    //左手的直接交互器(XRDirectInteractor,用于检测左手抓取状态)
    public XRDirectInteractor leftDirectGrab;

    //右手的直接交互器(XRDirectInteractor,用于检测右手抓取状态)
    public XRDirectInteractor rightDirectGrab;

    //Start()是 Unity 的生命周期方法,在游戏开始时调用一次
    void Start()
    {
        //此处未实现任何初始化逻辑
    }

    //Update()是 Unity 的生命周期方法,每帧调用一次
    void Update()
    {
        //根据左手直接交互器的抓取状态决定是否显示左手抓取指示射线
        //如果左手未抓取任何对象(interactablesSelected.Count == 0),则显示指示射线,否则
//隐藏
        leftGrabRay.SetActive(leftDirectGrab.interactablesSelected.Count == 0);

        //根据右手直接交互器的抓取状态决定是否显示右手抓取指示射线
        //如果右手未抓取任何对象(interactablesSelected.Count == 0),则显示指示射线,否则
//隐藏
        rightGrabRay.SetActive(rightDirectGrab.interactablesSelected.Count == 0);
    }
}
```

保存脚本,切换回 Unity 编辑器。

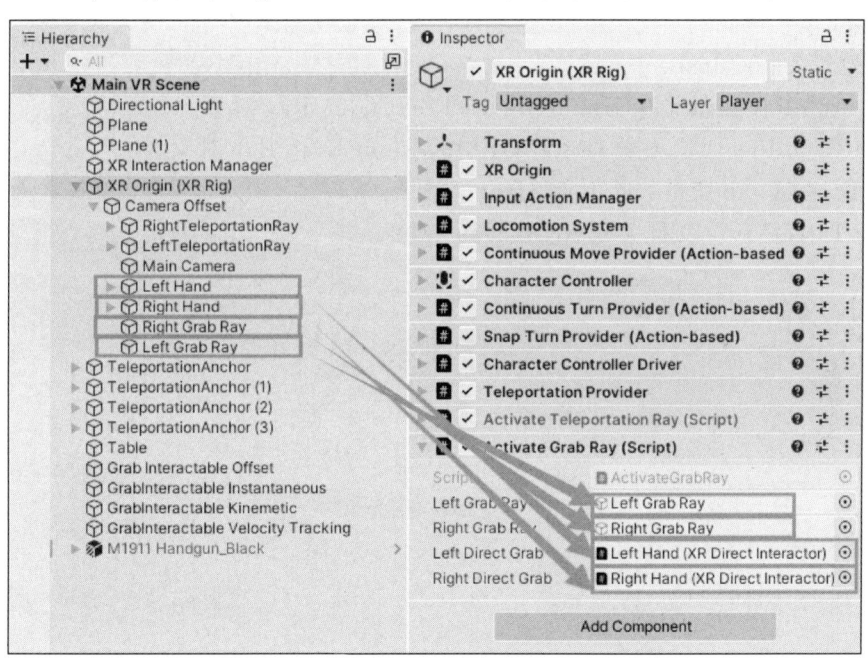

6.13.2 配置脚本 ActivateGrabRay 组件的属性

继续在编辑器中关联脚本 ActivateGrabRay 所需的公共变量。

在 Hierarchy 中展开 XR Origin→Camera Offset,选中 XR Origin,在 Inspector 中找到自定义脚本组件 ActivateGrabRay,此时的 ActivateGrabRay 组件已经可以以属性的形式呈现出需要关联的公共变量。

将 Camera Offset 下的子对象 Left Grab Ray 从 Hierarchy 中拖曳到 ActivateGrabRay 组件下的 Left Grab Ray 属性框中。将 Camera Offset 下的子对象 Right Grab Ray 从 Hierarchy 中拖曳到 ActivateGrabRay 组件下的 Right Grab Ray 属性框中。将 Camera Offset 下的子对象 Left Hand 从 Hierarchy 中拖曳到 ActivateGrabRay 组件下的 Left Direct Grab 属性框中。将 Camera Offset 下的子对象 Right Hand 从 Hierarchy 中拖曳到 ActivateGrabRay 组件下的 Right Direct Grab 属性框中,如图 6-127 所示。

图 6-127　ActivateGrabRay 组件的属性设置

6.13.3 测试和总结

在 Unity 编辑器中单击 Play 按钮运行测试。戴上 VR 头盔,尝试用远距离抓取的办法抓取一个可互动对象,发现尚未完成抓取动作时互动射线 Ray Interactor 一直呈现,一旦完成了抓取动作,可互动对象到达手中时 Ray Interactor 会自动消失。

本节涉及的重点操作如下：

在 Hierarchy 中选中 XR Origin，在 Inspector 面板新建自定义脚本组件 ActivateGrabRay，开始编写脚本内容。

追加引用，代码如下：

```
using UnityEngine.XR.Interaction.Toolkit;
```

声明变量，代码如下：

```
public GameObject leftGrabRay;
public GameObject rightGrabRay;
public XRDirectInteractor leftDirectGrab;
public XRDirectInteractor rightDirectGrab;
```

更新函数，代码如下：

```
Update
leftGrabRay.SetActive(leftDirectGrab.interactablesSelected.Count == 0);
rightGrabRay.SetActive(rightDirectGrab.interactablesSelected.Count == 0);
```

需要设置关联的 Inspector 属性：

Left Grab Ray 变量关联 Hierarchy 中的 Left Grab Ray 对象。

Right Grab Ray 变量关联 Hierarchy 中的 Right Grab Ray 对象。

Left Direct Grab 变量关联 Left Hand 对象。

Right Direct Grab 变量关联 Right Hand 对象。

第 7 章

CHAPTER 7

UI 互 动

7.1 设置 Canvas

无论开发哪一种类的游戏,与 UI 要素的互动功能都是必不可少的,本章开始介绍 Unity VR 开发中 UI 互动功能的实现。

7.1.1 认识 Canvas

从广义上理解,在互动场景中,UI 元素与 3D 对象都属于可互动对象,两者互动的原理大致相同,但在具体实现上,UI 元素与 3D 对象的不同特性又导致实现方法层面的不同。为了方便体会这种异同,本章继续沿用物体互动章节使用的 Scene 资源。

当互动的对象是 UI 元素时,第 1 步需要在场景中创建 UI 对象,要创建 UI 对象,首先需要创建一块画布。

在 Hierarchy 的空白处右击,在快捷菜单中选择 UI→Canvas,一个画布对象就会出现在场景中。创建画布时会自动创建一个 EventSystem,可以通过这个 EventSystem 来控制 UI 要素,如图 7-1 所示。

图 7-1 创建 Canvas 画布对象

接下来介绍Canvas对象在Unity开发中的起到什么作用和特性。

在Unity VR开发过程中，Canvas对象用于在虚拟现实环境中创建和管理各种用户界面元素，例如文本、按钮、图像等。

Canvas作为UI元素的容器，可以包含各种UI组件，这些组件可以在虚拟现实场景中以平面的形式展示，例如在头戴式显示器上显示。

Canvas可以针对不同的设备分辨率进行自适应调整，确保UI在各种设备上都能正确地显示，这对于VR开发尤为重要，因为不同的头戴式显示器可能具有不同的分辨率和屏幕尺寸。

Canvas可以通过层级管理机制控制UI元素的显示顺序和层叠关系，确保UI在场景中正确地叠加和显示。

Canvas可以与用户交互，例如用户可以单击按钮、输入文本等，这为用户提供了在虚拟现实环境中进行操作的途径。

Canvas支持动画功能，可以通过动画效果增强UI的交互性和吸引力。

在Unity中，Canvas通常与EventSystem配合使用，EventSystem负责处理用户输入事件，例如单击、拖曳等，以及将这些事件传递给相应的UI元素。

EventSystem负责将用户输入事件传递给正确的UI元素，以便UI元素做出相应的反应，例如单击按钮后执行相应的操作。

EventSystem可以根据用户输入事件的类型（例如单击、拖曳）调用相应的事件处理函数，这样可以使开发者更方便地对UI元素进行交互处理。

EventSystem还负责管理UI元素的焦点，确保用户输入事件能够正确地传递给当前拥有焦点的UI元素，从而实现正确的交互效果。

配置Canvas需要先了解Canvas对象的主要属性。

在Hierarchy中选中新建的Canvas对象，在Inspector面板中可以看到Canvas组件下有一个RenderMode属性，默认值为Screen Space-Overlay。

Canvas的Render Mode属性指定了Canvas渲染的模式，决定了Canvas在场景中的显示方式。Render Mode属性的几种选项及其效果和适用场景如下。

（1）Screen Space - Overlay(屏幕空间 - 覆盖)：Canvas将渲染在屏幕的最上层，覆盖在其他所有物体之上。这种渲染模式适用于UI元素不需要随相机移动而移动的情况，例如游戏中固定的菜单、提示信息等。不适用于VR。

（2）Screen Space - Camera(屏幕空间 - 相机)：Canvas渲染在场景中，但是随着相机的移动而移动。适用于需要在场景中固定位置显示UI元素的情况，例如在游戏中的3D空间中显示血条、计分板等。如果应用到VR，就会有固定的位置被UI元素遮挡视野，所以在VR中的应用也很少。

（3）World Space(世界空间)：Canvas渲染在世界空间中的特定位置，可以与3D物体交互。适用于需要与3D物体交互的情况，例如在游戏中显示一个悬浮的3D标签。这种模式是VR游戏中常用的UI渲染模式，真正将UI置入了虚拟场景中，不会打破玩家的沉浸感。

在 Hierarchy 中右击 Canvas，在快捷菜单中单击 UI，查看可以添加的 UI 要素，观察到有文本框 Input Field，以及开关 Toggle 等，如图 7-2 所示。

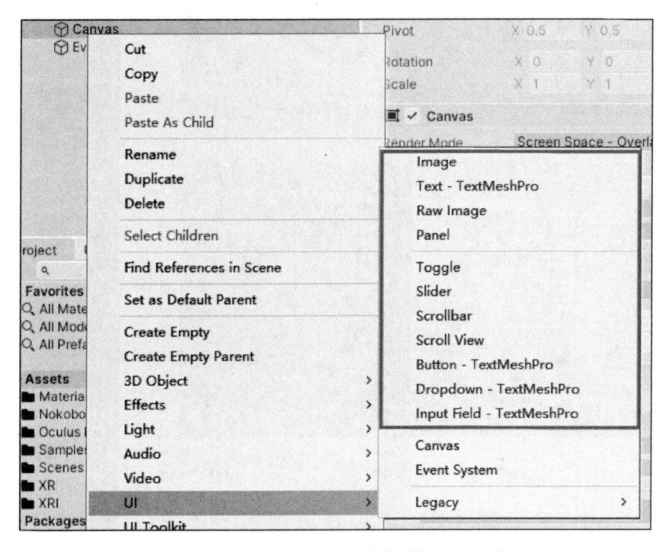

图 7-2　Canvas 上可追加的 UI 对象

其中比较常用的一些 UI 对象的大致功能和应用场景如下。

（1）Text（文本）：用于显示文本内容，例如标题、标签、按钮上的文字等。适用于需要展示固定文本信息的场合，例如游戏标题、角色名字、按钮文字等。

（2）Image（图片）：用于显示图片内容，可以是游戏中的图标、背景、角色头像等。适用于需要展示图片的场合，例如游戏中的道具图标、NPC 头像、背景图等。

（3）Button（按钮）：用于响应用户单击事件，执行相应的操作或触发相应的事件。适用于需要与用户交互的场合，例如开始游戏按钮、关闭菜单按钮、攻击按钮等。

（4）InputField（输入框）：用于接收用户输入的文本信息，例如用户名、密码、搜索关键词等。适用于需要用户输入文本信息的场合，例如登录界面、注册界面、搜索框等。

（5）Slider（滑动条）：用于设置数值范围，用户可以通过拖动滑块来选择指定的数值。适用于需要调整数值的场合，例如音量调节、游戏难度设置、角色属性调整等。

（6）Toggle（开关）：用于表示两种状态之间的切换，例如开关、复选框等。适用于需要选择或切换状态的场合，例如音效开关、夜间模式切换、多选操作等。

7.1.2　使 Canvas 进入 VR 空间

先在 Canvas 上添加一个基本的 Slider 对象。

在 Hierarchy 中右击 Canvas，在快捷菜单中选择 UI→Slider，可以在 Scene 面板中看见默认样式的滑块对象出现在 Canvas 上，如图 7-3 所示。

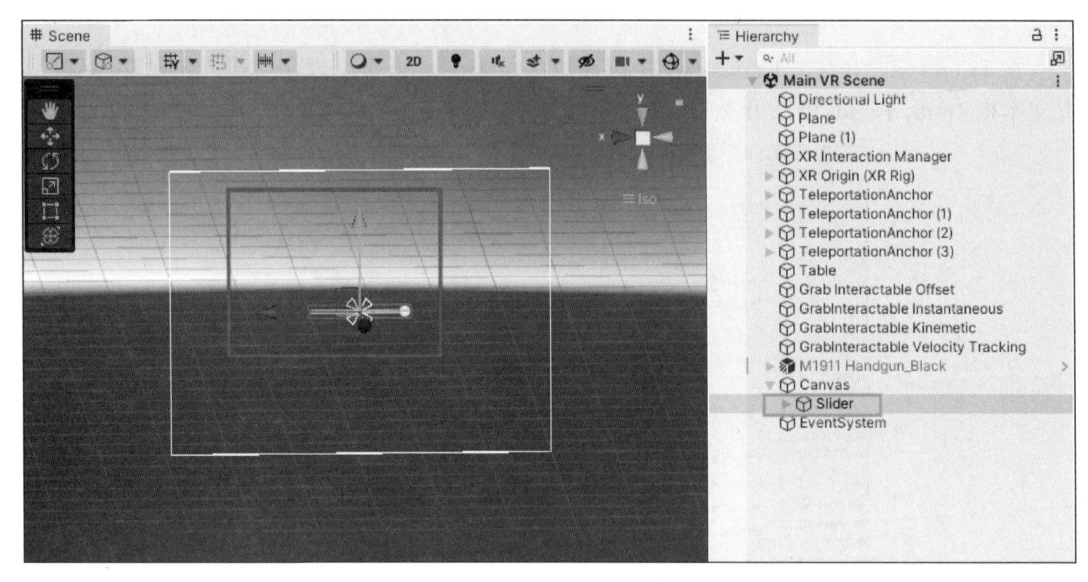

210　VR游戏实践速通——面向一体机平台的Unity开发技巧

图 7-3　在 Canvas 上追加 Slider 对象

此时直接单击 Unity 编辑器中的 Play 按钮会发现已经可以用鼠标直接操控 Slider 上的滑块左右移动，但无法在 VR 环境中与 Slider 进行沉浸式互动。因为 Canvas 目前的渲染模式 Render Mode 仍然是 Screen Space-Overlay，可以理解为此时的 Canvas 对象与 VR 虚拟空间是分割的，是置于 VR 世界和玩家观察视角之间的一层独立图层，当玩家进入 VR 视角时无法观察到这块"超然物外"的 Canvas，当然更不可能实现沉浸式的 UI 互动。

因此需要先让 Canvas 成为 VR 世界的一部分，然后才能实现玩家和 UI 对象的互动。在 Hierarchy 中单击 Canvas，在 Inspector 面板中将 Canvas 组件下的 RenderMode 属性值从 ScreenSpace-Overlay 变为 WorldSpace，此时 Canvas 对象才进入了 VR 世界，可以对 Canvas 实施放大、缩小和移动，如图 7-4 所示。

在 Inspector 面板中找到 Rect Transform 组件，右击后在快捷菜单中选择 Reset，将 Position 重设为原点。继续找到 Rect Transform 组件下的 Scale 属性，将

图 7-4　将 Canvas 的 RenderMode 属性设置为 WorldSpace

属性值设置为 X＝0.01，Y＝0.01，Z＝0.01。最后在 Scene 面板中平移 Canvas 对象，将 Canvas 移动到 Table 对象的后上方，此时 Canvas 的 Rect Transform 组件属性设置如图 7-5 所示。

此时 Canvas 在游戏场景中的位置如图 7-6 所示。

在 Hierarchy 中展开 Canvas，选中 Slider，在 Inspector 面板中调整 Rect Transform 下的 Scale 属性，适当调整一下 Slider 的大小。使 Slider 的边缘不超过 Canvas 的面积，效果如

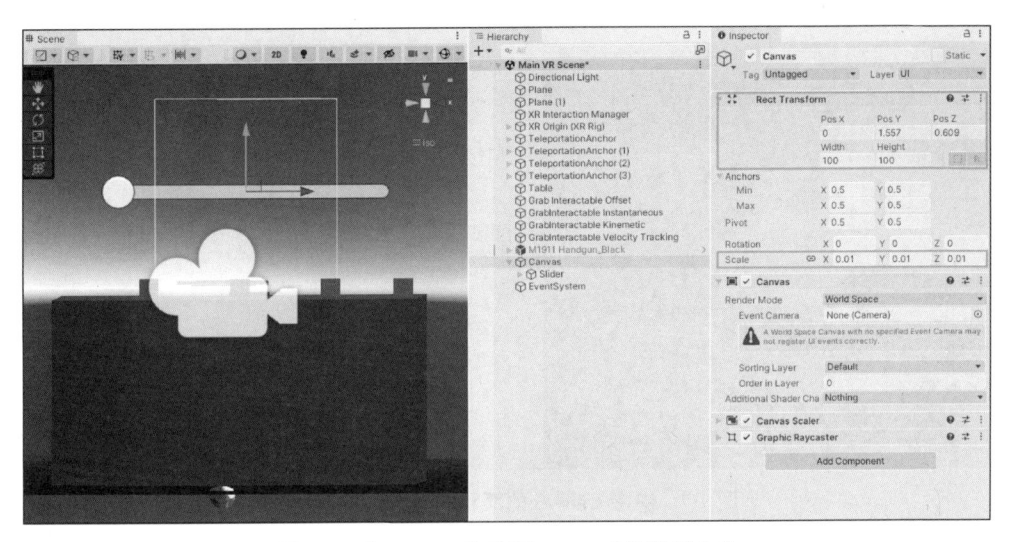

图 7-5　将 Canvas 移动到 Table 对象的后上方

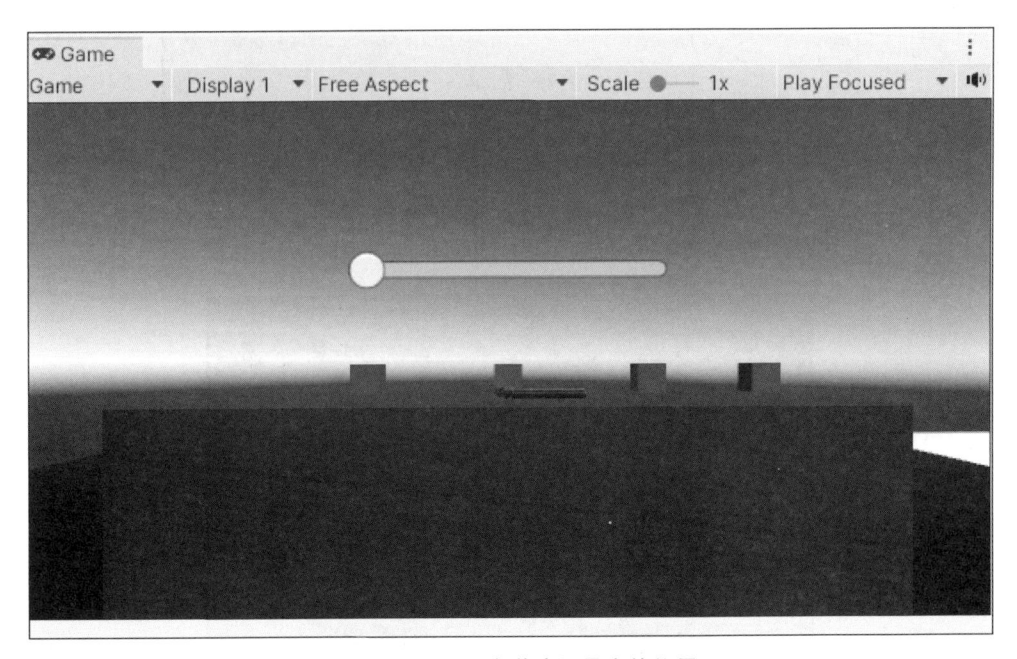

图 7-6　Canvas 在游戏场景中的位置

图 7-7 所示。

再在 Canvas 上添加一个 Text-TextMeshPro 对象。

在 Hierarchy 中右击 Canvas，在快捷菜单中选择 UI→Text-TextMeshPro，如果弹出对话框就单击 Import TMP Essentials，如图 7-8 所示。

可以在 Scene 面板中看见默认样式的文本标签对象出现在 Canvas 上，如图 7-9 所示。

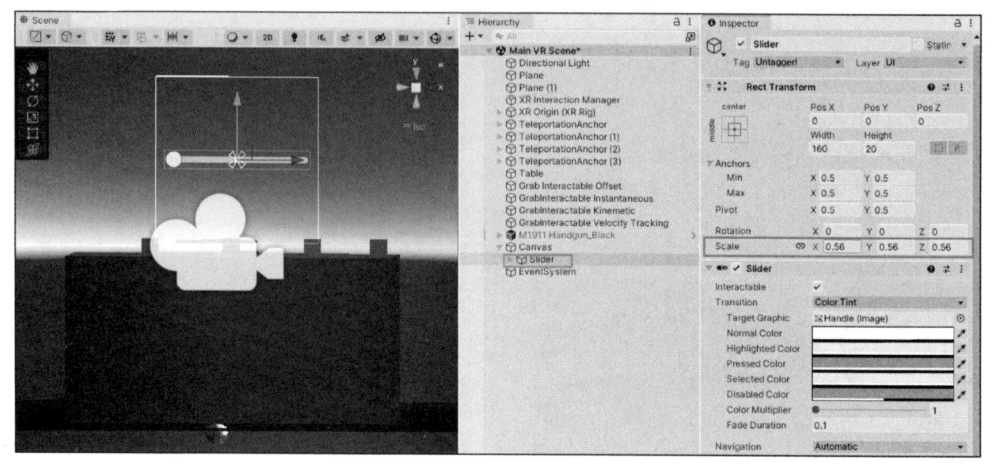

图 7-7　参考 Canvas 的面积调整 Slider 的大小

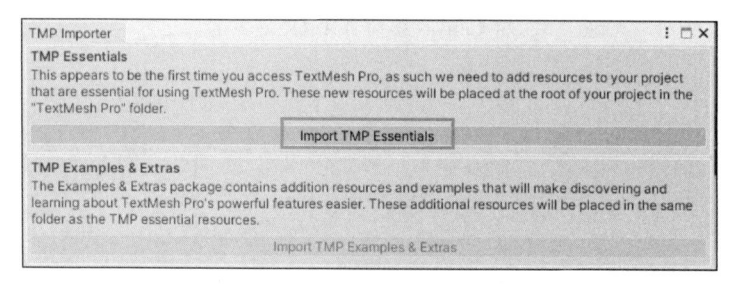

图 7-8　Import TMP Essentials 对话框

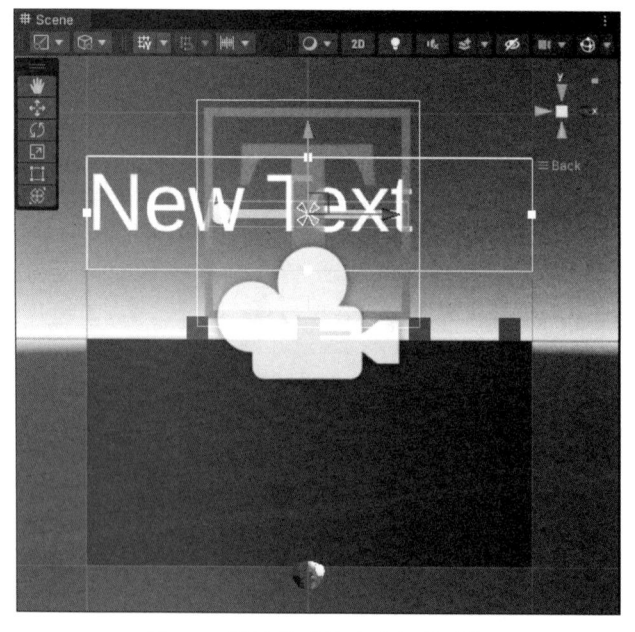

图 7-9　默认样式的文本标签对象

接下来介绍 Unity UI 对象中的 Text 和 Text-TextMeshPro 有什么区别。

Text 组件是 Unity 内置的基本文本组件，用于在 UI 中显示简单的文本。Text 相较于 Text-TextMeshPro 主要有以下特点。

（1）功能较简单：Text 组件提供了基本的文本显示功能，包括设置文本内容、字体、大小、颜色等。

（2）性能较低：在大量文本渲染的情况下，Text 组件的性能可能会受到影响，特别是在移动设备上。

（3）不支持富文本：Text 组件不支持富文本功能，无法实现文本的高级样式效果。

TextMeshPro 是由 Unity Technologies 授权开发的文本渲染引擎，是一种高级的文本组件，相比于 Text 组件，它具有更多的功能和优势。

（1）功能丰富：TextMeshPro 提供了丰富的文本功能，包括支持富文本、文字对齐、文字间距、字距调整、超链接、自动换行等。

（2）高性能：TextMeshPro 采用了基于网格的文本渲染方式，具有较高的性能表现，特别是在大量文本渲染和动态文本更新的场景下。

（3）支持多平台：TextMeshPro 可以在各种平台上进行部署，包括 PC、移动设备、主机等。

（4）支持更多字体：TextMeshPro 支持更多格式的字体文件，包括 TrueType、OpenType、字体纹理集等。

（5）支持文本的精确控制：TextMeshPro 允许开发者对文本的各方面进行精确控制，包括字符间距、行间距、文字对齐方式等。

很明显，TextMeshPro 是一种更强大、更灵活的文本组件，特别适用于需要高级文本功能和性能要求较高的 UI 场景。在实际开发中，如果需要实现复杂的文本效果或者需要处理大量的动态文本，则推荐使用 TextMeshPro 组件。

接下来对 UI 上的文字元素进行编辑。

在 Hierarchy 中选中 Canvas 下的 Text（TMP）对象，在 Inspector 面板找到 TextMeshPro 组件，将 Text Input 属性值修改为 Game Menu，将格式设置为居中，加粗，调整适当大小和位置，如图 7-10 所示。

再在 Canvas 上添加一个下拉列表对象。

在 Hierarchy 中右击 Canvas，在快捷菜单中选择 UI→DropDown-TextMeshPro，这样 Canvas 下就会出现一个 DropDown 子对象，如图 7-11 所示。

在 Hierarchy 中选中 Dropdown 对象，在 Inspector 面板中调整 Rect Transform 下的 Scale 属性，适当调整一下 DropDown 的大小。使 DropDown 的边缘不超过 Canvas 的边缘，如图 7-12 所示。

为了让 Canvas 能够有一个背景底色，需要在 Canvas 上再追加一个 Panel 对象。

在 Hierarchy 中右击 Canvas，在快捷菜单中选择 UI→Panel，Canvas 下会出现一个正好撑满 Canvas 大小的 Panel 子对象，如图 7-13 所示。

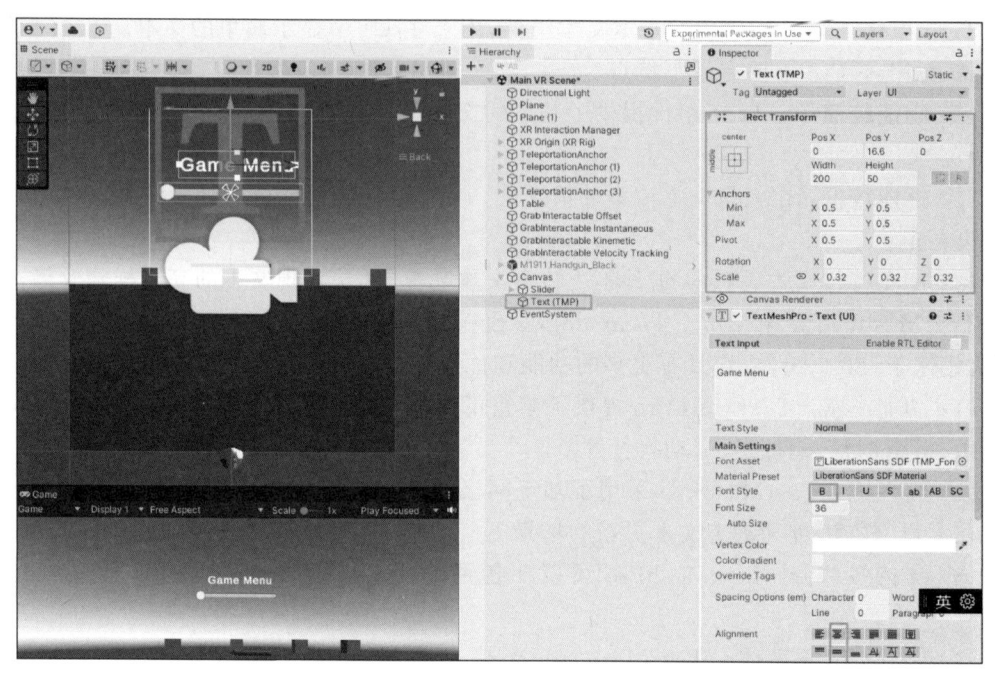

图 7-10 设置 Text(TMP) 对象的 TextMeshPro 组件

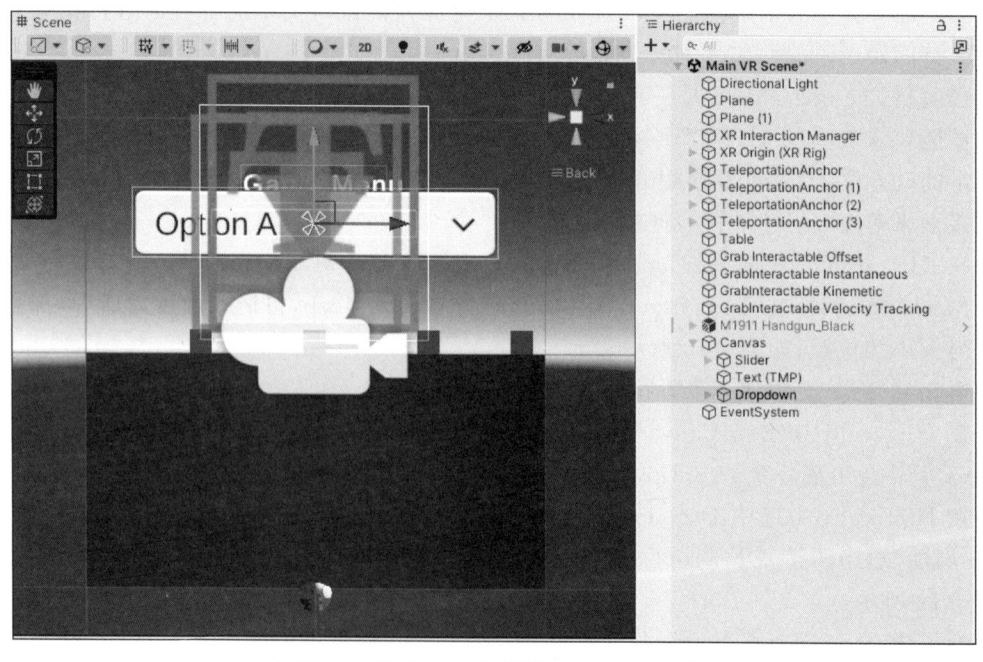

图 7-11 在 Canvas 上新增 DropDown 对象

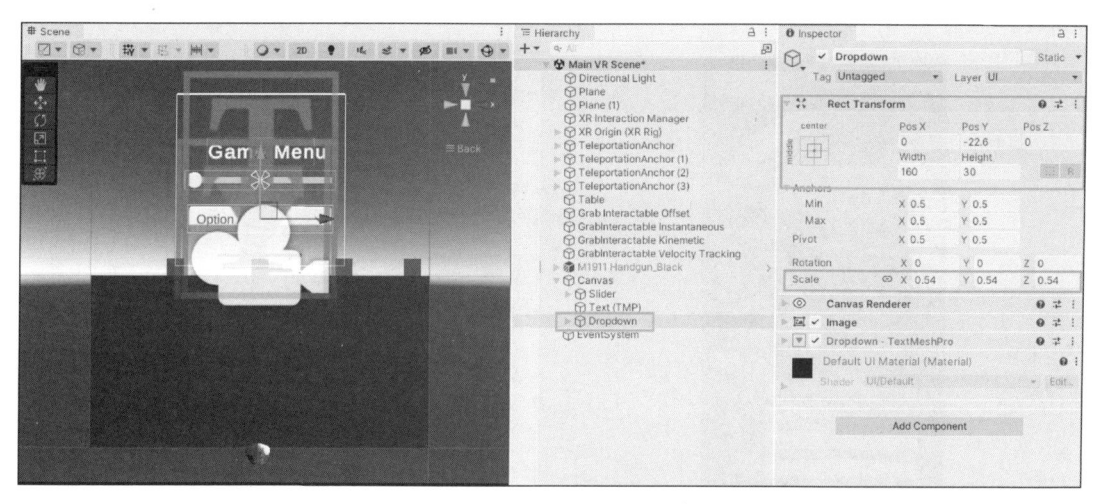

图 7-12 调整 Dropdown 对象的大小和位置

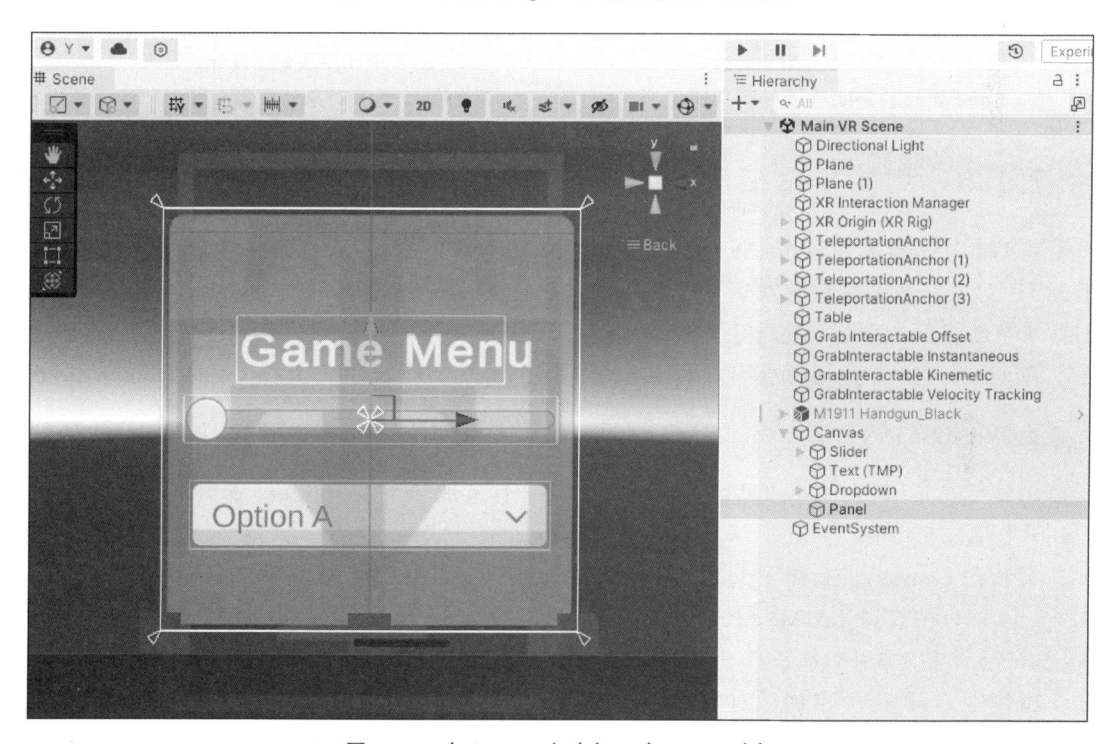

图 7-13 在 Canvas 上追加一个 Panel 对象

在 Hierarchy 中选中 Panel 对象，在 Inspector 面板中找到 Image 组件，单击 Color 属性值，在弹出的调色板中将透明度调整到合适值，如图 7-14 所示。

在 Hierarchy 中将 Panel 拖曳到 Canvas 下的第 1 个子对象的位置，这样 Panel 就不会遮盖住其他 UI 元素了，如图 7-15 所示。

图 7-14　将 Panel 对象 Image 组件 Color 属性的透明度调整到合适值

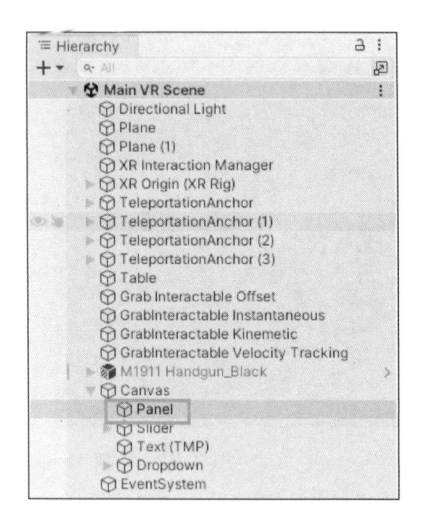

图 7-15　将 Panel 拖曳到 Canvas 下的第 1 个子对象的位置

7.1.3　测试和总结

在 Unity 编辑器中单击 Play 按钮运行测试，戴上 VR 头盔，观察游戏场景，发现 Canvas 上的 UI 对象已经可以在游戏场景中直接观察到，成为虚拟空间中的一部分。

本节涉及的主要操作如下：

在 Hierarchy 中新建对象 UI→Canvas，在 Inspector 面板中将 Canvas 的 RenderMode 设置为 WorldSpace，重置 Rect Transform 组件，Scale 缩小为原来的 $\frac{1}{100}$。将 Canvas 的位置挪动到工具桌 table 对象的后上方，在 Canvas 上追加子对象 Slider，适当调整 Scale，使 Slider 不超过 Canvas 边缘。

继续在 Canvas 上追加子对象 Text-TextMeshPro，如果弹出对话框就单击 Import。在 Inspector 面板中找到 TextMeshPro-Text（UI）组件，将 Text Input 属性设置为 Game Menu，将 Alignment 设置为居中，将 Font Style 设置为加粗，将 Font Size 调整到适当字体大小。

继续在 Canvas 上追加子对象 Panel，在 Inspector 面板中找到 Image 组件，将 Color 属性设置到合适透明度。将 Panel 对象挪到 Canvas 下的第 1 个子对象位置。

7.2　初步实现与 UI 元素的互动

如果要实现在 VR 场景中与 UI 元素互动，就需要将 Canvas 从传统 UI 对象转变为可以接受 VR 互动的可互动对象。

7.2.1 让 Canvas 具备 VR 空间内的互动能力

在 Unity 中，Canvas 下的 Graphic Raycaster 是一种用于处理鼠标单击和触摸事件的组件。它的主要作用是将鼠标单击或触摸事件转换为 UI 元素上的交互操作，从而实现用户与 UI 元素的交互功能。但是这个组件是用于非 VR 游戏场景下的，如果要实现 VR 形式的互动，就需要用另一个适用于 VR 场景的组件代替传统 Graphic Raycaster 组件发挥作用。

在 Hierarchy 中选中 Canvas，在 Inspector 面板中找到组件 Graphic Raycaster，右击后在快捷菜单中选择 Remove Component，移除这个组件，如图 7-16 所示。

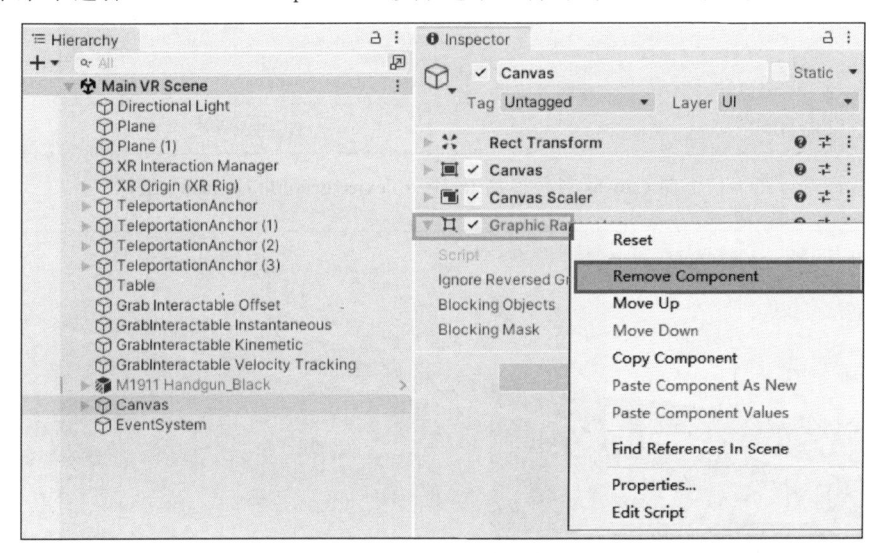

图 7-16 移除 Graphic Raycaster 组件

接着追加一个新的组件负责让 Canvas 上的 UI 对象可以接受 VR 形式的互动。

在 Hierarchy 中保持选中 Canvas，在 Inspector 面板中单击最下方的 Add Component 按钮，在弹出的对话框中搜索 Tracked Device Graphic Raycaster，在搜索结果中选中 Tracked Device Graphic Raycaster 条目完成组件的追加，如图 7-17 所示。

7.2.2 修改 Event System 对象

在 VR 中不可用的传统对象还有新建 Canvas 的同时自动新建的 Event System 对象。为了实现传统 Canvas 向 VR Canvas 的转变，需要将当前的传统 Event System 对象也通过替换组件赋予在 VR 场景中的可互动能力。

在 Hierarchy 中选中 EventSystem 对象，在 Inspector 面板中找到 Standalone Input Module 组件，右击后在快捷菜单中选择 Remove Component 完成组件的删除，如图 7-18 所示。

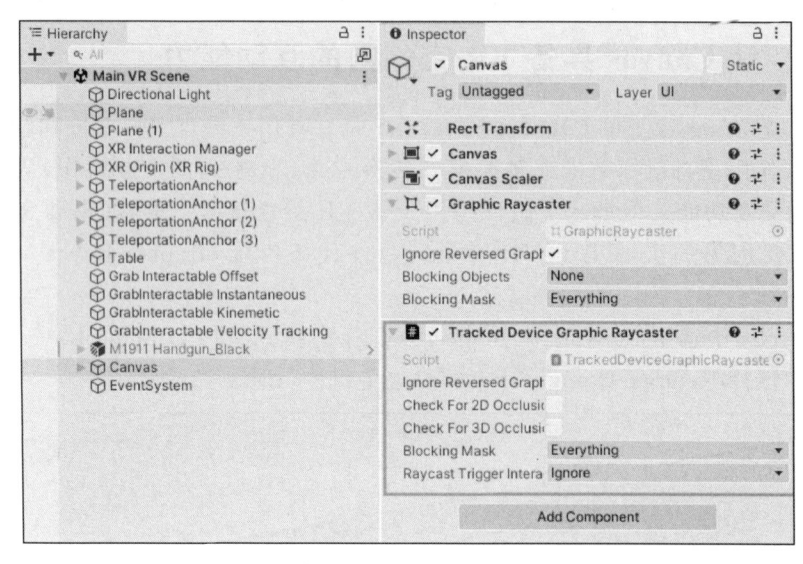

图 7-17　向 Canvas 对象追加 tracked device graphic raycaster 组件

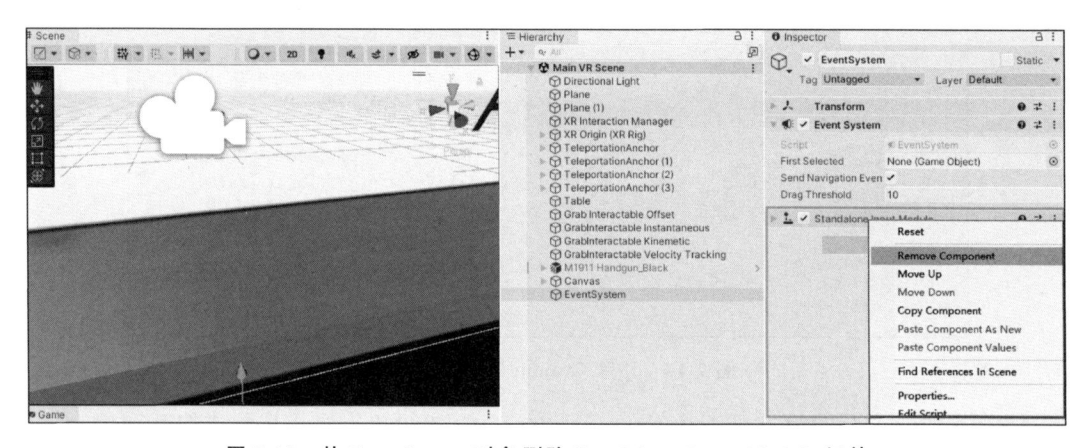

图 7-18　从 EventSystem 对象删除 Standalone Input Module 组件

保持选中 EventSystem，单击 Inspector 面板最下面的 Add Component 按钮，在弹出的对话框中搜索 XR UI Input Module，在查询结果中单击 XR UI Input Module 条目完成组件的追加，如图 7-19 所示。

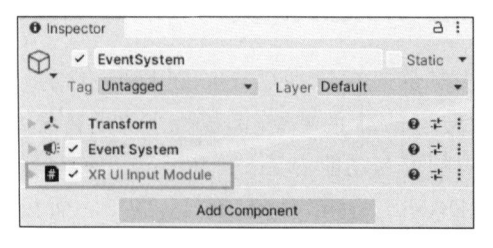

图 7-19　向 EventSystem 对象追加 XR UI Input Module 组件

7.2.3 测试和总结

在 Unity 编辑器中单击运行进行测试，戴上 VR 头盔，在游戏场景中尝试用控制器射线与 Canvas 进行互动，发现 Ray Interactor 确实和 Canvas 有互动感应了，但是又引入一个冲突问题，UI 的 Ray 和传送的 Ray 会在按下 Trigger 按键时同时出现，7.3 节继续说明如何解决这个问题。

本节涉及的主要操作如下：

在 Hierarchy 中选中 Canvas 对象，在 Inspector 面板中删除 Graphic Raycaster 组件，追加 tracked device graphic raycaster 组件。

在 Hierarchy 中选中 EventSystem 对象，在 Inspector 面板中删除 Input Module 组件，追加 XR UI Input Module 组件。

7.3 如何消除传送移动与 UI 互动同时发生的冲突问题

传送移动和 UI 互动都是与 Ray Interactor 相关的互动，解决这两种互动冲突问题的思路类似于解决传送移动与物体抓取互动的冲突问题，需要在互动相关的现有脚本的基础上追加逻辑，区分互动场景并有针对性地进行处理。具体来讲，也就是在负责 UI 互动的 Ray Interactor 发生作用时，让传送移动的 Ray Interactor 隐藏起来，因此需要改写传送移动相关的脚本。

7.3.1 修改 Activate Teleportation Ray 脚本

在 Hierarchy 中选中 XR Origin，在 Inspector 面板中展开 Activate Teleportation Ray 组件。双击组件下的 Script 属性框，打开 VS 脚本编辑器，如图 7-20 所示。

在声明变量部分，追加声明两种类型为 XRRayInteractor 的公共变量 leftRay 和 rightRay。这两个公共变量将在 Unity 编辑器中与 UI 互动的 Ray Interactor 关联，代码如下：

```
public XRRayInteractor leftRay;
public XRRayInteractor rightRay;
```

接着在 Update() 函数体中追加处理逻辑，使 Ray Interactor 不做 UI 操作时才激活传送移动的 Ray Interactor。

在 Update() 函数体内声明一个名为 isLeftRayHovering 的布尔变量，用 leftRay.TryGetHitInfo() 方法来判断 leftRay 是否撞击到 UI 面板，并将结果传给 isLeftRayHovering。注意此函数要求填写一组输出变量才能正常工作，虽然后续这些输出变量并不会被使用，但是使用时仍然需要填写完整，代码如下：

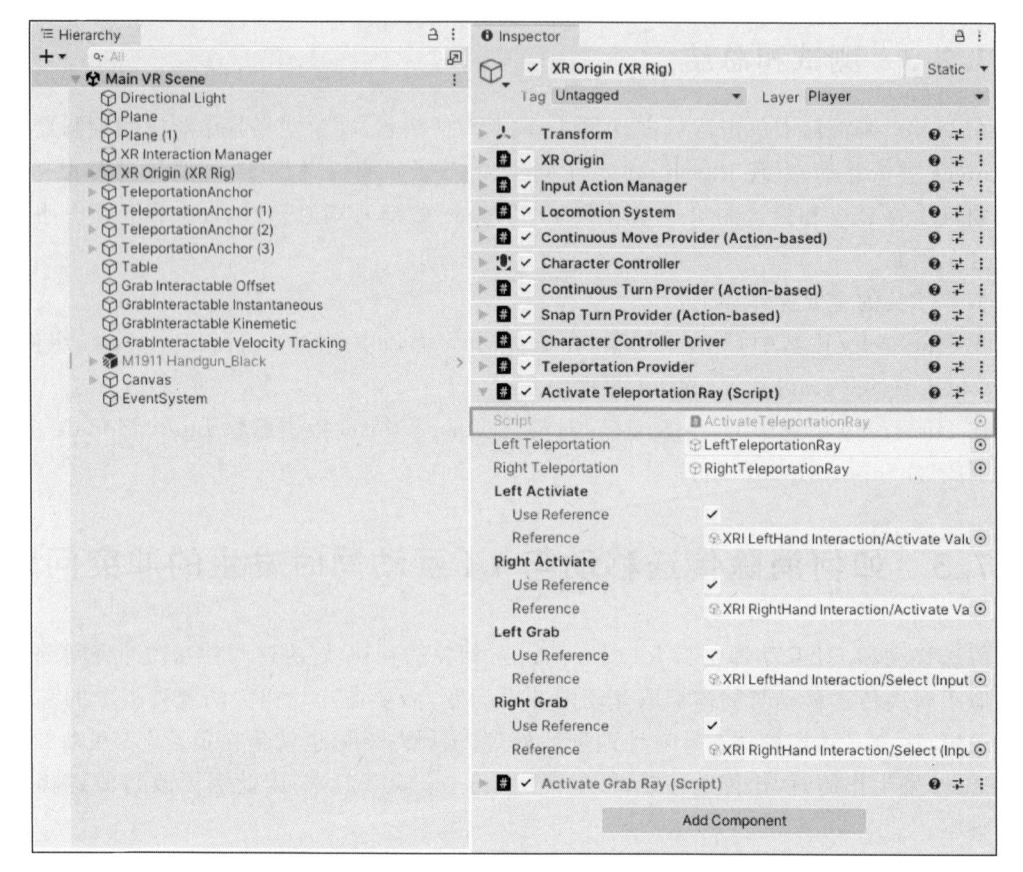

图 7-20 打开 Activate Teleportation Ray 自定义脚本

```
bool isLeftRayHovering;
isLeftRayHovering = leftRay.TryGetHitInfo(out Vector3 leftPos, out Vector3 leftNorms, out
int leftNumber, out bool leftValid);
```

根据 isLeftRayHovering,可以细化改写激活传送移动 Ray Interactor 的规则。在现有的激活传送移动 Ray Interactor 的条件中再追加一个条件,规定在满足已有条件的基础上必须同时满足 Ray Interactor 未碰撞 UI 对象才会激活传送移动 Ray Interactor,代码如下:

```
leftTeleportation.SetActive(leftGrab.action.ReadValue<float>() == 0 && leftActiviate.
action.ReadValue<float>() > 0.1f && !isLeftRayHovering);
```

对于 RightRay 也应用相同逻辑。

修改后脚本 Activate Teleportation Ray 的完整代码如下:

```
//7.3 - 消除传送移动与UI互动的冲突问题 - ActivateTeleportationRay
using System.Collections;
using System.Collections.Generic;
using UnityEngine;
```

```csharp
using UnityEngine.XR.Interaction.Toolkit;
using UnityEngine.InputSystem;

public class ActivateTeleportationRay : MonoBehaviour
{
    //左手传送指示射线(游戏对象)
    public GameObject leftTeleportation;

    //右手传送指示射线(游戏对象)
    public GameObject rightTeleportation;

    //左手传送激活输入动作(例如触摸板输入)
    public InputActionProperty leftActiviate;

    //右手传送激活输入动作
    public InputActionProperty rightActiviate;

    //左手抓取输入动作(例如手柄抓取按钮)
    public InputActionProperty leftGrab;

    //右手抓取输入动作
    public InputActionProperty rightGrab;

    //左手的 XR 射线交互器(用于检测 UI 交互)
    public XRRayInteractor leftRay;

    //右手的 XR 射线交互器
    public XRRayInteractor rightRay;

    //Start 是 Unity 的生命周期方法,在游戏开始时调用一次
    void Start()
    {
        //此处未实现任何初始化逻辑
    }

    //Update 是 Unity 的生命周期方法,每帧调用一次
    void Update()
    {
        //检测左手的射线是否悬停在 UI 元素或其他交互对象上
        bool isLeftRayHovering = leftRay.TryGetHitInfo(out Vector3 leftPos, out Vector3 leftNorms, out int leftNumber, out bool leftValid);

        //检测右手的射线是否悬停在 UI 元素或其他交互对象上
        bool isRightRayHovering = rightRay.TryGetHitInfo(out Vector3 rightPos, out Vector3 rightNorms, out int rightNumber, out bool rightValid);

        //右手传送指示射线的显示逻辑
        // - 没有抓取物体(rightGrab.action.ReadValue<float>() == 0)
        // - 按下传送激活按钮(rightActiviate.action.ReadValue<float>() > 0.1f)
```

```
        //- 射线未悬停在 UI 元素上(!isRightRayHovering)
        rightTeleportation.SetActive(rightGrab.action.ReadValue<float>() == 0
            && rightActiviate.action.ReadValue<float>() > 0.1f
            && !isRightRayHovering);

        //左手传送指示射线的显示逻辑
        //- 没有抓取物体(leftGrab.action.ReadValue<float>() == 0)
        //- 按下传送激活按钮(leftActiviate.action.ReadValue<float>() > 0.1f
        //- 射线未悬停在 UI 元素上(!isLeftRayHovering)
        leftTeleportation.SetActive(leftGrab.action.ReadValue<float>() == 0
            && leftActiviate.action.ReadValue<float>() > 0.1f
            && !isLeftRayHovering);
    }
}
```

7.3.2 关联公共变量

保存脚本,切换回 Unity 编辑器,开始关联自定义脚本组件 Activate Teleportation Ray 中新增的公共变量。

在 Hierarchy 中展开 XR Origin→Camera Offset 后,保持选中 XR Origin,展开自定义脚本组件 Activate Teleportation Ray。从 Hierarchy 中将 XR Origin→Camera Offset 下的子对象 Right Grab Ray 拖曳到 Right Ray 属性框中,将子对象 Left Grab Ray 拖曳到 Left Ray 属性框中,如图 7-21 所示。

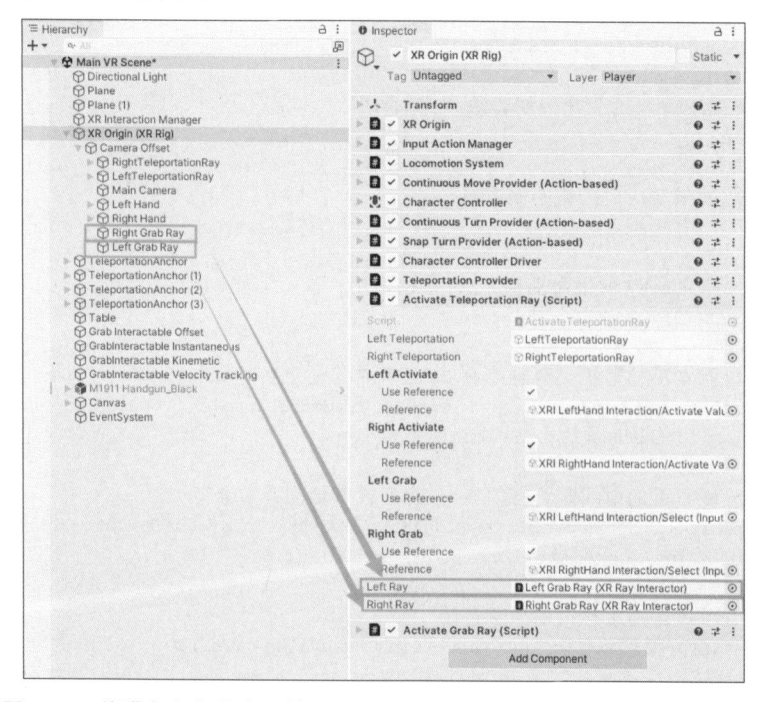

图 7-21 关联自定义脚本组件 Activate Teleportation Ray 中新增的公共变量

如果觉得上述操作过程中，Inspector 面板总是因为选中其他对象时自动切换而导致操作不便，则可以通过 Inspector 面板左上角的锁定键，暂时锁定 Inspector 固定展示 XR Origin 的属性不变，然后完成拖曳操作再解锁，锁定键的位置如图 7-22 所示。

图 7-22 锁定键的位置

接下来介绍 Unity 在开发过程中 Inspector 面板的锁定按钮有什么作用。

当在 Unity 中选择一个对象时，Inspector 面板会显示该对象的属性和组件。有时，可能想要操作另一个对象，但同时又希望 Inspector 面板能够保持展示当前对象的属性不变，这时锁定按钮就很有用了。

通过单击 Inspector 面板右上角的锁定按钮，可以锁定当前 Inspector 面板的内容。一旦锁定，即使选择其他对象，Inspector 面板也会保持显示之前锁定对象的属性。这样，可以方便地执行一些操作，而不必担心 Inspector 面板的内容会随着选择的对象的变化而变化。

当不再需要保持某个对象的属性显示时，可以再次单击锁定按钮来解锁 Inspector 面板，使其跟随当前选择的对象变化，这样就可以继续查看和编辑当前选择对象的属性了。

7.3.3 测试和总结

在 Unity 编辑器中单击 Play 按钮运行测试，戴上 VR 头盔，在游戏场景中尝试使用 Ray Interactor 与 UI 对象互动，发现此时已经不再会同时触发传送移动了，对 Canvas 上各个 UI 对象的操作都符合预期。

不过，这时又会引入一个新问题，本节的改动只保证了先与 UI 对象互动时不会再触发传送移动，但并未禁止先触发传送移动时不能与 UI 互动，所以还需要取消传送移动时 Ray Interactor 与 UI 对象的互动。

本节涉及的主要操作如下：

在 Hierarchy 中选中 XR Origin 对象，在 Inspector 面板中找到 Activate Teleportation Ray 组件，双击 Script 属性框，打开 VS 脚本编辑器。

首先追加两个公共变量，即 XRRayInteractor 类型的 leftRay 和 XRRayInteractor 类型的 rightRay，代码如下：

```
public XRRayInteractor leftRay;
public XRRayInteractor rightRay;
```

修改 Update() 函数体，声明布尔类型的局部变量 isLeftRayHovering，将这个变量作为追加的激活传送移动 Ray Interactor 的条件。Right ray 也采用相同的方法补充逻辑，代码如下：

```
void Update()
{
    bool isLeftRayHovering;
    bool isRightRayHovering;
    isLeftRayHovering = leftRay.TryGetHitInfo(out Vector3 leftPos, out Vector3 leftNorms, out int leftNumber, out bool leftValid);
    isRightRayHovering = rightRay.TryGetHitInfo(out Vector3 rightPos, out Vector3 rightNorms, out int rightNumber, out bool rightValid);

    rightTeleportation.SetActive(rightGrab.action.ReadValue<float>() == 0 && rightActiviate.action.ReadValue<float>() > 0.1f && !isRightRayHovering);
    leftTeleportation.SetActive(leftGrab.action.ReadValue<float>() == 0 && leftActiviate.action.ReadValue<float>() > 0.1f && !isLeftRayHovering);
}
```

在 Hierarchy 中展开 XR Origin→Camera Offset，将 Left Grab Ray 拖曳到 Inspector 面板中 Activate Teleportation Ray 组件下的 Left Ray 属性框。将 Right Grab Ray 拖曳到 Inspector 中 Activate Teleportation Ray 组件下的 Right Ray 属性框。

7.4　如何阻止传送移动的 Ray Interactor 与 UI 元素互动

关于如何阻止传送移动的 Ray Interactor 与 UI 元素互动，非常幸运，在 XR Ray Interactor 组件下可以直接通过属性配置达到目的，省去了自行编写代码实现的麻烦。

在 Hierarchy 中展开 XR Origin→Camera Offset，同时选中 Left Teleportation Ray 和 Right Teleportation Ray，在 Inspector 面板中找到 XR Ray Interactor 组件，取消选中 Enable Interaction with UI GameObjects，如图 7-23 所示。

单击运行，尝试用传送的指示射线操作 UI 元素，观察到传送用的 Ray Interactor 已经无法作用于 UI 元素了。

目前实现了在 VR 中与 UI 元素的基本互动，不同的 UI 元素会有不同的行为反应，例如按钮的互动行为是单击，滑块的互动行为是滑动等。在游戏或应用中可以进一步利用这些 UI 元素的行为触发各种功能，例如单击按钮后切换场景，以及变换角色模型风格等。

本节涉及的主要操作如下：

在 Hierarchy 中选中 XR Origin→Camera Offset，同时选中 Left Teleportation Ray 和 Right Teleportation Ray，在 Inspector 面板找到 XR Ray Interactor，取消勾选 Enable Interaction with UI GameObjects。

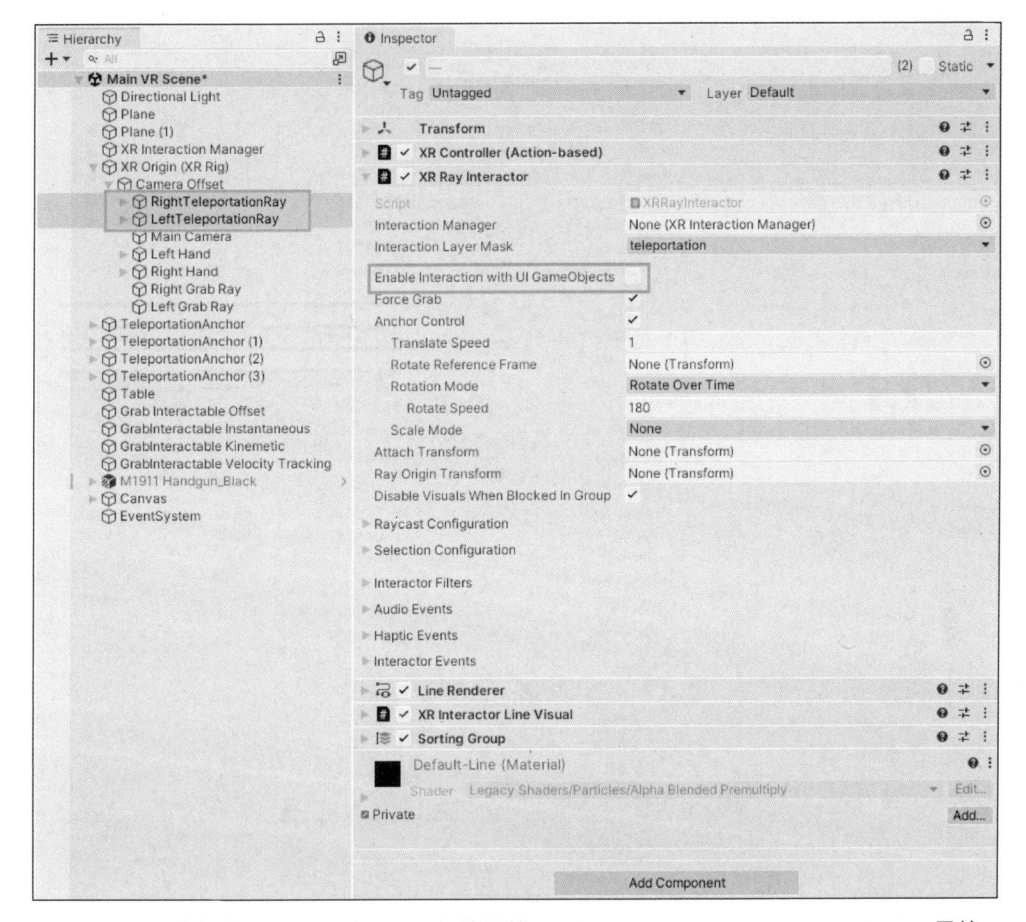

图 7-23 取消勾选 XR Ray Interactor 组件下的 Enable Interaction with UI GameObjects 属性

7.5 通过下拉列表实现切换转向模式

本节实现通过下拉列表互动在平滑转向和分段转向两种转向模式间进行切换。

7.5.1 设置下拉列表

通过与 UI 对象的互动实现某个功能，也就是以 UI 对象的动作为触发点，触发目标函数功能。传递的链条是 Ray Interactor→UI 对象→功能函数。

先给 DropDown 对象设置所需的选项。

在 Hierarchy 中展开 Canvas，选中 DropDown 子对象，在 Inspector 面板中找到 Dropdown-TextMeshPro 组件，在 Options 列表中只需两个选项，所以需要删除一个默认选项，选中 Option C，单击右下角的减号删除此选项，如图 7-24 所示。

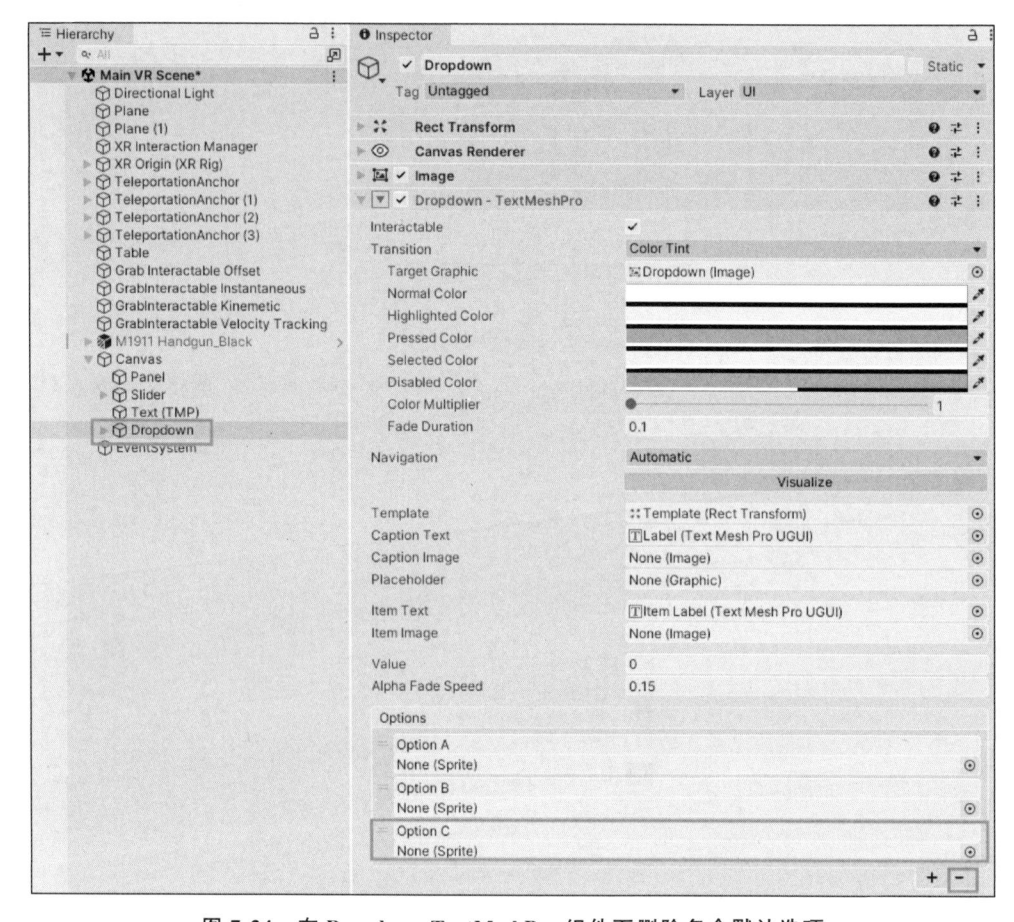

图 7-24 在 Dropdown-TextMeshPro 组件下删除多余默认选项

接着，将 OptionA 的名称栏修改为 ContiniousTurn，将 OptionB 的名称栏修改为 SnapTurn，如图 7-25 所示。

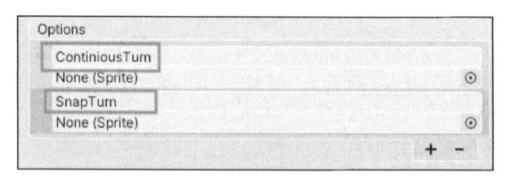

图 7-25 设置 Options 名称

接下来通过设置监听来触发函数功能。

在 Unity 开发中，OnValueChanged 监听通常用于监测用户对某个 UI 元素的操作，例如滑动条、下拉菜单等，当用户操作这些 UI 元素时，其数值或状态发生改变，而 OnValueChanged 监听就可以捕捉到这些变化，从而触发相应的事件或行为。

在 Hierarchy 中保持选中 Canvas 下的 DropDown 对象，在 Inspector 面板中找到 Dropdown-TextMeshPro 组件下的 OnValueChanged 监听列表，单击"＋"按钮追加一个监

听,如图 7-26 所示。

图 7-26　追加 OnValueChanged 监听事件

监听设置的目的是在感应到 Dropbox 对象的 Value Changed 事件时触发切换转向模式的函数。实现切换转向模式的自定义脚本组件可以挂在 Canvas 对象下。

7.5.2　编写控制转向模式的自定义脚本

在 Hierarchy 中选中 Canvas 对象,在 Inspector 面板单击底部的 Add Component 按钮,在弹出的对话框中单击 New Script 追加一个自定义脚本,命名为 SetTurnType,如图 7-27 所示。

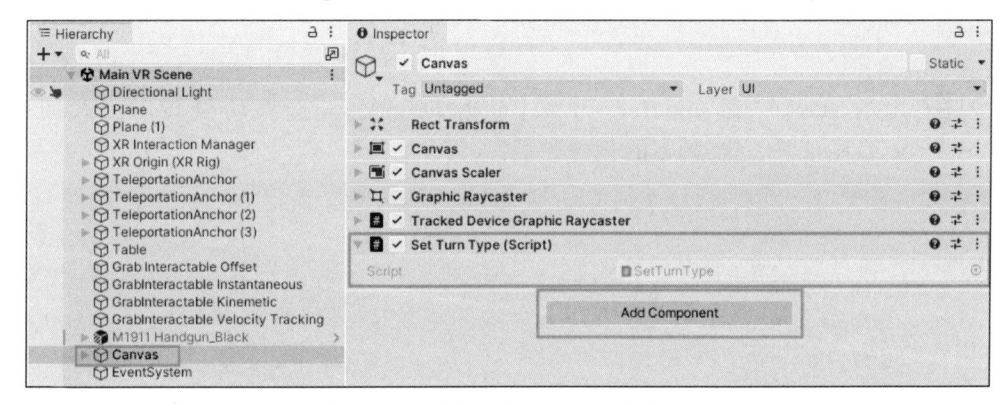

图 7-27　在 Canvas 对象下追加自定义脚本 SetTurnType

完成自定义脚本追加后,双击 Script 属性框进入 VS 脚本编辑器,开始编写脚本内容。

在引入命名空间的 Using 部分追加引用 UnityEngine. XR. Interaction. Toolkit,代码如下:

```
using UnityEngine.XR.Interaction.Toolkit;
```

在声明公共变量部分,声明一个 ActionBasedSnapTurnProvider 类型的公共变量 snapTurn 和一个 ActionBasedContinuousTurnProvider 类型的公共变量 continuousTurn,代码如下:

```
public ActionBasedSnapTurnProvider snapTurn;
public ActionBasedContinuousTurnProvider continuousTurn;
```

这两个对象分别代表了转向的两种模式,切换转向模式就是切换这两个对象各自的 active 状态。

接下来编写实现切换功能的函数。

声明一个功能函数 SetTypeFromIndex()，这个函数需要接收一个整数类型的参数，参数名为 index。

如果 index 为 0，则让 snapTurn 失效而让 continiuosTurn 生效。

如果 index 为 1，则让 snapTurn 生效而让 continiousTurn 失效，代码如下：

```csharp
public void SetTypeFromIndex(int index)
{
    if (index == 0)
    {
        snapTurn.enabled = false;
        continuousTurn.enabled = true;
    }
    else if (index == 1)
    {
        snapTurn.enabled = true;
        continuousTurn.enabled = false;
    }
}
```

删除不用的 start() 和 update() 函数，根据 Dropdown 选项切换转向模式的脚本 SetTurnType 编写完毕，完整脚本的代码如下：

```csharp
//7.5 - 通过下拉列表实现切换转向模式 - SetTurnType
using System.Collections;
using System.Collections.Generic;
using UnityEngine;
using UnityEngine.XR.Interaction.Toolkit;

public class SetTurnType : MonoBehaviour
{
    //快速转向提供器(分段转向,例如步进式旋转)
    public ActionBasedSnapTurnProvider snapTurn;

    //平滑转向提供器(平滑转向)
    public ActionBasedContinuousTurnProvider continuousTurn;

    //根据下拉列表的选择项设置转向类型
    public void SetTypeFromIndex(int index)
    {
        //如果选择的是平滑转向(索引为 0)
        if (index == 0)
        {
            //禁用分段转向,启用平滑转向
            snapTurn.enabled = false;
            continuousTurn.enabled = true;
        }
        //如果选择的是分段转向(索引为 1)
        else if (index == 1)
        {
```

```
            //启用分段转向,禁用平滑转向
            snapTurn.enabled = true;
            continuousTurn.enabled = false;
        }
    }
}
```

保存脚本后切换回 Unity 编辑器界面,在 Hierarchy 中保持选中 Canvas,在 Inspector 面板中找到自定义脚本组件 SetTurnType,从 Hierarchy 中将 XR Origin 对象拖放到两个需要关联的公共变量 ActionBasedSnapTurnProvider 和 ActionBasedContinuousTurnProvider 中,由于公共变量各自具备规定的变量类型,所以 Unity 会自动匹配 XR Origin 对象下合适类型的组件分别填入两个公共变量,如图 7-28 所示。

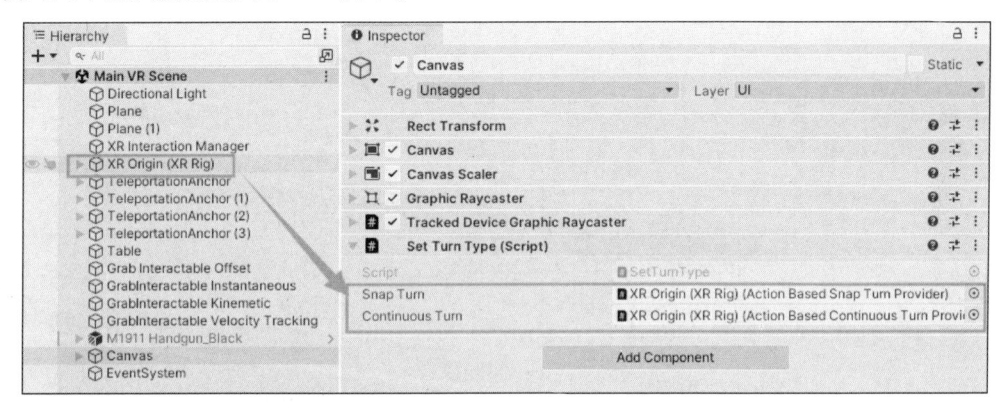

图 7-28　关联自定义脚本 SetTurnType 下的公共变量

接下来,为了使 Dropdown 的选项变更时能够触发功能函数 SetTurnType(),需要将 SetTurnType() 函数关联到 Dropdown 的 On Value Changed 监听事件中。

在 Hierarchy 中选中 Canvas→DropDown,在 Inspector 面板中找到 On Value Changed 事件,从 Hierarchy 中将 Canvas 拖曳到 On Value Changed 下方的对象属性框,右侧的 Function 属性从列表中选取 SetTurnType→SetTypeFromIndex。注意不要选择列表下方的 SetTypeFromIndex(int)。SetTypeFromIndex 不需要指定参数,函数会动态地使用玩家选中的 Dropdown 项目的 Index,而 SetTypeFromIndex(int) 的参数,则需要玩家显式指定具体选项,如图 7-29 所示。

7.5.3　测试和总结

在 Unity 编辑器中单击 Play 按钮运行测试,戴上 VR 头盔,尝试改选 Canvas 上 Dropdown 的选项并分别测试选择不同选项后的转向模式变化,观察到当从下拉列表选择 ContiniousTurn 条目时平滑转向生效,而当从下拉列表选择 SnapTurn 条目时,转向模式立即变成了分段转向。

本节涉及的主要操作如下:

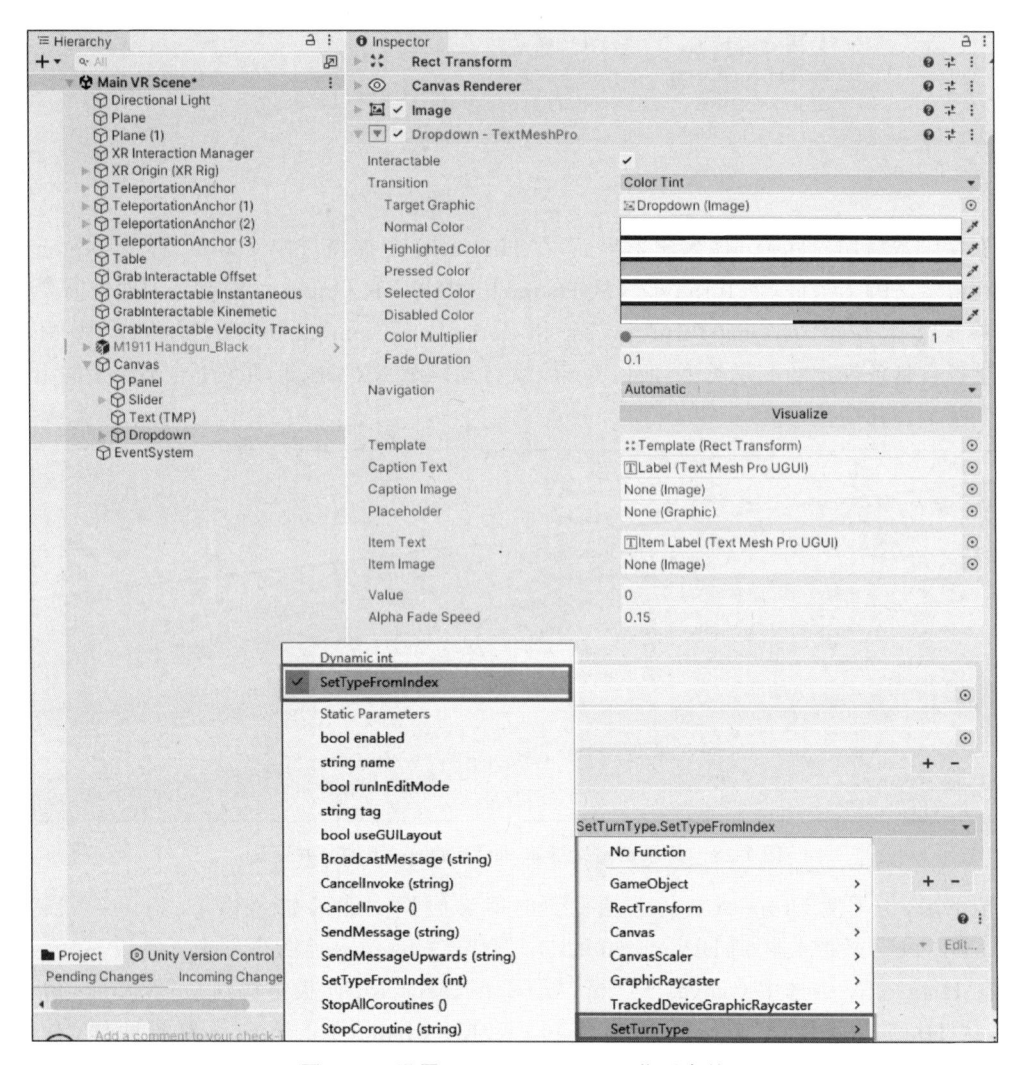

图 7-29 设置 On Value Changed 监听事件

在 Hierarchy 中选中 Canvas 下的 DropDown 对象,在 Inspector 面板中找到 Dropdown-TextMeshPro 组件,找到 Option 列表部分,删除默认选项 OptionC,将 OptionA 选项显示的内容设置为 ContiniousTurn,将 OptionB 选项显示的内容设置为 SnapTurn。

追加自定义脚本组件 SetTurnType,编辑脚本内容。

追加引用,代码如下:

```
UnityEngine.XR.Interaction.Toolkit
```

追加变量,代码如下:

```
ActionBasedSnapTurnProvider snapTurn
ActionBasedContinuousTurnProvider continuousTurn
```

创建功能函数,代码如下:

```
public void SetTypeFromIndex(int index)
{
    if (index == 0)
    {
        snapTurn.enabled = false;
        continuousTurn.enabled = true;
    }
    else if (index == 1)
    {
        snapTurn.enabled = true;
        continuousTurn.enabled = false;
    }
}
```

关联公共变量,从 Hierarchy 分别将 XROrigin 对象拖放到公共变量 Snap Turn 和 Continuous Turn 属性框中。

选中 DropDown 对象,从 Hierarchy 中将 Canvas 拖曳到 OnValueChange 事件的对象属性框,Function 从列表选择 SetTypeFromIndex。

7.6 通过控制器按钮呼出菜单

本节介绍如何实现通过按下控制器按钮呼出 UI 菜单。

7.6.1 创建菜单

首先向 Canvas 对象追加更多要素,使其成为一个菜单。

在 Hierarchy 的空白处右击,在快捷菜单中选择 Create Empty,新建一个空对象并将它命名为 GameMenu。选中 GameMenu,在 Inspector 面板的 Transform 组件 Title 上右击,在快捷菜单中单击 Reset,重设当前对象的 Position、Rotation 和 Scale 属性,如图 7-30 所示。

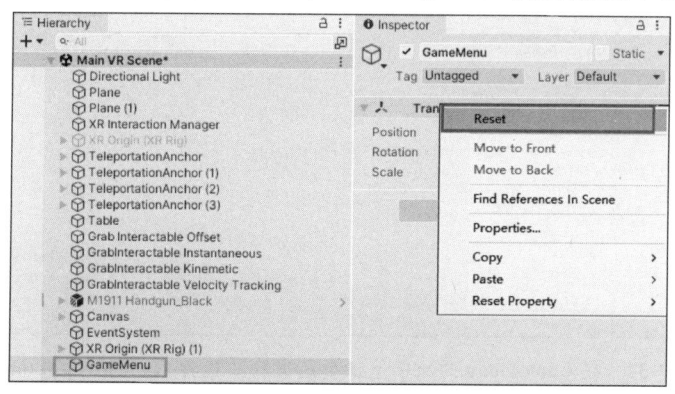

图 7-30　新建 GameMenu 对象并重设 Transform 组件属性

最后将 Canvas 对象拖曳到 GameMenu 对象下,如图 7-31 所示。

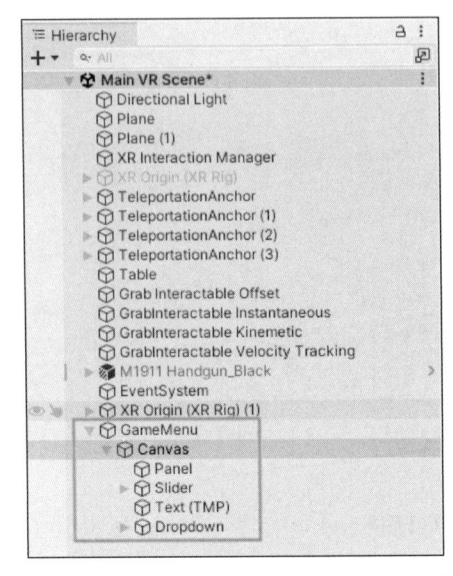

图 7-31　新建 GameMenu 对象并将 Canvas 对象作为其子对象

7.6.2　编写呼出菜单的功能脚本

接下来开始编写实现呼出菜单的自定义功能脚本。

在 Hierarchy 中保持选中 GameMenu 对象,在 Inspector 中单击底部的 Add Component 按钮,在弹出的对话框中单击 New Script 新增 1 个自定义脚本组件,命名为 GameMenuManager,如图 7-32 所示。

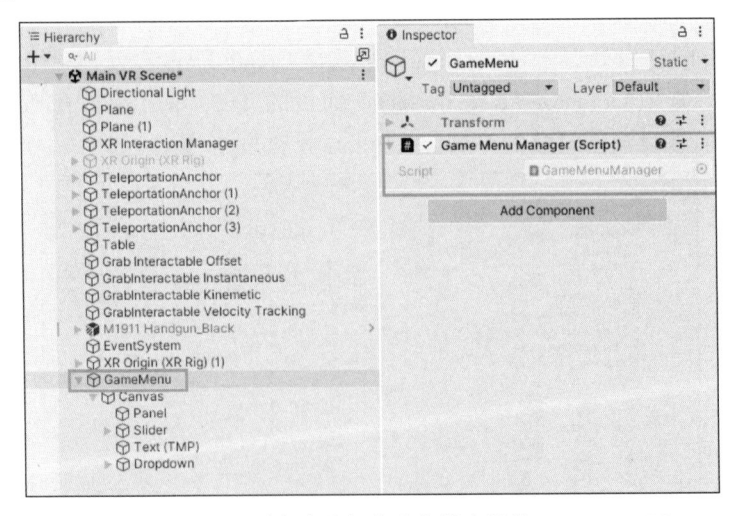

图 7-32　在 GameMenu 对象中追加自定义脚本组件 GameMenuManager

双击 Game Menu Manager 组件下的 Script 属性框，进入 VS 脚本编辑器界面。

在引用命名空间部分新加引用 UnityEngine.InputSystem，语句如下：

```
using UnityEngine.InputSystem;
```

接下来介绍 InputSystem 的作用。

在 Unity 中，UnityEngine.InputSystem 是一个用于处理输入的功能强大的系统。它提供了一种灵活且可扩展的方式来管理各种输入设备（例如键盘、鼠标、控制器等）的输入，并使输入处理更加一致和可配置。

在脚本中引入 UnityEngine.InputSystem 可以实现的功能如下。

（1）统一输入处理并支持多种输入设备：UnityEngine.InputSystem 提供了一种统一的接口来处理各种输入设备的输入，使开发者无须关心具体的输入设备类型，只需关注输入的逻辑处理。

（2）输入事件系统：该系统基于事件驱动，可以通过监听输入事件的方式来响应用户的输入操作，从而实现交互逻辑。

（3）配置灵活性：UnityEngine.InputSystem 允许开发者自定义输入设备的映射和配置，以适配不同的硬件设备或用户需求。

在声明变量部分，创建一个 GameObject 类型的变量 menu，用来关联需要控制显隐的菜单对象，代码如下：

```
public GameObject menu;
```

再声明一个 InputActionProperty 类型的公共变量 showButton，用来关联呼出菜单用的按钮，代码如下：

```
public InputActionProperty showButton;
```

接下来介绍 InputActionProperty 类的作用。

在 Unity 中，InputActionProperty 类是 UnityEngine.InputSystem 命名空间中的一部分，它用于将输入操作（Input Actions）绑定到 C♯类的属性上。

简单来讲，InputActionProperty 类允许开发者将输入操作与 C♯类的字段或属性关联起来，从而在代码中以更直观、更易读的方式处理输入，这个类的主要作用如下。

（1）输入操作绑定：InputActionProperty 类可以用于将输入操作（例如按键、鼠标移动、控制器摇杆等）绑定到 C♯类的属性上。

（2）输入状态监听：通过在 C♯类中定义 InputActionProperty 属性，开发者可以实时监听输入操作的状态变化，例如按键按下或释放、鼠标移动等。

（3）简化输入处理：使用 InputActionProperty 可以简化输入处理逻辑，使代码更易读、更易维护，特别是在需要处理多种输入设备的情况下。

（4）适应性强：InputActionProperty 类可以与其他 Unity 功能（例如 UI 事件系统、动画系统等）结合使用，以实现更复杂的交互逻辑。

在 Update()函数体中编写逻辑,当接收到 showButton 被按下的信号时,就显示或隐藏 menu 对象,代码如下:

```
void Update()
{
    if (showButton.action.WasPressedThisFrame())
    {
        menu.SetActive(!menu.activeSelf);
    }
}
```

注意这里的!menu.activeSelf 意味着触发按钮时永远取当前 Menu 的相反状态,可以实现动态切换显隐状态,将不用的 Start()函数删除后,完整的 GameMenuManager 脚本代码如下:

```
//7.6 - 通过控制器按钮呼出菜单 - GameMenuManager
using System.Collections;
using System.Collections.Generic;
using UnityEngine;
using UnityEngine.InputSystem;

public class GameMenuManager : MonoBehaviour
{
    //菜单的游戏对象
    public GameObject menu;

    //用于显示菜单的输入动作(例如控制器上的按钮)
    public InputActionProperty showButton;

    //Update 是 Unity 的生命周期方法,每帧调用一次
    void Update()
    {
        //检测是否在当前帧按下了显示菜单的按钮
        if (showButton.action.WasPressedThisFrame())
        {
            //切换菜单的显示状态:如果菜单当前是显示状态,则隐藏;如果菜单当前是隐藏状
//态,则显示
            menu.SetActive(!menu.activeSelf);
        }
    }
}
```

保存脚本,切换回 Unity 编辑器界面,开始为新建的脚本关联公共变量。

在 Hierarchy 中保持选中 GameMenu,从 Hierarchy 中将 Canvas 拖曳到 Inspector 面板的自定义脚本组件 Game Menu Manager 下的 Menu 属性框中,如图 7-33 所示。

在将 ShowButton 与实际控制器的物理按钮关联前,需要先设置合适的物理按键映射。

在 Project 面板中搜索 XRI Default Input Actions,在搜索结果中双击 XRI Default Input Actions 条目,展开 XRI Default Input Actions 设置面板,如图 7-34 所示。

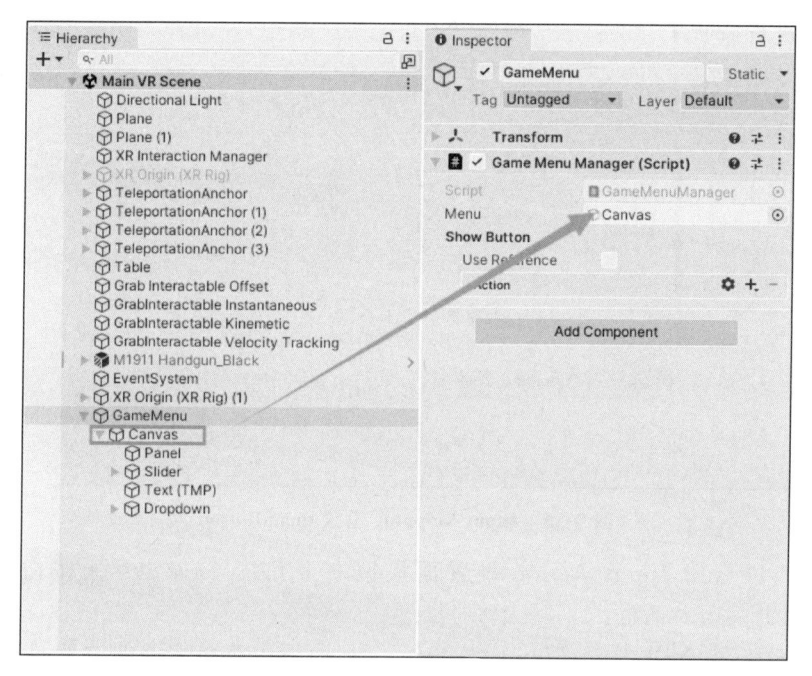

图 7-33　将 Canvas 拖曳到 Game Menu Manager 组件下的 Menu 属性框中

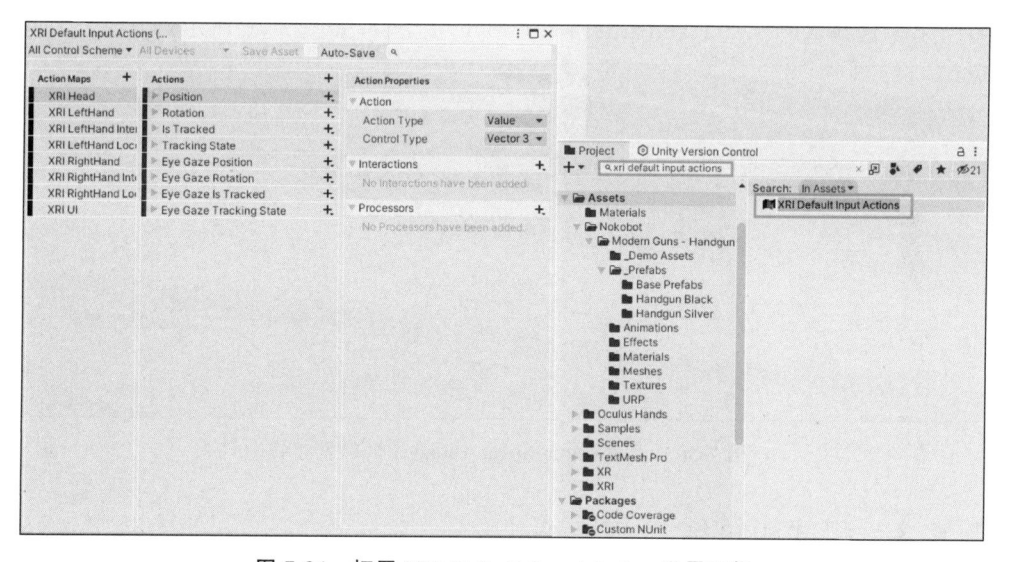

图 7-34　打开 XRI Default Input Action 设置面板

先在 Input Mapping 设置中设置左手控制器的菜单键来触发互动。

在 Action Maps 栏选择 XRI LeftHand Interaction，在 Action 一栏单击右侧的"＋"按钮新建一个 Action，将新加的 Action 命名为 Menu。单击 Menu 下的＜No Building＞部分，在右侧的 Binding Property 栏选中 Binding→Path，从下拉列表选择 XR Controller→XR Controller(Left Hand)→usages→menuButton，这样左手控制器的菜单键就可以通过

menuButton 进行监听了，如图 7-35 所示。

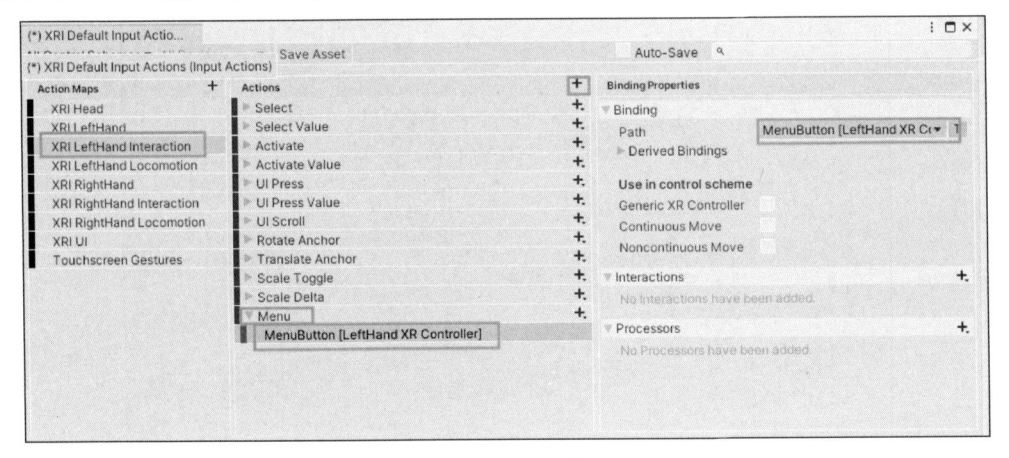

图 7-35　Input Mapping 设置 menuButton

单击 XRI Default Input Action 设置面板偏左上角的 Save Asset 按钮，保存 Input Mapping 设置并关闭对话框。

在 Hierarchy 中选中 GameMenu，在 Inspector 面板中将自定义脚本组件 Game Menu Manager(Script) 下的 Use Reference 打钩，在 Reference 属性框单击右侧圆点搜索 menu，在搜索结果中选择 XRI LeftHand Interaction/Menu 条目，如图 7-36 所示。

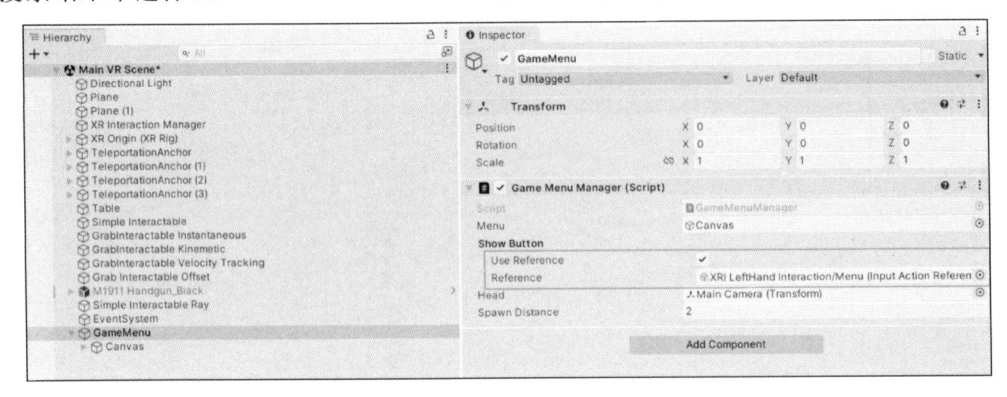

图 7-36　设置 Game Menu Manager 的触发按钮

7.6.3　测试和总结

在 Unity 编辑器单击 Play 按钮运行测试，戴上 VR 头盔，在游戏场景中尝试单击控制器的菜单按钮，观察到菜单会在按下 Menu 按钮时在显隐状态间切换。

本节涉及的主要操作如下：

在 Hierarchy 中新建空对象并命名为 GameMenu。

选中 GameMenu 对象，在 Inspector 面板中重设 Transform 组件下的 Position 属性值。

将 GameMenu 对象拖曳到 Canvas 对象下成为 Canvas 对象的子对象。

保持选中 GameMenu 对象，在 Inspector 面板中新建自定义脚本组件 GameMenuManager。双击 Script 属性值，打开 VS 脚本编辑器开始编辑脚本。

追加引用：

```
using UnityEngine.InputSystem
```

声明变量：

```
public GameObject menu
public InputActionProperty showButton
```

编写 Update() 函数：

```
if (showButton.action.WasPressedThisFrame())
    {
        menu.SetActive(!menu.activeSelf);
    };
```

回到 Unity 编辑器，开始关联变量，将 Canvas 拖曳到自定义脚本组件 GameMenuManager 的 Menu 属性框中。

在 Project 面板中展开 Assets 文件夹，搜索：xri default input actions，双击打开此 Mapping 设置文件，选中 Left Hand Interaction，新增 Action 并命名为 Menu，将监听 Path 设置为 XR Controller→XR Controller(Left Hand)→menuButton，保存 Mapping 设置并关闭 Input Mapping 设置面板。

在 Hierarchy 中保持选中 GameMenu 对象，勾选 UseReference，搜索 menu，选择新建的 Menu 按钮。

7.7　优化 Menu

继续对 menu 相关的功能进行优化。

7.7.1　默认隐藏菜单

第 1 个优化点：初始状态下 Menu 应该不显示。

在 Hierarchy 中选中 GameMenu 下的 Canvas，在 Inspector 面板中把对象名称前的激活选框取消勾选，如图 7-37 所示。

7.7.2　根据玩家位置计算菜单出现位置

第 2 个优化点：相较于将 Menu 固定在一个位置，让 Menu 紧随玩家的位置移动并且永远呈现在眼前是更为增强用户体验的设计。这需要借助修改自定义脚本 Game Menu

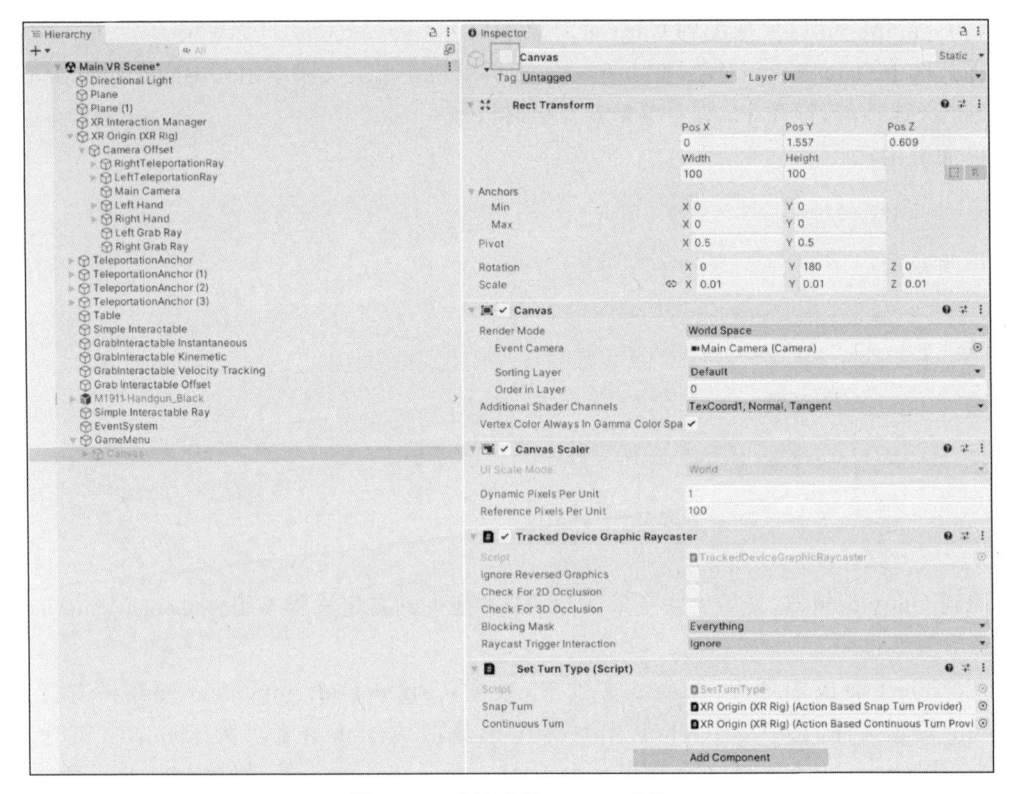

图 7-37　默认隐藏 Canvas 对象

Manager 的内容来实现。

在 Hierarchy 中保持选中 GameMenu，在 Inspector 面板中双击 Game Menu Manager 自定义脚本组件下的 Script 属性框，打开 VS 脚本编辑器开始修改脚本内容。

在变量声明部分新引入一个变量，用于关联用户头盔对象，代码如下：

```
public Transform head;
```

再追加声明一个 float 类型的公共变量用于明确 Canvas 动态出现位置与用户头部位置的距离，代码如下：

```
public float spawnDistance = 2;
```

最后，修改 Update() 函数体中的逻辑，使 Menu 对象的出现位置由与用户头部距离和用户头部位置两个要素共同计算确定，代码如下：

```
menu.transform.position = head.position + new Vector3(head.forward.x,0,head.forward.z) * spawnDistance;
```

具体的算法是以头部位置为原点，沿着头部 Forward 的方向平移 spawnDistance 的距离（默认 2m）得到的位置就是当前帧的 Menu 对象位置。

修改完成后完整的 Game Menu Manager 脚本代码如下：

```csharp
//7.7 - 优化 Menu 的出现位置 - GameMenuManager - 修改版
using System.Collections;
using System.Collections.Generic;
using UnityEngine;
using UnityEngine.InputSystem;

public class GameMenuManager : MonoBehaviour
{
    //菜单的游戏对象
    public GameObject menu;

    //用于显示菜单的输入动作(例如控制器上的按钮)
    public InputActionProperty showButton;

    //头部位置(通常为玩家的头部或摄像机)
    public Transform head;

    //菜单与头部之间的出现距离
    public float spawnDistance = 2;

    //Start 是 Unity 的生命周期方法,在游戏开始时调用一次
    void Start()
    {
        //此处未实现初始化逻辑
    }

    //Update 是 Unity 的生命周期方法,每帧调用一次
    void Update()
    {
        //检测是否在当前帧按下了显示菜单的按钮
        if (showButton.action.WasPressedThisFrame())
        {
            //根据玩家头部的方向计算菜单出现的位置
            //菜单位置在头部的正前方 spawnDistance 距离处,保持水平高度不变
            menu.transform.position = head.position + new Vector3(head.forward.x, 0, head.forward.z) * spawnDistance;

            //切换菜单的显示状态:如果菜单当前是显示状态,则隐藏;如果菜单当前是隐藏状态,
            //则显示
            menu.SetActive(!menu.activeSelf);
        }
    }
}
```

保存脚本后切换回 Unity 编辑器。开始将追加定义的变量与相应的对象关联。

在 Hierarchy 中选中 GameMenu,在 Inspector 面板中找到自定义脚本组件 Game Menu Manager,从 Hierarchy 中将 XR Origin→Camera Offset→Main Camera 拖曳到 Inspector 面板的 Head 属性框。Spawn Distance 保留默认值 2,如图 7-38 所示。

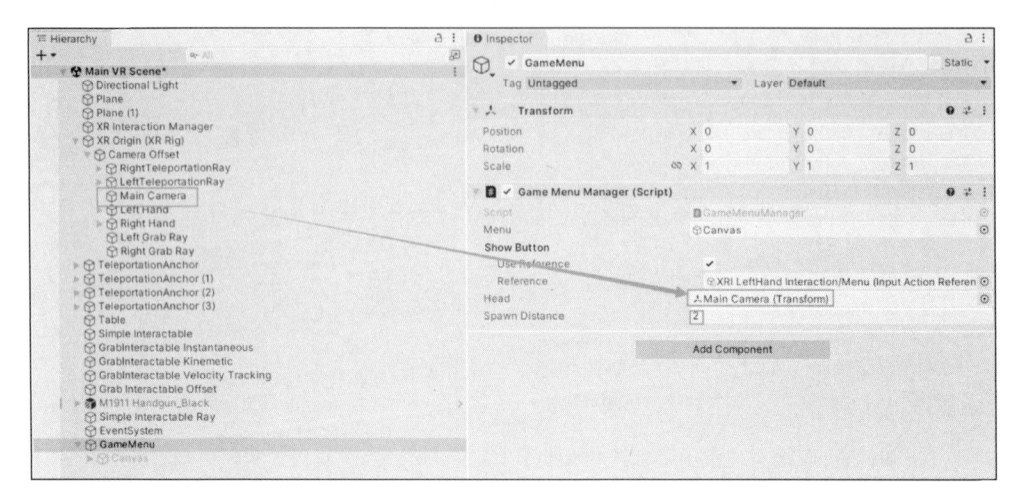

图 7-38　关联脚本组件 Game Menu Manager 的公共变量

7.7.3　测试和总结

在 Unity 编辑器中单击 Play 按钮运行测试，戴上 VR 头盔，可以观察到初始状态下菜单被隐藏，在游戏场景中移动自己的位置同时观察 menu 的出现位置，发现无论自己的位置怎么移动，menu 出现的位置都是正确的，但是朝向不会相应变化，永远朝着一个方向，与目标不符，如图 7-39 所示。

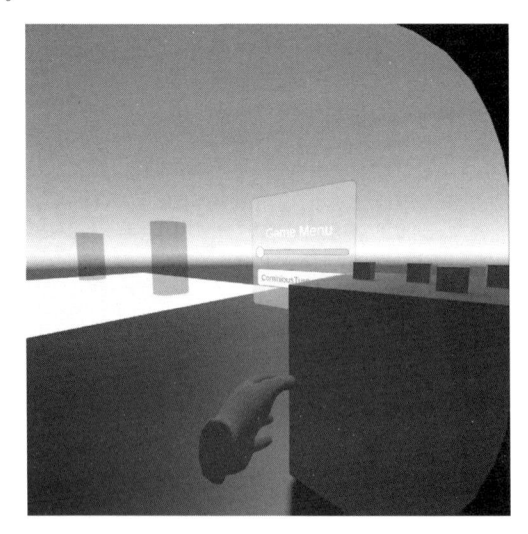

图 7-39　menu 出现的位置正确但朝向不会动态变化

7.8 节继续优化此问题，完成 menu 朝向的实时更新。

本节涉及的主要操作如下：

在 Hierarchy 中选中 GameMenu 对象，在 Inspector 面板中取消激活选框的勾选。双击 GameMenuManager 自定义脚本组件下的 Script 属性框编辑脚本。

新增变量,代码如下:

```
public Transform head;
public float spawnDistance = 2;
```

修改 Update() 函数,代码如下:

```
void Update()
{
    if (showButton.action.WasPressedThisFrame())
    {
        menu.transform.position = head.position + new Vector3(head.forward.x, 0, head.forward.z) * spawnDistance;
        menu.SetActive(!menu.activeSelf);
    };
}
```

7.8 动态调整 Menu 的展现朝向

本节是 UI 互动篇章的最后一节内容,实现动态调整 Menu 朝向的功能。

7.8.1 追加调整菜单朝向的逻辑

在 Hierarchy 中选中 GameMenu 对象,在 Inspector 面板中双击自定义脚本组件 Game Menu Manager 的 Script 属性框,打开 VS 脚本编辑界面对脚本内容进行优化。

更新 Update() 函数内容,在 if 逻辑内部追加一句实时更新 menu 对象朝向位置的语句,代码如下:

```
menu.transform.LookAt(new Vector3(head.position.x, menu.transform.position.y, head.position.z));
```

这句语句可以使 Menu 对象在 x 轴和 z 轴方向组成的水平方向上始终指向用户头部正面,只有代表高度的 y 轴数值保持不变。

括号内新建了一个 Vector3 方向变量,将 head 的 x 轴和 z 轴的值都代入这个 vector3 变量,这样就得到了用户在水平面上的视线方向。

但这样设置的 menu,由于朝向和玩家面向的方向一致,所以玩家看到的是 Menu 对象的背面,需要将 Menu 对象内外翻转一下朝向。为此,需要进一步修改脚本。

在 Update 中继续追加一句语句让 menu 的 forward 方向翻转,代码如下:

```
menu.transform.forward *= -1;
```

修改后完整的脚本代码如下:

```csharp
//7.8 - 动态调整 Menu 的展现朝向 - GameMenuManager - 修改版 2
using System.Collections;
using System.Collections.Generic;
using UnityEngine;
using UnityEngine.InputSystem;

public class GameMenuManager : MonoBehaviour
{
    //菜单的游戏对象
    public GameObject menu;

    //用于显示菜单的输入动作(例如控制器上的按钮)
    public InputActionProperty showButton;

    //玩家头部的位置(通常绑定到摄像机或头部对象)
    public Transform head;

    //菜单与头部之间的出现距离
    public float spawnDistance = 2;

    //Start 是 Unity 的生命周期方法,在游戏开始时调用一次
    void Start()
    {
        //此处未实现初始化逻辑
    }

    //Update 是 Unity 的生命周期方法,每帧调用一次
    void Update()
    {
        //检测是否在当前帧按下了显示菜单的按钮
        if (showButton.action.WasPressedThisFrame())
        {
            //根据玩家头部的方向计算菜单出现的位置
            //菜单位置在头部的正前方 spawnDistance 距离处,保持水平高度不变
            menu.transform.position = head.position + new Vector3(head.forward.x, 0, head.forward.z) * spawnDistance;

            //设置菜单的朝向,使其正面始终朝向玩家
            //使用 LookAt 方法调整菜单的朝向,但保持菜单的 y 轴位置不变
            menu.transform.LookAt(new Vector3(head.position.x, menu.transform.position.y, head.position.z));

            //调整菜单的前方向,使菜单正面朝向玩家
            menu.transform.forward *= -1;

            //切换菜单的显示状态:如果菜单当前是显示状态,则隐藏;如果菜单当前是隐藏状态,
            //则显示
            menu.SetActive(!menu.activeSelf);
        }
    }
}
```

7.8.2 测试和总结

保存脚本后切换回 Unity 编辑器,单击 Play 按钮运行测试,戴上 VR 头盔,在游戏场景中边移动自身位置边调出 menu 对象,观察到 menu 对象的朝向可以动态变化了,无论用户在哪里呼出 menu,menu 的朝向都会面向用户,如图 7-40 所示。

图 7-40 优化脚本后 menu 的朝向正确面向用户

本节涉及的主要操作如下:

在 Hierarchy 中选中 GameMenu 对象,在 Inspector 面板中的 GameMenuManager 自定义脚本组件下双击 Script 属性框进入脚本编辑器编辑脚本内容。

修改 Update()函数,代码如下:

```
void Update()
{
    if(showButton.action.WasPressedThisFrame())
    {
        menu.transform.position = head.position + new Vector3(head.forward.x, 0, head.forward.z) * spawnDistance;
        menu.transform.LookAt(new Vector3(head.position.x, menu.transform.position.y, head.position.z));
        menu.transform.forward *= -1;
        menu.SetActive(!menu.activeSelf);
    };
}
```

第 8 章 震动反馈

CHAPTER 8

8.1 简单设置震动反馈

本章介绍震动反馈的实现技巧。

8.1.1 认识震动反馈

在 Unity XR 开发中,震动反馈是一种常用技术,用于增强虚拟现实(VR)和增强现实(AR)体验的沉浸感。震动反馈通常通过触觉反馈装置(例如控制器、手套或触觉电动机)向用户传递触觉感知,以响应虚拟环境中的特定事件或交互动作。

在 Unity 中实现震动反馈通常涉及以下步骤。

(1) 识别触发事件或交互动作:震动反馈通常与虚拟环境中的特定事件或用户的交互动作相关联。特定事件可以是游戏中的碰撞、武器射击、物体交互等。

(2) 定义震动反馈参数:开发人员需要定义震动反馈的参数,包括强度、持续时间和模式等。这些参数通常根据触发事件的性质和需求来确定。

(3) 发送震动指令:一旦触发了需要反馈的事件,开发人员就可以使用 Unity 的 API 或相关插件来发送震动指令。这些指令通常包括触发震动装置并设置相应的参数。

(4) 测试和优化:完成震动反馈的实现后,开发人员需要进行测试和优化,以确保反馈效果符合预期并提升用户体验。

Unity 支持各种 XR 设备(例如 Oculus Rift、HTC Vive、PlayStation VR 等)的震动反馈功能,并提供了相应的 API 和工具来简化开发过程。开发人员可以根据项目需求选择合适的震动反馈技术,并在 XR 应用中加入沉浸式的触觉反馈体验。

8.1.2 快速实现简单的震动反馈

在 Hierarchy 中展开 XR Origin → Camera Offset,选中子对象 Left Hand,观察 Inspector 面板上 XR Direct Interactor 组件下的属性内容,可以发现该组件下已经具备了震

动反馈监听事件的设置内容 Haptic Events，如图 8-1 所示。

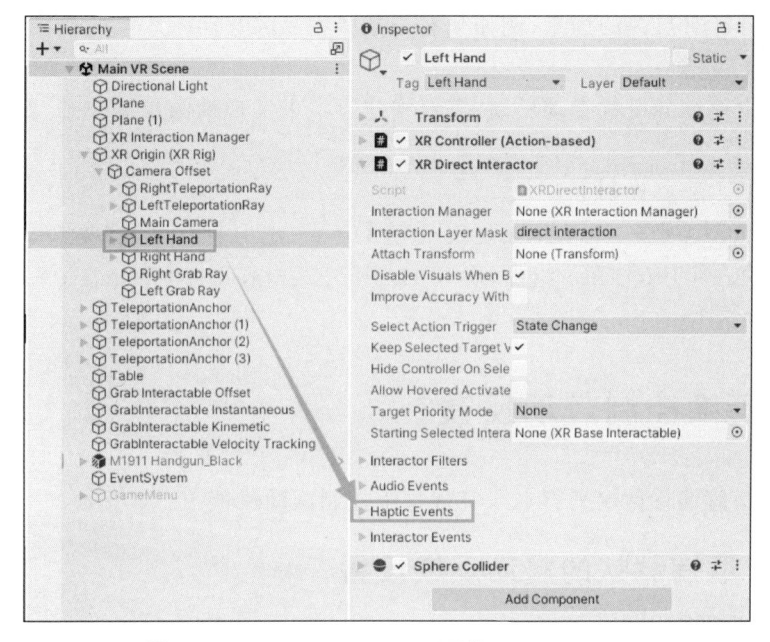

图 8-1　XR Direct Interactor 下的 Haptic Events

展开 Haptic Events 后会出现详细的触发条件复选框列表，通过勾选这些选框可以方便地控制 Interactor 在指定的情况下触发震动，如图 8-2 所示。

例如如果要在抓取物体时产生震动，就勾选 On Select Entered 选框。勾选后会出现 Haptic Intensity 和 Duration 属性设置，分别对应震动的强度和时长，可以通过属性右侧的滑块和输入框进行设置，这里把 intensity 设置为 0.7，把时长设置为 0.3，如图 8-3 所示。

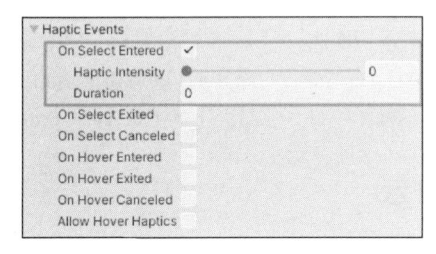

图 8-2　Haptic Events 的触发条件列表

图 8-3　设置 Haptic 事件的 Haptic Intensity 和 Duration 属性

8.1.3　测试和总结

在 Unity 编辑器中单击 Play 按钮运行测试，戴上 VR 头盔，尝试在游戏场景中抓取一个物品，感受到每次抓取动作控制器都能够得到一个震动反馈。

上述基于预设的震动设置有一个局限，设置后抓取任何物体时都会无差别地产生震动，并且同一个事件触发的震动强度和时长总是相同的而没有分别。在很多场景下，开发者希望更进一步细分针对反馈的场景，例如只有与某些物品的互动才产生震动，这种情况预设方式就无法满足了。

为了更自由地细分设置震动反馈，需要构建脚本来实现精细控制，8.2 节将介绍这方面的内容。

本节涉及的主要操作如下：

在 Hierarchy 中展开 XR Origin→Camera Offset，选中 Left Hand 对象，在 Inspector 面板中找到 XR Direct Interactor 组件，展开 Haptic Events，勾选 On Select Entered 事件，设置 intensity=0.7, Duration=0.3。

8.2 精细控制震动反馈

本节介绍如何编写自定义脚本来实现精细控制震动反馈。

8.2.1 取消默认的震动反馈设置

目前虽然运用 Interactor 预置设定实现了简单的震动反馈，但仍难以满足在实际开发过程中的需要，例如，用此种方法实现的反馈无法指定更明确更精细的触发场景；例如如果希望指定发射子弹的时刻产生反馈震动，则无法通过这种方法实现。

为了实现震动反馈的精细控制，需要先取消预置的设置。

在 Hierarchy 中展开 XR Origin→Camera Offset，选中 Left Hand 对象，在 Inspector 面板中找到 XR Direct Interactor 组件，展开 Haptic Events 部分，将选中的 On Select Entered 选框取消勾选，如图 8-4 的状态。

图 8-4 取消勾选 Haptic Events 部分下的 On Select Entered 选框

8.2.2 编写自定义震动反馈脚本

接下来编写实现发射子弹时产生自定义震动反馈的脚本。

在 Hierarchy 中单击 M1911 Handgun_Black 对象，在 Inspector 面板中单击下部的 Add Component 按钮，在弹出对话框后单击 New Script 追加一个自定义脚本组件，命名为 HapticInteractable，如图 8-5 所示。

双击自定义脚本组件 HapticInteractable 下的 Script 属性框，打开 VS 脚本编辑器，开始编写控制震动反馈的脚本内容。

首先在声明命名空间部分追加引用 UnityEngine.XR.Interaction.Toolkit，代码如下：

图 8-5　M1911 Handgun_Black 对象下追加自定义脚本组件 HapticInteractable

```
using UnityEngine.XR.Interaction.Toolkit;
```

在主类声明中追加两个公共变量。第 1 个变量为 float 类型的 intensity，用于自定义反馈的强度，第 2 个变量为 float 类型的 duration，用于自定义反馈的时长，代码如下：

```
public float intensity;
public float duration;
```

由于 intensity 的有意义的范围在 0 和 1 之间，所以在 intensity 声明的语句上方追加取数范围修饰[Range(0,1)]，代码如下：

```
[Range(0, 1)]
```

此时保存一下脚本，切换回 Unity 编辑器观察自定义脚本 HapticInteractable 下的属性呈现，发现经过归一化处理的 intensity 的属性框形式从输入框变成了 0 到 1 之间的滑动条，如图 8-6 所示。

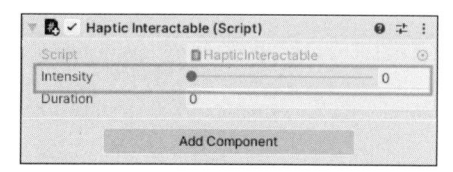

图 8-6　Intensity 的属性框形式变为滑动条

接下来介绍属性修饰符[Range(min，max)]的用法。

[Range(min，max)]是一种属性修饰符，用于限制某个属性的值在指定范围内，具体作用如下：

使用[Range(min，max)]修饰符的属性在 Unity 的 Inspector 面板中会显示为一个滑动条（如果是浮点数）或者一个可拖动的整数输入框（如果是整数），并且限制了输入值的范围。

该修饰符确保属性的值只能在指定的范围内。如果在 Inspector 面板中手动输入的值超出了指定的范围,则 Unity 会自动将其限制在范围内。

这在游戏开发中非常有用,特别是当想要确保某些属性在合理的范围内时,例如控制游戏角色的移动速度、血量等。使用［Range(min,max)］可以方便地限制这些属性的取值范围,避免不合理的数值输入。

切换回 VS 脚本编辑器界面继续编辑脚本。

删除不用的 Update() 函数。

追加定义一个 TriggerHaptic() 函数,函数参数为 XRBaseController 类型,参数名为 controller。

在函数体中编写如下逻辑。

如果 intensity 大于 0,就反馈震动,意思是只要设定了强度,就让控制器进行震动反馈,代码如下:

```
private void TriggerHaptic(XRBaseController controller) {
    if (intensity > 0){
        controller.SendHapticImpulse(intensity, duration);
    }
}
```

接下来就剩下考虑如何将 TriggerHaptic() 函数放到合适的场景触发了。由于需求是在与手枪对象发生互动时触发震动函数 TriggerHaptic(),需要监听互动是否发生,所以先在 Start() 函数体中获得当前对象的 DirectInteractable 组件,并给这个 interactable 互动对象增加一个监听,代码如下:

```
XRBaseInteractable interactable = GetComponent<XRBaseInteractable>();
interactable.activated.AddListener(TriggerHaptic);
```

此处的 TriggerHaptic() 是一个函数,作为 AddListener 的参数指定监听成功后做什么,该函数的代码如下:

```
public void TriggerHaptic(BaseInteractionEventArgs eventArgs)
{
    if (eventArgs.interactorObject is XRBaseControllerInteractor controllerInteractor)
    {
        TriggerHaptic(controllerInteractor.xrController);
    }
}
```

上述函数的作用就是指定每次监听到互动时,判断互动发起者是否是控制器,如果是就将震动传给控制器。

震动控制脚本 HapticInteractable 的完整代码如下:

```
//8.2 - 精细控制震动反馈 - HapticInteractable
using System.Collections;
using System.Collections.Generic;
using UnityEngine;
```

```csharp
using UnityEngine.XR.Interaction.Toolkit;

public class HapticInteractable : MonoBehaviour
{
    //震动强度,范围从 0 到 1(可通过 Unity 编辑器调整)
    [Range(0, 1)]
    public float intensity;

    //震动持续时间(以秒为单位)
    public float duration;

    //Start 是 Unity 的生命周期方法,在游戏开始时调用一次
    void Start()
    {
        //获取当前物体的 XR 可交互组件
        XRBaseInteractable interactable = GetComponent<XRBaseInteractable>();

        //为交互组件的 "activated" 事件添加监听,当事件触发时调用 DoTrigger 方法
        interactable.activated.AddListener(DoTrigger);
    }

    //触发震动反馈的方法,直接接收 XRBaseController 参数
    private void TriggerHaptic(XRBaseController controller)
    {
        //检查震动强度是否大于 0
        if (intensity > 0)
        {
            //使用控制器的 SendHapticImpulse 方法发送震动信号
            controller.SendHapticImpulse(intensity, duration);
        }
    }

    //响应事件的触发方法,接收 BaseInteractionEventArgs 参数
    public void DoTrigger(BaseInteractionEventArgs eventArgs)
    {
        //检查交互对象是否为 XRBaseControllerInteractor 类型
        if (eventArgs.interactorObject is XRBaseControllerInteractor controllerInteractor)
        {
            //从事件参数中提取控制器对象,并调用 TriggerHaptic 方法
            TriggerHaptic(controllerInteractor.xrController);
        }
    }
}
```

保存脚本后回到 Unity 编辑器,开始设定自定义脚本组件 HapticInteractable 下公共变量的值。

在 Hierarchy 中保持选中 M1911 Handgun_Black 对象,在 Inspector 面板中找到自定义脚本组件 Haptic Interactable,将 Intensity 设定为 0.5,将 Duration 设定为 0.3,如图 8-7 所示。

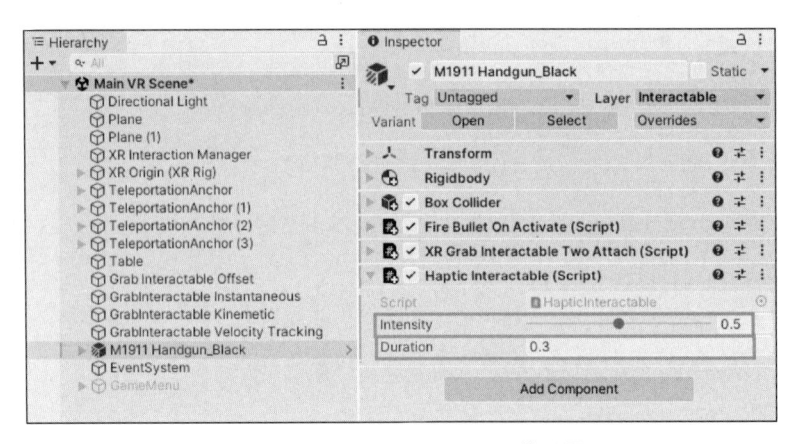

图 8-7　Haptic Interactable 组件设置

8.2.3　测试和总结

在 Unity 编辑器中单击 Play 按钮运行测试，戴上 VR 头盔，在游戏场景中尝试抓握手枪并用 Trigger 按键发射子弹，可以体会到当握枪射击时已经可以得到控制器的震动反馈了。

8.3 节将继续介绍如何在自定义脚本 Haptic Interactable 的当前版本的基础上进一步修改成通用版本，快速实现在其他类型 Interactor 对象上的复用。

本节涉及的主要操作如下：

在 Hierarchy 中展开 XR Origin→Camera Offset，选中 Left Hand 对象，找到 XR Direct Interactor 组件，取消勾选 On Select Entered 属性框。

在 Hierarchy 中选中 M1911 Handgun_Black 对象，在 Inspector 面板中追加自定义脚本组件 Hapticinteractable，双击组件的 Script 属性框，进入脚本编辑。

追加引用，代码如下：

```
using UnityEngine.XR.Interaction.Toolkit;
```

追加公共变量，代码如下：

```
[Range(0, 1)]
public float intensity;
public float duration;
```

删除 Update() 函数。

追加函数，代码如下：

```
private void TriggerHaptic(XRBaseController controller) {
    if (intensity > 0){
        controller.SendHapticImpulse(intensity, duration);
    }
}
```

修改 Start()函数,代码如下:

```
void Start()
{
    XRBaseInteractable interactable = GetComponent<XRBaseInteractable>();
    interactable.activated.AddListener(TriggerHaptic);
}
```

新建函数,代码如下:

```
public void TriggerHaptic(BaseInteractionEventArgs eventArgs)
{
    if (eventArgs.interactorObject is XRBaseControllerInteractor controllerInteractor)
    {
        TriggerHaptic(controllerInteractor.xrController);
    }
}
```

设置 XR Direct Interactor 组件下强度=0.5,时长=0.3。

8.3 震动反馈控制脚本泛用化改造

本节介绍如何改写震动反馈的触发脚本,使这个脚本适用于任何 Interactor。方法是创建一个实现震动反馈的通用类以实现各种互动场景下的高效复用。

8.3.1 功能通用化的改造思路

首先介绍将满足特定功能的程序通用化的改造思路。

在 Unity 开发中,将特定功能的脚本通用化可以提高代码的复用性和可维护性,这有助于加快开发速度并减少重复工作。将满足特定功能的脚本通用化的主要改造思路如下。

(1)抽象功能模块:分析特定功能的脚本,将其中的通用部分抽象出来,形成一个基本的功能模块,例如确定功能模块的输入和输出,以及与其他部分的接口。

(2)参数化配置:将脚本中的硬编码值提取出来,转换为可配置的参数,使脚本适用于不同的场景和需求,例如使用 Unity 的 Inspector 窗口,将参数暴露给编辑器,以便在 Unity 中进行修改和配置。

(3)模块化设计:将功能模块拆分为更小的独立模块,每个模块负责一个特定的功能或任务。使用组件化的思想,将功能模块设计为可插拔的组件,使其可以方便地与其他组件组合使用。

(4)事件驱动编程:使用事件驱动的编程模式,将功能模块设计为可响应事件的组件。例如定义适当的事件类型,并在适当的时候触发事件,以实现模块之间的解耦和通信。

(5)面向接口编程:使用接口来定义功能模块的公共接口,使不同实现可以互相替换而不影响其他部分的代码,例如编写适当的实现类来实现接口,根据不同需求选择合适的实现类。

（6）单一职责原则：确保每个功能模块只负责一项具体的功能，遵循单一职责原则，例如将功能模块解耦，使每个模块可以独立地修改和测试，提高代码的可维护性。

（7）文档和示例：添加适当的注释和文档，描述每个功能模块的作用、输入/输出、使用方法等，例如提供示例代码和示例场景，以演示功能模块的使用方式和效果。

通过以上改造思路，可以将特定功能的脚本通用化，并使其能够适用于不同的场景和满足不同的需求，提高代码的复用性和可维护性。

8.3.2 通用化改造震动反馈脚本

在 Hierarchy 中选中 M1911 Handgun_Black 对象，在 Inspector 面板中找到自定义脚本组件 Haptic Interactable，双击 Script 属性框，打开 VS 编辑器进入 VS 脚本编辑器界面。

在主函数下新声明一个名为 Haptic 的类，代码如下：

```
public class Haptic{}
```

再将脚本中已有的方法，即将 public 和 private 的 TriggerHaptic 放到这个新声明的类中，成为类方法。

把新建类 Haptic 实例化为主函数中的公共变量，代码如下：

```
public Haptic hapticOnActivated;
```

需要在自定义 Class 的语句上加一个修饰语句，这样才能在 Unity 编辑器中正常展示这个公共变量，代码如下：

```
[System.Serializable]
```

接下来介绍修饰语句[System.Serializable]的作用。

在 Unity 开发中，修饰语句[System.Serializable]的作用是将一个类标记为可序列化。在 Unity 中，当一个类被标记为[System.Serializable]时，它的实例可以在 Inspector 面板中显示，并且可以在 Unity 编辑器中进行编辑和赋值。这对于在 Unity 中创建自定义数据结构、组件或脚本时非常有用，因为它允许开发者轻松地在编辑器中配置对象的属性，而无须编写额外的代码来实现自定义的序列化逻辑。

在 Start() 函数中，此时需要修改引用 TriggerHaptic() 函数的方式，在 TriggerHaptic 前加上 apticOnActivate，代码如下：

```
interactable.activated.AddListener(hapticOnActivated.TriggerHaptic);
```

这样，自定义 Haptic 脚本的泛用化改造就基本完成了。在此基础上，如果要增加更多的震动场景，则只需在声明变量部分追加相应场景下的 Haptic 类的实例。

例如，如果希望在 Hover 进、Hover 出、Select 进、Select 出等几个场景下也触发震动，则只需在原有的 hapticOnActivated 变量下继续声明其他的 Haptic 类型公共变量，代码如下：

```
public Haptic hapticHoverEntered;
public Haptic hapticHoverExited;
public Haptic hapticSelectEntered;
public Haptic hapticSelectExited;
```

在 Start() 函数部分给每种新的触发场景追加相应的事件监听，代码如下：

```
interactable.hoverEntered.AddListener(hapticHoverEntered.TriggerHaptic);
interactable.hoverExited.AddListener(hapticHoverExited.TriggerHaptic);
interactable.selectEntered.AddListener(hapticSelectEntered.TriggerHaptic);
interactable.selectExited.AddListener(hapticSelectExited.TriggerHaptic);
```

修改后完整的脚本代码如下：

```
//8.2 - 泛用化改造震动反馈控制脚本 - HapticInteractable - 修改版
using System.Collections;
using System.Collections.Generic;
using UnityEngine;
using UnityEngine.XR.Interaction.Toolkit;

public class HapticInteractable : MonoBehaviour
{
    //不同交互事件的震动反馈配置
    public Haptic hapticOnActivated;        //激活事件的震动反馈
    public Haptic hapticHoverEntered;       //悬停进入事件的震动反馈
    public Haptic hapticHoverExited;        //悬停退出事件的震动反馈
    public Haptic hapticSelectEntered;      //选择进入事件的震动反馈
    public Haptic hapticSelectExited;       //选择退出事件的震动反馈

    //定义一个 Haptic 类，用于封装震动反馈的逻辑和参数
    [System.Serializable]
    public class Haptic
    {
        //震动强度，范围从 0 到 1
        [Range(0, 1)]
        public float intensity;

        //震动持续时间(以秒为单位)
        public float duration;

        //触发震动反馈的方法，接收 BaseInteractionEventArgs 参数
        public void DoTrigger(BaseInteractionEventArgs eventArgs)
        {
            //判断交互对象是否为 XRBaseControllerInteractor 类型
            if (eventArgs.interactorObject is XRBaseControllerInteractor controllerInteractor)
            {
                //调用内部的 TriggerHaptic 方法，传递控制器对象
                TriggerHaptic(controllerInteractor.xrController);
```

```csharp
        }
    }

    //实际触发震动反馈的方法
    private void TriggerHaptic(XRBaseController controller)
    {
        //如果震动强度大于 0,则发送震动信号
        if (intensity > 0)
        {
            controller.SendHapticImpulse(intensity, duration);
        }
    }

    //Start 是 Unity 的生命周期方法,在游戏开始时调用一次
    void Start()
    {
        //获取当前物体的 XR 可交互组件
        XRBaseInteractable interactable = GetComponent<XRBaseInteractable>();

        //为交互组件的不同事件添加对应的震动反馈逻辑
        interactable.activated.AddListener(hapticOnActivated.DoTrigger);
//激活事件
        interactable.hoverEntered.AddListener(hapticHoverEntered.DoTrigger);
//悬停进入事件
        interactable.hoverExited.AddListener(hapticHoverExited.DoTrigger);
//悬停退出事件
        interactable.selectEntered.AddListener(hapticSelectEntered.DoTrigger);
//选择进入事件
        interactable.selectExited.AddListener(hapticSelectExited.DoTrigger);
//选择退出事件
    }
}
```

保存脚本后切换回 Unity 编辑器,在 Hierarchy 中选中 M1911 Handgun_Black 对象,在 Inspector 面板中展开自定义脚本组件 Haptic Interactable,发现已经可以为各类场景定义震动反馈参数了,如图 8-8 所示。

针对不同场景设定反馈参数,例如展开 HoverEntered 和 SelectEntered 设定震动的 Intensity 和 Duration,分别代表枪支感受到 Interactor 进入碰撞范围时的震动和手枪被抓握住时的震动。

8.3.3 测试和总结

完成设定后单击 Unity 编辑器的 Play 按钮运行测试,戴上 VR 头盔,在游戏场景中尝试远距离抓握手枪,发现当互动射线碰撞到手枪和发起抓握手枪动作时都会感受到设定为相应强弱和时长的震动。

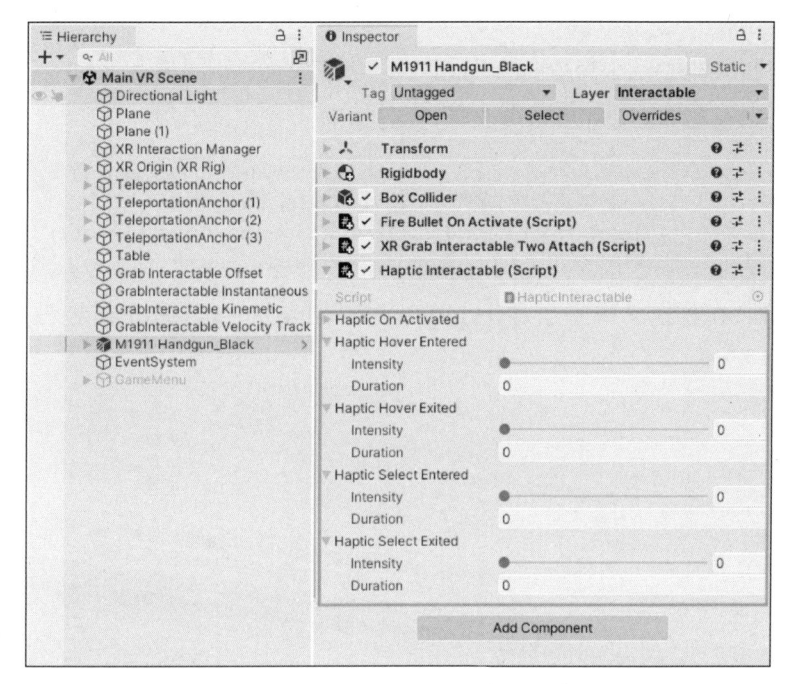

图 8-8　自定义脚本组件 Haptic Interactable 下出现各类场景的反馈设置属性

本节涉及的主要操作如下：

在 Hierarchy 中选中 M1911 Handgun_Black 对象，在 Inspector 面板中追加自定义脚本组件 Hapticinteractable，双击 Script 属性框进入脚本编辑。

声明类，代码如下：

```
public class Haptic{}
```

将方法 TriggerHaptic 的定义迁移到类中，使其成为类方法。

序列化自定义类，代码如下：

```
[System.Serializable]
```

创建一个类的实例，代码如下：

```
public Haptic hapticOnActivated;
```

修改 Start() 函数，将方法参数 TriggerHaptic 替换为 hapticOnActivate.TriggerHaptic，代码如下：

```
interactable.activated.AddListener(hapticOnActivated.TriggerHaptic);
```

声明更多类实例，代码如下：

```
public Haptic hapticHoverEntered;
public Haptic hapticHoverExited;
```

```
public Haptic hapticSelectEntered;
public Haptic hapticSelectExited;
```

修改 Start() 函数,继续追加相应监听,代码如下:

```
interactable.hoverEntered.AddListener(hapticHoverEntered.TriggerHaptic);
interactable.hoverExited.AddListener(hapticHoverExited.TriggerHaptic);
interactable.selectEntered.AddListener(hapticSelectEntered.TriggerHaptic);
interactable.selectExited.AddListener(hapticSelectExited.TriggerHaptic);
```

回到编辑器,在自定义脚本组件 Hapticinteractable 的 Inspector 面板设置不同场景下的震动参数。

第 9 章　自定义手势动画

CHAPTER 9

9.1　冻结手势动画

目前在游戏场景中抓握物品时，手势动画都是固定停止在紧紧握拳的状态，但是这种姿势并不符合实际抓握物品时的手势，这会影响玩家的沉浸感。

为了改良抓握物品时的体验，需要让抓握的手势动画停止于更合理的握持姿势，因此首先需要实现将动画冻结在某一帧的功能。本节介绍如何通过自定义脚本来实现冻结手势动画。

9.1.1　创建用于存储手势的脚本

在 Hierarchy 中展开 XR Origin→Camera Offset，在展开 Left Hand 和 Right Hand 后同时选中 Left Hand Model 和 Right Hand Model。在 Inspector 面板中单击下部的 Add Component 按钮，在弹出的对话框中单击 New Script，创建一个名为 HandData 的自定义脚本组件，如图 9-1 所示。

在 Inspector 面板中双击自定义脚本组件 Hand Data 下的 Script 属性框，打开 VS 编辑器开始编辑脚本内容。

由于不使用 Start() 函数和 Update() 函数，所以需要先删除默认生成的 Start() 和 Update() 空函数。

在声明变量部分声明 5 个公共变量，分别是 enum 类型的变量 HandModelType，用于给出两个枚举值 right 和 left，HandModelType 类型的变量 handType，用来关联手部模型对象，Transform 类型的变量 root，用来指定基本位置，Animator 类型的变量 animator，用来关联手的动画对象，最后是 Transform 列表型的变量 fingerBones，用来关联各个手指的不同关节位置，代码如下：

```
using System.Collections;
using System.Collections.Generic;
using UnityEngine;
```

```csharp
public class HandData : MonoBehaviour
{
    //手部模型的类型枚举,用于区分左右手
    public enum HandModelType { Left, Right }

    //手部模型的类型,选择是左手还是右手
    public HandModelType handType;

    //手部的根节点,用于定义手部模型的起始位置
    public Transform root;

    //动画控制器,用于控制手部模型的动画效果
    public Animator animator;

    //手指骨骼的数组,用于存储手部模型中每根手指的骨骼 Transform
    public Transform[] fingerBones;
}
```

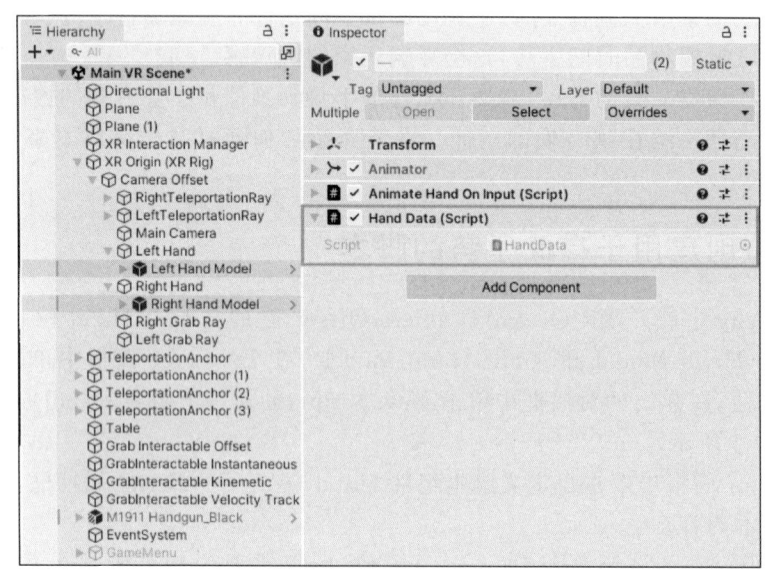

图 9-1 在 Left Hand Model 和 Right Hand Model 下追加自定义脚本组件 HandData

接下来介绍 enum(枚举)类型的作用。

在 Unity 开发中,enum(枚举)类型是一种用于定义一组命名常量的数据类型。它允许开发人员在代码中创建一组有限的命名值,这些值可以代表一组相关的选项、状态或属性。

枚举类型在 Unity 中的主要作用如下。

(1) 代码可读性和可维护性:枚举类型使代码更易于理解和维护。通过为一组相关的值定义一个枚举,开发人员可以在代码中使用有意义的名称,而不是硬编码的数字或字符串。

(2) 限制有效值:使用枚举可以限制变量的取值范围,防止意外赋值或输入无效的值。

这有助于减少错误,并提高代码的健壮性。

(3) 提高可编程性:枚举类型使代码更易于编写和理解,因为它们可以清晰地表达某些特定的状态或选项,例如,在表示游戏中的不同角色类型时,可以使用枚举来明确表达每个角色的类型。

(4) 增强可扩展性:枚举类型使项目更易于扩展。如果需要添加新的选项或状态,则只需简单地修改枚举定义,而无须修改大量的代码。

(5) 与Inspector面板的集成:Unity的Inspector面板可以直接显示枚举类型,并提供可视化的下拉列表供开发人员选择。这使在编辑器中设置枚举变量变得更加直观和方便。

目前Hand Data脚本不做任何事情,只是创建一个结构用来关联所有动画所需的手指关节对象。

9.1.2 关联所有手指关节对象

关闭脚本后切换回Unity编辑器,开始在Inspector面板将自定义脚本Hand Data的所有公共变量与相应对象关联。

在Hierarchy中展开XR Origin→Camera Offset→Left Hand,选中Left Hand Model对象。在Inspector面板中,使Hand Data组件下的Hand Type属性保持默认的Left。

从Hierarchy中将Left Hand Model拖曳给Hand Data组件下的Root属性框。

将位于自定义脚本组件Hand Data上方的Animator组件直接拖曳到Hand Data组件下的Animator属性框,如图9-2所示。

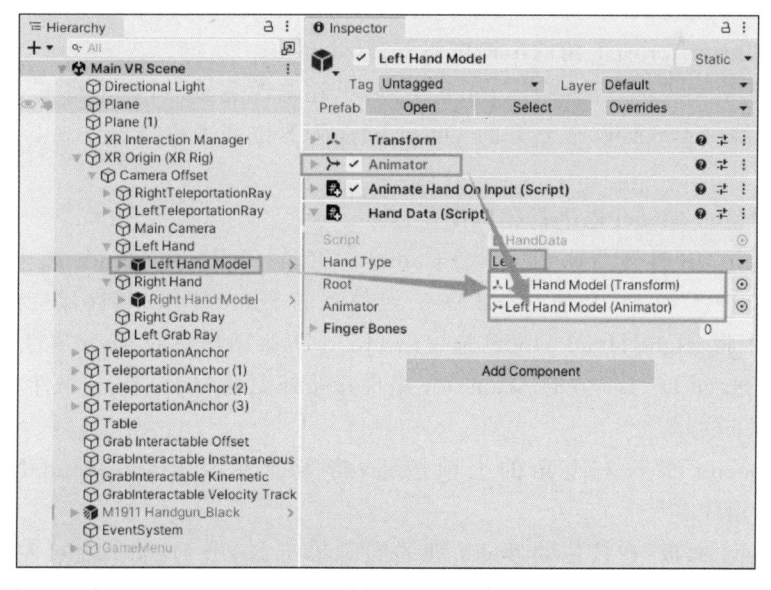

图9-2 在Left Hand Model下关联自定义脚本组件HandData中的公共变量

在接下来关联数量众多的关节对象前,为了操作方便,需要先单击 Inspector 面板右上角的上锁按钮,将当前展示 Left Hand Model 属性的 Inspector 面板锁住,如图 9-3 所示。

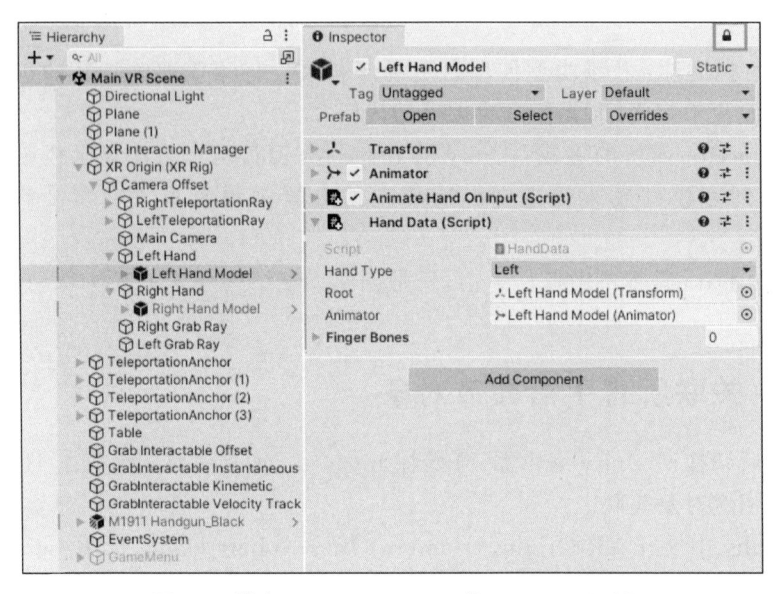

图 9-3 锁定 Left Hand Model 的 Inspector 面板

在 Hierarchy 面板,在按住键盘 Alt 键的同时单击 Left Hand Model 左侧的三角,此操作可以完全展开 Left Hand Model 下的子对象。同时选中所有需要关联的手指关节对象,将它们一并拖入 FignerBones 属性列表中,如图 9-4 所示。

再次单击 Inspector 右上角的小锁按钮解锁。

Left Hand Model 对象是一个 Prefab 实例,上述修改完成后,为了将变更对 Prefab 生效,需要单击 Inspector 面板右上方的 Overrides,从下拉列表中选择 Apply All,如图 9-5 所示。

对 Right Hand Model 也进行类似操作。

在 Hierarchy 中展开 XR Origin→Camera Offset→Right Hand,选中 Right Hand Model。在 Inspector 面板中,使 Hand Data 组件下的 Hand Type 属性保持默认的 Right。从 Hierarchy 中将 Right Hand Model 拖曳给 Hand Data 组件下的 Root 属性框。将位于自定义脚本组件 Hand Data 上方的 Animator 组件直接拖曳到 Hand Data 组件下的 Animator 属性框,如图 9-6 所示。

单击 Inspector 面板右上角的上锁按钮,将当前展示 Right Hand Model 属性的 Inspector 面板锁住。

在 Hierarchy 面板,在按住键盘 Alt 键的同时单击 Right Hand Model 左侧的三角,完全展开 Right Hand Model 下的子对象。同时选中所有右手手指关节对象,将它们一并拖入 FignerBones 属性列表中。最后单击 Inspector 右上角的小锁按钮解锁,如图 9-7 所示。

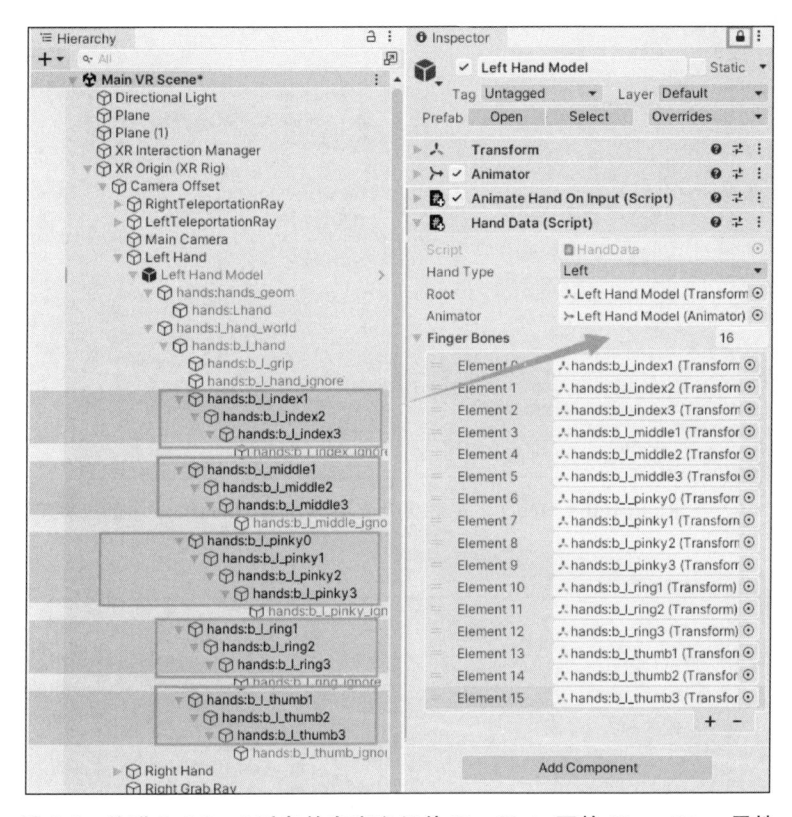

图 9-4 关联 LeftHand 对象的自定义组件 HandData 下的 FignerBones 属性

图 9-5 将变更应用于 Left Hand Model 预制件

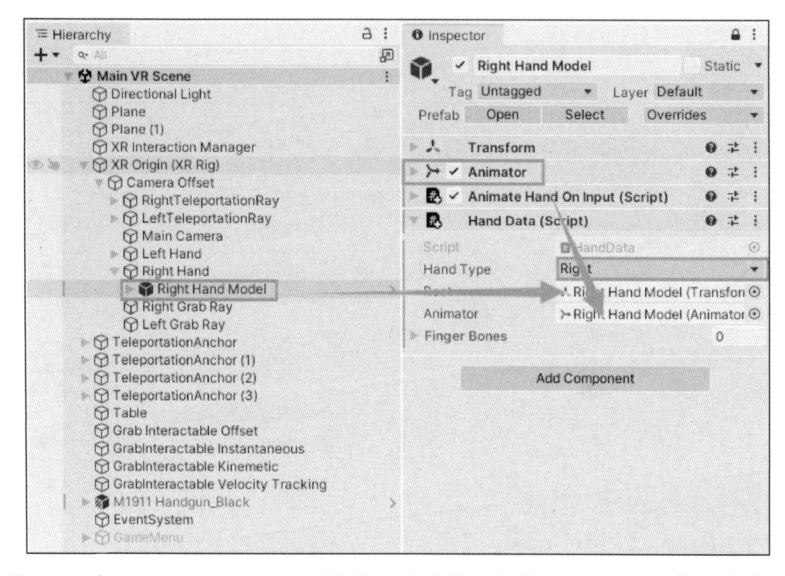

图 9-6　在 Right Hand Model 下关联自定义脚本组件 HandData 中的公共变量

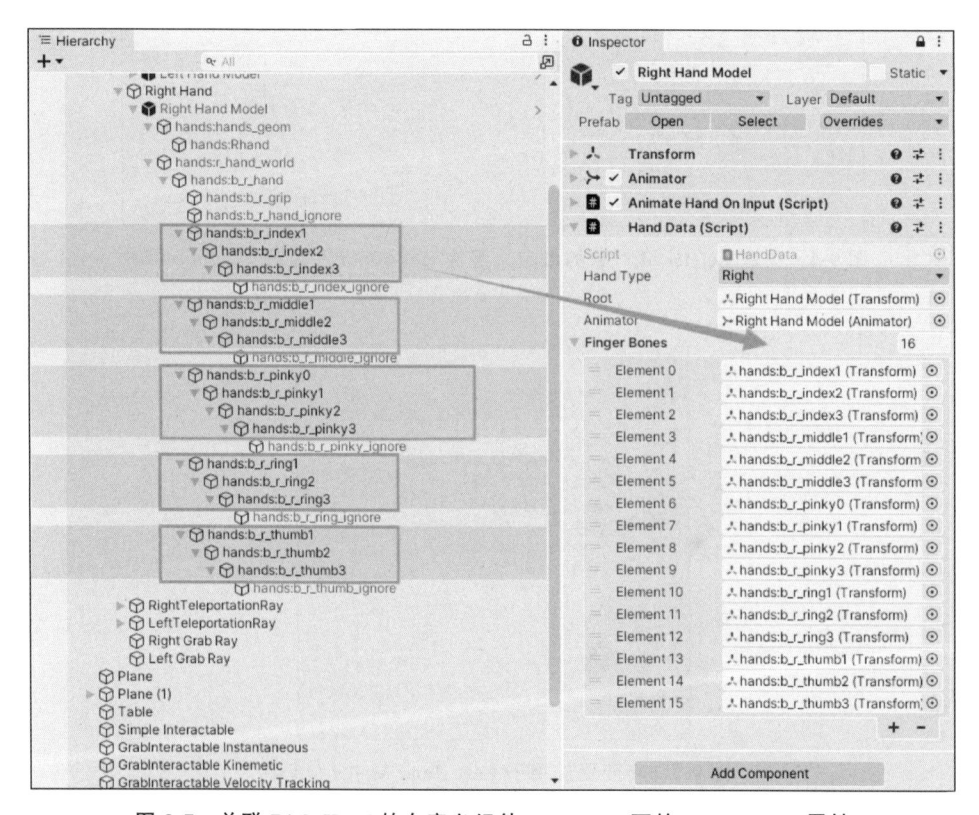

图 9-7　关联 RightHand 的自定义组件 HandData 下的 FignerBones 属性

Right Hand Model 也是一个 Prefab 实例,上述修改完成后,为了使变更对 Prefab 生效,需要单击 Inspector 面板右上方的 Overrides,从下拉列表中选择 Apply All,如图 9-8 所示。

9.1.3 手动调整握枪手势

接下来需要在 Scene 窗口中边观察边调整左右手模型中各个手指的抓握位置,最终获得合适的 HandData。

图 9-8 将变更应用于 Right Hand Model 预制件

先调整右手的关节位置。在 Project 面板的 Assets 文件夹中搜索 Prefab 类型的 Right Hand Model 预制件,找到后将 Project 面板中的 Right Hand Model 拖曳到 Hierarchy 中的 M1911 Handgun_Black 对象下,如图 9-9 所示。

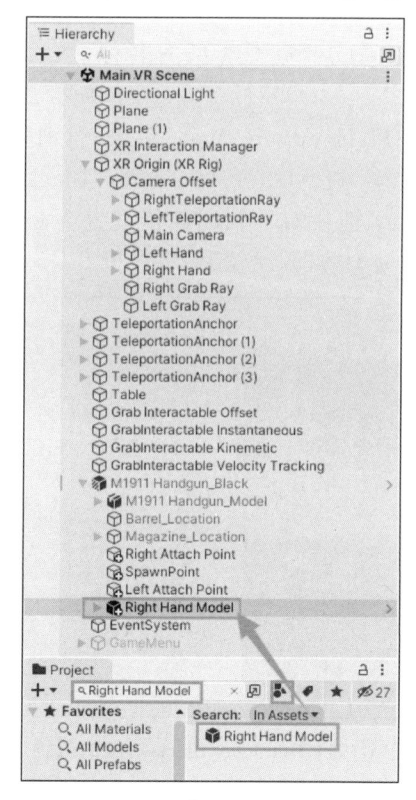

图 9-9 将 Right Hand Model 预制件拖曳到 M1911 Handgun_Black 对象下

接下来介绍在 Project 面板中如何根据类型搜索资源。

在 Unity 编辑器中,可以在 Project 面板中根据资源类型进行搜索,这样可以方便地定位到所需要的资源,如图 9-10 所示。

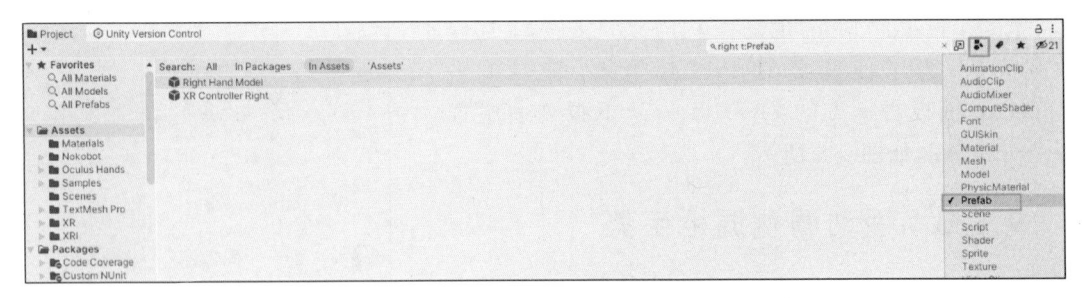

图 9-10 在 Project 面板中根据资源类型进行搜索

具体的操作步骤如下：

打开 Unity 编辑器项目。

在 Unity 编辑器的 Project 面板中可以看到项目中的所有资源。

在 Project 面板的顶部有一个搜索框。在右侧一排按钮中有一个按钮可以选择目标搜索类型（如图 9-10①所示），选择目标类型后 Unity 将会只在选中类型的资源内查找结果。

在搜索框中继续输入关键词或者资源类型的名称，然后按 Enter 键或者单击"搜索"按钮。

在 Hierarchy 中选中 M1911 Handgun_Black 对象，目前手枪是自然平躺在桌面的，为了方便后续对手部姿势的调整，在 M1911 Handgun_Black 对象的 Inspector 面板中将 Transform 组件下的 Rotation 属性中的 z 轴属性值设置为 0。让手枪呈现立起来的状态，如图 9-11 所示。

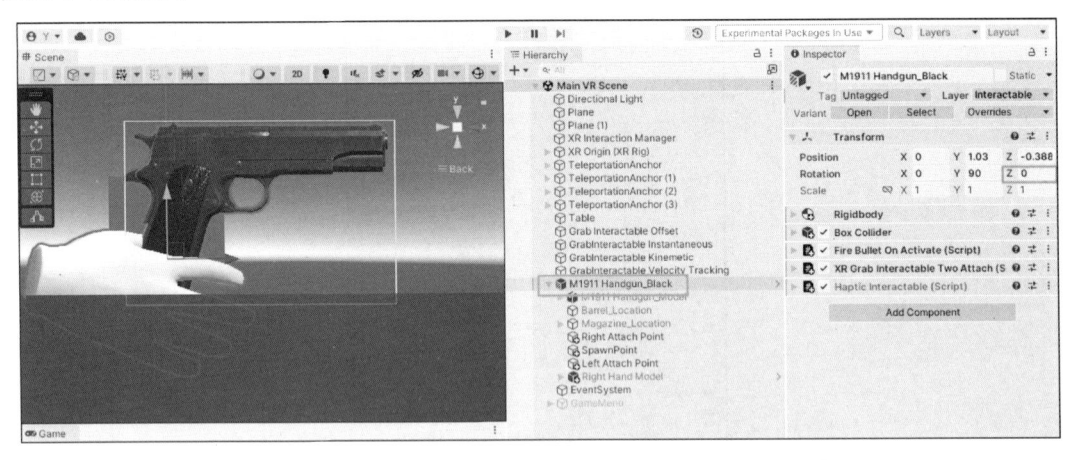

图 9-11 调整 M1911 Handgun_Black 对象的属性值使手枪直立

继续微调右手手部模型的大小。

在 Hierarchy 中选中 M1911 Handgun_Black 对象下的 Right Hand Model，为了让手部大小合适可以在 Inspector 面板中将 Transform 组件下的 Scale 属性设置为 X=0.9，Y=0.9，Z=0.9。再将 Right Hand Model 的 Position 和 Rotation 相对于手枪调整到合适的位置，使手的虎口正好抵住手枪枪托位置，如图 9-12 所示。

图 9-12　调整右手手部模型使右手的虎口正好抵住手枪枪托位置

进一步微调右手手指关节位置。注意，这里的位置实际上指的是各个关节的方向，对应 Transform 组件下 Rotation 属性的调整，不需要调整关节的 Position 属性。为了方便调整，建议将旋转参考点设置为 Pivot，将坐标系设置为 Local，如图 9-13 所示。

(a) 将旋转参考点设置为 Pivot　　(b) 将坐标系设置为 Local

图 9-13　设置旋转参考点和坐标系

具体调整的对象就是之前从 Hierarchy 拖曳到 Hand Data 组件的 Finger Bones 列表对象，总共有 15 个，在 Hierarchy 中选中每个关节对象后，在场景面板或 Inspector 面板的 Transform 组件下的 Rotation 属性，通过逐个调整关节方向使各个手指的弯曲与手枪把手贴合，如图 9-14 所示。

图 9-14　通过调整手指关节塑造握枪手势

仔细观察可以发现，例子中对右手模型手势的调整并没有达到尽善尽美的状态，真实握枪的手势，食指应该扣住扳机。对手势的调节，如果想要达到完美的程度，则需要在细节上仔细调整，读者可以继续尝试将手势细节调整到更合适的状态。

继续保持选中 M1911 Handgun_Black 对象下的 Right Hand Model 对象，找到组件 Animator 后右击并选择删除，因为这个手模的目的只是作为参照调整手势，所以不需要 Animator 起作用，如图 9-15 所示。

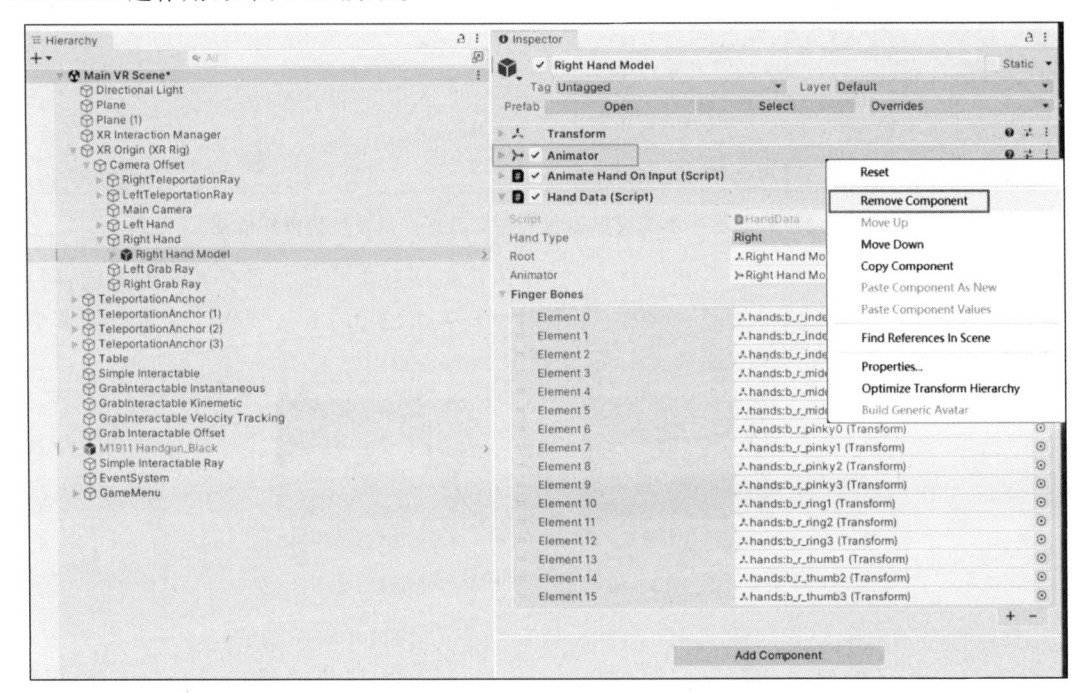

图 9-15　删除 M1911 Handgun_Black 对象下 Right Hand Model 对象的 Animator 组件

由于这个操作不需要应用于所有 Prefab，所以不要再单击 Apply All。

9.1.4　创建冻结手势动画的脚本

调整好了手部姿势，接着向 M1911 Handgun_Black 手枪对象追加用于冻结手势动画的自定义脚本组件，实现握枪时的手势成为 M1911 Handgun_Black 对象下的 Right Hand Model 的调整后手势。

在 Hierarchy 中选中 M1911 Handgun_Black 对象，在 Inspector 面板中单击下部的 Add Component 按钮，选择 New Script，将新组件命名为 GrabHandPose。单击 Create and Add 完成组件的追加，如图 9-16 所示。

双击 Grab Hand Pose 自定义组件下的 Script 属性框，打开 VS 脚本编辑器开始编辑自定义脚本的内容。

在引用命名空间部分，追加引用 Unity 的 XR 开发工具包，代码如下：

```
using UnityEngine.XR.Interaction.Toolkit;
```

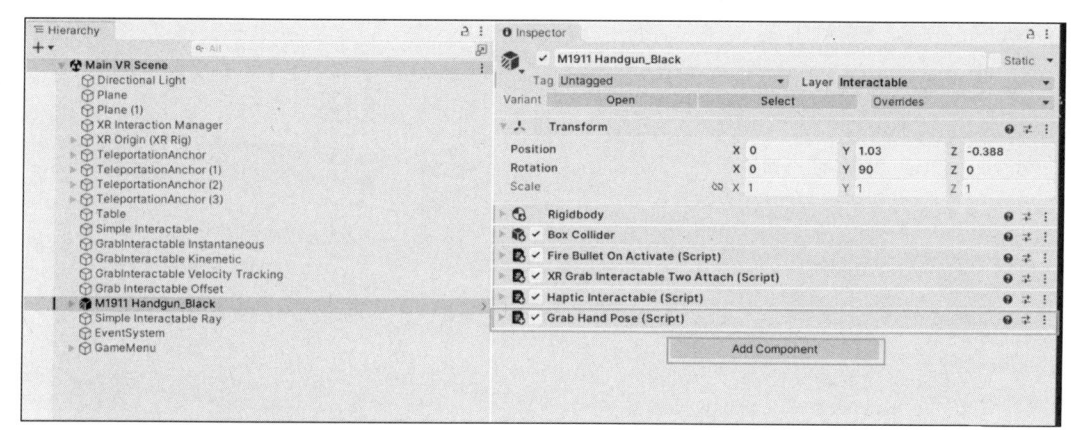

图 9-16　Right Hand Model 对象下新增自定义脚本 GrabHandPose

在 Start( ) 函数中编写逻辑，以便获取当前自定义脚本挂载对象下的 XR Grab Interactable 组件，代码如下：

```
XRGrabInteractable grabInteractable = GetComponent<XRGrabInteractable>();
```

由于不需要编写 Update 逻辑，所以删除预置的 Update( ) 空函数。

新定义一个自定义函数，命名为 SetupPose( )，这个函数将用于定格抓握手势，代码如下：

```
public void SetupPose(BaseInteractionEventArgs arg){}
```

为了适时触发这个 SetupPose( ) 函数，在 Start( ) 函数中新增 1 个监听，指定当监听到抓握动作时就触发 SetupPose( ) 函数，代码如下：

```
grabInteractable.selectEntered.AddListener(SetupPose);
```

接下来，在具体书写 SetupPose 的内部逻辑前，先在声明变量部分追加声明一个用于关联所有手指关节的 HandData 类型的变量，代码如下：

```
public HandData rightHandPose;
```

编写 SetupPose( ) 函数的内部逻辑，判断当触发抓握动作时，将所有手指关节的状态设置为一个指定的状态，然后让手部的动画失效，使手的姿势能够冻结在设定好的姿势，代码如下：

```
if (arg.interactorObject is XRDirectInteractor)
        {
HandData handData = arg.interactorObject.transform.GetComponentInChildren<HandData>();
handData.animator.enabled = false;
        }
```

在动画生效时，还需要将仅用于获取 HandData 的手部模型隐藏，因此在 SetupPose( ) 函数中追加隐藏 M1911 Handgun_Black 对象下右手手部模型的语句，代码如下：

```
rightHandPose.gameObject.SetActive(false);
```

本节完整的脚本代码如下:

```csharp
//9.1 - 冻结手势动画 - GrabHandPose
using System.Collections;
using System.Collections.Generic;
using UnityEngine;
using UnityEngine.XR.Interaction.Toolkit;

public class GrabHandPose : MonoBehaviour
{
    //右手手势数据,用于定义抓取时手的姿态
    public HandData rightHandPose;

    //Start 是 Unity 的生命周期方法,在游戏开始时调用一次
    void Start()
    {
        //获取 XRGrabInteractable 组件,用于实现物体的抓取交互
        XRGrabInteractable grabInteractable = GetComponent<XRGrabInteractable>();

        //为 selectEntered 事件添加监听器,当抓取物体时调用 SetupPose 方法
        grabInteractable.selectEntered.AddListener(SetupPose);

        //禁用右手的手势数据对象,以避免其默认状态显示
        rightHandPose.gameObject.SetActive(false);
    }

    //当物体被抓取时,设置手部的姿势
    public void SetupPose(BaseInteractionEventArgs arg)
    {
        //判断抓取器是否为直接交互器(XRDirectInteractor,通常表示手部交互)
        if (arg.interactorObject is XRDirectInteractor)
        {
            //获取交互器(手部)子对象中的 HandData 组件
            HandData handData = arg.interactorObject.transform.GetComponentInChildren<HandData>();

            //禁用手部动画控制器,冻结当前手势
            handData.animator.enabled = false;
        }
    }
}
```

保存脚本后切换回 Unity 编辑器,开始设定自定义脚本 Grab Hand Pose 下公共变量的值。

先让握持效果在右手生效,因此在 Hierarchy 中展开 M1911 Handgun_Black 对象,将 Right Hand Model 对象拖曳到 Inspector 面板中 Grab Hand Pose 组件下的 Right Hand Pose 属性框中,如图 9-17 所示。

图 9-17　关联 Right Hand Model 对象下的 Right Hand Pose 属性

为了更好地观察效果，在 M1911 Handgun_Black 对象 Inspector 面板中的 XRGrabInteractableTwoAttach 下取消勾选 Use Dynamic Attach，这样抓握手枪时手部就能位于枪托的固定位置，同时由于触发冻结动画的条件是发生直接交互，因此还需要确认 M1911 Handgun_Black 在脚本 XRGrabInteractableTwoAttach 下的 Interaction Layer Mask 属性是否是 direct interaction，如图 9-18 所示。

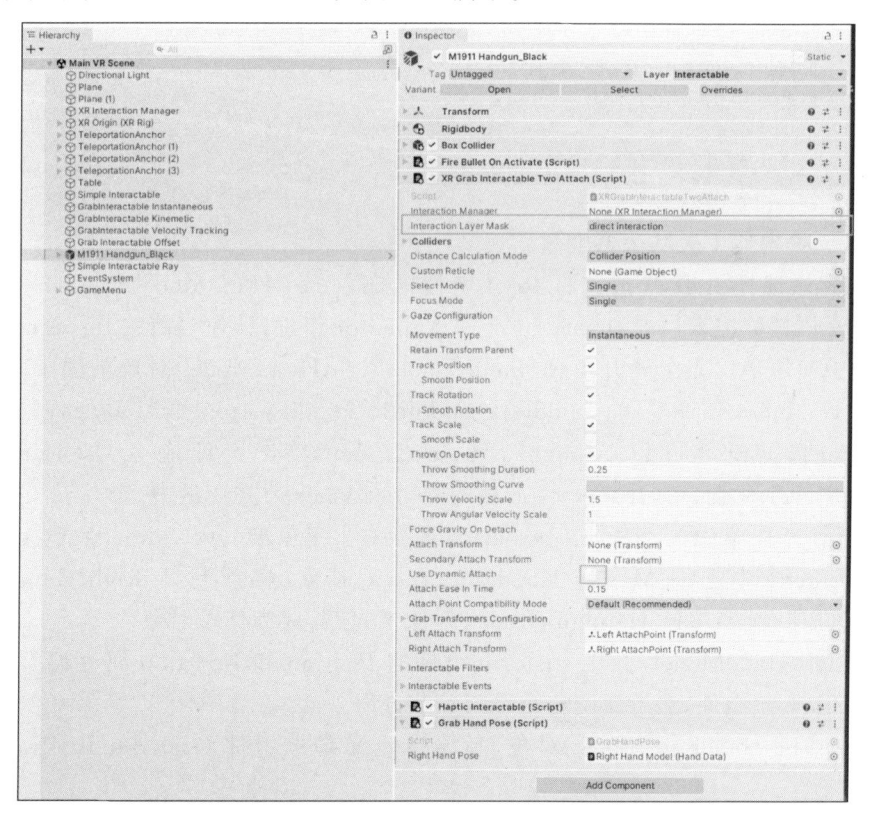

图 9-18　在 M1911 Handgun_Black 对象的 XRGrabInteractableTwoAttach 组件下取消勾选 Use Dynamic Attach

9.1.5 测试和总结

单击 Unity 编辑器的 Play 按钮运行测试,戴上 VR 头盔,在游戏场景中尝试用左右手分别抓握枪支,当观察到握枪时,手部的动作会被冻结,不再有动画效果。在尝试不触发抓握时按下 Grab 按键,观察到手部的抓取动画可以正常进行而不被冻结,为了方便观察可以暂时隐藏 M1911 Handgun_Black 对象下的 Left Hand Model 对象,如图 9-19 所示。

图 9-19 抓握手枪时手势被冻结

到此为止,实现了自定义持枪手势的第 1 步,在感知抓握时冻结手部的姿势。不过目前这个冻结后的手势,还未指定为握枪手势。9.2 节进一步实现将冻结时的手势设定为适合握枪的指定姿势。

本节涉及的主要操作如下:

在 Hierarchy 中同时选择 LeftHandModel 对象和 RightHandModel 对象。追加自定义脚本组件 HandData,编辑脚本内容,先删除 Start()和 Update()函数,再在函数体中声明公共变量,代码如下:

```
public enum HandModelType {Left,Right}
public HandModelType handType;
public Transform root;
public Animator animator;
public Transform[] fingerBones;
```

在 Unity 编辑器中关联公共变量:

HandType 选择 Left/Right,将 Root 属性框拖入 LeftHandModel/RightHandModel,将 Animator 属性框拖入当前 Inspector 上的 Animator 组件,锁住当前的 Inspector 面板,在 Hierarchy 中使用 Alt 完全展开 LeftHandModel/RightHandModel 对象下的子对象,同时选中 index1、index2、index3、middle1、middle2、middle3、pincky0、pincky1、pincky2、pincky3、ring1、ring2、ring3、thumb1、thumb2、thumb3,一起拖入 LeftHandModel/RightHandModel 对象下的 Inspector 面板的 FignerBones 公共变量中。

解锁当前的 Inspector 面板,在 Inspector 面板右上角单击 Override:Apply to all

在 Hierarchy 中选中 M1911 Handgun_Black 对象,将预制件 RightHandModel 从 Project 面板拖曳到 M1911 Handgun_Black 对象下,使其成为其子对象。

选中 RightHandModel,将 Transform 组件的 Pisition 和 Rotation 属性调整到合适位置,删除 Animator 组件,然后微调各个手指关节方向。

选中 M1911 Handgun_Black 对象,新增自定义脚本组件 GrabHandPose,编辑脚本内容。

在命名空间引用部分追加代码,代码如下:

```
using UnityEngine.XR.Interaction.Toolkit;
```

在 Start() 函数体中编写代码,代码如下:

```
XRGrabInteractable grabInteractable = GetComponent<XRGrabInteractable>();
```

删除 Update() 函数,追加定义函数,代码如下:

```
public void SetupPose(BaseInteractionEventArgs arg){}
```

在 Start() 函数体中追加代码,代码如下:

```
grabInteractable.selectEntered.AddListener(SetupPose);
rightHandPose.gameObject.SetActive(false);
```

在变量声明部分追加代码,代码如下:

```
public HandData rightHandPose;
```

在 SetupPose() 函数中编写如下代码:

```
if (arg.interactorObject is XRDirectInteractor)
        {
                HandData handData = arg.interactorObject.transform.GetComponentInChildren<HandData>();
                handData.animator.enabled = false;
        }
```

找到 Inspector 面板下的 Grab Hand Pose 组件,将 RightHandModel 对象拖曳到 RightHandPose 属性框中。

9.2 自定义手部姿势

目前我们只是实现了在抓握动作时将手势冻结到某一帧,但是目前冻结的手势并不是我们想要的握枪手势。本节介绍如何将手势指定冻结为自定义的握枪手势。

9.2.1 指定动画冻结时的手势

继续编辑自定义脚本 GrabHandPose 的内容。

在 Hierarchy 中,选中 M1911 Handgun_Black 下的 Right Hand Model,双击 Inspector 面板上 Grab Hand Pose 组件下的 Script 属性框,打开 VS 脚本编辑器编辑脚本内容。

追加定义一个函数,名为 SetHandDataValues,这个函数可以接受两个 HandData 类型的参数,分别代表开始时点的各个手指关节列表及结束时点的各个手指关节列表,代码如下:

```
public void SetHandDataValues(HandData h1,HandData h2){}
```

在变量声明部分追加声明变量，分别代表动画开始和结束时手部模型的整体位置和旋转角度，以及各个手指关节在动画开始与结束时点的角度数据列表，代码如下：

```
private Vector3 startingHandPosition;
private Vector3 finalHandPosition;
private Quaternion startingHandRotation;
private Quaternion finalHandRotation;
private Quaternion[] startingFingerRotations;
private Quaternion[] finalFingerRotations;
```

书写函数 SetHandDataValues() 中的逻辑内容，设定 Right Hand Model 的起始帧与结束帧的 Position 和 Rotation，以及起始帧和结束帧时 Right Hand Model 下手指关节的 Rotation 参数列表，代码如下：

```
startingHandPosition = h1.root.localPosition;
finalHandPosition = h2.root.localPosition;
startingHandRotation = h1.root.localRotation;
finalHandRotation = h2.root.localRotation;
startingFingerRotations = new Quaternion[h1.fingerBones.Length];
finalFingerRotations = new Quaternion[h2.fingerBones.Length];
for (int i = 0; i < h1.fingerBones.Length; i++)
{
    startingFingerRotations[i] = h1.fingerBones[i].localRotation;
    finalFingerRotations[i] = h2.fingerBones[i].localRotation;
}
```

继续补充函数 SetupPose() 中的逻辑内容，调用 SetHandDataValues() 函数设定右手模型的手势，代码如下：

```
SetHandDataValues(handData, rightHandPose);
```

新建函数 SetHandData()，用新的 Position 和 Rotation 参数设定当前手部模型的 Position 与 Rotation 参数，用新的关节 Rotation 参数列表设定当前手部模型下所有关节子对象的 Rotation，代码如下：

```
public void SetHandData(HandData h, Vector3 newPosition, Quaternion newRotation, Quaternion[] newBonesRotation){
    h.root.localPosition = newPosition;
    h.root.localRotation = newRotation;
    for(int i = 0; i < newBonesRotation.Length; i++)
    {
        h.fingerBones[i].localRotation = newBonesRotation[i];
    }
}
```

补充 SetupPose() 函数的内容，在 if 逻辑下，用最终帧的手势参数设定 handData 参数，代码如下：

```
SetHandData(handData, finalHandPosition, finalHandRotation, finalFingerRotations);
```

完整的 GrabHandPose 脚本代码如下：

```csharp
//9.2 - 自定义手势 - GrabHandPose - 修改版
using System.Collections;
using System.Collections.Generic;
using UnityEngine;
using UnityEngine.XR.Interaction.Toolkit;

public class GrabHandPose : MonoBehaviour
{
    //右手的手势数据,用于定义抓取时的目标手势
    public HandData rightHandPose;

    //起始手部位置和旋转
    private Vector3 startingHandPosition;
    private Quaternion startingHandRotation;

    //目标手部位置和旋转
    private Vector3 finalHandPosition;
    private Quaternion finalHandRotation;

    //起始手指骨骼旋转数组
    private Quaternion[] startingFingerRotations;

    //目标手指骨骼旋转数组
    private Quaternion[] finalFingerRotations;

    //Start 是 Unity 的生命周期方法,在游戏开始时调用一次
    void Start()
    {
        //获取 XRGrabInteractable 组件,用于实现抓取交互
        XRGrabInteractable grabInteractable = GetComponent<XRGrabInteractable>();

        //为 selectEntered 事件添加监听器,当抓取物体时调用 SetupPose 方法
        grabInteractable.selectEntered.AddListener(SetupPose);

        //禁用右手的手势数据对象,避免其默认显示
        rightHandPose.gameObject.SetActive(false);
    }

    //设置抓取时的手势
    public void SetupPose(BaseInteractionEventArgs arg)
    {
        //判断抓取器是否为直接交互器(XRDirectInteractor,通常表示手部交互)
        if (arg.interactorObject is XRDirectInteractor)
        {
            //获取交互器(手部)子对象中的 HandData 组件
            HandData handData = arg.interactorObject.transform.GetComponentInChildren<HandData>();
```

```csharp
            //禁用手部动画控制器,冻结当前手势
            handData.animator.enabled = false;

            //设置手部的初始和目标手势数据
            SetHandDataValues(handData, rightHandPose);

            //将目标手势应用到当前手部
            SetHandData(handData, finalHandPosition, finalHandRotation, finalFingerRotations);
        }
    }

    //设置手部的初始和目标手势数据
    public void SetHandDataValues(HandData h1, HandData h2)
    {
        //获取起始手部位置和旋转
        startingHandPosition = h1.root.localPosition;
        startingHandRotation = h1.root.localRotation;

        //获取目标手部位置和旋转
        finalHandPosition = h2.root.localPosition;
        finalHandRotation = h2.root.localRotation;

        //初始化手指骨骼的旋转数组
        startingFingerRotations = new Quaternion[h1.fingerBones.Length];
        finalFingerRotations = new Quaternion[h2.fingerBones.Length];

        //获取起始和目标的手指骨骼旋转
        for (int i = 0; i < h1.fingerBones.Length; i++)
        {
            startingFingerRotations[i] = h1.fingerBones[i].localRotation;
            finalFingerRotations[i] = h2.fingerBones[i].localRotation;
        }
    }

    //将手势数据应用到当前手部
    public void SetHandData (HandData h, Vector3 newPosition, Quaternion newRotation, Quaternion[] newBonesRotation)
    {
        //设置手部的目标位置和旋转
        h.root.localPosition = newPosition;
        h.root.localRotation = newRotation;

        //设置每根手指骨骼的目标旋转
        for (int i = 0; i < newBonesRotation.Length; i++)
        {
            h.fingerBones[i].localRotation = newBonesRotation[i];
        }
    }
}
```

9.2.2 测试和总结

保存脚本内容，切换回 Unity 编辑器，单击 Play 按钮运行测试。戴上 VR 头盔，在游戏场景中尝试用右手抓握手枪，观察到手指各个关节的位置定格在调整过的位置，这一点符合预期，如图 9-20 所示。

不过此时手的位置和方向还是存在一定偏差，这是因为抓握点 AttachPoint 未能调整合适。后续会继续优化这个问题。

本节涉及的主要操作内容如下：

在 Hierarchy 中选中 M1911 Handgun_Black→Right Hand Model 对象。双击 Inspector 面板中 GrabHandPose 组件的 Script 属性框编辑脚本。

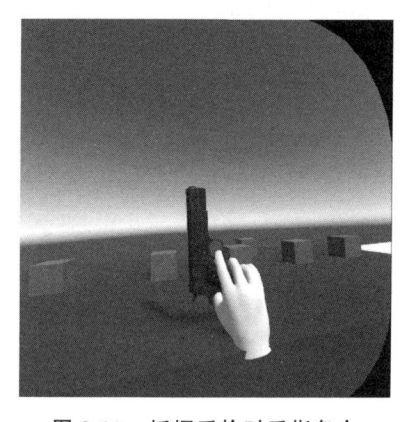

图 9-20　抓握手枪时手指各个关节的位置定格在调整过的位置

新建函数，代码如下：

```
public void SetHandDataValues(HandData h1,HandData h2){}
```

声明变量，代码如下：

```
private Vector3 startingHandPosition;
private Vector3 finalHandPosition;
private Quaternion startingHandRotation;
private Quaternion finalHandRotation;
private Quaternion[] startingFingerRotations;
private Quaternion[] finalFingerRotations;
```

补充函数 SetHandDataValues() 的逻辑内容，代码如下：

```
startingHandPosition = h1.root.localPosition;
finalHandPosition = h2.root.localPosition;
startingHandRotation = h1.root.localRotation;
finalHandRotation = h2.root.localRotation;
startingFingerRotations = new Quaternion[h1.fingerBones.Length];
finalFingerRotations = new Quaternion[h2.fingerBones.Length];
for (int i = 0;i<h1.fingerBones.length;i++){
    startingFingerRotations[i] = h1.fingerBones[i].localRotation;
    finalFingerRotations[i] = h2.fingerBones[i].localRotation;
}
```

补充函数 SetupPose() 的逻辑内容，代码如下：

```
SetHandDataValues(handData, rightHandPose);
```

新建函数 SetHandData()，代码如下：

```csharp
public void SetHandData(HandData h, Vector3 newPosition, Quaternion newRotation, Quaternion[] newBonesRotation){
    h.root.localPosition = newPosition;
    h.root.localRotation = newRotation;
    for(int i = 0; i < newBonesRotation.Length; i++)
    {
        h.fingerBones[i].localRotation = newBonesRotation[i];
    }
}
```

在 if 逻辑内补充 SetupPose()函数的逻辑内容,代码如下:

```
SetHandData(handData, finalHandPosition, finalHandRotation, finalFingerRotations);
```

9.3 解决缩放导致的手部模型位置偏移问题

根据 M1911 Handgun_Black 的自定义脚本组件 XR Grab Interaction Two Attach 的逻辑,握枪时左右手模型的位置和方向跟随 AttachPoint 对象确定,为了解决当前手部模型握枪时的位置和方向偏差,应该在 Hierarchy 中把 RightHandModel 移动到 RightAttachPoint 下,使 RightHandModel 的方向和位置与 RightAttachPoint 协同。

9.3.1 改变 Hierarchy 结构

在 Hierarchy 中,展开 M1911 Handgun_Black,将子对象 Right Hand Model 拖曳到 Right Attach Point 下,如图 9-21 所示。

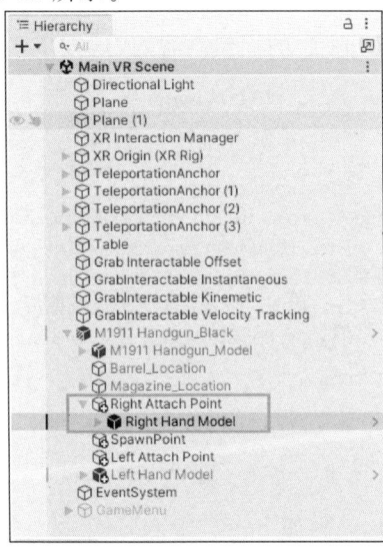

图 9-21 将 Right Hand Model 拖曳到 Right Attach Point 对象下

再次在 Unity 编辑器中单击 Play 按钮运行测试，戴上 VR 头盔，在游戏场景中尝试用右手握枪，观察到 Right Hand Model 的方向已经正确，但是位置仍然存在偏差。这是因为 Right Hand Model 的 Scale 存在缩放，而计算 Position 时未将这个要素考虑进去，解决的办法是根据 Scale 的值放大计算倍数。

9.3.2 根据缩放倍数修改 GrabHandPose 脚本

在 Hierarchy 中展开 M1911 Handgun_Black→Right Attach Point，选中子对象 Right Hand Model，在 Inspector 面板找到自定义脚本组件 GrabHandPose，双击组件下的 Script 属性打开 VS 脚本编辑器修改脚本内容。

找到函数 SetHandDataValues()，在函数体中将 Position 相关的计算都乘以手部模型缩放的倍数，修改后的代码如下：

```
startingHandPosition = new Vector3(h1.root.localPosition.x/h1.root.localScale.x, h1.root.localPosition.y / h1.root.localScale.y, h1.root.localPosition.z / h1.root.localScale.z);
finalHandPosition = new Vector3(h2.root.localPosition.x / h2.root.localScale.x, h2.root.localPosition.y / h2.root.localScale.y, h2.root.localPosition.z / h2.root.localScale.z);
```

此时函数 SetHandDataValues() 的完整脚本代码如下：

```
//设置手部数据的初始值和目标值
public void SetHandDataValues(HandData h1, HandData h2)
{
    //计算并设置起始手部位置,考虑到手部模型的缩放
    //使用相对坐标来避免缩放因素对位置的影响
    startingHandPosition = new Vector3(
        h1.root.localPosition.x / h1.root.localScale.x,
        h1.root.localPosition.y / h1.root.localScale.y,
        h1.root.localPosition.z / h1.root.localScale.z
    );

    //计算并设置目标手部位置,同样考虑缩放因素
    finalHandPosition = new Vector3(
        h2.root.localPosition.x / h2.root.localScale.x,
        h2.root.localPosition.y / h2.root.localScale.y,
        h2.root.localPosition.z / h2.root.localScale.z
    );

    //设置起始和目标手部的旋转(不考虑缩放影响)
    startingHandRotation = h1.root.localRotation;
    finalHandRotation = h2.root.localRotation;

    //初始化手指骨骼的旋转数组
    startingFingerRotations = new Quaternion[h1.fingerBones.Length];
    finalFingerRotations = new Quaternion[h2.fingerBones.Length];

    //设置每根手指骨骼的初始和目标旋转
```

```csharp
        for (int i = 0; i < h1.fingerBones.Length; i++)
        {
            //获取起始手指骨骼旋转
            startingFingerRotations[i] = h1.fingerBones[i].localRotation;

            //获取目标手指骨骼旋转
            finalFingerRotations[i] = h2.fingerBones[i].localRotation;
        }
    }
```

9.3.3 测试和总结

保存脚本后,切换回 Unity 编辑器,单击 Play 按钮运行测试,戴上 VR 头盔,观察握持手枪的 Right Hand Model 的位置情况,发现 Right Hand Model 的位置偏移消失,整个手部的动作和各个手指的关节部位都可以比较完美地贴合手枪模型,如图 9-22 所示。

目前完成了静态握持手枪的调整,但是如果取消抓握动作,则 Right Hand Model 也不会恢复初始状态。9.4 节就来解决这个问题,使 Right Hand Model 松开物体后,手部姿势能够有一个恢复原状的动作。

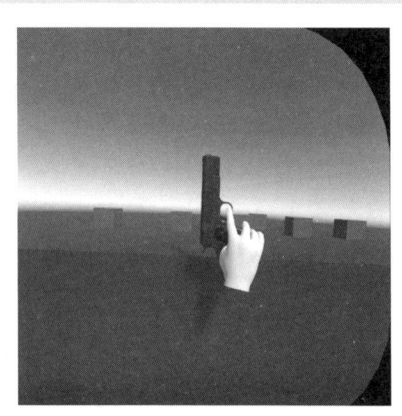

图 9-22 右手握枪时手势冻结在指定状态

本节涉及的主要操作如下:

在 Hierarchy 中选中 M1911 Handgun_Black 对象,将 Right Hand Model 对象拖曳到 Right Attach Point 对象下。

在 Hierarchy 中选中 M1911 Handgun_Black → Right Attach Point → Right Hand Model,在 Inspector 面板中找到 GrabHandPose 组件部分,双击 Script 属性框编辑脚本。

修改 SetHandDataValues()函数中的逻辑,代码如下:

```csharp
    public void SetHandDataValues(HandData h1, HandData h2)
    {
        startingHandPosition = new Vector3(h1.root.localPosition.x/h1.root.localScale.x,
h1.root.localPosition.y / h1.root.localScale.y, h1.root.localPosition.z / h1.root.
localScale.z);
        finalHandPosition = new Vector3(h2.root.localPosition.x / h2.root.localScale.x,
h2.root.localPosition.y / h2.root.localScale.y, h2.root.localPosition.z / h2.root.
localScale.z);
        startingHandRotation = h1.root.localRotation;
        finalHandRotation = h2.root.localRotation;
        startingFingerRotations = new Quaternion[h1.fingerBones.Length];
        finalFingerRotations = new Quaternion[h2.fingerBones.Length];
        for (int i = 0; i < h1.fingerBones.Length; i++)
```

```
        {
            startingFingerRotations[i] = h1.fingerBones[i].localRotation;
            finalFingerRotations[i] = h2.fingerBones[i].localRotation;
        }
    }
```

9.4 放开物体后如何还原手部姿势

本节实现让手在放开物体时重新恢复初始手势，还原抓握前的状态。具体的方法是通过在自定义脚本 GrabHandPose 中补充松手后的逻辑来实现。

9.4.1 在 GrabHandPose 脚本中补充松手后的逻辑

在 Hierarchy 中展开 M1911 Handgun_Black→Right Attach Point，选中 Right Hand Model，在 Inspector 面板中找到自定义脚本组件 GrabHandPose，双击该组件下的 Script 属性框，打开 VS 脚本编辑器开始补充脚本内容。

为了实现放开物体后还原手势，需要创建一个新的函数让 Animator 生效。

新增 UnSetPose() 函数，代码如下：

```
public void UnSetPose(BaseInteractionEventArgs arg){}
```

在 Start() 函数中追加一个对撤销物体抓握动作的监听，一旦监听到手松开物体的动作，就执行 UnSetPose() 函数，代码如下：

```
grabInteractable.selectExited.AddListener(UnSetPose);
```

编辑函数 UnSetPose() 内的逻辑内容，使 Interactor 松开物体解除抓握时 Animator 组件重新生效。为了提高编写效率，考虑到 UnSetPose() 中的逻辑与 SetPose() 是逆向关系，所以可以基于 SetPose() 的内容修改 UnSetPose() 函数的逻辑。

在 VS 脚本编辑器中，首先复制所有 SetPose() 函数内的内容，并将其复制到 UnSetPose() 函数中。修改 handData.animator.enabled=false，使其变为 handData.animator.enabled=true，其作用是使动画生效。

由于当前的目标是恢复手势初始状态，不是设置抓握手势，所以需要删除 SetHandDataValues() 函数，将手势最终帧从结束手势设定为开始帧，将手势设置回初始状态。

此时 UnSetPose() 函数的完整代码如下：

```
//恢复手部的初始姿态
public void UnSetPose(BaseInteractionEventArgs arg)
{
    //检查交互器是否为直接交互器(XRDirectInteractor,通常表示手部交互)
    if (arg.interactorObject is XRDirectInteractor)
```

```csharp
        {
            //获取交互器(手部)子对象中的 HandData 组件
            HandData handData = arg.interactorObject.transform.GetComponentInChildren<HandData>();

            //启用手部动画控制器,使其恢复动画控制
            handData.animator.enabled = true;

            //恢复手部的初始位置、旋转及手指骨骼的初始状态
            SetHandData(handData, startingHandPosition, startingHandRotation, startingFingerRotations);
        }
    }
```

9.4.2 测试和总结

保存脚本后切换回 Unity 编辑器,单击 Play 按钮运行测试,戴上 VR 头盔,在游戏场景中尝试用右手抓握物体后立刻松开,可以观察到手势在松开抓握的时刻立即恢复到抓握前的状态,如图 9-23 所示。

本节的主要操作如下:

在 Hierarchy 中选中 M1911 Handgun_Black → Right Attach Point → Right Hand Model 对象,在 Inspector 面板中找到 GrabHandPose 组件部分,双击 Script 属性框开始编辑脚本。

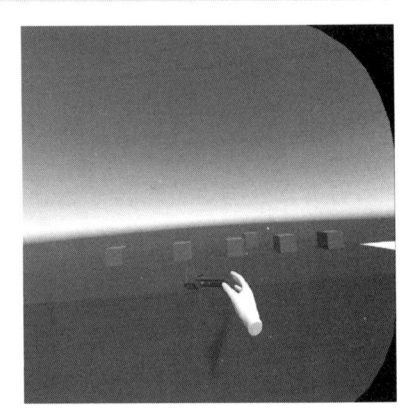

图 9-23 手势在松开抓握的时刻立即还原到初始状态

新建函数 UnSetPose(),代码如下:

```csharp
public void UnSetPose(BaseInteractionEventArgs arg){ }
```

在 Start()函数中追加松开手事件的监听逻辑,代码如下:

```csharp
grabInteractable.selectExited.AddListener(UnSetPose);
```

在 SetPose()函数的内容的基础上进行修改,获得函数 UnSetPose()的逻辑内容,使松开抓握时 Animator 组件重新生效,代码如下:

```csharp
public void UnSetPose(BaseInteractionEventArgs arg) {
        if (arg.interactorObject is XRDirectInteractor)
        {
            HandData handData = arg.interactorObject.transform.GetComponentInChildren<HandData>();
            handData.animator.enabled = true;
            SetHandData(handData, startingHandPosition, startingHandRotation, startingFingerRotations);
        }
    }
```

9.5 手势的自然过渡

目前抓握手枪前的初始手势和完成抓握的握持姿势之间没有自然的过渡动画,本节实现抓握手枪时的过渡动画效果。

9.5.1 补充插值法逻辑

这个优化同样需要通过完善 Right Hand Model 上挂载的自定义脚本 GrabHandPose 来实现。

在 Hierarchy 中展开 M1911 Handgun_Black→Right Attach Point,选中 Right Hand Model,在 Inspector 面板中找到自定义脚本组件 GrabHandPose,双击该组件下的 Script 属性框,打开 VS 脚本编辑器开始补充脚本内容。

为了实现抓握时的自然动画效果,专门定义一个新函数 SetHandDataRoutine() 来实现这个功能,函数参数找到 SetHandData() 函数部分,将 SetHandData 中的参数赋给 SetHandDataRoutine() 函数,在此基础上再追加 3 个新的参数,即 startingPosition、startingRotation 和 startingBonesRotation,返回值从 void 改为 IEnumerator,代码如下:

```
public IEnumerator SetHandDataRoutine ( HandData h, Vector3 newPosition, Quaternion newRotation, Quaternion [ ] newBonesRotation, Vector3 startingPosition, Quaternion startingRotation, Quaternion[] startingBonesRotation)
    {

    }
```

实现手势自然过渡的原理是将直接设置 HandPose 转变为一个逐帧的设置实现平滑变化,首先需要在声明变量部分声明一个公共变量用于设定过渡动画时长,代码如下:

```
public float poseTransitionDuration = 0.2f;
```

回到函数 SetHandDataRoutine(),开始编写函数体内容。大致逻辑是在设定的过渡动画时长范围内每过一秒设置一次手势新位置,每个新位置的手势数据都通过插值法计算得出,代码如下:

```
public IEnumerator SetHandDataRoutine ( HandData h, Vector3 newPosition, Quaternion newRotation, Quaternion [ ] newBonesRotation, Vector3 startingPosition, Quaternion startingRotation, Quaternion[] startingBonesRotation)
    {
        float timer = 0;
        while (timer < poseTransitionDuration)
        {
            Vector3 p = Vector3.Lerp(startingPosition, newPosition, timer / poseTransitionDuration);
```

```
                Quaternion r = Quaternion.Lerp(startingRotation, newRotation, timer / poseTransition
        Duration);
                h.root.localPosition = p;
                h.root.localRotation = r;
                for (int i = 0; i < newBonesRotation.Length; i++)
                {
                        h.fingerBones[i].localRotation = Quaternion.Lerp(startingBonesRotation
        [i], newBonesRotation[i], timer / poseTransitionDuration);
                }
                timer += Time.deltaTime;
                yield return null;
            }
        }
```

9.5.2 认识 Lerp 函数

首先介绍 Lerp 函数的神奇作用。

Unity 中的 Lerp 方法是一种插值(Interpolation)方法,用于在两个值之间进行平滑过渡。它的作用是在两个给定的数值之间进行线性插值,生成一个新的数值,这个数值介于这两个给定值之间。

具体来讲,Lerp 方法接受 3 个参数:起始值(start)、目标值(end),以及插值因子(t)。插值因子(t)通常是一个介于 0 和 1 之间的值,它表示从起始值向目标值过渡的程度。当插值因子为 0 时,结果等于起始值;当插值因子为 1 时,结果等于目标值;当插值因子处于 0 和 1 之间时,结果则在起始值和目标值之间进行插值。

Lerp 方法经常用于实现平滑的动画效果、对象位置的连续移动、颜色的过渡及其他需要在数值之间进行平滑过渡的情况。在本例中,插值算法用于生成手势的过渡位置。

关于 DeltaTime 的用法。

在 Unity 开发中,DeltaTime 是一个重要的概念,它表示每帧渲染所经过的时间。Delta 时间通常以秒为单位,用于调整游戏中的运动、动画和其他与时间相关的操作,它的主要作用如下。

(1) 平滑运动和动画:使用 DeltaTime 可以确保游戏对象在不同性能的设备上以相同的速度运动,因为它考虑到了每帧之间的时间间隔。这样可以避免在高性能设备上运动过快,而在低性能设备上运动过慢的情况。

(2) 与时间相关的操作:许多游戏中的操作,例如跳跃、射击、更新计时器等都与时间相关。DeltaTime 可以确保这些操作在不同帧之间的时间间隔内按比例调整,以保持一致的表现。

(3) 物理模拟:在进行物理模拟时,DeltaTime 也扮演着关键的角色。它用于计算物体在每帧上的移动、碰撞检测等,以确保物理仿真的稳定性和准确性。

(4) 减少运算量:使用 DeltaTime 可以将某些操作与每帧的时间间隔相关联,从而减少计算的复杂度和资源的消耗,例如,如果想要让一个物体在一秒内移动指定单位,则可以使用 object.transform.Translate(Vector3.forward * speed * Time.deltaTime) 来确保在每帧上移动的距离与设定的距离一致。

9.5.3 使插值法函数生效

继续编辑 SetupPose() 函数,将固定设置手势的 SetHandData 替换为插值法的 SetHandDataRoutine,从而实现平滑的手势变化,代码如下:

```
StartCoroutine(SetHandDataRoutine(handData, finalHandPosition, finalHandRotation, final
FingerRotations, startingHandPosition, startingHandRotation, startingFingerRotations));
```

类似地,编辑 UnSetPose() 函数,用 SetHandDataRoutine 代替 SetHandData 的调用实现平滑的手势过渡效果,只不过设置手势时插值的起止点与 SetupPose 正好相反,代码如下:

```
StartCoroutine (SetHandDataRoutine (handData, startingHandPosition, startingHandRotation,
startingFingerRotations, finalHandPosition, finalHandRotation, finalFingerRotations));
```

修改完成后,完整的 Grab Hand Pose 脚本代码如下:

```
//9.5 - 自定义手势 - GrabHandPose - 修改版 2
using System.Collections;
using System.Collections.Generic;
using UnityEngine;
using UnityEngine.XR.Interaction.Toolkit;

public class GrabHandPose : MonoBehaviour
{
    //右手的手势数据,用于定义抓取时的目标手势
    public HandData rightHandPose;

    //手部位置和旋转数据
    private Vector3 startingHandPosition;        //起始手部位置
    private Vector3 finalHandPosition;           //目标手部位置
    private Quaternion startingHandRotation;     //起始手部旋转
    private Quaternion finalHandRotation;        //目标手部旋转

    //手指骨骼旋转数组
    private Quaternion[] startingFingerRotations;   //起始手指骨骼旋转
    private Quaternion[] finalFingerRotations;      //目标手指骨骼旋转

    //手势切换过渡持续时间(秒)
    public float poseTransitionDuration = 0.2f;

    //Start 是 Unity 的生命周期方法,在游戏开始时调用一次
    void Start()
    {
```

```csharp
        //获取 XRGrabInteractable 组件,用于实现抓取交互
        XRGrabInteractable grabInteractable = GetComponent<XRGrabInteractable>();

        //为 selectEntered 事件添加监听器,抓取时调用 SetupPose 方法
        grabInteractable.selectEntered.AddListener(SetupPose);

        //为 selectExited 事件添加监听器,释放时调用 UnSetPose 方法
        grabInteractable.selectExited.AddListener(UnSetPose);

        //禁用右手的手势数据对象,避免其默认显示
        rightHandPose.gameObject.SetActive(false);
    }

    //设置抓取时的手势
    public void SetupPose(BaseInteractionEventArgs arg)
    {
        //判断交互器是否为直接交互器(XRDirectInteractor,通常表示手部交互)
        if (arg.interactorObject is XRDirectInteractor)
        {
            //获取交互器(手部)子对象中的 HandData 组件
            HandData handData = arg.interactorObject.transform.GetComponentInChildren<HandData>();

            //禁用手部动画控制器,冻结当前手势
            handData.animator.enabled = false;

            //设置手部的初始和目标手势数据
            SetHandDataValues(handData, rightHandPose);

            //通过协程平滑过渡到目标手势
            StartCoroutine(SetHandDataRoutine(handData, finalHandPosition, finalHandRotation, finalFingerRotations, startingHandPosition, startingHandRotation, startingFingerRotations));
        }
    }

    //设置手部数据的初始值和目标值
    public void SetHandDataValues(HandData h1, HandData h2)
    {
        //考虑模型缩放因素,计算起始和目标手部位置
        startingHandPosition = new Vector3(h1.root.localPosition.x / h1.root.localScale.x, h1.root.localPosition.y / h1.root.localScale.y, h1.root.localPosition.z / h1.root.localScale.z);
        finalHandPosition = new Vector3(h2.root.localPosition.x / h2.root.localScale.x, h2.root.localPosition.y / h2.root.localScale.y, h2.root.localPosition.z / h2.root.localScale.z);

        //获取起始和目标手部的旋转
        startingHandRotation = h1.root.localRotation;
```

```csharp
            finalHandRotation = h2.root.localRotation;

            //初始化手指骨骼旋转数组并存储旋转数据
            startingFingerRotations = new Quaternion[h1.fingerBones.Length];
            finalFingerRotations = new Quaternion[h2.fingerBones.Length];
            for (int i = 0; i < h1.fingerBones.Length; i++)
            {
                startingFingerRotations[i] = h1.fingerBones[i].localRotation;
                finalFingerRotations[i] = h2.fingerBones[i].localRotation;
            }
        }

        //恢复释放时的手势
        public void UnSetPose(BaseInteractionEventArgs arg)
        {
            //判断交互器是否为直接交互器
            if (arg.interactorObject is XRDirectInteractor)
            {
                //获取交互器(手部)子对象中的 HandData 组件
                HandData handData = arg.interactorObject.transform.GetComponentInChildren <HandData>();

                //启用手部动画控制器,恢复动画驱动
                handData.animator.enabled = true;

                //通过协程平滑过渡回初始手势
                StartCoroutine(SetHandDataRoutine(handData, startingHandPosition, startingHandRotation, startingFingerRotations, finalHandPosition, finalHandRotation, finalFingerRotations));
            }
        }

        //平滑过渡手部和手指骨骼的姿态
        public IEnumerator SetHandDataRoutine (HandData h, Vector3 newPosition, Quaternion newRotation, Quaternion [] newBonesRotation, Vector3 startingPosition, Quaternion startingRotation, Quaternion[] startingBonesRotation)
        {
            float timer = 0; //过渡计时器
            while (timer < poseTransitionDuration)
            {
                //通过插值函数平滑过渡手部的位置和旋转
                Vector3 p = Vector3.Lerp(startingPosition, newPosition, timer / poseTransitionDuration);
                Quaternion r = Quaternion.Lerp(startingRotation, newRotation, timer / poseTransitionDuration);
                h.root.localPosition = p;
                h.root.localRotation = r;

                //平滑过渡每根手指骨骼的旋转
```

```csharp
        for (int i = 0; i < newBonesRotation.Length; i++)
        {
            h.fingerBones[i].localRotation = Quaternion.Lerp(startingBonesRotation[i], newBonesRotation[i], timer / poseTransitionDuration);
        }

        //增加计时器值
        timer += Time.deltaTime;

        //等待下一帧
        yield return null;
    }
}
```

9.5.4 测试和总结

保存脚本后切换回 Unity 编辑器,单击 Play 按钮运行测试,戴上 VR 头盔,尝试用右手抓握和松开手枪,观察到手势变换从原本生硬的两种固定手势间的切换变为自然动画过渡。

本节涉及的主要操作如下:

在 Hierarchy 中选中 M1911 Handgun_Black → Right Attach Point → Right Hand Model。

找到 GrabHandPose 组件部分,双击 Script 属性框编辑脚本内容。

定义新函数 SetHandDataRoutine(),将 SetHandData 中的参数复制给 SetHandDataRoutine() 函数,在 SetHandDataRoutine 中再追加 3 个新的参数:startingPosition、startingRotation 和 startingBonesRotation,代码如下:

```csharp
public IEnumerator SetHandDataRoutine(HandData h, Vector3 newPosition, Quaternion newRotation, Quaternion[] newBonesRotation, Vector3 startingPosition, Quaternion startingRotation, Quaternion[] startingBonesRotation)
{

}
```

追加声明变量,代码如下:

```csharp
public float poseTransitionDuration = 0.2f;
```

在 SetHandDataRoutine 中编写插值手势逻辑,代码如下:

```csharp
public IEnumerator SetHandDataRoutine(HandData h, Vector3 newPosition, Quaternion newRotation, Quaternion[] newBonesRotation, Vector3 startingPosition, Quaternion startingRotation, Quaternion[] startingBonesRotation)
{
    float timer = 0;
    while (timer < poseTransitionDuration)
    {
```

```
                Vector3 p = Vector3.Lerp(startingPosition, newPosition, timer / poseTransition
Duration);
                Quaternion r = Quaternion.Lerp(startingRotation, newRotation, timer / poseTransition
Duration);
            h.root.localPosition = p;
            h.root.localRotation = r;
            for (int i = 0; i < newBonesRotation.Length; i++)
            {
                h.fingerBones[i].localRotation = Quaternion.Lerp(startingBonesRotation
[i], newBonesRotation[i], timer / poseTransitionDuration);
            }
            timer += Time.deltaTime;
            yield return null;
        }
    }
```

编辑 SetupPose() 函数，将对 SetHandData 的调用替换为 StartCoroutine，代码如下：

```
StartCoroutine(SetHandDataRoutine(handData, finalHandPosition, finalHandRotation, final
FingerRotations, startingHandPosition, startingHandRotation, startingFingerRotations));
```

编辑 UnSetPose() 函数，将对 SetHandData 的调用替换为 StartCoroutine，代码如下：

```
StartCoroutine(SetHandDataRoutine(handData, startingHandPosition, startingHandRotation,
startingFingerRotations, finalHandPosition, finalHandRotation, finalFingerRotations));
```

9.6 将动画过渡逻辑应用到左手

目前我们只将过渡动画设置在右手模型 Right Hand Model 对象，本节介绍如何将右手的平滑过渡设置快速地应用到左手模型 Left Hand Model 对象。

9.6.1 配置左手模型对象

在 Hierarchy 中展开 M1911 Handgun_Black 对象，选中其下的 Left Hand Model 对象。

在 Inspector 面板中右击 Animator 组件，在快捷菜单中选择 Remove Component 删除此组件，删除完成后 Left Hand Model 对象的 Inspector 界面如图 9-24 所示。

在 Hierarchy 中将 Left Hand Model 对象拖曳到 Left Attach Point 下，使其成为 Left Attach Point 的子组件，如图 9-25 所示。

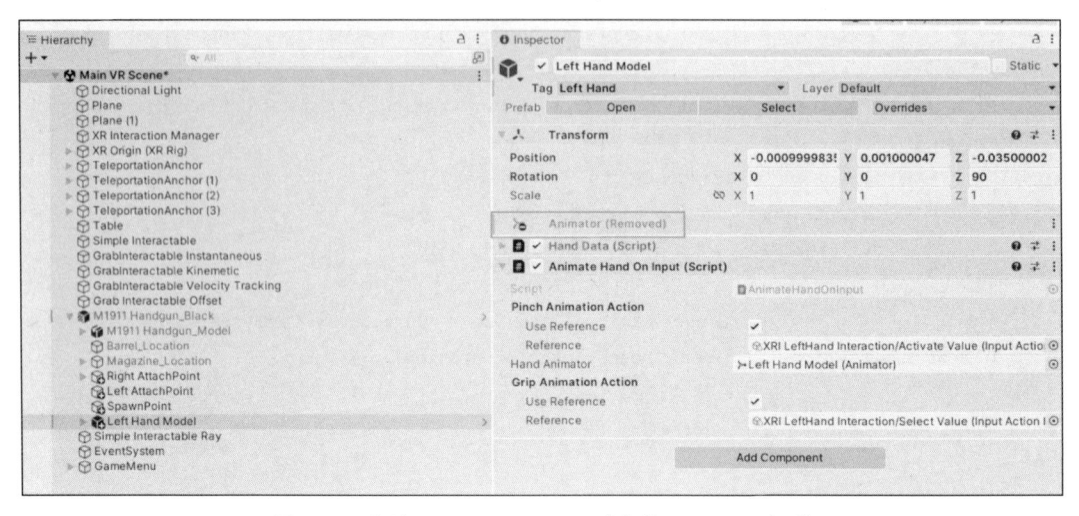

图 9-24 移除 Left Hand Model 对象的 Animator 组件

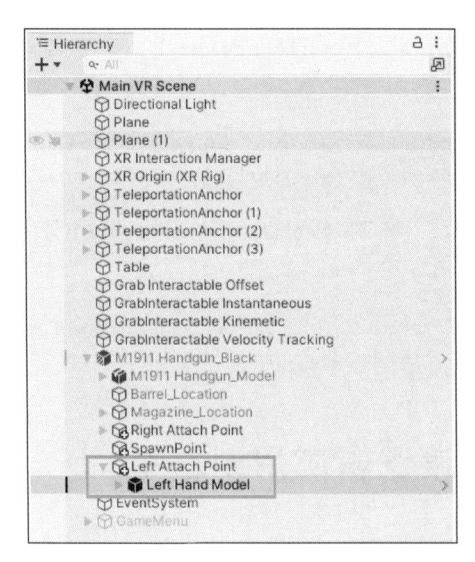

图 9-25 将 Left Hand Model 对象拖曳到 Left Attach Point 下

保持选中 Left Hand Model 对象,在 Inspector 面板中观察 Transform 组件的 Scale 数据,确保 Scale 设置同 Right Hand Model,即值为 0.9,如图 9-26 所示。

9.6.2 在 GrabHandPose 脚本中补充左手模型对象

在 Hierarchy 面板中选中 M1911 Handgun_Black,在 Inspector 面板中找到自定义脚本组件 GrabHandPose,双击 Script 属性框,打开 VS 脚本编辑器开始编辑脚本内容。

为了关联左手模型,在脚本的声明变量部分追加声明一个 HandData 变量,代码如下:

```
public HandData leftHandPose;
```

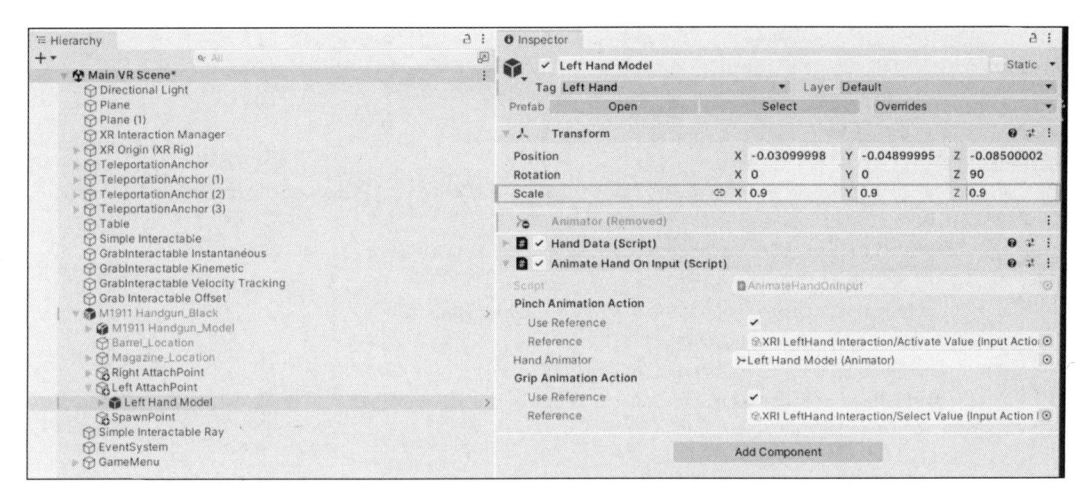

图 9-26 将 Left Hand Model 的 Scale 设置为 0.9

修改函数 SetupPose()，在冻结动画后，在执行 SetHandDataValues 前追加判断当前对象是左手模型还是右手模型，根据判断结果执行手势设置，代码如下：

```
if(handData.handType == HandData.HandModelType.Right){
    SetHandDataValues(handData,rightHandPose);
}
else{
    SetHandDataValues(handData,leftHandPose);
}
```

修改 Start() 函数，补充隐藏 leftHandPose 的逻辑，代码如下：

```
leftHandPose.gameObject.SetActive(false);
```

本节修改完成后，自定义脚本 GrabHandPose 的完整代码如下：

```
//9.6 - 自定义手势 - GrabHandPose - 修改版 3
using System.Collections;
using System.Collections.Generic;
using UnityEngine;
using UnityEngine.XR.Interaction.Toolkit;

public class GrabHandPose : MonoBehaviour
{
    public HandData rightHandPose;                      //右手抓取的目标姿势
    public HandData leftHandPose;                       //左手抓取的目标姿势
    private Vector3 startingHandPosition;               //起始手部位置
    private Vector3 finalHandPosition;                  //目标手部位置
    private Quaternion startingHandRotation;            //起始手部旋转
    private Quaternion finalHandRotation;               //目标手部旋转
    private Quaternion[] startingFingerRotations;       //起始手指旋转
    private Quaternion[] finalFingerRotations;          //目标手指旋转
```

```csharp
        public float poseTransitionDuration = 0.2f;          //姿势过渡时间

        //Start 方法在第 1 次帧更新时调用
        void Start()
        {
            XRGrabInteractable grabInteractable = GetComponent<XRGrabInteractable>();
//获取抓取交互组件
            grabInteractable.selectEntered.AddListener(SetupPose);
            //添加抓取开始时的监听
            grabInteractable.selectExited.AddListener(UnSetPose);
            //添加抓取结束时的监听
            rightHandPose.gameObject.SetActive(false);      //隐藏右手模型
            leftHandPose.gameObject.SetActive(false);       //隐藏左手模型
        }

        //设置手势姿势的方法
        public void SetupPose(BaseInteractionEventArgs arg)
        {
            if (arg.interactorObject is XRDirectInteractor)
            //如果是 XRDirectInteractor 对象
            {
                HandData handData = arg.interactorObject.transform.GetComponentInChildren<HandData>();
                //获取手部数据
                handData.animator.enabled = false;          //禁用手部的动画控制器
                //根据手的类型,设置右手或左手的手势数据
                if (handData.handType == HandData.HandModelType.Right)
                {
                    SetHandDataValues(handData, rightHandPose);
                    //设置右手的姿势数据
                }
                else
                {
                    SetHandDataValues(handData, leftHandPose);
                    //设置左手的姿势数据
                }
                //启动协程,过渡到目标手势姿势
                StartCoroutine(SetHandDataRoutine(handData, finalHandPosition, finalHandRotation, finalFingerRotations, startingHandPosition, startingHandRotation, startingFingerRotations));
            }
        }

        //设置手部数据(位置、旋转等)的方法
        public void SetHandDataValues(HandData h1, HandData h2)
        {
            //计算并设置起始和目标手部的位置、旋转和手指旋转
            startingHandPosition = new Vector3(h1.root.localPosition.x / h1.root.localScale.x, h1.root.localPosition.y / h1.root.localScale.y, h1.root.localPosition.z / h1.root.localScale.z);
```

```csharp
            finalHandPosition = new Vector3(h2.root.localPosition.x / h2.root.localScale.x,
h2.root.localPosition.y / h2.root.localScale.y, h2.root.localPosition.z / h2.root.localScale.z);
            startingHandRotation = h1.root.localRotation;
            finalHandRotation = h2.root.localRotation;
            startingFingerRotations = new Quaternion[h1.fingerBones.Length];
            finalFingerRotations = new Quaternion[h2.fingerBones.Length];
            for (int i = 0; i < h1.fingerBones.Length; i++)
            {
                startingFingerRotations[i] = h1.fingerBones[i].localRotation;
                finalFingerRotations[i] = h2.fingerBones[i].localRotation;
            }
        }

        //取消设置手势的方法
        public void UnSetPose(BaseInteractionEventArgs arg)
        {
            if (arg.interactorObject is XRDirectInteractor)
            //如果是 XRDirectInteractor 对象
            {
                HandData handData = arg.interactorObject.transform.GetComponentInChildren<HandData>();
                //获取手部数据
                handData.animator.enabled = true;  //启用手部动画控制器
                //启动协程,将手部恢复到起始姿势
                StartCoroutine(SetHandDataRoutine(handData, startingHandPosition, startingHandRotation, startingFingerRotations, finalHandPosition, finalHandRotation, finalFingerRotations));
            }
        }

        //协程方法,用于平滑过渡手部姿势(位置和旋转)
        public IEnumerator SetHandDataRoutine(HandData h, Vector3 newPosition, Quaternion newRotation, Quaternion[] newBonesRotation, Vector3 startingPosition, Quaternion startingRotation, Quaternion[] startingBonesRotation)
        {
            float timer = 0;
            //平滑过渡,直到达到过渡时间
            while (timer < poseTransitionDuration)
            {
                Vector3 p = Vector3.Lerp(startingPosition, newPosition, timer / poseTransitionDuration);
                                                                    //平滑过渡位置
                Quaternion r = Quaternion.Lerp(startingRotation, newRotation, timer / poseTransitionDuration);
                                                                    //平滑过渡旋转
                h.root.localPosition = p;              //更新手部位置
                h.root.localRotation = r;              //更新手部旋转
                for (int i = 0; i < newBonesRotation.Length; i++)
                {
```

```
                    h.fingerBones[i].localRotation = Quaternion.Lerp(startingBonesRotation
[i], newBonesRotation[i], timer / poseTransitionDuration);    //更新手指旋转
            }
            timer += Time.deltaTime;                           //增加时间
            yield return null;                                 //等待下一帧
        }
    }
}
```

保存脚本后切换回 Unity 编辑器，在 Inspector 面板中找到自定义脚本组件 Grab Hand Pose，开始关联自定义脚本的公共变量。

将 Left Hand Model 从 Hierarchy 拖曳到 Left Hand Pose 属性框中，如图 9-27 所示。

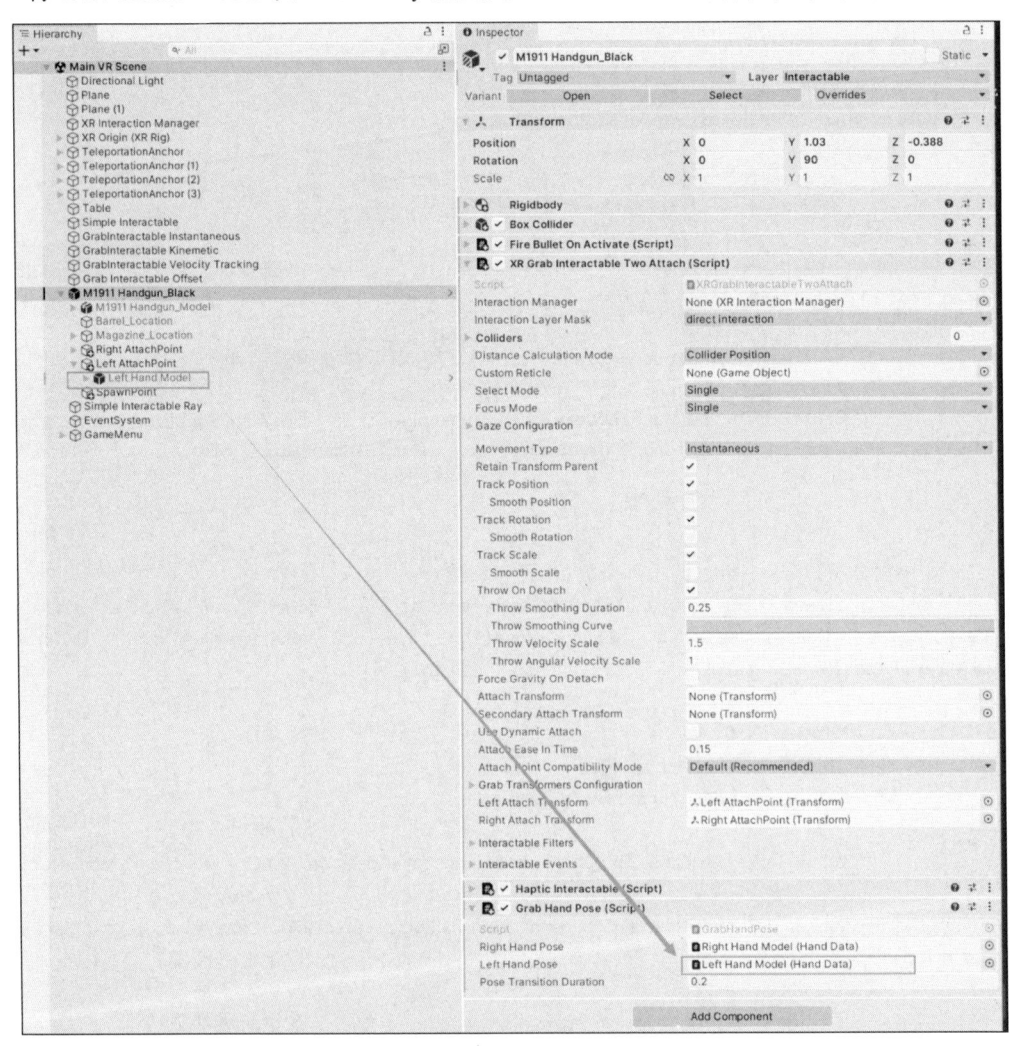

图 9-27　关联自定义脚本组件 Grab Hand Pose 的公共变量

9.6.3 测试和总结

单击 Unity 编辑器上方的 Play 按钮运行测试，戴上 VR 头盔，在游戏场景中尝试用左手抓握手枪，观察到左手在抓握和松开手枪对象时动作没有变化，如图 9-28 所示，但是松开手枪后能够恢复自然抓握动画。

图 9-28　左手在抓握和松开手枪对象时动作没有变化

这是因为目前左手尚未设置握枪手势，导致握枪时起始手势和目标手势相同，因此观察不到握枪时的过渡动画。后续将介绍如何快速地将右手手势镜像到左手模型。

本节涉及的主要操作如下：

在 Hierarchy 中展开 M1911 Handgun_Black，拖曳 Left Hand Model 对象使其成为 Left Attach Point 对象的子对象。在 Inspector 面板中找到 Transform 组件，将 Scale 设置为 X＝0.9，Y＝0.9，Z＝0.9。移除 Animator 组件。

在 M1911 Handgun_Black 对象的 Inspector 面板中找到 Grab Hand Pose 组件部分，双击 Script 属性框开始编辑脚本。

追加变量声明，代码如下：

```
public HandData leftHandPose;
```

补充函数 SetupPose() 的逻辑，在 SetHandDataValues 时追加判断，代码如下：

```
if (handData.handType == HandData.HandModelType.Right)
        {
            SetHandDataValues(handData, rightHandPose);
        }
        else
        {
            SetHandDataValues(handData, leftHandPose);
        }
```

Start() 函数，补充隐藏 leftHandPose 的逻辑，代码如下：

```
leftHandPose.gameObject.SetActive(false);
```

9.7 让左手自动获得合适的位置和方向

目前,右手模型的位置和方向经过了调整,但左手的位置、方向及具体手势还是不正确的。

9.7.1 "单一真相"原则

由于左手的位置、方向和手势理论上是右手的镜像,因此如果能够根据右手模型的正确位置方向自动计算出左手的正确位置和方向并应用于左手,则是比较理想的设计。因为这种设计使后续维护时如果需要调整手部模型的位置,则只需将右手模型位置调整到合适位置,左手模型会自动适应新的调整。本节就来实现这样的自适应功能。

接下来介绍什么是数据的"单一真相"原则。

在本例中,"单一真相"原则意味着尽量减少重复的数据或逻辑,使代码更易于维护和扩展。

举个例子,如果有一个游戏中的角色需要存储生命值(Health),则最好不要在多个地方同时存储这个值,而是通过一个统一的生命值管理系统来处理。这样做的好处是,如果需要修改生命值的计算方式或规则,则只需在一个地方修改代码,而不用在整个项目中寻找和修改多处相关的代码。

本节中,由于左手模型的位置可以通过右手模型计算得出,所以通过构建左右手模型位置的计算关系,就能够将数据维护的职责集中到右手模型,无须在每次修改时同时维护左右手两处的位置数据。

9.7.2 创建自定义 Unity 编辑器菜单

在 Hierarchy 中展开 M1911 Handgun_Black→Right Attach Point,选中 Right Hand Model,在 Inspector 面板中找到自定义脚本组件 GrabHandPose,双击 Script 属性框。打开 VS 脚本编辑器开始编辑脚本。

追加一个用于预处理的引用,代码如下:

```
#if UNITY_EDITOR
using UnityEditor;
#endif
```

这样一个预处理引用,只会在编辑器中生效,在运行时会被忽略。

#if UNITY_EDITOR 是一种预处理指令,用于在 Unity 中进行开发时执行特定的代码。这个指令告诉编译器,只有在 Unity 编辑器中编译代码时才会执行其中的代码块。这

在开发过程中非常有用,因为有时可能希望在编辑器中执行一些特定的调试逻辑或者只在编辑器中展示一些内容,而不希望这些代码在游戏或应用的最终版本中出现。

举个例子,可能想在编辑器中显示一些调试信息或者在编辑器中执行一些特定的操作,但是这些操作在游戏运行时不需要。使用♯if UNITY_EDITOR 可以确保这些代码块只在编辑器中执行,而不会影响最终发布的产品。

例如本例中,根据右手模型的位置镜像计算左手模型的位置是希望在编辑器中自动完成预处理动作,而不希望在运行阶段执行。

新建用于预处理的函数 MirrorPose(),其作用就是基于右手模型的位置计算出左手模型的位置数据,代码如下:

```
public void MirrorPose(HandData poseToMirror, HandData poseUsedToMirror)
{
    Vector3 mirroredPosition = poseUsedToMirror.root.localPosition;
    mirroredPosition.x *= -1;

    Quaternion mirroredQuaternion = poseUsedToMirror.root.localRotation;
    mirroredQuaternion.y *= -1;
    mirroredQuaternion.z *= -1;

    poseToMirror.root.localPosition = mirroredPosition;
    poseToMirror.root.localRotation = mirroredQuaternion;

    for (int i = 0; i < poseUsedToMirror.fingerBones.Length; i++){
        poseToMirror.fingerBones[i].localRotation = poseUsedToMirror.fingerBones[i].localRotation;
    }
}
```

结合这段代码介绍 C♯ 中 for 循环的写法和作用。

在 Unity 中,for 循环的写法与标准的 C♯ 语法相同,通常有以下三部分。

(1) 初始化表达式(Initialization Expression):用于初始化循环控制变量。

(2) 循环条件(Condition Expression):循环将一直执行,直到条件表达式为 false。

(3) 迭代表达式(Iteration Expression):在每次循环迭代之后执行,用于更新循环控制变量的值。

在本例中,通过循环遍历每个作为基准的手部关节,将每个关节的 localRotation 赋给镜像关节。

为了能够在编辑器中触发这个函数,可以在 Unity 编辑器中自定义一个菜单项,实现单击这个自定义菜单项,就能够在编辑器环境触发这个函数。出于增量开发的原则,先在函数体中写入 Debug 信息,用于初步验证是否能运行到函数体内的逻辑。

创建自定义编辑器菜单的语句如下,追加在类函数体中,代码如下:

```csharp
#if UNITY_EDITOR
[MenuItem("Tools/Mirror Selected Right Grab Pose")]
public static void MirrorRightPose()
{
    Debug.Log("MIRROR RIGHT POSE");
}
#endif
```

保存脚本后，切换回 Unity 编辑器。发现编辑器顶部菜单栏出现了新的菜单项，如图 9-29 所示。

图 9-29　顶部菜单栏出现了新的菜单项

单击新出现的自建菜单项，发现控制台出现了相应信息，如图 9-30 所示。这就证明单击菜单后成功地触发了函数功能。

图 9-30　单击新菜单项后控制台出现预期信息

9.7.3　认识增量开发

首先介绍增量开发的作用。

增量开发是一种软件开发方法，它将大型项目或复杂的功能分解成小的、可独立完成的部分，并且逐步迭代完成这些部分，逐步地构建整个系统。

本例中先构建空函数，确定可以成功触发后再编写完成功能的代码，这也是一种典型的、小范围的增量开发实践，其主要的作用在于降低后续调试的成本，提高调试效率。

假设我们直接编写完成功能的代码，后续在测试时如果发生报错或出现非预期的结果，那么我们面对的 Debug 的代码就会更多。问题既可能出在未成功触发函数，也可能出在函数体内的逻辑发生问题。

现在由于采用步步为营的增量开发方法，先构建了菜单项，确定单击菜单可以触发函数体内的逻辑，然后继续编写函数体内的具体逻辑。每步都相应地进行测试，这样报错时需要调试的代码范围就很明确了，可以更快地定位问题，大大地降低了调试的时间成本。

下一步将菜单函数体中的 Debug.Log 替换为真正的功能。

在 Hierarchy 中展开 M1911 Handgun_Black→Right Attach Point，选中 Right Hand Model，在 Inspector 面板中找到自定义脚本组件 GrabHandPose，双击 Script 属性框，打开 VS 脚本编辑器开始补充脚本内容。

在自定义编辑器菜单语句中删除 Debug.Log，补充计算镜像并根据右手手势设置左手

手势的逻辑,代码如下:

```
GrabHandPose handPose = Selection.activeGameObject.GetComponent<GrabHandPose>();
handPose.MirrorPose(handPose.leftHandPose, handPose.rightHandPose);
```

修改完成后的完整 GrabHandPose 脚本代码如下:

```
//9.7-自定义手势-GrabHandPose-修改版 4
using System.Collections;
using System.Collections.Generic;
using UnityEngine;
using UnityEngine.XR.Interaction.Toolkit;
#if UNITY_EDITOR
using UnityEditor;                              //用于在编辑器中添加自定义工具功能
#endif

public class GrabHandPose : MonoBehaviour
{
    public HandData rightHandPose;              //右手抓取的目标姿势
    public HandData leftHandPose;               //左手抓取的目标姿势
    private Vector3 startingHandPosition;       //起始手部位置
    private Vector3 finalHandPosition;          //目标手部位置
    private Quaternion startingHandRotation;    //起始手部旋转
    private Quaternion finalHandRotation;       //目标手部旋转
    private Quaternion[] startingFingerRotations; //起始手指骨骼旋转
    private Quaternion[] finalFingerRotations;  //目标手指骨骼旋转

    public float poseTransitionDuration = 0.2f; //姿势过渡的持续时间

#if UNITY_EDITOR
    //在 Unity 编辑器中添加一个自定义菜单项,用于镜像右手抓取姿势
    [MenuItem("Tools/Mirror Selected Right Grab Pose")]
    public static void MirrorRightPose()
    {
        //获取当前选中对象上的 GrabHandPose 脚本
        GrabHandPose handPose = Selection.activeGameObject.GetComponent<GrabHandPose>();

        //调用镜像方法,将右手姿势镜像到左手
        handPose.MirrorPose(handPose.leftHandPose, handPose.rightHandPose);
    }
#endif

    //Start 是 Unity 的生命周期方法,在第 1 次帧更新时调用
    void Start()
    {
        XRGrabInteractable grabInteractable = GetComponent<XRGrabInteractable>();
        //获取抓取交互组件
        grabInteractable.selectEntered.AddListener(SetupPose);
        //添加抓取开始时的监听事件
        grabInteractable.selectExited.AddListener(UnSetPose);
```

```csharp
        //添加抓取结束时的监听事件
        rightHandPose.gameObject.SetActive(false);        //隐藏右手姿势模型
        leftHandPose.gameObject.SetActive(false);         //隐藏左手姿势模型
    }

    //设置抓取姿势的方法
    public void SetupPose(BaseInteractionEventArgs arg)
    {
        if (arg.interactorObject is XRDirectInteractor)
        //如果交互对象是直接交互器
        {
            HandData handData = arg.interactorObject.transform.GetComponentInChildren<HandData>();
            //获取手部数据
            handData.animator.enabled = false;            //禁用手部动画控制器

            //根据手部类型选择目标姿势
            if (handData.handType == HandData.HandModelType.Right)
            {
                SetHandDataValues(handData, rightHandPose);
                //设置右手的姿势数据
            }
            else
            {
                SetHandDataValues(handData, leftHandPose);
                //设置左手的姿势数据
            }

            //启动协程,过渡到目标姿势
            StartCoroutine(SetHandDataRoutine(handData, finalHandPosition, finalHandRotation, finalFingerRotations, startingHandPosition, startingHandRotation, startingFingerRotations));
        }
    }

    //设置起始和目标手部姿势数据的方法
    public void SetHandDataValues(HandData h1, HandData h2)
    {
        startingHandPosition = new Vector3(h1.root.localPosition.x / h1.root.localScale.x, h1.root.localPosition.y / h1.root.localScale.y, h1.root.localPosition.z / h1.root.localScale.z);
        finalHandPosition = new Vector3(h2.root.localPosition.x / h2.root.localScale.x, h2.root.localPosition.y / h2.root.localScale.y, h2.root.localPosition.z / h2.root.localScale.z);
        startingHandRotation = h1.root.localRotation;
        finalHandRotation = h2.root.localRotation;

        startingFingerRotations = new Quaternion[h1.fingerBones.Length];
        finalFingerRotations = new Quaternion[h2.fingerBones.Length];
```

```csharp
        //设置每根手指骨骼的起始和目标旋转
        for (int i = 0; i < h1.fingerBones.Length; i++)
        {
            startingFingerRotations[i] = h1.fingerBones[i].localRotation;
            finalFingerRotations[i] = h2.fingerBones[i].localRotation;
        }
    }

    //取消抓取姿势的方法
    public void UnSetPose(BaseInteractionEventArgs arg)
    {
        if (arg.interactorObject is XRDirectInteractor)
        //如果交互对象是直接交互器
        {
            HandData handData = arg.interactorObject.transform.GetComponentInChildren<HandData>();
            //获取手部数据
            handData.animator.enabled = true;           //启用手部动画控制器

            //启动协程,恢复到起始姿势
            StartCoroutine(SetHandDataRoutine(handData, startingHandPosition, startingHandRotation, startingFingerRotations, finalHandPosition, finalHandRotation, finalFingerRotations));
        }
    }

    //协程方法,用于平滑过渡手部姿势
    public IEnumerator SetHandDataRoutine(HandData h, Vector3 newPosition, Quaternion newRotation, Quaternion[] newBonesRotation, Vector3 startingPosition, Quaternion startingRotation, Quaternion[] startingBonesRotation)
    {
        float timer = 0;
        while (timer < poseTransitionDuration) //在过渡时间内逐渐调整姿势
        {
            //线性插值位置和旋转
            Vector3 p = Vector3.Lerp(startingPosition, newPosition, timer / poseTransitionDuration);
            Quaternion r = Quaternion.Lerp(startingRotation, newRotation, timer / poseTransitionDuration);
            h.root.localPosition = p;
            h.root.localRotation = r;

            //线性插值每根手指骨骼的旋转
            for (int i = 0; i < newBonesRotation.Length; i++)
            {
                h.fingerBones[i].localRotation = Quaternion.Lerp(startingBonesRotation[i], newBonesRotation[i], timer / poseTransitionDuration);
            }

            timer += Time.deltaTime;                    //增加计时器
```

```csharp
            yield return null;                              //等待下一帧
        }
    }

    //镜像姿势的方法
    public void MirrorPose(HandData poseToMirror, HandData poseUsedToMirror)
    {
        //镜像位置,将 x 坐标反转
        Vector3 mirroredPosition = poseUsedToMirror.root.localPosition;
        mirroredPosition.x *= -1;

        //镜像旋转,将 y 和 z 分量反转
        Quaternion mirroredQuaternion = poseUsedToMirror.root.localRotation;
        mirroredQuaternion.y *= -1;
        mirroredQuaternion.z *= -1;

        poseToMirror.root.localPosition = mirroredPosition;   //设置镜像位置
        poseToMirror.root.localRotation = mirroredQuaternion;
        //设置镜像旋转

        //复制手指骨骼的旋转
        for (int i = 0; i < poseUsedToMirror.fingerBones.Length; i++)
        {
            poseToMirror.fingerBones[i].localRotation = poseUsedToMirror.fingerBones[i].localRotation;
        }
    }
}
```

9.7.4 测试和总结

保存脚本后切换回 Unity 编辑器,在 Hierarchy 中展开 M1911 Handgun_Black→Right Attach Point,选中 Right Hand Model,然后单击菜单栏上的自定义菜单项 tools→Mirror Selected Right Grab Pose,观察发现游戏场景中 Left Hand Model 的位置被自动重设为 Right Hand Model 的镜像位置,函数作用符合预期,如图 9-31 所示。

此时单击 Unity 编辑器上方的 Play 按钮运行测试,尝试用左手抓握手枪对象,观察到左手抓握手枪时的手势过渡动画如图 9-32 所示。

本节涉及的主要操作如下:

在 Hierarchy 中选中 M1911 Handgun_Black→Right Attach Point 对象,打开 GrabHandPose 组件下的自定义脚本开始编辑脚本内容。

追加引用,代码如下:

```csharp
using UnityEditor;
```

追加定义预处理函数 MirrorPose(),代码如下:

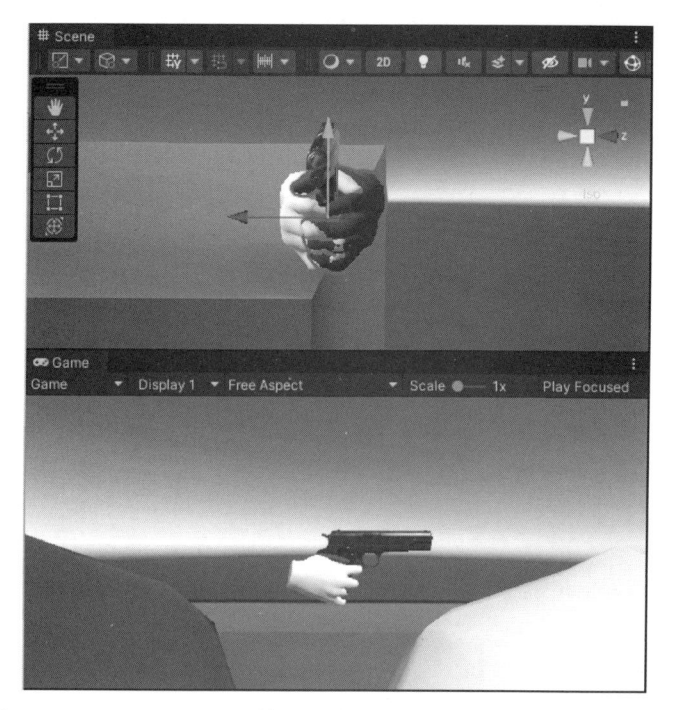

图 9-31　Left Hand Model 的位置被自动重设为右手模型的镜像位置

图 9-32　左手以右手镜像手势正常抓握手枪且呈现过渡动画

```
public void MirrorPose(HandData poseToMirror, HandData poseUsedToMirror)
    {
        Vector3 mirroredPosition = poseUsedToMirror.root.localPosition;
        mirroredPosition.x *= -1;

        Quaternion mirroredQuaternion = poseUsedToMirror.root.localRotation;
        mirroredQuaternion.y *= -1;
        mirroredQuaternion.z *= -1;
```

```
            poseToMirror.root.localPosition = mirroredPosition;
            poseToMirror.root.localRotation = mirroredQuaternion;

            for (int i = 0; i < poseUsedToMirror.fingerBones.Length; i++){
                poseToMirror.fingerBones[i].localRotation = poseUsedToMirror.fingerBones[i].
localRotation;
            }
        }
```

创建自定义编辑器菜单函数,代码如下:

```
#if UNITY_EDITOR
[MenuItem("Tools/Mirror Selected Right Grab Pose")]
public static void MirrorRightPose()
{
    Debug.Log("MIRROR RIGHT POSE");
}
#endif
```

删除 Debug.Log,补充镜像计算并设置手势的逻辑,代码如下:

```
GrabHandPose handPose = Selection.activeGameObject.GetComponent<GrabHandPose>();
handPose.MirrorPose(handPose.leftHandPose, handPose.rightHandPose);
```

第 10 章

CHAPTER 10

晕 动 优 化

10.1 隧道效应

运动时将视野聚焦于较窄区域或中心区域有利于避免晕动,因此在 VR 游戏中多采用隧道效应来减缓玩家的晕动。

10.1.1 隧道效应减缓晕动的原理

在玩 VR 游戏时,经常经历人物移动时感到视野四周产生一个渐变黑框,让玩家聚焦眼前的视野,这就是隧道效应。

接下来介绍隧道效应的作用原理。

在 VR 开发中,隧道效应是一种常见的技术手段,用于减轻用户在虚拟现实环境中的晕动感。

晕动感是由于用户在虚拟现实环境中的视觉与平衡系统之间的不一致所导致的。当用户在虚拟环境中移动时,视觉上的运动与内耳感知到的平衡信息可能不一致,从而导致晕动感。通过隧道效应,可以在用户的视野周围创建一个稳定的框架或者隧道,使用户的视觉系统更容易适应虚拟环境中的运动,从而减轻晕动感。这种技术可以有效地改善用户在虚拟现实环境中的舒适度,提升用户体验。

10.1.2 将隧道效应应用到 VR 视野

首先需要引入实现隧道效应所需的插件包,在 Unity 编辑器中单击菜单栏的 Window → Package Manager,打开 Package Manager 面板。

从左上方的分类下拉列表中选择 In Project,如图 10-1 所示。

列出所有当前项目包含的 Package 后,从列表中找到 XR

图 10-1　在 Package Manager 中选择 In Project

Interaction Toolkit 并选中,再找到右侧的 Import Tunelling Vignette,追加导入隧道效应插件,如图 10-2 所示。

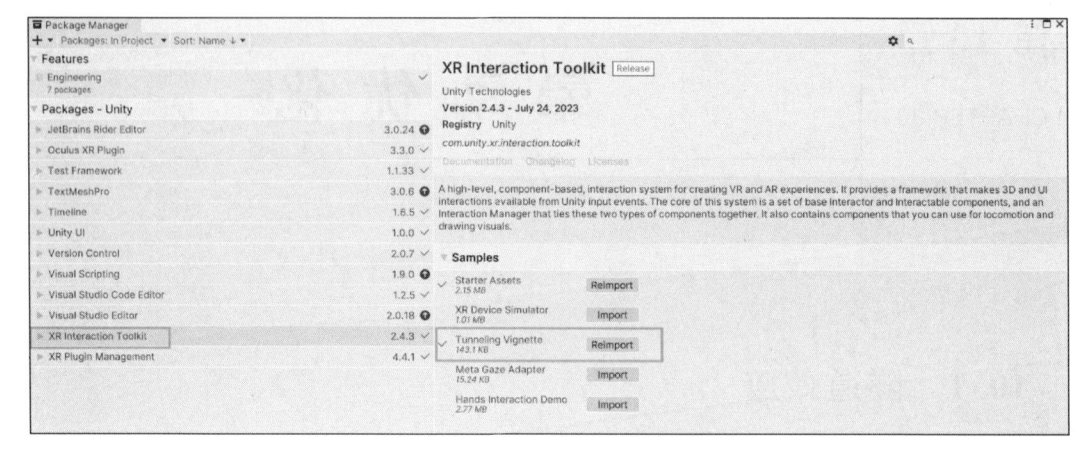

图 10-2 追加导入隧道效应插件

接下来将此插件应用到项目中。由于隧道效应是施加在玩家的视野之上的,所以在项目中需要将隧道效应应用于 MainCamera。

在 Hierarchy 中展开 XR Origin→Camera Offset→Main Camera。

在 Project 面板中展开 Assets→Samples→XR Interaction Toolit→<版本号>→Tunneling Vignette,找到 Tunneling Vignette 预制件,如图 10-3 所示。

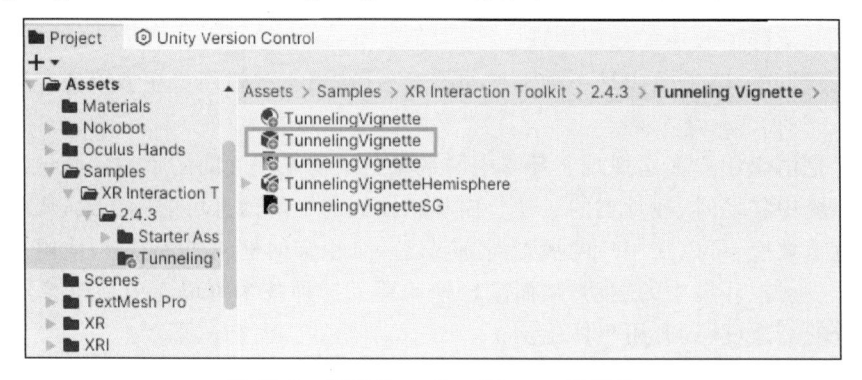

图 10-3 找到 Tunneling Vignette 预制件

将 Tunneling Vignette 预制件拖入 Hierarchy 中的 Main Camera 下,成为 Main Camera 的子对象,如图 10-4 所示。

在 Inspector 面板中找到 Default Parameters 部分下的 Preview In Editor 属性,在下拉列表中选择 Default Parameters,如图 10-5 所示。

此时隧道效应预制件对 Main Camera 施加的效果能够直接在 Unity 编辑器的 Game 面板观察到,如图 10-6 所示。

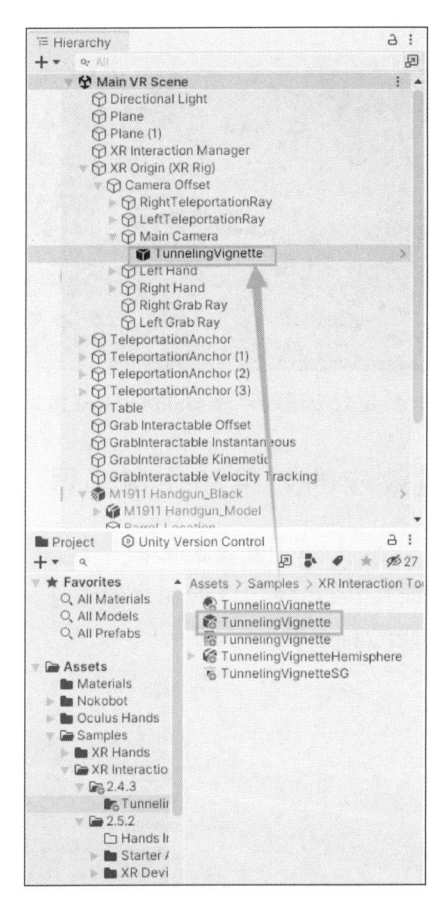

图 10-4　将 Tunneling Vignette 预制件拖入 Hierarchy 中的 Main Camera 下

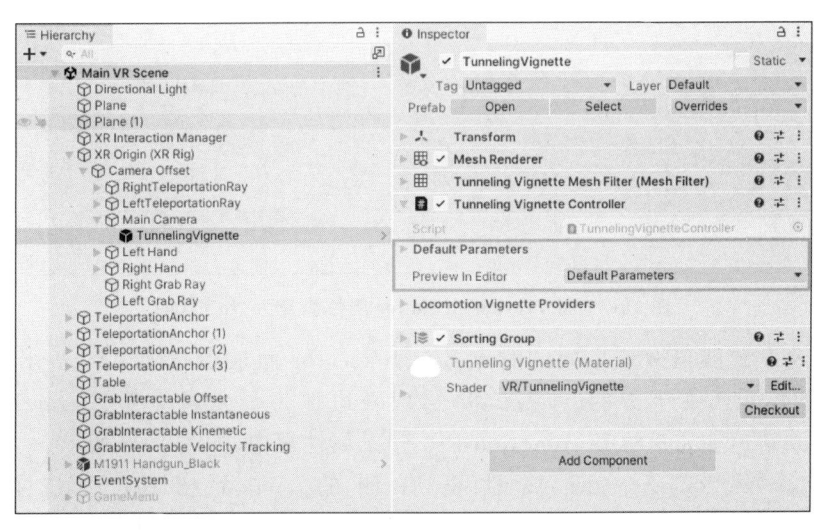

图 10-5　将 Preview In Editor 属性设置为 Default Parameters

图 10-6　隧道效应预制件对 Main Camera 施加的效果

10.1.3　设置隧道效应的效果和作用场景

具体的隧道效应属性可以通过预览边观察边调整到满意状态,主要参数在 Default Parameter 组件部分,包括光圈尺寸,以及边缘的羽化效果等。设置完成后再将 Preview in Editor 属性复位,恢复为 No Effect,如图 10-7 所示。

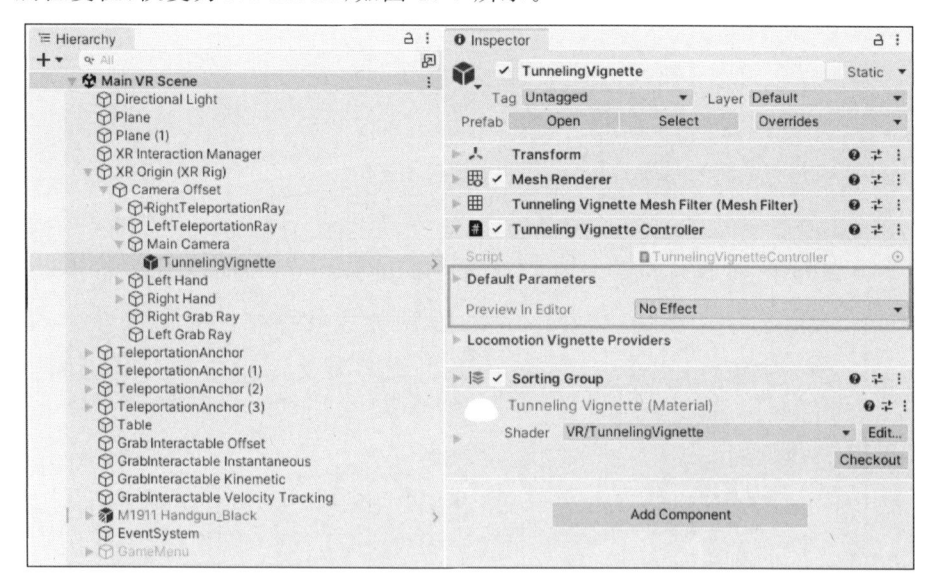

图 10-7　将 Preview in Editor 属性恢复为 No Effect

接下来要设置隧道效应生效的时点。在 Inspector 面板中找到 Locomotion Vignette Providers 组件,单击右下方的"＋"按钮,给列表追加一个元素。从 Hierarchy 中将 XR Origin 拖曳到新追加元素的 Locomotion Provider 属性框中,如图 10-8 所示。

单击 Locomotion Provider 属性框右侧的 Action 按钮,从选框中选择 ActionBasedContiniousMoveProvider,表示将隧道效应应用于连续移动场景,如图 10-9 所示。

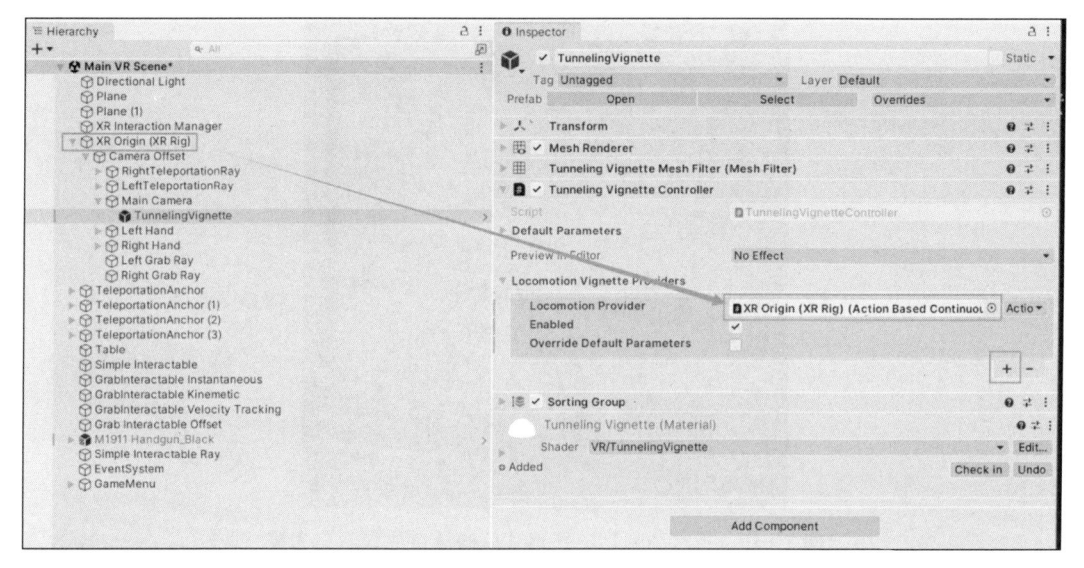

图 10-8　将 XR Origin 拖曳到 Locomotion Vignette Providers 下新追加元素的 Locomotion Provider 属性框

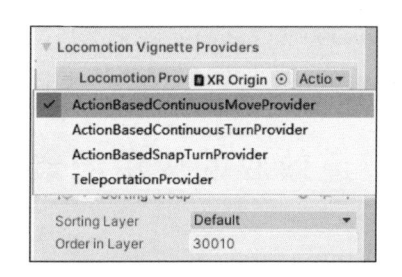

图 10-9　选择将隧道效应应用于连续移动场景

10.1.4　测试和总结

在 Unity 编辑器中单击 Play 按钮运行测试,戴上 VR 头盔,尝试在游戏场景中进行连续移动,可以观察到视野中出现的隧道效应的黑色边缘羽化光圈和预览中的效果一致,如图 10-10 所示。

本节涉及的主要操作如下:

单击 Unity 菜单栏→Window→Package Manager,在分类下拉列表中选择 In Project,在 Package 列表中选中 XR Interaction Toolkit,在右侧详情面板用 Import 按钮导入 Tunelling Vignette 预制件。

在 Hierarchy 中选中 XR Origin→Camera Offset→Main Camera。

将 Project 面板→Assets→Samples→XR Interaction Toolit→<版本号>→Tunneling Vignette→Tunneling Vignette 预制件拖曳到 Main Camera 下,使其成为子对象。

选中 Tunneling Vignette 对象,在 Inspector 面板中找到 Default Parameters 组件,将 Preview In Editor 属性设置为 Preview in Editor,边观察边调整其他视觉属性直到满意。再

图 10-10 视野中出现的隧道效应的黑色边缘羽化光圈

将 Preview In Editor 属性设置为 No Effect。

在 Inspector 面板中找到 Locomotion Vignette Providers 组件，单击＋号追加一个 element，将 XR Origin 拖入 Locomotion Provider 属性框，将 Action 设置为 ContiniousMoveProvider。

10.2 自由扩展隧道效应的应用场景

目前实现了在连续移动时应用隧道效应，本节进一步介绍如何在更多场景下应用隧道效应。

10.2.1 设置新场景下的隧道效应

例如，如果开发者希望在连续移动之外，平滑转向时也应用隧道效应，则应如何设置呢？

在 Hierarchy 中展开 XR Origin→Camera Offset→Main Camera，选中 TunnelingVignette 对象，在 Inspector 面板中找到 Locomotion Vignette Providers 组件，单击该组件右下角的＋号在现有元素的基础上再追加一个元素，从 Hierarchy 中将 XR Origin 对象拖曳到新元素的 Locomotion Provider 属性框中，Action 选择 Continious Turn Provider，如图 10-11 所示。

为了明显地观察到平滑转向时的隧道效应，可以设置与连续移动时的隧道效应有所区别的光圈大小。

勾选 Locomotion Vignette Providers 组件下新增元素的 Locomotion Provider 下的 Override Default Parameters 选框，勾选此选框表示用自定义隧道效应参数覆盖默认隧道效应参数。将光圈大小 Aperture Size 调整到 0.6。此时如果希望预览效果，则可以在 Default Paramters 下的 Preview In Editor 下拉列表中选择 ActionBasedContinuousTurnProvider 来预览平滑转向场景下的隧道效应，如图 10-12 所示。

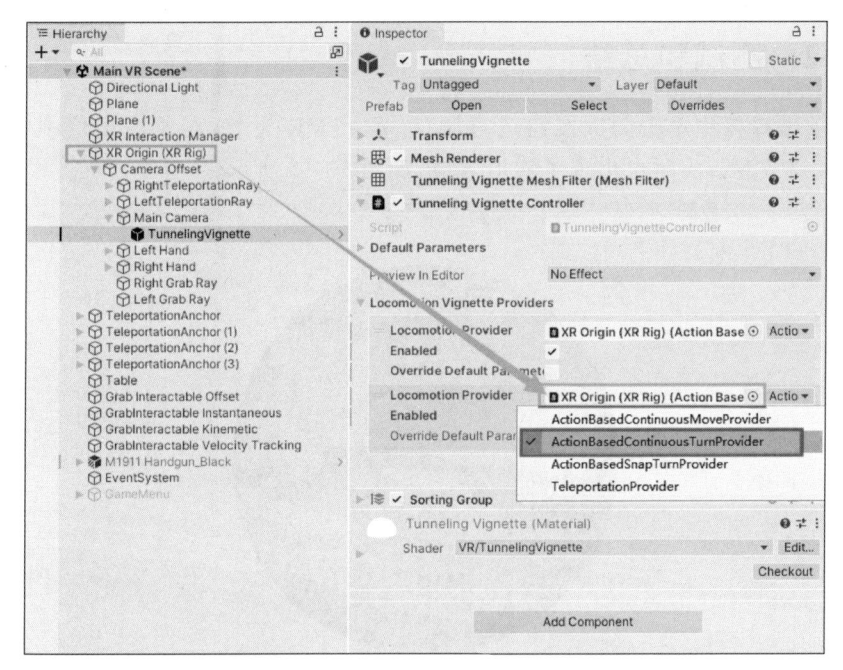

图 10-11 将隧道效应追加到平滑转向

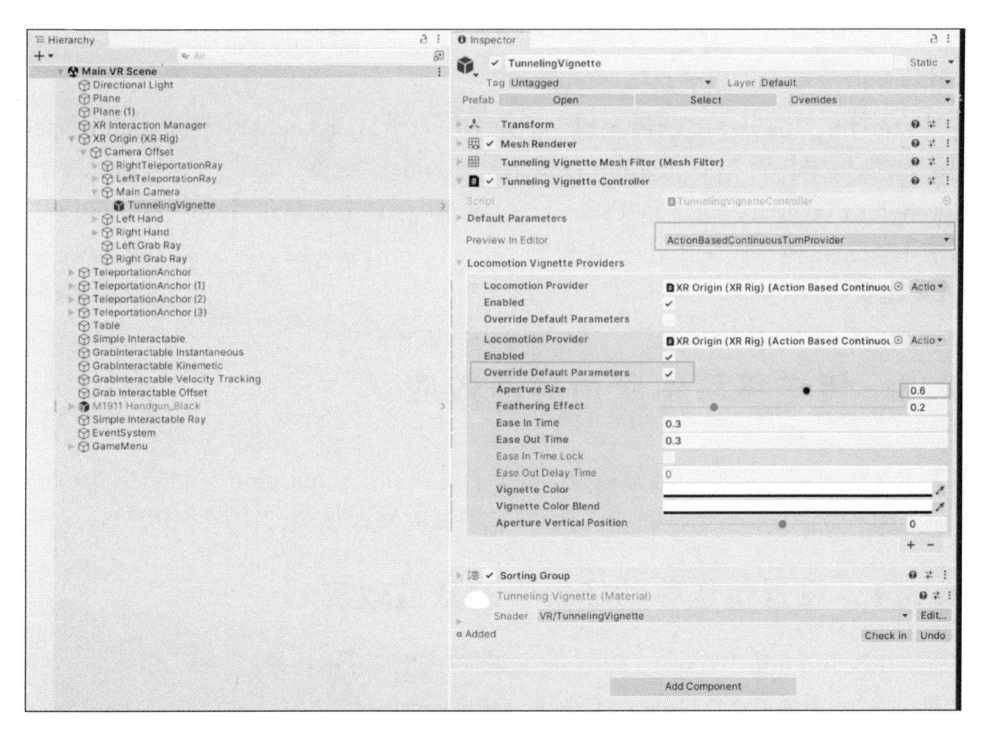

图 10-12 设定平滑转向场景下的隧道效应

10.2.2　测试和总结

在 Unity 编辑器中单击测试按钮运行测试,戴上 VR 头盔,在游戏场景中尝试平滑转向,可以观察到平滑转向时也出现了隧道效应,如图 10-13 所示。

图 10-13　预览平滑转向场景下的隧道效应

本章涉及的主要操作如下:

在 Hierarchy 中选中 XR Origin→Camera Offset→Main Camera→TunnelingVignette,在 Inspector 面板中找到 Locomotion Vignette Providers 组件。单击"＋"号追加一个元素,勾选新元素下的 Override Default Parameters 选框,在自定义属性中将 Aperture Size 设置为 0.6,从 Hierarchy 中将 XR Origin 拖曳到 Locomotion Provider,将 Action 选为 Continious Turn Provider。

10.3　传送移动中应用隧道效应

如果要在传送移动中应用隧道效应,则除了可以在 Locomotion Vignette Providers 中追加一个元素外,由于发生场景的特殊性,还需要补充其他设置。

10.3.1　设置传送移动场景下的隧道效应

首先在 Locomotion Vignette Providers 组件中追加应用场景。

在 Hierarchy 中展开 XR Origin→Camera Offset→Main Camera,选中 TunnelingVignette 对象,在 Inspector 面板中找到 Locomotion Vignette Providers 组件,单击右下角的"＋"号追加一个元素。

从 Hierarchy 中将 XR Origin 拖曳到新增元素的 Locomotion Provider 属性值中，再单击右侧的 Action 按钮，从列表中选择 TeleportationProvider，勾选 Override Default Parameters 属性框，这个设定可以用于覆盖默认的 Parameters 设定，实现针对某个场景下的单独隧道效应参数设置，勾选后在展开的自定义参数中 Ease In time 和 Ease Out Time 的默认值为 0.3，表明隧道效应的开始和结束会有 0.3s 的渐入渐出时间，将 Aperture Size 设置为 0.5，如图 10-14 所示。

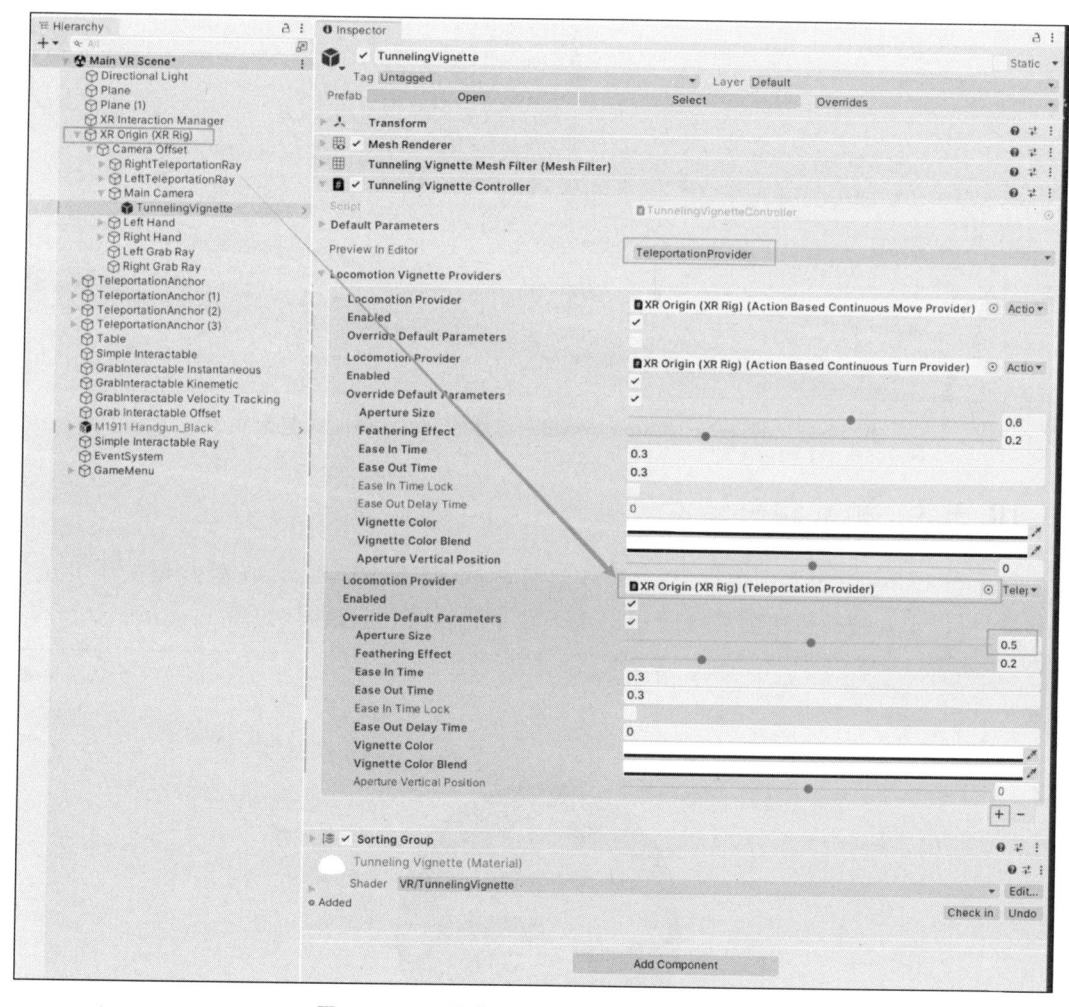

图 10-14　设置传送移动场景下的隧道效应

这样就追加了传送场景作为隧道效应生效的又一个有效场景。不过如果此时运行测试，则会发现传送后感受不到隧道效应，这是因为传送发生在瞬间，所以根本无法观察到只在传送过程中发生的隧道效应，因此要想让隧道效应被观察到，就需要延迟隧道效应消失的时间。

10.3.2 使传送移动场景下的隧道效应可见

在 Hierarchy 中选中 XR Origin 对象,找到 Teleportation Provider 组件,将 Delay Time 设置为 0.3,如图 10-15 所示。

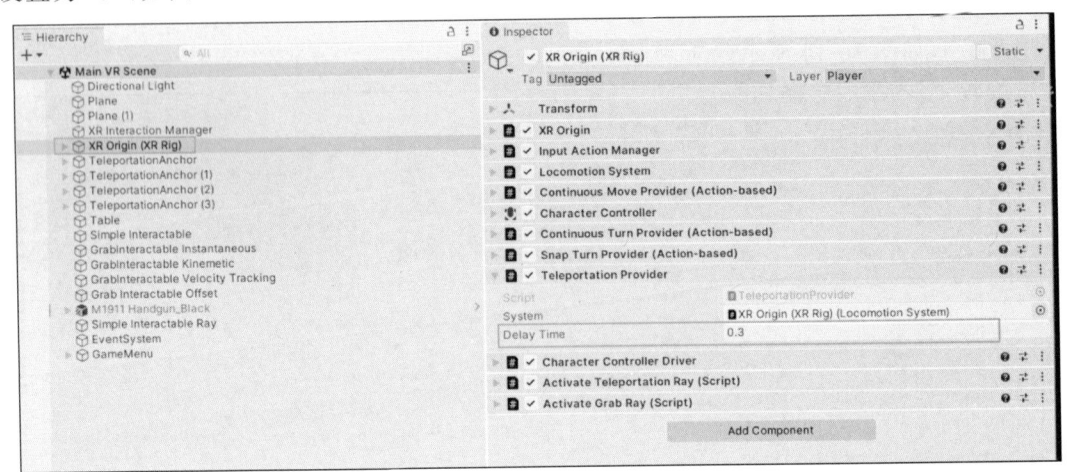

图 10-15 将 Teleportation Provider 组件的 Delay Time 设置为 0.3

10.3.3 测试和总结

最后在 Unity 编辑器中单击 Play 按钮运行测试,戴上 VR 头盔,在游戏场景中尝试传送移动,可以观察到在传送前后视野中出现了较小的隧道效应暗圈,如图 10-16 所示。

图 10-16 瞬间传送时的隧道效应暗圈

本节涉及的主要操作如下：

在 Hierarchy 中展开 XR Origin→Camera Offset→Main Camera，选中 TunnelingVignette 对象，找到 Locomotion Vignette Providers 组件部分，单击"＋"号追加一个元素，在 Locomotion Provider 属性框中拖入 XR Origin，Action 选择 TeleportationProvider，勾选 Override Default Parameters 选框，将 Aperture Size 设置为 0.5。

在 Hierarchy 中选中 XR Origin 对象，将 Teleportation Provider 组件下的 Delay Time 设置为 0.3。

第 11 章 项目打包与发布

CHAPTER 11

11.1 将项目打包成 APK

目前为止，本书使用的测试方法是将 Oculus 连接 PC 后，通过预览进行测试。还有一种真机测试方法，即先用 Unity 将项目打包成 APK，然后传输到 Oculus 头盔中运行并测试。

11.1.1 打包测试的适用场景

打包测试方法的优点是不依赖于 Oculus 的 PC 客户端，将 Oculus 一体机作为一个独立的安卓设备进行测试。比起连接 PC 客户端运行测试，APK 打包测试更接近产品 Release 后的运行方式，更能暴露出实际在一体机中运行时的效果和可能出现的问题。当所开发产品的测试全部通过后，项目最终打包成 APK 成品，设置和打包步骤基本相同，只是打包配置与测试目的时有几处不同。

打包测试的方式也有缺点，第 1 个缺点是适用设备范围只支持 VR 一体机而不支持 PC VR 设备，因为 PC VR 头盔自身不自带安卓系统。第 2 个缺点是打包需要耗费时间，打包后 Debug 不如直接同步 Unity 编辑器 Debug 那么直接高效，这会增加测试的时间成本。

一般的测试流程是先通过 PC 端预览的方式高效地进行初步测试，初步测试通过后再进一步打包测试，打包测试完成后用生产配置打包成成品 APK。

11.1.2 打包 APK 的一般项目设置

将项目打包成 APK 需要在目前的 PC 测试项目设置的基础上追加一些设置。

（1）切换 Build 平台：打开 File 菜单，选择 Build Settings，先单击 Add Open Scene 按钮将当前场景添加到 Scenes In Build 列表中，再在弹出的 Build Settings 面板中将 Platform 从 Windows、Mac、Linux 条目切换为 Android 条目，单击 Switch Platform，稍等片刻，Unity

就会完成 Build 平台的切换，如图 11-1 所示。

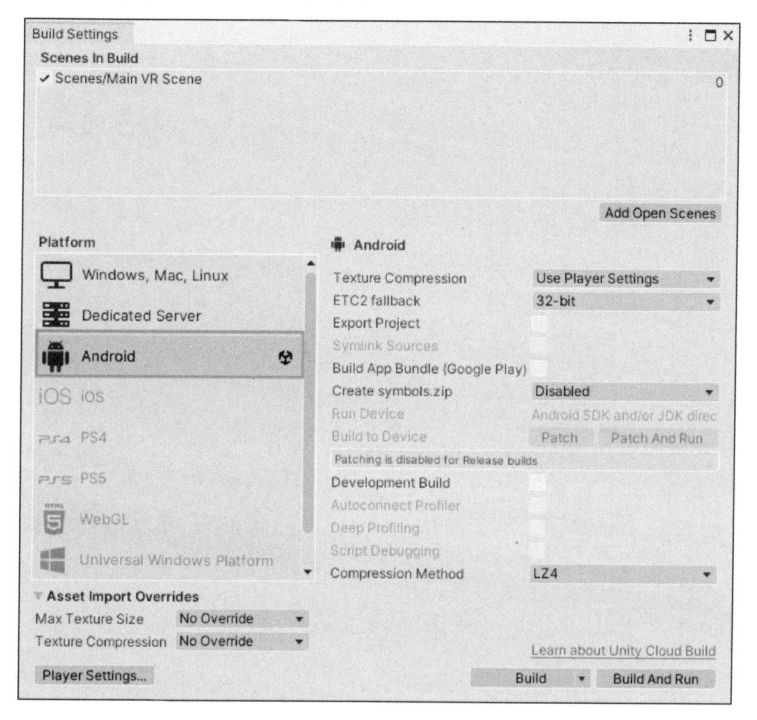

图 11-1　将 Unity 的构筑平台切换到安卓系统

（2）修改安卓平台 Player 设置：打开 Edit（编辑）菜单，选择 Project Settings（项目设置），在项目设置面板的左边列表中选择 Player，展开右边面板中的 Other Settings，将 Color Space 从 Gamma 更改为 Linear，如图 11-2 所示。

Linear 和 Gamma 在 Unity 中代表两种不同的颜色空间渲染模式，大体来讲，Linear 渲染模式提供了更真实的颜色表示，特别是在高动态范围（HDR）环境下。颜色和光照更加准确。Linear 模式也支持线性工作流程，更容易实现高质量的渲染和光照效果，例如物理渲染和全局光照。不过，更好的效果当然离不开更高的性能需求，Linear 模式通常需要更多的计算资源，因此可能需要更强大的硬件来维持高帧率，尤其在复杂的场景中。

由于硬件的性能一直在提升，出于效果的考虑，VR 开发时普遍会将渲染模式切换为 Linear，不过如果想更强调性能，则保留在 Gamma 模式可能更好。

（3）继续在 Other Setting 部分向下滑动，找到 Identification 类目，将该类目下的 Minimum API Level 修改为 Android 6.0。接着将下一个 Configuration 类目下的 Scripting Backend 从 Mono 改为 IL2CPP，并将 TargetArchitectures 修改为 ARM64，如图 11-3 所示。

这里的 IL2CPP 是 Unity 中用于提高游戏性能和安全性的一种关键技术，特别适用于需要在多个平台上发布游戏的开发者。通过将 C#代码编译成本地 C++代码，IL2CPP 可以帮助游戏在不同设备上更高效地运行。

（4）最后在 Configuration 类目中将 Active Input Handling 项从 Input Manager（Old）

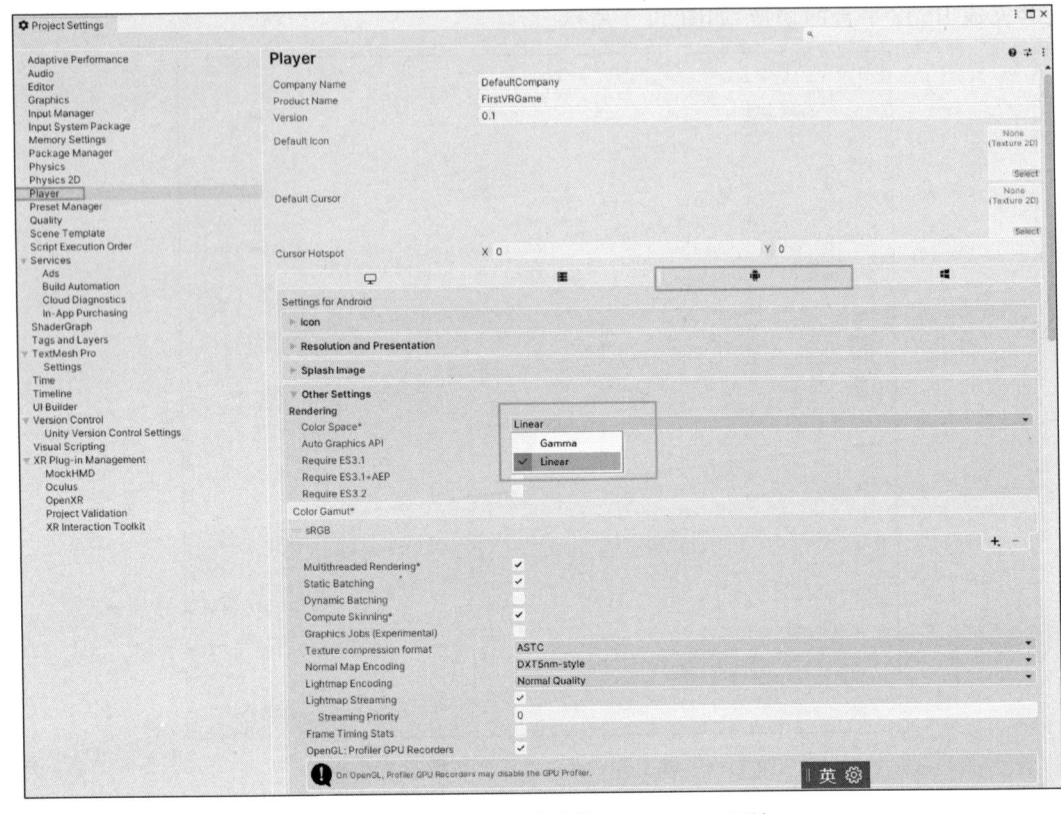

图 11-2　在项目设置中设置 Color Space 属性

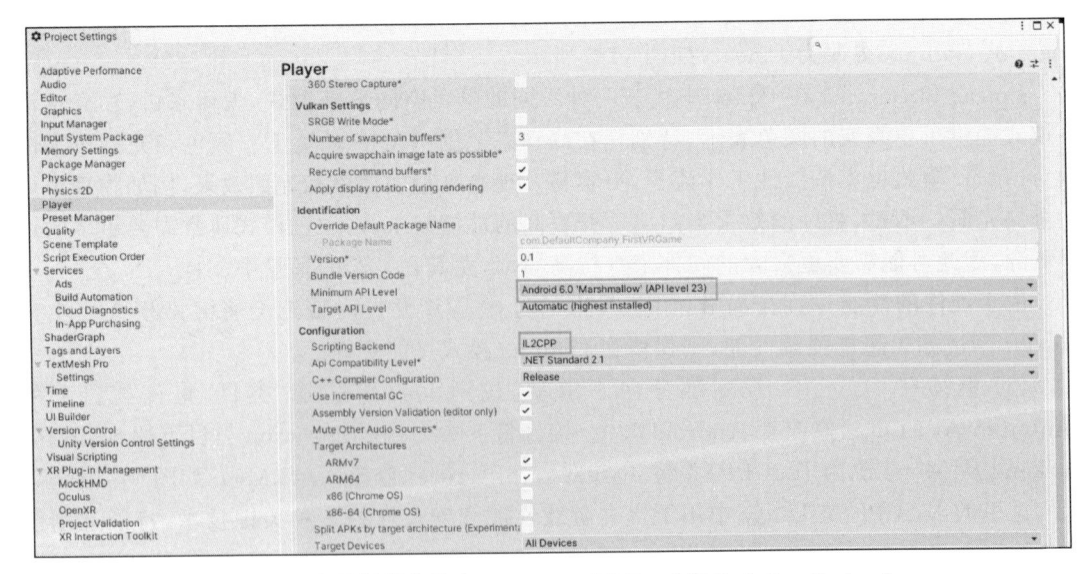

图 11-3　项目设置中设定 Minimum API Level 和 Scripting Backend

改为 Input System Package(New)。Unity 编辑器会弹出窗口，要求重启，单击 Apply，等待 Unity 编辑器完成重启并自动重新打开项目，如图 11-4 所示。

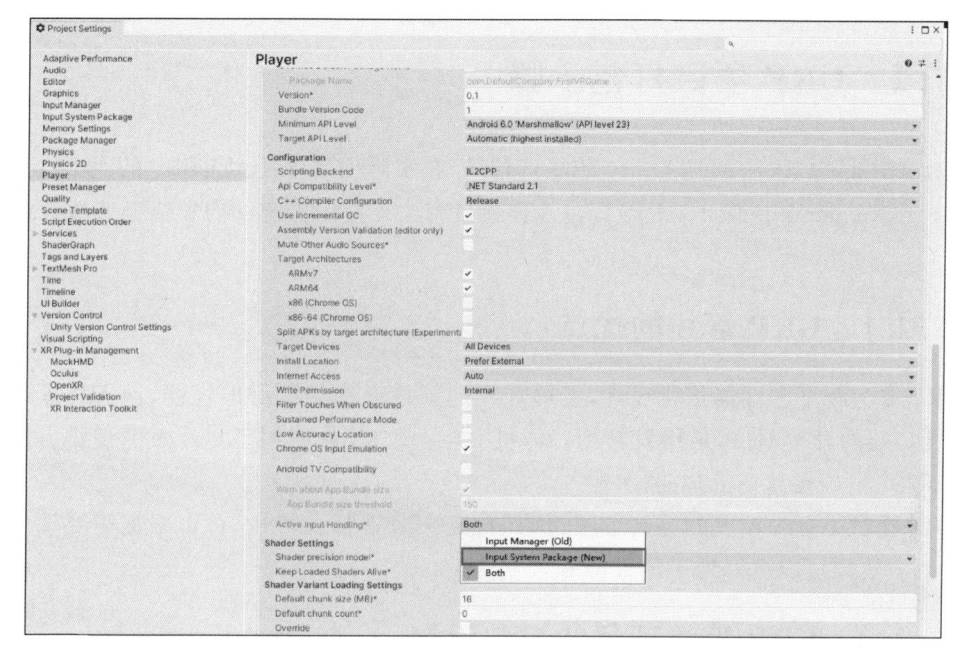

图 11-4　在 Configuration 类目中将 Active Input Handling 项从 Old 改为 New

（5）再次打开 File（文件）菜单，单击 Build Settings 打开 Build 面板，单击 Build and Run 按钮，在弹出的对话框中命名打包 APK 的名称和存储位置，单击保存按钮，如图 11-5 所示。

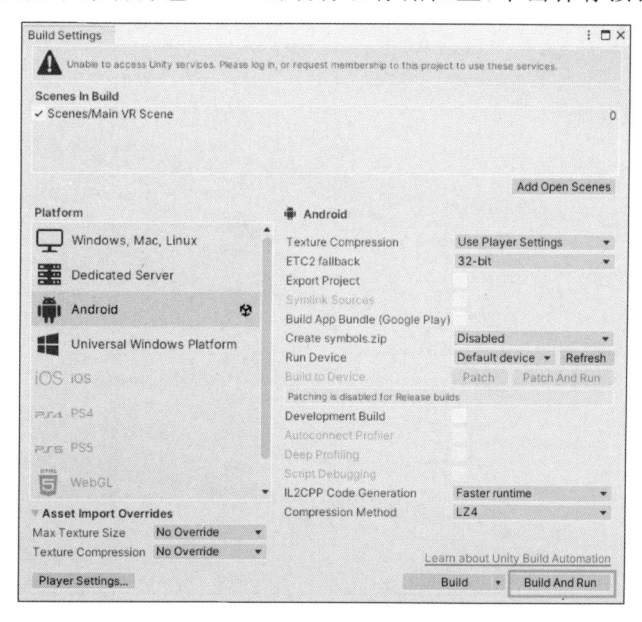

图 11-5　构建程序后直接在目标设备中运行

稍等片刻，Unity 在打包 APK 的同时会将 APK 传输到 PC 所连接的 VR 设备中，戴上头盔，就可以看到运行中的 VR 游戏画面了。

11.2 URP 项目打包步骤

在示例项目中，采用的是 Unity 的默认管线，在实际项目中使用 Unity 的通用渲染管线（Universal Render Pipeline，URP）打包 VR 项目相比于使用传统的内置渲染管线有明显的优势。

11.2.1 URP 管线的优点

URP 专为跨平台性能优化设计，能够在不同硬件上提供更好的性能，而 VR 项目往往会经历 PC 端的开发测试，最终发布到一体机平台上。URP 使用了更高效的渲染方法和优化的材质，可以确保流畅的体验。

URP 提供了更细粒度的控制选项，例如自定义渲染管线特性，可以根据需要调整各种渲染设置。这样可以更好地平衡性能和视觉质量。

11.2.2 URP 管线项目的打包设置

当采用 URP 模板创建项目后，打包时的设置与使用默认 3D 模板时的设置有所不同。

打开 Unity Hub，单击"新项目"按钮，如图 11-6 所示。

图 11-6　新建项目

在弹出的窗口中，选择"3D Sample Scene（URP）"模板，将项目名称命名为 FirstURPVRProject，选择项目的存储位置，单击"创建项目"按钮，如图 11-7 所示。

图 11-7 项目模板为"3D Sample Scene（URP）"项目名称为 FirstURPVRProject

打开项目后，可以在 SampleScene 的基础上简单参照普通 3D 模板示例项目以相同的步骤创建一个简单的 VR 场景，如图 11-8 所示。

打包 URP 项目的设置基本与打包默认 3D 模板项目类似，如果遇到打包后的应用启动时闪退的情况，则可以尝试修改如下设置。

打开 Unity 菜单中的 Edit→Project Settings，在左侧列表中选择 Player，在右侧详细内容中切换到 Android 平台，在 Other Settings 部分下取消勾选 Rendering 下的 Auto Graphics API 属性，然后在出现的 Graphics APIs 列表中删除 Vulkan，强制使用 OpenGL，如图 11-9 所示。

Vulkan 是一种图形 API，它提供了直接访问图形硬件的能力，旨在提供更高效的图形渲染和计算性能。Vulkan 的引入使 Unity 能够更好地利用现代图形硬件的潜力，提供更高的渲染性能和更低的 CPU 开销。

由于和硬件相关，所以尽管 Vulkan 在性能方面有显著优势，但是它也可能会面临一些兼容性问题。某些设备或操作系统可能不完全支持 Vulkan，Unity 的 Vulkan 支持逐渐扩展到各种平台，包括 PC、移动设备和主机，然而，不同平台对 Vulkan 的支持程度可能会有所不同，如果在某些 VR 设备上遇到闪退问题，则可能的原因之一就是当前的安卓平台对这个图形 API 的兼容性存在问题。

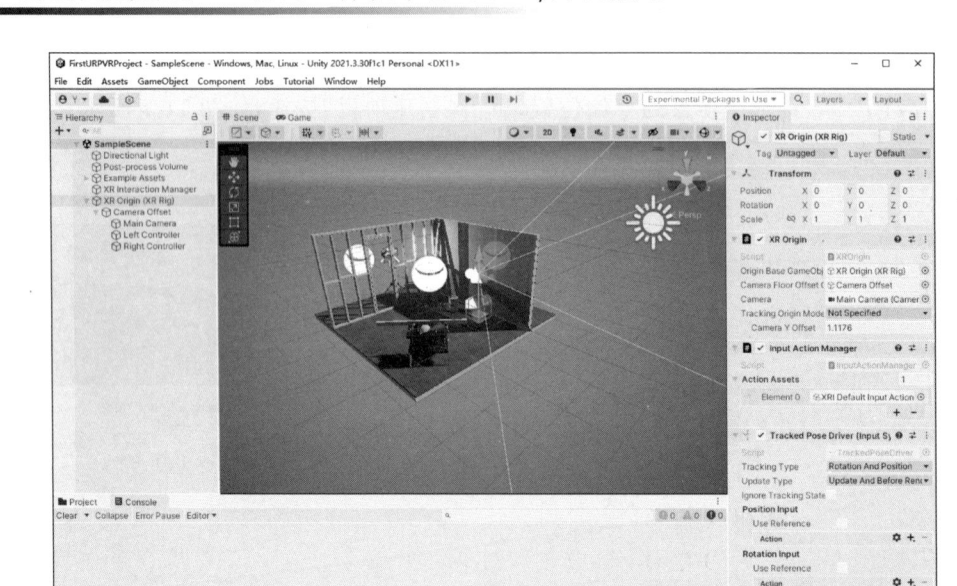

图 11-8　在 SampleScene 的基础上创建一个简单的 VR 场景

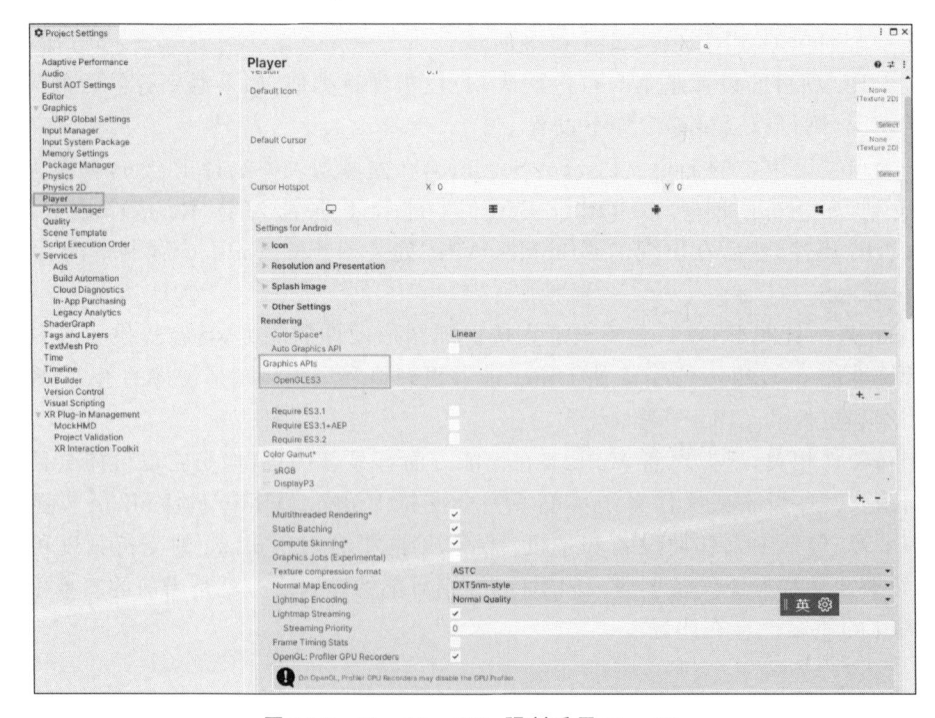

图 11-9　Graphics APIs 强制采用 OpenGL

11.3 主流 VR 应用市场平台

知行合一,学以致用,按照示例项目学习了 VR 开发的一般方法后,相信你一定会结合自己的想法开发出自己的独特应用。

不过开发完成只是完成了第 1 步,要想让自己的创作为世界增添色彩,为自己的成长带来更多的结果,就需要对外发布作品。

接下来介绍目前主流的 VR 作品发布平台。

(1) Oculus Store(Meta Quest):Oculus Store 是 Meta(前 Facebook)旗下最受欢迎的 VR 平台之一,支持 Oculus Quest 系列设备。它提供了广泛的受众和高效的内容发现系统,是开发者发布 VR 游戏和应用的重要平台。

(2) PICO Store:PICO 是字节跳动旗下的 VR 平台,PICO 4 和 PICO Neo 系列设备在全球市场上拥有一定的用户基础。PICO Store 同时面向中国和国际用户,适合开发者扩展市场覆盖面。

(3) SteamVR:SteamVR 是全球最大的 PC VR 游戏和应用发布平台,支持各种 VR 头显设备,包括 HTC Vive、Oculus Rift 和 Windows Mixed Reality。SteamVR 拥有庞大的用户群体,适合开发基于 PC 的高端 VR 内容,《半条命:Alyx》这样的 VR 3A 大作也是在 SteamVR 平台发布的。

(4) Viveport:HTC 的 Viveport 平台主要面向 HTC Vive 头显设备。除了游戏,Viveport 还注重娱乐、教育和商业领域的 VR 应用,适合多种类型的开发者。

(5) SideQuest:SideQuest 是一个专为 Meta Quest 设备开发的第三方平台,允许开发者在 Oculus Store 审核通过前,将作品发布给早期用户。对于独立开发者和实验性项目来讲,这个平台十分友好。

在上述平台中,海外消费 VR 市场的主导平台是 Oculus,国内的主导平台是 PICO,因此下面以这两个平台为例介绍发布一款 App 的大致准备工作和步骤,其他平台的要求虽有差异,仍可以作为参考。

11.4 在 Oculus Quest 上发布应用

开发好 APK 并在本地完成测试后,可以遵循如下大致步骤将自己的应用发布到 Oculus 平台。

第 1 步,注册一个 Oculus 开发者账户并创建一个开发者组织。

有的读者可能会有疑问,为什么必须创建一个开发者组织?

Oculus 为了防止滥用开发者功能的机制,确保只有经过验证的开发者才可以访问高级功能，用户必须具备开发组织才能打开开发者功能。在 Oculus 商店或 App Lab 发布应用时，所有应用也必须与开发者组织关联。

组织也有利于更多的开发场景，如果有多名开发人员一起工作，则开发者组织可以帮助管理团队成员的权限。可以邀请其他开发者加入你的组织，并为他们分配不同的角色和权限，便于协作和管理，例如，某名成员可能负责应用开发，而另一名成员专注于市场推广或发布操作。通过开发者组织，能够清晰地管理团队的角色分工。

对于希望通过应用实现商业化的开发者，开发者组织还用于管理应用的收入分配、税务信息和付款设置。发布的应用会与开发者组织绑定，组织账户负责接收收入并分发给相关人员或团队。

有了账户，接下来就可以将应用提交至 Oculus App Lab 或 Oculus Store。大致步骤是登录 Oculus 开发者控制台，创建一个新的应用条目。按照 Oculus 的应用指南填写必要的应用信息，包括应用描述、图标、截图、视频等。最终上传 APK 文件，并提交给 Oculus 审核。Oculus 会对提交的应用进行审核，确保符合他们的技术、内容和隐私标准。审核通过后，应用将发布在 Oculus App Lab 或 Oculus Store 中。

由于具体填写哪些信息都以平台方的最新 Web 界面为准，本书不再赘述，只提供一些有共性的注意点。

首先介绍如何撰写和发布自己的用户隐私保护等声明界面。

对于个人开发用户，可以借用隐私政策生成器。比较常用的隐私政策生成器有 Iubenda，可根据应用的需求自定义隐私声明，并提供托管服务；Termly 可生成符合 GDPR、CCPA 的政策；PrivacyPolicyGenerator 是免费的隐私政策生成器，适合小型开发者快速生成符合基本要求的声明。

有了隐私政策文本后还需要发布到网络，使用户连接 URL 就能够访问政策内容。

由于静态网页足以展示隐私政策的内容，因此除了直接使用 Iubenda 这样的隐私政策生成器提供的托管服务之外，还可以使用 GitHub Pages 托管隐私政策，参考步骤如下：

（1）在 GitHub 上创建一个新的仓库，例如 privacy-policy。

（2）在仓库中创建一个名为 index.html 的文件，粘贴用户的隐私政策内容。

（3）在仓库的设置中启用 GitHub Pages，将分支设置为 main 或 master。

（4）GitHub 会生成一个页面 URL，例如 https://yourusername.github.io/privacy-policy/。

（5）在应用提交时提供此链接。

Google Docs、百度文库等可以提供挂载文档并提供访问 URL 的应用，这些也是不错的选择。

11.5　在 PICO 平台发布应用

PICO 平台官网有开发者中心的入口，打开 PICO 主页，单击开发者，如图 11-10 所示。

图 11-10　PICO 主页单击开发者

单击开发者页面的"下载 SDK"按钮后可以跳转到 PICO 开发测试工具的下载页面，如果需要真机测试，则需要下载 PICO Unity Integration SDK，如图 11-11 所示。

图 11-11　下载 PICO Unity Integration SDK

如果要对使用 Unity 通用 VR 开发套件的项目进行 PICO 真机测试，则需要在 Unity 导入 PICO 的 VR SDK 后，用 PICO 的 XR Origin 对项目进行改造。具体改造方式，考虑到插件更新，以 PICO 官方指导信息为准，本书不再赘述。

PICO 在真机测试环节就需要开发者账号，同时由于考虑到版权保护，需要将账号在应用平台指定为测试人员。在进行真机测试时，在 PICO 的 Unity 开发插件中输入平台创建新 App 时获得的 App Id，APK 在 PICO 端运行时会自动检测该 APK 对应的测试人员是否包含当前 PICO 账户，如果测试人员不包含当前账号，则无权限打开应用进行测试，如图 11-12 所示。

发布时，单击进入应用管理中心，如图 11-13 所示。

提交 App 信息，包括多语种文字介绍、海报图片、演示视频、定价信息等。如果存在 APK 以外的资源文件，例如 PC 客户端，则可以上传到资源文件，如图 11-14 所示。

如果审核过程中存在问题需要沟通，则可以通过平台的工单系统与审核人员取得联系，如图 11-15 所示。

如果审核不通过，希望再次发起审核需要重新提交申请，此时需要注意，新申请的 APK 在构建时需要指定更高的版本号，不然会上传失败。

324　VR游戏实践速通——面向一体机平台的Unity开发技巧

图 11-12　在 Unity 项目中设定 PICO 项目的 App ID

图 11-13　单击 PICO 开发者中心

图 11-14　APK 以外的资源可以上传到资源文件

图 11-15　PICO 工单系统入口（鼠标悬停登录头像处出现）

图 书 推 荐

书　名	作　者
HarmonyOS 移动应用开发（ArkTS 版）	刘安战、余雨萍、陈争艳 等
Vue＋Spring Boot 前后端分离开发实战（第 2 版·微课视频版）	贾志杰
仓颉语言实战（微课视频版）	张磊
仓颉语言核心编程——入门、进阶与实战	徐礼文
仓颉语言程序设计	董昱
仓颉程序设计语言	刘安战
仓颉语言元编程	张磊
仓颉语言极速入门——UI 全场景实战	张云波
仓颉语言网络编程	张磊
公有云安全实践（AWS 版·微课视频版）	陈涛、陈庭暄
虚拟化 KVM 极速入门	陈涛
虚拟化 KVM 进阶实践	陈涛
移动 GIS 开发与应用——基于 ArcGIS Maps SDK for Kotlin	董昱
Node.js 全栈开发项目实践——Egg.js＋Vue.js＋uni-app＋MongoDB（微课视频版）	葛天胜
前端工程化——体系架构与基础建设（微课视频版）	李恒谦
TypeScript 框架开发实践（微课视频版）	曾振中
Chrome 浏览器插件开发（微课视频版）	乔凯
精讲 MySQL 复杂查询	张方兴
精讲数据结构（Java 语言实现）	塔拉
Kubernetes API Server 源码分析与扩展开发（微课视频版）	张海龙
Spring Cloud Alibaba 微服务开发	李西明、陈立为
解密 SSM——从架构到实践	鲍源野、江宇奇、饶欢欢
编译器之旅——打造自己的编程语言（微课视频版）	于东亮
全栈接口自动化测试实践	胡胜强、单镜石、李睿
Spring Boot＋Vue.js＋uni-app 全栈开发	夏运虎、姚晓峰
Selenium 3 自动化测试——从 Python 基础到框架封装实战（微课视频版）	栗任龙
NDK 开发与实践（入门篇）	蒋超
跟我一起学 uni-app——从零基础到项目上线（微课视频版）	陈斯佳
Python Streamlit 从入门到实战——快速构建机器学习和数据科学 Web 应用（微课视频版）	王鑫
C＋＋元编程与通用设计模式实现	宋炜
Java 项目实战——深入理解大型互联网企业通用技术（基础篇）	廖志伟
Java 项目实战——深入理解大型互联网企业通用技术（进阶篇）	廖志伟
恶意代码逆向分析基础详解	刘晓阳
网络攻防中的匿名链路设计与实现	杨昌家
深度探索 Go 语言——对象模型与 runtime 的原理、特性及应用	封幼林
深入理解 Go 语言	刘丹冰
Spring Boot 3.0 开发实战	李西明、陈立为
Go 语言零基础入门（微课视频版）	郭志勇
零基础入门 Rust-Rocket 框架	盛逸飞
SageMath 程序设计	于红博
NIO 高并发 WebSocket 框架开发（微课视频版）	刘宁萌

图 书 推 荐

书 名	作 者
全解深度学习——九大核心算法	于浩文
跟我一起学深度学习	王成、黄晓辉
HuggingFace 自然语言处理详解——基于 BERT 中文模型的任务实战	李福林
动手学推荐系统——基于 PyTorch 的算法实现（微课视频版）	於方仁
深度学习——从零基础快速入门到项目实践	文青山
LangChain 与新时代生产力——AI 应用开发之路	陆梦阳、朱剑、孙罗庚、韩中俊
玩转 OpenCV——基于 Python 的原理详解与项目实践	刘爽
Transformer 模型开发从 0 到 1——原理深入与项目实践	李瑞涛
语音与音乐信号处理轻松入门（基于 Python 与 PyTorch）	姚利民
图像识别——深度学习模型理论与实战	于浩文
Python 量化交易实战——使用 vn.py 构建交易系统	欧阳鹏程
基金量化之道——系统搭建与实践精要	欧阳鹏程
编程改变生活——用 Qt 6 创建 GUI 程序（基础篇·微课视频版）	邢世通
编程改变生活——用 Qt 6 创建 GUI 程序（进阶篇·微课视频版）	邢世通
编程改变生活——用 PySide6/PyQt6 创建 GUI 程序（基础篇·微课视频版）	邢世通
编程改变生活——用 PySide6/PyQt6 创建 GUI 程序（进阶篇·微课视频版）	邢世通
编程改变生活——用 Python 提升你的能力（基础篇·微课视频版）	邢世通
编程改变生活——用 Python 提升你的能力（进阶篇·微课视频版）	邢世通
Python 区块链量化交易	陈林仙
Unity 编辑器开发与拓展	张寿昆
Unity 游戏单位驱动设计	张寿昆
Unity3D 插件开发之路	♯NAME?
Python 从入门到全栈开发	钱超
Python 全栈开发——基础入门	夏正东
Python 全栈开发——高阶编程	夏正东
Python 全栈开发——数据分析	夏正东
Python 编程与科学计算（微课视频版）	李志远、黄化人、姚明菊 等
Python 数据分析实战——从 Excel 轻松入门 Pandas	曾贤志
从数据科学看懂数字化转型——数据如何改变世界	刘通
FFmpeg 入门详解——音视频原理及应用	梅会东
FFmpeg 入门详解——SDK 二次开发与直播美颜原理及应用	梅会东
FFmpeg 入门详解——流媒体直播原理及应用	梅会东
FFmpeg 入门详解——命令行与音视频特效原理及应用	梅会东
FFmpeg 入门详解——音视频流媒体播放器原理及应用	梅会东
FFmpeg 入门详解——视频监控与 ONVIF+GB28181 原理及应用	梅会东
Pandas 通关实战	黄福星
深入浅出 Power Query M 语言	黄福星
深入浅出 DAX——Excel Power Pivot 和 Power BI 高效数据分析	黄福星
从 Excel 到 Python 数据分析：Pandas、xlwings、openpyxl、Matplotlib 的交互与应用	黄福星
云原生开发实践	高尚衡
云计算管理配置与实战	杨昌家